21世纪全国本科院校土木建筑类创新型应用人才培养规划教材

土木工程专业毕业设计指导

高向阳　主编

内 容 简 介

本书依照本科土木工程专业毕业设计教学目标要求，根据最新的工程规范和标准，汇集了丰富的教学和实践经验进行编写。全书共分3篇，包括结构设计中要注意的问题、钢筋混凝土框架疑难问答、钢筋混凝土框架设计过程。第一篇共4章，包括建筑工程结构设计基本知识、建筑结构设计技术方法、结构设计成果表达、工程设计交付实施；第二篇共6章，包括建筑结构概念、框架结构体系、框架结构荷载及效应、框架结构抗震、框架结构构件、框架结构的基础；第三篇给出了23个设计流程框图。书中共安排了260余个问题解答，并配有大量图表便于学习。

本书以问题为引导，通过对常用的建筑设计、结构计算和结构构造所需要遵守的规范、标准和规定进行综合考虑，给出了大量相关框图，非常具有逻辑性和实用性，可以很好地培养初学者对工程形成整体观，使读者能在短时间内具备独立工作的能力。编者根据多年的教学实践经验，对毕业设计中可能遇到的一系列工程问题，从解释概念入手，以分析为主，力求做到准确生动、浅显实用，简略了一些深层次的理论探讨，使读者能够在认识工程问题的基础上，更好地理解工程实践。另外，针对学生的书面和口头表达问题，本书还提供了编写技术文件的一些具体要求和标准供参考。

本书可作为土木工程专业的本科毕业设计指导教材，也可供其他相关专业的师生和工程技术人员参考。

图书在版编目(CIP)数据

土木工程专业毕业设计指导 / 高向阳主编. —北京：北京大学出版社，2016.1
(21世纪全国本科院校土木建筑类创新型应用人才培养规划教材)

ISBN 978-7-301-26517-8

Ⅰ.①土… Ⅱ.①高… Ⅲ.①土木工程—毕业设计—高等学校—教学参考资料 Ⅳ.①TU

中国版本图书馆CIP数据核字(2015)第272853号

书　　名　土木工程专业毕业设计指导
　　　　　Tumu Gongcheng Zhuanye Biye Sheji Zhidao
著作责任者　高向阳　主编
策划编辑　卢　东
责任编辑　刘　翯
标准书号　ISBN 978-7-301-26517-8
出版发行　北京大学出版社
地　　址　北京市海淀区成府路205号　100871
网　　址　http://www.pup.cn　新浪微博：@北京大学出版社
电子信箱　pup_6@163.com
电　　话　邮购部62752015　发行部62750672　编辑部62750667　出版部62754962
印 刷 者　北京溢漾印刷有限公司
经 销 者　新华书店
　　　　　787毫米×1092毫米　16开本　21印张　482千字
　　　　　2016年1月第1版　2017年6月第2次印刷
定　　价　40.00元

前　言

毕业设计是大学生专业学习的总结性作业，是高等学校教学计划中一个十分重要的环节，也是学生作为专业工作者独立工作的开始。通过毕业设计，可让学生所学各门课程的知识系统化，有利于学生领会掌握，同时学会综合运用知识，掌握诸如查阅资料、分析计算、撰写技术文件和进行科学研究等许多在实际工作中常用的技能。但是学生们在第一次着手实际工作时，面对众多纷繁的资料，往往不知从何下手，如何有效、简明地运用身边的资料；更有许多学校缺乏能提供给学生使用的资料，使得这项十分重要的教学环节，往往并没有真正有效成功地实施。为了适应高校土木建筑工程专业毕业设计教学工作的需要，让学生更有收获地圆满完成学业，以及让广大中初级土建工程技术人员系统地理解和综合运用现行规范标准，作者结合多年的大学教学实践编写了本书，窃望能解惑一二于未通达者，因此，并不特别注重知识的系统性。如果读者需要完整系统地学习设计理论，可参考其他指导书籍。

本书的编写基于如下问题的引导。

1. 毕业设计要达到什么目的呢？

(1) 毕业设计应培养学生独立应用的能力，包括运用规范、手册的能力，查阅资料的能力，综合分析能力和运算能力。国家颁布的建筑工程有关规范、标准以及各地方政府发布的规定数以百计，各类规范又相互关联、搭接和重叠，众多手册良莠不齐。如何在使用它们时，做到既不遗漏又不错用，既准确又明了，在毕业设计过程中，是一个困扰教学双方的问题。作者试图通过对常用的建筑设计、结构计算和结构构造所需要遵守的规范、标准和规定进行综合考虑，给出大量相关框图，使读者能在短时间内跨过这个门槛。

训练学生查阅资料的能力，先决条件是要给学生提供丰富的资料。但事实上，一些规模较小的学校尚无力满足这一基本要求，特别是各类电大、函授学校根本难以做到。有鉴于此，作者将自己的经验和大量多方收集来的资料进行分析归纳整理，在此一并奉献给读者朋友。

培养学生综合分析问题的能力，这种能力要基于扎实的理论基础和准确清晰的概念掌握之上。但是，往往一些实际工作中常用的概念、原理，在学校各自分工的专业课中并不直接给出，而需要在综合各专业课的基础上来掌握，因此，多数学生在毕业设计中用到时会感到十分吃力，更谈不上综合灵活地运用了。

今天的各级各类工程学校，通常是让学生通过学习基本构件及其有关的设计、施工要点来掌握工程知识，学生并不知道怎样把各部分结合起来整体应用到工作中。因为在现有的学习模式中，缺乏与完整体系目标有关的基本知识，侧重在部分而不是总的体系。学生学不会在各种总体问题中如何应用专业知识，使得许多学生可能特别擅长于解决明确交给他们的分类问题，而不能分析一个复杂的具体课题，区别基本的与细节的问题，并形成一个分阶段的步骤来处理。

另外，在实际工作中，虽然高性能计算机和高效率结构分析程序已经具备，但一个结构工程师本身应对结构体系和性能有正确了解，这有利于对建筑所适用的结构进行宏观识别和分析。然而在实际工作中，经常是花在结构概念上（如选择一个基本牢靠和经济的结构体系）的时间过少，而花在细节分析上（如计算应力与变形）的时间太多。

针对上述现象或弊端，作者根据多年的教学实践，对可能遇到的一系列问题，从解释概念入手，以分析为主，注重实用性，力求做到准确生动、浅显易懂地做了一些适宜的理论探讨。

(2) 毕业设计还应培养学生的书面和口头表达能力，它是培养学生从事科研能力和书面表达能力的有效途径。但在许多学校的毕业设计教学中，只重视计算结果的正确性、绘图的准确清晰性，而忽视了对编写技术文件的训练，因而学生很少得到这方面的指导。笔者认为学生应首先自己动手编写设计说明书的提纲，以锻炼组织素材的能力；其次，经过指导教师的审查，再对不足之处反复修改加工，整理抄正。最后达到文字简练、条理清晰、内容全面、字迹工整。为此，本书提供了一些具体要求和标准，供读者参考。

2. 毕业设计应是怎样的一个教与学的过程呢？

作为一个重要的教学环节，毕业设计必然存在一个教与学的过程和关系问题。毕业设计应该是学生独立进行，教师辅助指导的过程。整个过程中，学生应基本上独立面对课题，有条理地分析工程条件，制订可行的工作计划、步骤，有针对性地收集必要的工程原始数据，查找相关的规范标准及有用的、已完成的类似工程资料和参考技术数据，然后按计划独立进行数据工作。学生解决不了的问题，指导教师可提供解决问题的思路，介绍相关的参考资料，提供实践经验，然后仍然应由学生自己去分析、判断和寻找解决问题的具体方法，最后使问题得到解决。在这个过程中，教师不能代作决定，代为处理，而要在指导过程中鼓励学生提出自己的观点和方法，善于发现和正确对待创造型学生。

3. 毕业设计的基本过程有哪些？

房屋建筑工程毕业设计一般包括建筑设计、结构设计和施工组织设计 3 个方面，当时间较少时，也可不做施工组织设计。现在土木工程专业毕业生中，从事与施工相关的工作的比例有上升的趋势，在毕业设计中包括施工组织设计部分是适宜的。

毕业设计过程，包括设计准备、正式设计、毕业答辩 3 个阶段。

设计准备阶段主要任务，是根据设计任务书要求，明确工程特点和设计要求，收集有关资料，拟订设计计划。这一阶段要求学生积极主动，多方面、全方位收集有关资料，尽可能深入了解项目特点，做到对即将开始的毕业设计工作有一个宏观认识，并制订总的时间计划。

正式设计阶段是毕业设计的关键，一般指导教师会提出明确的要求，及时给予具体的指导。学生在此阶段需完成所有具体的计算和设计，绘制相应的施工图。房屋建筑工程毕业设计不仅需要完成大量的计算工作，包括手算和电算及其对比分析，绘制施工图也要耗费较多的时间。因此，必须严格按照进度计划要求，一开始就抓紧时间，分部分地按时完成相应设计任务，特别注意避免前松后紧的现象。这一阶段一般根据设计具体任务的不同还会细分为几个具体阶段，常包括了建筑设计、结构设计、施工设计等不同阶段，具体阶段之间有严格的时间制约关系，且多数情况下会由不同的教师指导。学生经常在各具体阶段开始时感到茫然不知所措，又不积极向指导老师请教，以致浪费了时间，既不能按时完成本阶段全部任务，又影响下一阶段工作的正常进行，导致最后来不及认真整理毕业设计成果，影响毕业设计总的效果。

毕业答辩阶段主要任务，在于总结毕业设计过程和成果，力争清晰，准确地反映所做的工作，并结合自己的设计来深化对有关概念、理论、方法的认识。正式答辩时，表达应简明扼要，逻辑性强，回答问题要有理有据。

本书引用的常用规范的简化写法见下表，不常用规范将完整注明在相应正文中。

规范名称及编号	本书简称
GB 50007—2011《建筑地基基础设计规范》	《基规》
GB 50009—2012《建筑结构荷载规范》	《荷载规范》
GB 50010—2010《混凝土结构设计规范》	《混凝土规范》
GB 50011—2010《建筑抗震设计规范》	《抗震规范》
JGJ 3—2010《高层建筑混凝土结构技术规程》	《高规》

本书如能成为您书桌上时常翻看的有用之物，将是笔者得到的最大褒奖。

本书在编写过程中参考了很多资料，吸纳了很多学者的研究成果，编者已尽力将有关情况在参考文献中说明，但有些材料出处一时难以确认。在此均表示深深的感谢和敬意。由于编者的学识有限，恳切希望广大读者和土木工程、教育界同仁对书中不当之处予以指正。

在本书的出版工作中，得到了北京大学出版社的大力协助，在此衷心感谢！

编　者

2015 年 7 月

目　　录

第7章　框架结构荷载及效应 …… 158

第一篇

结构设计中要注意的问题

第1章 建筑工程结构设计基本知识

1-1 如何认识结构设计

【答】

1. 结构设计的概念及内容

结构设计，简而言之就是用结构语言来表达建筑师及其他专业工程师所要表达的内容。结构语言就是结构设计师从建筑及其他专业图纸（图样）中所提炼简化出来的结构元素，包括基础、墙、柱、梁、板、楼梯、大样细部等，然后用这些结构元素来构成建筑物或构筑物的结构体系，包括竖向和水平的承重及抗力体系，把各种情况产生的荷载以最简洁的方式传递至基础。结构设计的内容，由上可知包括基础的设计、上部结构的设计和细部设计。

2. 结构设计的阶段

结构设计大体可以分为三个阶段，包括结构方案阶段、结构计算阶段和施工图设计阶段。

(1) 结构方案阶段。其内容为：根据建筑的重要性、建筑所在地的抗震设防烈度、工程地质勘查报告、建筑场地的类别及建筑的高度和层数来确定建筑的结构形式（如砖混结构、框架结构、框剪结构、剪力墙结构、筒体结构、混合结构等以及由这些结构组合而成的结构形式）。确定了结构的形式之后，就要根据不同结构形式的特点和要求来布置结构的承重体系和受力构件。

(2) 结构计算阶段。其内容为：

① 荷载的计算。荷载包括外部荷载（如风荷载、雪荷载、施工荷载、地下水的荷载、地震荷载、人防荷载等）和内部荷载（如结构的自重荷载、使用荷载、装修荷载等），上述荷载的计算要根据 GB 50009—2012《建筑结构荷载规范》（以下简称《荷载规范》）的要求和规定,采用不同的组合值系数和准永久值系数等来进行不同工况下的组合计算。

② 构件的试算。根据计算出的荷载值、构造措施 要求、使用要求及各种计算手册上推荐的试算方法来初步确定构件的断面，并根据确定的构件断面和荷载值来进行内力的计算，包括弯矩、剪力、扭矩、轴心压力及拉力等。

③ 构件的计算。根据计算出的结构内力及规范对构件的要求和限制（如轴压比、剪跨比、跨高比、裂缝和挠度等），来复核结构试算的构件是否符合规范的规定和要求。如不满足要求，要调整构件的断面或布置，直到满足要求为止。

(3) 施工图设计阶段。其内容为：根据上述计算结果，最终确定构件布置和构件配筋，以及根据规范的要求来确定结构构件的构造措施。

3. 各设计阶段的基本方法

在结构方案阶段，其基本方法就是根据各种结构形式的适用范围和特点来确定结构应该使用的最佳结构形式，这要看规范中对于各种结构形式的界定和工程的具体情况而定，关键是清楚各种结构形式的极限适用范围，还要考虑合理性和经济性。

在结构计算阶段，其基本方法就是根据方案阶段确定的结构形式和体系，依据规范上所规定的具体的计算方法来进行详细的结构计算。规范上的方法有多种，关键是结合工程的实际情况来选择合适的计算方法，以楼板为例，就有弹性计算法、塑性计算法及弹塑性计算法。所以选择符合工程实际的计算方法是合理的结构设计的前提，是十分重要的。

在施工图设计阶段，其基本方法就是把结构计算的结果用结构语言表达在图纸上。首先表达的东西要符合结构计算的要求，同时还要符合规范中的构造要求，最后还要考虑施工的可操作性。这就要求结构设计人员对规范要很好地理解和把握，另外还要对施工的工艺和流程有一定的了解。这样设计出的结构，才会是合理的结构。

4. 规范、手册及标准图集在具体工作中的应用

结构设计的准则和依据就是各种规范和标准图集。在进行不同结构型式的设计时，必须要紧扣不同的规范。但这些规范又都是相互联系密不可分的。在不同的工程中往往会使用多种规范。在一个工程确定了结构形式后，首先要根据《建筑结构可靠度设计统一标准》来确定建筑的可靠度和重要性；然后再根据《中国地震动参数区划图》《建筑抗震设防分类标准》、GB 50011—2010《建筑抗震设计规范》（以下简称《抗震规范》）确定建筑在抗震设防方面的规定和要求，而在荷载取值时要按照《荷载规范》来确定，这是建筑总体需要运用的规范。在工程的具体设计方面，涉及的砌体部分要遵循 GB 50003—2011《砌体结构设计规范》（以下简称《砌体规范》）的规定；涉及的混凝土（在口语或行业习惯中常称为砼）部分要遵循 GB 50010—2010《混凝土结构设计规范》（以下简称《混凝土规范》）的规定；涉及的钢筋部分要遵循《钢筋焊接及验收规程》和《钢筋机械连接通用技术规程》的规定；在基础部分设计时，需要遵循的是 GB 50007—2011《建筑地基基础设计规范》（以下简称《基规》）的规定。最后在结构绘图时，要符合《建筑结构制图标准》的要求。

在各种结构设计手册中，给出了该结构形式设计的原理、方法、一般规定和计算的算例以及用来直接选用的各种表格，这对于深刻理解和具体设计各种结构形式具有良好的指导作用。我们推荐最好参照设计手册来手算典型的结构形式。

标准图集是依据规范来制定的国家和地方省市统一的设计标准和施工做法构造。不同的结构形式有不同的标准图集。需要说明的是，在选用标准图集时，一定要根据具体工程的实际情况来酌情选用，必要时应说明选用的页号和图集号，不可盲目乱用。

总之，结构设计是个系统的、全面的工作，需要扎实的理论知识功底、灵活创新的思维和认真负责的工作态度。千里之行始于足下，设计人员要从一个个基本的构件算起，做到既知其然也知其所以然，深刻理解规范和规程的含义，并密切配合其他专业来进行设计。在工作中应事无巨细把好关，善于反思和总结工作中的经验和教训。

1-2 结构设计的“四项基本原则”是什么

【答】

这四项基本原则是：刚柔相济，多道防线，抓大放小，打通关节。

1. 刚柔相济

合理的建筑结构体系应该是刚柔相济的。结构太刚，则变形能力差，强大的破坏力瞬间袭来时，需要承受的力很大，容易造成局部受损最后全部毁坏；而太柔的结构虽然可以很好地消减外力，但容易造成变形过大而无法使用，甚至全体倾覆。结构是刚多一点好，还是柔多一点好？刚到什么程度或柔到什么程度才算合适呢？这些问题历来都是专家们争论的焦点，现今的规范给出的也只是一些控制性的指标，无法提供“放之四海而皆准”的精确答案。专家们达成的共识是应该刚柔相济，这是设计者的共同追求。道也许都是相通的。

建筑如此，为人何尝不是如此！过分刚强者，应变能力差，难以找到共同受力的合作者，缺少变通的余地，这种时候必须有足够的刚度才能立于不败，否则一旦后继乏力就会发生脆性破坏，导致伤痕累累、体无完肤的灭顶之灾。这种刚气精神可嘉，方法难取！

柔者易于找到共同受力的构件，以协同消化和抵抗外力。但过柔亦不足取，因为“柔”必然产生变形以适应外力，太柔的结果必然是太大的变形，导致立足不稳而失去根本。

最好既有原则性又有灵活性，也就是刚柔相济。

2. 多道防线

安全的结构体系是层层设防的，灾难来临，所有抵抗外力的结构都在通力合作，前仆后继。这时候如果把“生存”的希望全部寄托在某个单一的构件上，是非常危险的。

多肢墙比单片墙好，框架剪力墙比纯框架好，这些就体现了多道防线的设计思路。也许我们会自信计算的正确性，但更要牢记绝对安全的防备构件是不存在的，应该多多考虑：当第一道防线跨了，第二道防线能顶住吗，能顶住多少，还有没有第三、第四道防线？

建筑结构的安全储备，用不上可不等于没有用。

3. 抓大放小

“强柱弱梁”“强剪弱弯”等是建筑结构设计中非常重要的概念。有人反问：为什么不是“强柱强梁”“强剪强弯”呢？为什么所有构件都很强的结构体系反而不好，甚至会有安全隐患呢？

这里面首先包含一个简单的道理：绝对安全的结构是没有的。简单地说，虽然整个结构体系是由各种构件协调组成一体，但各个构件担任的角色不尽相同，按照其重要性也就有轻重之分。一旦不可预料的破坏力量突然袭来，各个构件协作抵抗的目的，就是为了保住最重要的构件免遭摧毁或者是最后才遭摧毁，这时候牺牲在所难免。但让谁牺牲呢？明智之举是要让次要构件先去承担灾难，如果平均用力，可能会“玉石俱焚”，损失更大矣！在建筑结构中，柱倒了，梁会跟着倒，而梁倒了，柱还可以不倒，可见柱承担的责任比梁大，柱不能先倒。为了保证柱在最后失效，我们故意把梁设计成相对薄弱的环节，使其破坏在先，以最大限度减少可能出现的损失。如果梁、柱等同看待，企图让它们都“坚不可摧”，则可能会造成同时破坏，后果会更糟糕，损失会更大。

所以关键时刻要分清主次、抓大放小，也就是要取大舍小。有舍才有得，舍是为了得。

4. 打通关节

在结构体系中，所谓关节，是指变化相聚之处，或变化出现的地方。不同类型的构件相接处、同一构件断面改变之处，便是关节。广义上，诸如结构错层之处、体量改变之处亦是关节。关节无处不在，因为结构体系乃是变化的统一。外力突然袭来之时，对于单一的构件，力量的传递简明，因而容易控制；而对于复杂的结构体系，因关节的复杂性难以预测和控制，即使从理论上保证了每个组成构件的强度和刚度，但因关节的普遍存在，力量的传递往往不能畅通而出现集中甚至中断，破坏便由此发生。历次灾害表明，从节点开始破坏的建筑，占了相当大的比例。

所以理想的结构体系当然是浑然一体的——也就是没有或相当于没有任何关节，这样的结构体系使任何外力都能迅速传递和消减。基于这个思路，设计者要做的就是尽可能地把结构中各种各样的关节“打通”，使力量在关节处畅通无阻。在设计的四项基本原则中“刚柔相济”“多道防线”“抓大放小”是设计概念中的战略问题，但要想让这些战略思想得以实现，靠的是“打通关节”这个原则作为保证的。结构设计的具体操作，最后全都归到“打通关节”的贯彻和实施上来。

如何打通关节？在设计概念里，要解决的是外力在结构体系内重分配的问题，要确保力量是按照各构件的刚度大小进行分配的，以避免出现不合理的集中，最终达到静态的平衡。因结构形本为“静”，灭于“动”中，所有“动”的因素对于结构均为不利。打通关节保持平衡的目的其实就是使其永远处于原始的静态，当力量不能畅通时，构件与构件之间、构件的组成元素与组成元素之间的静态平衡一旦被破坏，结构就变成机动，“动”即是死，即为终结。可见设计者是协调者，其任务是让所有互不相关的静态构件相聚之后依然处于静态（也就是使其保持常态），或者是处在相对的静态之中。

1–3 结构工程师的基本素质有哪些

【答】

对于一个合格的结构工程师来说，最基本的素质之一就是自信和自学的能力，要不断地完善“真、善、美”的自身修养。真，就是从实际出发，诚恳、实用、合理，不夸大，不缩小；善，就是以人为本，助人为乐，积极主动地与建筑、水电、暖通等专业配合，积极主动地和甲方、施工、监理单位合作完成工程建设；美，就是形式美观大方、自然简洁，语言优美动人，内容表达准确到位，做到一针见血、入木三分。

1. 自信对于一名刚刚参加工作的毕业生的重要性

每个毕业生都应该有这种自信，那就是经过了大学的刻苦学习，我已经在理论上具备了做好结构设计工作的基本知识和能力。只要我们在工作中灵活运用基本理论，不断地学习和运用规范，不断地向有经验的工程师学习请教，脚踏实地，很快就可以化为现实能力，感受到结构设计工作的无穷乐趣和魅力。如果我们相信自己，大脑就会转动起来，产生无限的能量。如果我们否定自己，就怎么也找不到好的方法来解决问题。自信并不是盲目自大，而是要谦虚乐观。

2. 一名合格的结构工程师要具备理论和实践相结合的素质

也就是要坚持实践→方法→认识→理论→实践的不断循环。只要我们投身到实践中去，在实践中运用和完善理论，就可以很快地使自己成为一个真正合格的结构工程师。一个结构工程师要有一种荷载的意识，也就是荷载的传递和抵抗的概念。要认真地学习、理解和运用规范，对于规范我们要遵守，但不必盲从。应该以规范为指导，创造性地去解决实际问题，关键是要真正地提高自身的技术水平和业务能力，鼓励自己的责任感和事业心。因此，对于一个刚刚参加工作的毕业生来说，首先要花大量的时间来学习规范，不要怕烦，用你学过的理论知识来理解规范，有疑问就多方请教，反复思考。

3. 一名合格的结构工程师要具备从整体和大局着眼、从小处入手的素质

什么叫做从整体和大局着眼呢？可以从以下方面来理解：

(1) 三性统筹。对可靠性、适用性（先进性）、经济性加以统一的辩证考虑，以可靠地满足工作性能为基准，反对不切实际的强调先进，反对不讲经济效益。

(2) 四位一体。建筑、结构、水电、暖通要有机配合，各得其所，发挥专长。

(3) 多方兼顾。对勘察、设计、施工、管理、使用、维护、保养要全面地综合分析，贯穿到整个建筑物中去。

(4) 要把人的因素考虑进去。从施工过程到实际使用中的各种不同情况都加以综合考虑，要为用户服务，为使用者着想。

(5) 要有上部结构和地基基础共同作用的概念分析。

(6) 上部结构要有空间整体的分析模型和计算简图。

(7) 要考虑建筑物所在位置和周围建筑物及环境不同而引起的变化，同一建筑物在不同的地区会有不同的受力状态和整体模型。

从小处入手，就是要正确处理好荷载的取值和分布情况，正确选择结构构件，正确处理连接锚固的构造要求，细致地解决局部的各种详图等。还要有分解的概念，这不仅仅指分解成单个的具体结构构件，更重要的是采用温度缝、沉降缝、防震缝等分解成一个个规则的结构单元，以满足合理结构的要求。

1-4　结构设计有哪些基本过程

【答】

1. 看懂建筑图

结构设计，就是对建筑物的结构构造进行设计，首先，当然要有建筑施工图，还要能真正看懂建筑施工图，了解建筑师的设计意图以及建筑各部分的功能及做法。建筑物是一个复杂物体，所涉及的面很广，所以在看建筑图的同时，作为一个结构师，需要向建筑、水电、暖通空调、勘察等各专业进行咨询，了解各专业的各项指标。在看懂建筑图后，作

为一个结构师，这个时候心里应该对整个结构的选型及基本框架有了一个大致的思路。

2. 建模（以框架结构为例）

当结构师对整个建筑有了一定的了解后，可以考虑建模了，这是关键一步。建模就是利用软件，把心中对建筑物的构思在电脑上再现出来，然后再利用软件的计算功能进行适当的调整，使之符合现行规范以及满足各方面的需要。现在进行结构设计的软件很多，常用的有 PKPM、广厦、TBSA 等，大致都差不多。这里不对软件的具体操作作过多的描述，有兴趣的可以看看每个软件的操作说明书。

每个软件的使用方法都差不多。首先，要建轴网，这个简单，反正建筑已经把轴网定好了，输进去就行了。然后就是定柱断面及布置柱子。柱断面的大小的确定需要一定的经验，作为新手，刚开始无法确定也没什么，随便定一个，慢慢再调整也行。

柱子布置也需要结构师对整个建筑的受力合理性有一定的结构理念，柱子布置的合理性对整个建筑的安全与否以及造价的高低起决定性作用……不过建筑师在建筑图中基本已经布好了柱网，作为结构师只需要研究布好的柱网是否合理，适当的时候需要建议建筑师更改柱网。

当布好了柱网以后，就是梁断面以及主次梁的布置。梁断面相对容易确定一点，主梁按 1/12 ～ 1/8 跨度考虑，次梁可以相对取大一点，主次梁的高度要有一定的差别，这个规范上都有要求。而主次梁的布置就是一门学问，这也是一个涉及安全及造价的一个大的方面。总的原则的要求是传力明确，次梁传到主梁，主梁传到柱，力求使各部分受力均匀。还有，根据建筑物各部分功能的不同，考虑梁布置及梁高（比如住宅，若在房中间做一道梁，本来层就只有 3m，一道梁去掉几十厘米，业主不骂人才怪）。

梁布完后，基本上板也就被划分出来了，当然悬挑板什么的现在还没有，需要以后再加上。梁板柱布置完后，就要输入基本的参数，比如混凝土强度、每一标准层的层高、板厚、保护层等，这个每个软件设置的都不同，但输入原则是严格按规范执行。当整个三维线框构架完成，就需要加入荷载及设置各种参数了，比如板厚、板的受力方式、悬挑板的位置及荷载等，这时候模型就基本完成了。生成三维线框看看效果，可以很形象地表现出原来在结构师脑中虚构的那个框架。

3. 计算

计算过程就是软件对结构师所建模型进行导荷及配筋的过程，在计算的时候我们需要根据实际情况调整软件的各种参数，以符合实际情况及安全保证，如果先前所建模型不满足要求，就可以通过计算出的各种图形看出，结构师可以通过对计算出的受力图、内力图、弯矩图等对电算结果进行分析，找出模型中的不足并加以调整，反复至电算结果满足要求为止，这时模型也就完全确定了。然后再根据电算结果生成施工图，导出到 CAD 中修改就行了，通常电算的只是上部结构，也就是梁板柱的施工图，基础通常需要手算，手工画图，现在通常采用平面法出图了，也大大简化了图纸，有利于施工。

4. 绘图

当然，软件导出的图纸是不能够指导施工的，需要结构师根据现行制图标准进行修改，这就看每个人的绘图功底了。施工图是工程师的语言，要想让别人了解自己的设计，就需要更为详细的说明，出图前结构师要保证别人根据施工图能够完整地将整个建筑物再现于实际中，这是个复杂的过程，需要仔细再仔细，认真再认真。

结构师在绘图时还需要针对电算的配筋及断面大小进一步确定，适当加强薄弱环节，使施工图更符合实际情况，毕竟模型不能完完全全与实际相符。最后还需要根据现行各种规范对施工图的每一个细节进行核对，宗旨就是完全符合规范，结构设计本就是一个规范化的事情。我们的设计依据就是那几十本规范，如果施工图中有不符合规范要求的地方，那发生事故，设计者要负完全责任的。

总的来讲，结构施工图包括设计总说明、基础平面布置及基础大样图，如果是桩基础，就还有桩位图、柱网布置及柱平面法大样图，有每层的梁平法配筋图、每层板配筋图、层面梁板的配筋图、楼梯大样图等，其中根据建筑复杂程度，有几个到几十个结点大样图。

5. 校对审核，出图

当然，一个人做如此复杂的事情往往还是会出错，也对安全不利，所以结构师在完成施工图后，需要一个校对人对整个施工图进行仔细的校对工作。要求校对者比较仔细，具备资格和水平，设计中的问题多是校对发现的，校对出了问题后返回设计者修改。修改完毕交总工审核，总工进一步发现问题，并返回设计者修改。通常这样修改完毕后的施工图，有错误的可能性就很低了，就是有错误，也不会对整个结构产生灾难性的后果。然后签字，盖出图章和注册章，拿去晒图。

6. 联系单或设计变更

在建筑物的施工过程中，有时候实际情况与设计考虑的情况不符或设计的施工难度过大，施工无法满足要求，这时就需要设计变更，由甲方或施工队提出问题，返回设计者修改。在施工过程中，设计者也需要多次到工地现场进行检查，看施工是否是按照自己的设计意图来做的，不对的地方要及时指出修改。

1-5　结构设计的重点有哪些

【答】

1. 结构尽量配合建筑要求

建筑是龙头，建筑的布置好比是人的灵魂，而结构就是人的骨干。

2. 建筑材料的选定

对这方面，规范及其他的一些要求，我们在做设计时都应斟酌考虑。

3. 最优的结构设计

不只是耗用材料最少，还要看整体利益。包括易施工；力结构布置尽量齐整，力传递直接；结构稳定且有足够的刚度，并注意裂缝；耐用，维修少等。

4. 经济效益的考虑

如梁的高度变化，其造价也随着变化，梁的造价与梁高度之间呈曲线关系，曲线在最小造价附近是平坦的。

5. 整体的稳定性

在大多数情况下，我们都将三维结构简化为二维结构来分析，这时候很易忽略第三维的稳定性，此时可以通过加斜杆、节点固结或补加强板等来解决。

6. 利用电脑分析

现在用电脑来作结构分析已经很普及，但在应用软件时要小心，要知道其应用范围及限制条件，如弹性、挠度、刚性板、受压失稳等。我们不能完全依赖电脑，输入数据时要复核结构的几何图形、荷载、边界条件等。输出结果时要复核平衡条件及边界条件，要多对几个结构模型变换参数来复核结构对参数的灵敏度及可靠性。结构的分析结果与结构的实际效应是有差别的。在作动态运算时，结构的模型及假定最为重要，只有经过多方面变换参数及参考有实际经验的方案，才能有效地保证运算的合理性。

7. 注意结构概念

首先要注意静定与超静定的区别，如简支梁（静定）其内力可从力学平衡而得，它不会随支承沉降、梁刚度变化而变化，如果是连续梁（超静定）的话，其内力会随支承沉降、梁刚度变化而变化。对于许多重要构件，如转换梁等应尽量用静定结构，使结构内力传递清晰，以便设计。其次，要认识分辨主应力和次应力，如在桁架中，主应力为轴力，次应力为力矩，在设计时可不必考虑力矩；在一般的梁板结构中，主应力是力矩，次应力是扭矩等。

结构工程师的职责就是在保证结构安全的前提下，力求经济、美观，安全是第一位的。

在造价不会增加太大的情况下，还是偏安全一点为好。

1-6 结构专业常见问题有哪些

【答】

这些常见问题见表 1-1 所列。

表 1-1 结构专业常见问题一览

序号	常见问题	相关规范		审图机构处理意见
		规范编号	条目	
一	荷载和计算部分			
1	计算单向地震作用时，未考虑偶然偏心的影响	JGJ 3—2010	3.3.3	整改
2	对于特别重要或对风荷载比较敏感的高层建筑，其基本风压未按 100 年重现期的风压值采用	JGJ 3—2010	3.2.2	整改
3	高层建筑消防疏散楼梯，荷载取值小于 3.5kN/m^2	GB 50009—2012	4.1.1	整改
4	上人屋面活荷载仍用老规范值 1.5kN/m^2，对非上人屋面应由建筑专业确认，有时结构按非上人屋面设计，而建筑实为上人屋面	GB 50009—2012	4.3.1	整改

（续）

序号	常见问题	相关规范		审图机构处理意见
		规范编号	条目	
5	对宾馆、医院等卫生间隔墙局部布置较密，未折算成等效荷载按实输入，如按每米墙重1/3折算成活荷载数值偏小，且≥ 1.0kN/m^2	GB 50009—2012	4.1.1 注5	整改
6	对平面不规则结构，结构扭转为主的第一自振周期 T_t 与平动为主的第一自振周期 T_1 之比，A级高度大于0.9，B级高度大于0.85	JGJ 3—2010	4.4.5	整改
7	对质量与刚度分布明显不对称、不均匀的结构，仍按单向水平地震作用进行计算	JGJ 3—2010	3.3.2	整改
8	对V形、Y形、弧形、井字形平面建筑，风荷载体型系数仍取1.3	JGJ 3—2010	3.2.5	审核意见
9	现浇楼面中梁的刚度增大系数取1.0，引起梁支座配筋偏小	JGJ 3—2010	5.2.2	审核意见
10	7～9度时，框架结构未进行薄弱层检验和验算	GB 50011—2010	5.5.2	审核意见
11	地下建筑抗浮计算时，浮力项未乘分项系数1.2，自重项未乘小于1的分项系数	GB 50009—2012	3.2.5	整改
12	计算书同图纸中用料不一致。如框架结构中的填充墙，图纸中用混凝土小型空心砌块，计算中采用黏土大三孔砖，荷载偏小	GB 50011—2010	5.1.3	整改
二	地基基础			
1	柱下独立承台基础未设两个方向联系梁	GB 50007—2010	8.5.24	审核意见
2	桩箍筋在液化土层范围内未加密	GB 50011—2010	4.4.5	整改
3	高层建筑桩未进行桩基抗震承载力验算	GB 50011—2010	4.4.2 4.4.3	视情况定（整改或审校意见）
4	持力层下存在软弱下卧层时，未考虑下卧层对持力层地基承载力	GB 50007—2010	5.2.7	视情况定（整改或审校意见）
5	基础埋置深度未进入持力层，造成承载力不够	GB 50007—2010	5.1.1 5.1.3	整改
6	基础或桩基承载力验算时，未考虑底层墙或地下室墙重，及基础梁和基础自重的影响，如考虑地下水影响应取最低地下水位，设计时经常漏算上述荷载，造成地基或桩基承载力不足	GB 50007—2010	5.2.1 8.5.4	整改
7	对双柱或多柱联合基础或承台，未使荷载重心与基础形成心或桩心重合，未考虑偏心影响，造成承载力不足	GB 50007—2010	5.2.1 8.5.4	整改
8	按试验确定桩承载力时，未扣除试柱加长部分的摩阻力，造成桩承载力不安全	GB 50007—2010	8.5.4	整改

（续）

序号	常见问题	相关规范		审图机构处理意见
		规范编号	条目	
9	工业厂房中未考虑地面堆载对基础影响，造成基础设计时承载力不足	GB 50007—2010	5.2.1	整改
10	基础底板配筋计算时未考虑由永久荷载效应控制的组合，对由永久荷载效应控制的组合分项系数未取1.35	GB 50009—2012	3.2.5	整改
11	采用标准图中的受压桩作试桩用的锚桩时，未核算桩身抗拉承载力和桩段连接强度	GB 50010—2010	6.2.22	整改
12	力学模型和计算程序选择不妥，如楼面中间开大洞，仅周边有少许楼板连接的结构也按楼面无限刚模型计算，未按弹性板程序复核，也未采取措施	GB 50010—2010	5.1.3	视情况定（整改或审核意见）
13	独立基础、条形基础采用上部荷载不当，应分别进行风荷载作用、地震作用下的最大荷载进行计算和校核			
14	地下室有关构件是否进行裂缝宽度验算			
15	二a环境下，混凝土耐久性基本要求最低混凝土强度等级C25	GB 50010—2010	3.5.3	
16	防水混凝土结构底板的混凝土垫层，强度等级应不小于C15，厚度不应小于100mm，在软弱土层中不应小于150mm	GB 50108—2008	4.1.6	审核意见
三	混凝土结构			
1	现浇板配筋率不满足纵向受力钢筋的最小配筋率	GB 50010—2010	8.5.1	整改
2	框架梁支座负钢筋配筋率超过2.5%	GB 50010—2010	6.3.4 11.3.7	整改
3	钢筋名称仍沿用89规范的Ⅰ级钢、Ⅱ级钢的标注法	GB 50010—2010	4.2.1	审核意见
4	吊环、预埋件锚筋采用冷加工钢筋	GB 50010—2010	9.7.1 9.7.6	整改
5	抗震等级为一、二级的钢筋混凝土框架中的钢筋未提出材料强度比限值要求	GB 50011—2010	3.9.2	整改
6	受拉或受力较大、较重要的受弯构件（如抗拔桩、托墙梁转、换梁等大跨度梁）未作裂缝宽度验算	GB 50010—2010	3.3.3 3.3.4	审核意见
7	框架梁或连梁箍筋等其他构件的配筋未达到电算或手工计算所要求的配筋量	GB 50011—2010	6.3.3	整改
8	框架梁配筋只控制支座箍筋，未考虑跨中配箍。在特殊情况下（如跨中有较大集中力）跨中配箍不足	GB 50010—2010	9.2.9 9.2.11	整改
9	钢筋混凝土梁腹板高度 $h_w \geq 450$mm，梁侧的纵向构造钢筋设置不满足要求	GB 50010—2010	9.2.13	审核意见
10	扁梁的断面尺寸不符合要求，b_b（梁宽）$> 2b_c$（柱宽）或 b_c+h_b（梁高）	GB 50011—2010	6.3.2	审核意见

（续）

序号	常见问题	相关规范		审图机构处理意见
		规范编号	条目	
11	梁高不大于 300mm 的梁箍筋间距采用 200mm 而未验算 $V \leqslant 0.7bh_0f_t+0.05N_{p0}$	GB 50010—2010	9.2.9	审核意见
12	高层一、二级抗震剪力墙（尤其是一字形短肢墙）墙厚不满足要求，而未作墙肢稳定验算	JGJ 3—2010	7.2.1	整改
13	梁端纵向受拉钢筋配箍率＞ 2%，箍筋未按要求增大 2mm	GB 50010—2010	11.3.6	整改
14	高层一字形，剪力墙单侧搁置楼面梁未作墙体加强处理	JGJ 3—2010	7.1.8 7.2.2	视情况定（整改或审核意见）
15	形状复杂的短肢剪力墙，两处方向的受弯钢筋未按规定全部配在端部暗柱（或端柱等）内	GB 50011—2010	6.4.5	整改
16	一、二级抗震设计的剪力墙的约束边缘构件 LC 范围内的体积含箍率不能满足要求	JGJ 3—2010	7.2.15	审核意见
17	一级抗震设计的剪力墙，水平施工缝未作抗滑移验算	JGJ 3—2010	7.2.12	审核意见
18	梁端箍筋加密区不满足≤ $h_0/4$ 的要求，尤其是断面高度较小的连梁等	GB 50011—2010	6.3.3	整改
19	高层建筑的楼面主梁搁置在剪力墙的连梁上	JGJ 3—2010	7.2.2	审核意见
20	悬臂梁、有收头边梁、井格梁的梁交汇处设附加横向钢筋	GB 50010—2010	9.2.11	审核意见
21	楼梯间等结构布置不合理，形成外排柱只有一个方向有框架梁	JGJ 3—2010	6.1.1	审核意见
22	三级框架柱箍筋加密区箍筋间距采用 150mm，不满足柱脚箍筋间距 100mm 的要求	GB 50011—2010	6.3.7	整改
23	选用 HPB300 级 Φ6 规格的钢筋	GB 50010—2010	4.2.1	审核意见
24	选用已作废的图集 01G101、97G329 等	03G ～ 08G		视情况定（整改或审核意见）
25	应全长加密箍筋的柱子，箍筋未全长加密①楼梯间半平台处的柱子由于半平台的平面成为短柱②框支柱，一、二级框架的角柱③剪跨比不大于 2 的柱和因设置填充墙等形成柱净高与断面高度之比不大于 4 的柱	GB 50011—2010	6.3.9	整改
26	高层楼梯间外墙未说明应把踏步板钢筋伸入混凝土墙中，使外墙计算长度加高，而不满足高厚比要求	GB 50010—2010	11.7.12	
四	结构措施部分			
1	钢筋混凝土悬臂梁上部钢筋的弯折（端部无集中力），当悬臂梁长度＞ 190mm，及端部有集中力作用时	GB 50010—2010	9.2.4	

（续）

序号	常见问题	相关规范		审图机构处理意见
		规范编号	条目	
2	梁中箍筋面积配筋率 ρ_{sv} 不足	GB 50010—2010	9.2.9 9.2.10 11.3.9	

1-7　结构设计中要注意哪些观念问题

【答】

(1) 变形过大比构件破坏“更常见”。

按正常设计，一般很少会出现构件破坏的事件。但实际工程常常出现变形过大（包括裂缝）的事件，谁看了都胆战心惊。

教训：一个工程的楼板厚度不足，虽不会破坏，但在未装修地面时，人一跺脚就颤。

结论：一定要作正常使用状态的验算。

(2) 地基沉降比基础破坏“更常见”。

由地基沉降造成的建筑物倾斜、开裂等现象很多，但好像没几个人见过基础破坏的事故。

结论：重视地基承载力、沉降等计算，做好地基处理，保守点没坏处。基础设计时不必过分放大。

(3) 湿陷性黄土比液化“更可怕”。

湿陷性黄土一旦遇水就毁坏，实际情况是常常会漏水。可液化土只有在地震等强烈振动情况下才有问题。

结论：湿陷性黄土一定要认真处理好。

(4) 柱子坏了比梁板坏了“更可怕”。

柱子一旦坏了会造成大面积倒塌，而且不好补救。梁板坏了一般不至于大面积倒塌，也容易补救。

结论：设计柱子时多想一想安全性，设计梁板时多想一想经济性。

(5) 构造不正确比构件配筋不足“更可怕”。

构造不正确往往会造成隐性的、极大的薄弱环节。配筋稍有不足，一般不会出问题。

结论：重视构造。

(6) 框架结构中填充墙出问题比承重构件出问题“更常见”。

许多人全身心地投入承重构件的计算，忽视了填充墙的拉结、砌筑、抹灰等问题。结果工程还没完工就出现了墙裂缝、抹灰空鼓等现象。工程还没完就让设计人现眼。

结论：重视填充墙的构造。

(7) 悬挑构件比其他构件“更可怕”。

悬挑梁一旦出问题，往往就从高空落下去了。超静定结构的梁坏了，一般是个大裂缝，很少会掉落在地上。

结论：对悬挑构件不要节省钢筋。

(8) 正常使用下的破坏比地震破坏“更可怕”。

正常使用下结构坏了，肯定会有人找你的麻烦。但地震的时候，谁先死还不知道呢。

结论：不妨单独算一次正常使用情况下的配筋。

(9) 概念错误比计算错误“更可怕”。

概念错了就全错了，往往没救，而且下次还会错。计算错了往往是局部错，好补救，下次就不会错了。

结论：概念不清千万别做设计。

(10) 施工不到位比设计时少配一根钢筋“更可怕”。

施工不到位（如节点处混凝土不密实），设计就全部白白浪费，出事的概率很高。

结论：要充分考虑施工的方便性。

1-8 结构设计工作中，上部结构有什么要注意的

【答】

(1) 设计坡屋顶时，梁配筋后，必须自校梁底标高，算出其净高，看是否满足要求，特别是楼梯等入口处。

(2) 设计坡屋面时，屋脊（阳角、阴角）处，梁可适当减小，当板跨较小时，可以不设梁，否则可能影响使用，净高不足，再者看上去也影响美观。

(3) 楼梯柱（中间平台作用处）应该全程加密，因为该柱为短柱。

(4) 对于迎水面保护层为 50mm 的混凝土墙，应在 50mm 内增设 Φ8@150 双层双向的钢筋网片，以减少混凝土的收缩裂缝。

(5) 对于梁高的取值，应该考虑建筑空间的需求，要和建筑方面协商好净高要求。

(6) 写字楼、商场等 8m 跨梁，尺寸不应为 300mm×800mm，应取 350mm×700mm；对于一些大跨度公建，梁宽应适当加大，应取 300mm 以上，最好取 350mm、400mm，因为：

① 梁宽加宽，抗剪有利，符合“强剪弱弯”的原则。

② 350mm 宽的梁，用四肢箍可以使箍筋直径减小。

③ 主梁加宽，有利于次梁钢筋的锚固。

(7) 对于柱的大小，应该尽量做到按轴压比控制，轴压比相差不宜大于 0.2，当建筑方面有要求时，应和相关各方协商好该问题。

(8) 对于高层建筑，考虑到顶层板刚度突变很大，厚度应宜加到 150mm，应充分分析计算结果，判断结构类型。

(9) 梁配筋时，应充分考虑梁的锚固长度，特别是次梁，应尽量满足图集要求。

(10) 板配筋时，应注意钢筋的区别（是否有弯钩）；板厚不同时，千万注意不能把钢筋拉通。

(11) 画大样图时，一定要对照建筑大样图和立面图，以达到建筑的里面要求。

(12) 梁配筋时，应注意腰筋的设置，单侧腰筋应大于 $b \times h$ 的 0.1%。

(13) 柱配筋时，应同时满足配筋率、箍筋、主筋、角筋、最小体积配筋率的要求。

(14) 后浇带应按规范加强。

(15) 高层建筑中，楼板开大洞后，宜按 JGJ 3—2010 第 4.4.8 条加强。

(16) 剪力墙墙肢断面（又称截面）高度不宜大于 8m，否则应开结构洞。

1-9 要做好概念设计，应掌握哪些知识

【答】

概念设计是结构设计人员运用所掌握的知识和经验，从宏观上决定结构设计中的基本问题。要做好概念设计，我们应掌握以下方面知识。

(1) 结构方案要根据建筑使用功能、房屋高度、地理环境、施工技术条件和材料供应情况、有无抗震设防等来选择合理的结构类型。

(2) 竖向荷载、风荷载及地震作用对不同结构体系的受力特点。

(3) 风荷载、地震作用及竖向荷载的传递途径。

(4) 结构破坏的机制和过程，据此加强结构的关键部位和薄弱环节。

(5) 建筑结构的整体性，承载力和刚度在平面内及沿高度应均匀分布，避免突变和应力集中。

(6) 预估和控制各类结构及构件塑性铰区可能出现的部位和范围。

(7) 抗震房屋应设计成具有高延性的耗能结构，并具有多道防线。

(8) 地基变形对上部结构的影响，地基基础与上部结构协同工作的可能性。

(9) 各类结构材料的特性及其受温度变化的影响。

(10) 非结构性部件对主体结构抗震产生的有利和不利影响，要协调布置，并保证与主体结构连接构造的可靠等。

第 2 章
建筑结构设计技术方法

2-1　地质报告关注些什么

【答】

面对现在越来越厚的勘察报告，设计人员可以根据对设计有用的程度，有选择、有重点地看。

(1) 先看清楚地质资料中对场地的评价和基础选型的建议，好对场地的情况有一个大概的了解。

(2) 根据地质剖面图和各土层的物理指标，对场地的地质结构、土层分布、场地稳定性、均匀性进行评价和了解。

(3) 确定基础形式。

(4) 根据基础形式，确定地基持力层、基础埋深、土层数据等。

(5) 沉降数据分析。

(6) 是否发现影响基础的不利地质情况，如土洞、溶洞、软弱土、地下水情况等。

注意有关地下水地质报告中经常有这样一句“勘察期间未见地下水”。如果带地下室，而且场地为不透水土层，例如岩石，设计时就必须考虑水压，因为基坑一旦进水，而水又无处可去，设计时未加考虑那就麻烦了。看地质报告时，可注意以下要点。

1. 有选择地看重点内容和数据

(1) 直接看结束语和建议中的持力层土质、低级承载力特征值、地基类型和基础砌筑标高。

(2) 结合钻探点号看懂地质剖面图，并确定基础埋设标高。

(3) 重点看结束语和建议对存在饱和砂土和饱和粉土的地基是否有液化判别。

(4) 重点看两个水位：历年地下水的最高水位和抗浮水位。

(5) 注意看结束语和建议定性的预警语句，并且必要时将其转写进基础设计的一般说明中。举例如下。

① 本工程地下水位较高，基槽边界条件较为复杂，应妥善选择降水及基坑边坡支护方案，并在施工过程中加强观测。降水开始后须经设计人员同意方可停止（此条款多用于北京地下水位较高的地区）。

② 采用机械挖土时严禁扰动基底持力层土，施工时应控制机械挖土深度，保留300mm厚土层，用人工挖至槽底标高，如有超挖现象，应保持原状，并通知勘察及设计单位进行处理，不得自行夯填（此条款各个工程基本通用）。

③ 基槽开挖到位后应普遍钎探，并及时通知勘察及设计单位共同验槽，确认土质满

足设计要求后方可进行下步施工（此条款各个工程基本通用）。

④ 基槽开挖较深，施工时应注意，在降水时应采取有效措施，避免影响相邻建筑物（此条款各个工程基本通用）。

⑤ 建议对本楼沉降变形进行长期观测（此条款多用于加层、扩建建筑物和基础设计等级为甲级或者复合地基或软弱地基上基础设计等级为乙级的建筑物，与受到邻近深基坑开挖施工影响或受场地地下水等环境因素变化影响的建筑物，当然也包括那些需要积累建筑经验或进行设计反分析的工程）。

(6) 特别看一下结束语或建议中场地类别、场地类型、覆盖层厚度和地面下 15m 范围内平均剪切波速。

2. 还需要注意的一般内容

比如好土下是否存在不良工程地质中的局部软弱下卧土层。

3. 可以不看的内容

地层岩性及土的物理力学性质综合统计表，以及勘察原理和方法等。

2-2 结构分析和结构模型的功能是什么？结构分析与结构设计的关系是什么

【答】

1. 结构分析

结构分析是确定在给定荷载下结构中产生的内力和变形，以便使结构设计得合理并能检查现有结构的安全状况。

在结构设计中，必须先从结构的概念开始拟定一种结构形式，然后再进行分析。这样做能确定构件的尺寸和所需要的钢筋，以便承受设计荷载而不致出现结构或结构构件的破坏（承载能力极限状态设计）；结构或结构构件应达到正常使用或耐久性能的规定（正常使用极限状态设计）。

由于通常在工作荷载作用下，结构处于弹性状态，因此，以弹性状态假设为基础的结构理论就适用于正常状态。结构的倒塌通常在远远超出材料弹性范围，超出临界点后才会发生，因而建立在材料非弹性状态基础上的极限强度理论，是合理确定结构安全性防止倒塌所必需的。不过弹性理论可用来确定延性结构强度的安全近似值（塑性下限逼近法），在钢筋混凝土设计中通常采用这种方法。基于这种原因，在本文中仅仅采用结构的弹性理论。

2. 结构模型

所有结构严格说来都是三维构件的组合体，对其进行精确的分析，甚至在理想状态下也是一个棘手的工作，即使专业人员也难以入手。由于这种原因，分析人员工作的一个重要部分，是将实际结构和荷载状态简化成一个易于合理分析的模型。

这样一来，结构框架系统可分解成板和楼盖梁，楼盖梁是由柱支撑的交叉梁系，柱将荷载传递到基础上。因为传统的结构分析不能分析板的作用，所以，经常理想化成类似于梁的条形系统。同样，普通的方法不能处理三维框架系统，因此，常利用平面结构组合系统建立整个结构的模型，分别加以分析。现代的有限元法可以分析整个系统，从而革新了结构分析，可对荷载作用下结构的性能做出更可靠的预测。

实际荷载状态也是很难确定和客观表达的，为了进行分析，必须进行简化。例如：桥梁结构上的交通荷载主要是动载和可变荷载，通常理想化成静态行驶的标准汽车或分布荷载，以用来模拟实际产生的最危险的荷载状态。

同样，连续梁有时简化为简支梁，刚性结点简化为铰结点，忽略填充墙，把剪力墙简化成梁。在决定如何建立一个结构模型，使之比较客观但又比较简单时，分析人员必须记住，每个这样的理想化都将使所求的结果更加可疑。分析的越客观，产生的信心越大，所取的安全系数（或可忽略的因素）可以越小。这样，除非规范条款有控制，工程师必须估算出结构精确分析所需追加的费用与结构中可能节省的费用相比是否合算。

3. 结构分析与结构设计的关系

结构分析的最重要的用处，是在结构设计中作为一种工具。它通常是反复试算过程中的一个环节，在这种方法中，首先，在假定的恒载下对假定的结构体系进行分析，然后根据分析结果设计各构件，这个阶段称为初步设计。由于这种设计常常在变化，通常采用粗略的快速分析方法就足够了。在此阶段，估计结构的成本，修正荷载及构件特性，并对设计进行检查以便改进。至此，所做的更改已纳入结构中，需进行更精细的分析，并修改构件设计。这种设计过程会收敛，收敛的速度取决于设计者的能力。很显然，为了设计，需要有从“迅速而粗略”到“精确”的各种分析方法。

有能力的分析人员必须掌握严密的分析方法，必须能够通过适当的假设条件简化分析，必须了解可利用的标准设计和分析手段以及建筑规范中允许的简化方法。同时，现代的分析人员必须精通结构矩阵分析的基本原理及其在数字计算机中的应用及会应用现有的结构分析程序及有关软件。

2-3 规范执行中，结构设计要注意哪些事项

【答】

在应用规范时要熟悉规范，并应正确理解规范的含义及意图（如梁附加横向钢筋的作用及设置）。规范也有不少欠妥之处，规范之间也有矛盾，对规范应就高不就低，按“大规范”而不按“小规范”。

如《基规》第 8.2.1 条规定扩展基础的最低混凝土强度等级为 C20，而《混凝土规范》第 4.1.2 条规定钢筋混凝土结构的混凝土强度等级不应低于 C20，第 3.5.3 条规定基础在二 a 类环境中的最低混凝土强度等级为 C25，这时我们就应采用 C25。

而 JGJ 95—2011《冷轧带肋钢筋混凝土结构技术规程》第 6.1.3 条规定纵向受拉钢筋锚固长度 L_a 的最小值为 200mm，第 7.3.3 条规定纵向受拉钢筋搭接长度 L_L 的最小值为 300mm，则与《混凝土规范》第 8.3.1 条及第 8.4.5 条规定的 200mm、300mm 一致。

1. 一般规定

(1) 设计说明应注明工程设计使用年限、安全等级，选用的建筑材料应注明规格、

型号、性能等技术指标，其质量必须符合国家标准的要求。

(2) 签订合同的设计项目，一律采用与现行规范配套的软件作计算分析，注意对应的版本。

(3) 用新版本软件计算结果用钢量将会提高，计算梁、柱主筋，钢材优先采用HRB400。一级柱箍筋优先采用HRB400。

(4) 风荷载取值。如南京地区设计周期为50年，w_0=0.40kPa；设计周期为100年，w_0=0.45kPa。对风荷载敏感的建筑以及60m以上的高层建筑，按w_0=0.45kPa取值。

(5) 基本雪压。如南京地区设计周期50年，取0.65kPa；设计周期100年，取0.75kPa。

(6) 对小塔楼的界定应慎重，当塔楼高度对房屋结构适宜高度有影响时，小塔楼应充分论证后确定。

(7) 施工图涉及钢网架、电梯及其他设备预留的孔洞、机坑、基础、预埋件等时一定要写明："有关尺寸在浇筑混凝土之前必须得到设备厂家签字认可方可施工。"

(8) 砌体结构不允许设转角飘窗。

(9) 钢结构工程设计，必须注明焊缝质量等级、耐火等级、除锈等级及涂装要求。

(10) 砌体工程设计，必须注明设计采用的施工质量控制等级（一般采用B级）。

(11) 砌体结构不宜设置少量的钢筋混凝土墙。

(12) 砌体结构楼面有高差时，其高差不应超过一个梁高（一般不超过500mm)。超过时，应将错层当两个楼层计入总楼层中。

2. 结构计算

(1) 结构整体用软件计算时，总体信息的取值原则如下。

① 混凝土容重 (kN/m^3) 取26～27，全剪结构取27。若取25，对于剪力墙需输入双面粉层荷载。

② 地下室层数，取实际地下室层数，当含有地下室计算时，不指定地下室层数是不对的。

③ 计算振型数，取3的倍数，高层建筑应至少取9个，考虑扭转耦联计算时，振型应不少于15个，对多塔结构不应少于塔数×9。计算时要检查Cmass-x及Cmass-y两向质量振型参与系数，均要保证不小于90%，达不到时，应增加振型数，重新计算。

④ 地震信息中的"活荷载质量一般折减系数"RMC取0.5（遇具体问题时按照《抗震规范》第5.1.3条）。

⑤ 自振周期应考虑填充墙体对刚度的影响进行折减。当填充墙为黏土实心砖墙时，折减系数为：框架结构0.6～0.7，框剪结构0.7～0.8，剪力墙结构0.9～1.0；当采用轻质材料或空心砖时，其材料的刚度、变形性能、延性不同，对结构的刚度影响较小，可根据具体情况确定折减系数。如果折减系数取值不当，往往使结构设计不合理，或造成浪费或带来安全隐患。

⑥ 活荷载信息中，问"柱、墙活荷载是否折减"，一般不折减；问"传到基础的活荷载是否折减"，应折减。

⑦ 调整信息中：

"中梁刚度增大系数"BK取2.00。

“梁端弯矩调幅系数” B_T=0.85 ～ 0.9。

“梁跨中弯矩增大系数” B_M=1.05 ～ 1.10，一般取 1.05；活荷载大于 3.0kPa 的多高层，取 1.1 ～ 1.2。

“连梁刚度折减系数” B_{LZ} 取 0.50 ～ 0.7，在内力和位移计算中，最小取 0.50，一般取 0.55；当结构位移由风荷载控制，不宜小于 0.8。

“梁扭矩折减系数” T_B 一般取 0.40。

“全楼地震力放大系数”一般取 1.0；当 λ 不满足《抗震规范》第 5.25 条时，用此系数调至满足。

“$0.2Q_0$”框剪结构必须要求调整。

“顶塔楼内力放大”当振型数多于 9 个时取 1，否则需放大取 3。

(2) 结构设计应在初步设计阶段对电算结果进行把关。对主要参数应作控制，如剪重比、周期比（以扭转为主的基本周期与第一平动周期之比）、位移比（最大弹性层间位移与层间平均位移之比），以满足规范基本要求。

(3) 有斜楼座的看台、剧场由于整体性差，楼层刚度无穷大的假定难于形成，应补充单榀验算。

3. 对地质勘察报告的基本要求

如果由设计院布置钻孔，提勘察要求时须加注明：勘察部门应根据勘察规范及现场地质情况作必要调整。若业主委托设计已完成钻探，设计人员应根据以下基本要求作审查。

(1) 钻孔控制点。应布置在建筑物的外围，即建筑物四角应有钻孔。

(2) 钻孔。分一般性钻孔和控制性钻孔，对孔深要求为：勘探孔深应能控制主要持力层，当基础底面宽度不大于 5m 时，勘探孔的深度对条形基础不应小于基础底面宽度的 3 倍，对单独基础不应小于 1.5 倍，且不小于 5m；对高层建筑和需作变形验算的地基，控制性勘探孔的深度应超过地基变形计算深度。

(3) 桩基勘探深度。

① 布置 1/3 ～ 1/2 的勘探孔为控制性孔，且安全等级为一级建筑桩基场地应至少布置 3 个控制性钻孔，安全等级为二级的建筑桩基不应少于 2 个控制性钻孔，控制性孔深度应穿过桩端以下压缩层厚度，一般性钻孔应深入桩端平面以下 3 ～ 5m。

② 嵌岩桩钻孔应深入持力层岩层不小于 3 ～ 5 倍桩径。当持力层较薄时，控制性钻孔应穿过持力岩层；岩溶地区，应查明溶洞、溶沟分布情况。

(4) 勘察报告。除了要做取土勘探孔，还应要求现场原位测试、单桥静力触探和标准贯入测试；对于适于采用预制桩基的场地，应要求提供 JGJ 94—2008《建筑桩基技术规范》公式 (5.3.3) 所要求的单桥静力触探比贯入阻力值估算的桩周侧阻力和桩端阻力。

(5) 嵌岩桩基。应要求勘察报告提供《建筑桩基技术规范》嵌岩桩公式 (5.3.9) 所要求的各项系数、岩石单轴抗压强度以及基岩的完整性。

(6) 对于有地下室的工程，应要求勘察报告提供基坑支护设计所要求的各项工程特性指标。

(7) 当地下水埋藏较浅，建筑地下室存在上浮问题时，应要求勘察报告提供用于计算地下水浮力的设计水位。

(8) 勘探报告。应划分场地土类型和场地土类别，并对饱和砂土及粉土进行液化判别。

(9) 桩基设计。应要求勘探报告提供各种桩型的参数，以便作多种桩基方案的技术经济对比，避免只有一种桩基参数，思路受到勘探部门的限制，而不能选择更好的基础方案。

4. 基础设计

(1) 地基基础设计时，确定基础面积或桩数量，上部的荷载效应采用正常使用极限状态下荷载效应的标准组合。相应的抗力应采用地基承载力特征值或单桩承载力特征值。

(2) 计算地基变形时，传至基础底面上的荷载效应采用正常使用极限状态下荷载效应的准永久组合，不计入风荷载和地震作用。

(3) 基础底板的配筋，应按抗弯计算确定，地基反力采用的是荷载效应基本组合时的地基反力设计值。承台配筋计算时，采用相应于荷载效应基本组合时的桩竖向力设计值。

(4) 静载试验所确定的单桩竖向极限承载力，除以安全系数 2，为单桩竖向承载力特征值 R_a。

(5) 桩的取值原则。

① 人工挖孔桩的桩长不宜大于 40m，亦不宜小于 6m，桩长少于 6m 的按墩基础考虑，桩长虽大于 6m 但 L/D（D 为扩大端直径）< 3 的亦按墩基计算。

② 人工挖孔桩计算单桩承载力时，桩侧阻力可按混凝土护壁外直径计算，计算桩端阻力和桩身强度时，仅取内径为桩身计算直径。

③ 支承在微风化岩上长径比 $L/d \leq 5$ 的端承桩，只计端阻不计侧阻，支承于其他土层或中风化岩、强风化岩土的桩，端承桩计算摩阻力，但有扩大头的桩，其扩大部分及以上 1 ～ 2m 范围内不计桩周侧阻力。

(6) 对桩基设计，应作两种以上桩型的技术经济对比。

5. 构造设计

(1) 钢筋连接有三种基本形式：搭接、焊接、机械连接。由于现场质量有时得不到保证，对于直径不小于 18mm 的钢筋，优先采用机械接头，不宜焊接。

(2) 用以减少温度和收缩不利影响（《混凝土规范》中 9.1.7 条）的后浇带浇筑间隔时间，一般要求 60d 以上。

(3) 混凝土收缩及温度变化引起的拉应力是沿板的整个厚度作用，所以特别强调上、下表面同时配置附加钢筋的必要性，《混凝土规范》中第 9.1.8 条，根据国内外工程经验给出板上、下表面每个方向的附加钢筋均不宜小于 0.1% 的建议。对于阳角房间、屋面所有板块，计算不配钢筋的部位另加抗温度、收缩分布钢筋，板厚 120mm，Φ6@200，板厚 100mm，Φ6@220。

(4) 受力钢筋的直径与构件断面高度及跨度应成一定的比例，《混凝土规范》中第 9.2.1 条对梁最小钢筋直径作了规定（当梁高 $h \geq 300$mm 时，不应小于 10mm; 当梁高 $h < 300$mm 时，不应小于 8mm）。对现浇板，一般考虑（建议）如下：

板厚 120mm 以下的，适宜的钢筋直径为 8 ～ 12mm；

板厚 120 ～ 150mm 以下的，适宜的钢筋直径为 10 ～ 14 mm；

板厚 150 ～ 180mm 以下的，适宜的钢筋直径为 12 ～ 16 mm；

板厚 180 ～ 220mm 以下的，适宜的钢筋直径为 14 ～ 18 mm。

板厚 150mm 以上的，应采用 HRB335。

(5) 对卧置于地基上的基础筏板，板厚大于 2m, 除应沿板的上、下表面布置纵横方向的钢筋外，需沿板厚度向不超过 1m 设置与板面平行的构造钢筋网片，其直径不小于 12mm, 纵横方向的间距不大于 200mm。

(6) 地下室外墙板以及剪力墙中温度收缩应力较大部位（顶层、外墙），水平分布钢筋配筋率不宜小于 0.30%，不应小于 0.25%。当墙厚超过 400mm，单侧水平分布筋配筋率不宜小于 0.2%。

(7) 屋面天沟、雨篷应考虑满水荷载，当天沟、雨篷深度超过 500mm 时，应在天沟、雨篷侧板设泄水孔，此时水重可计至泄水孔底面，还需考虑找坡层的重量。

(8) 现浇板楼面，考虑在使用周期灵活布置轻质隔墙时，可将隔墙每米长自重的 30% 作为每平方米楼面的均布荷载标准值计算，且不小于 1.0kPa，其永久值系数可取 0.5。

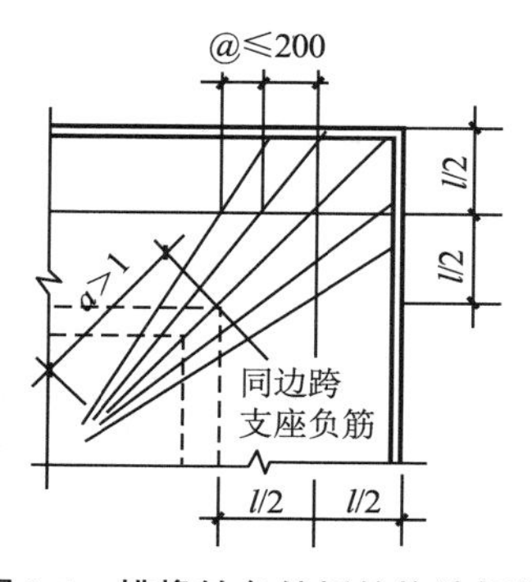

图 2-1　挑檐转角处板的构造钢筋
（单位：mm）

(9) 现浇板内埋设设备暗管时，管外径不得大于板厚的 1/3，交叉管线应妥善处理，并使管壁至板上下边净距不小于 25mm。

(10) 挑檐转角位于阳角时的加强配筋。挑檐转角处应配置放射性构造钢筋，如图 2-1 所示。钢筋间距（按 $L/2$ 处计算）不宜大于 200mm；钢筋埋入长度应不小于挑檐宽度，即 $a \geqslant L$。构造钢筋的直径与边跨支座的负弯矩筋相同。

(11) 结构平面图中，所有受力构件都应相对于轴线标注定位尺寸（阳台、雨篷挑出长度、梁距轴线距离等）。

(12) 转换层现浇板最小厚度 180mm，最小配筋率 0.3%。转换层上下各一层现浇板需加强，板厚宜 150mm，最小配筋率 0.25%。

(13) 连续跨梁配钢筋时，支座两侧的钢筋直径应尽可能相同，以便钢筋穿过支座，避免两侧不同的钢筋都在支座锚固，造成结点钢筋过密，影响结点混凝土浇灌。

2-4　结构设计技术要点有哪些

【答】

(1) 拿到作业图不要盲目建模计算。先进行全面分析，与建筑设计人员进行沟通，充分了解工程的各种情况（功能、选型等）。

(2) 建模计算前的前处理要做好。如荷载的计算要准确，不能估计。要完全根据建筑做法或使用要求来输入。

(3) 在进行结构建模的时候，要了解每个参数的意义，不要盲目修改参数，修改时要有依据。

(4) 在计算中，要充分考虑在满足技术条件下的经济性。不能随意加大配筋量或加大构件的断面。这一点要作为我们的设计理念之一来重视。

(5) 梁、柱、板等电算结束后要进行大量的调整和修改，都要有依据可循（可根据验算简图等资料）。

具体包括以下集中修改或注意事项：

(1) 梁：

① 注意梁的标高（是否确定梁底标高及梁上翻等问题）；

② 梁的支座负筋不能太疏，要人为加密；

③ 梁的跨数要核对；

④ 尽量减少钢筋的种类和级差（≤ 2 级）；

⑤ 有雨篷等外挑构件处的梁要加强（可以将此处的箍筋加密、设置抗扭钢筋等措施）；

⑥ 钢筋在梁中的放置必须满足净距要求，特别是梁上部钢筋的净距（≥ $1.5d$ 或 30mm）；

⑦ 碰到电算结果的井字梁（有主次关系）处，要分清主次关系，在主要梁支座处标出支座筋；

⑧ 搁在边梁上的连梁等，在靠边梁处的支座筋不宜过大，宜减小，从而减少对边梁的扭矩；

⑨ 有主次梁关系，从梁断面上也有区别，次梁适当放小。

(2) 柱：

① 满足轴压比要求（≤ 0.9）；

② 大跨度的厂房等，柱子断面宜选用长方形；

③ 构造柱的设置（细查《抗震规范》）。

(3) 板：

① 负筋不宜选用过细的钢筋，可以用较大直径的钢筋代替，避免施工时被踩下；较大直径钢筋不宜过疏，否则受力不均或容易开裂；

② 在结构平面图中需注明标高及板剖面图；

③ 屋面板的钢筋须全部拉通；

④ 板配筋要表达清楚，不能让施工人员猜测；

⑤ 在结构平面图中，注明雨篷、阳台、檐口等位置及尺寸，并画出大样。

(4) 基础：

① 不能将深基础与浅基础混用；

② 基础荷载计算时，千万别漏算荷载（包括底层墙体重量荷载等）；

③ 基础（包括地梁、承台等）的标高要满足上部管线的通过，一般其上预留 300mm。

2-5 建筑结构设计计算有哪些基本步骤

【答】

新的建筑结构设计规范在结构可靠度、设计计算、配筋构造方面均有重大更新和补充，特别是对抗震及结构的整体性、规则性作出了更高的要求，使结构设计不可能一次完成。

如何正确运用设计软件进行结构设计计算，以满足新规范的要求，是每个设计人员都非常关心的问题。下面以SATWE软件为例进行结构设计计算步骤的讨论。对一个典型工程而言，使用结构软件进行结构计算分四步较为科学。

1. 完成整体参数的正确设定

计算开始以前，设计人员首先要根据新规范的具体规定和软件手册对参数意义的描述以及工程的实际情况，对软件初始参数和特殊构件进行正确设置。但有几个参数是关系到整体计算结果的，必须首先确定其合理取值，才能保证后续计算结果的正确性。这些参数包括振型组合数、最大地震力作用方向和结构基本周期等，在计算前很难估计，需要经过试算才能得到。

(1) 振型组合数是软件在做抗震计算时考虑振型的数量。该值取值太小，不能正确反映模型应当考虑的振型数量，使计算结果失真；取值太大，不仅浪费时间，还可能使计算结果发生畸变。《高规》中第5.1.13-2条规定，抗震计算时，宜考虑平扭耦联计算结构的扭转效应，振型数不宜小于15，对多塔结构的振型数不应小于塔楼的9倍，且计算振型数应使振型参与质量不小于总质量的90%。

一般而言，振型数的多少与结构层数及结构自由度有关，当结构层数较多或结构层刚度突变较大时，振型数应当取得多些，如有弹性节点、多塔楼、转换层等结构形式。振型组合数是否取值合理，可以看软件计算书中的x、y向的有效质量系数是否大于0.9。具体操作是，首先根据工程实际情况及设计经验预设一个振型数，计算后考察有效质量系数是否大于0.9，若小于0.9，可逐步加大振型个数，直到x、y两个方向的有效质量系数都大于0.9为止。必须指出的是，结构的振型组合数并不是越大越好，其最大值不能超过结构的总自由度数。例如对采用刚性板假定的单塔结构，考虑扭转耦联作用时，其振型不得超过结构层数的3倍。如果选取的振型组合数已经增加到结构层数的3倍，其有效质量系数仍不能满足要求，也不能再增加振型数，而应认真分析原因，考虑结构方案是否合理。

(2) 最大地震力作用方向。是指地震沿着不同方向作用，结构地震反映的大小也各不相同，那么必然存在某个角度使得结构地震反应值最大的最不利地震作用方向。设计软件可以自动计算出最大地震力作用方向并在计算书中输出，设计人员如发现该角度绝对值大于15°，应将该数值回填到软件的“水平力与整体坐标夹角”选项里并重新计算，以体现最不利地震作用方向的影响。

(3) 结构基本周期是计算风荷载的重要指标。设计人员如果不能事先知道其准确值，可以保留软件的默认值，待计算后从计算书中读取其值，填入软件的“结构基本周期”选项，重新计算即可。

上述计算的目的，是将这些对全局有控制作用的整体参数先行计算出来，正确设置，否则其后的计算结果与实际差别很大。

2. 确定整体结构的合理性

整体结构的科学性和合理性是新规范特别强调的内容。新规范用于控制结构整体性的主要指标主要有：周期比、位移比、刚度比、层间受剪承载力之比、刚重比、剪重比等。

1）周期比

这是控制结构扭转效应的重要指标。考虑它的目的是使抗侧力的构件的平面布置更有效、更合理，使结构不至出现过大的扭转。也就是说，周期比不是要求结构足够结实，而是要求结构承载布局合理。《高规》第4.4.5条对结构扭转为主的第一自振周期 T_t 与平动为主的第一自振周期 T_1 之比给出了规定。如果周期比不满足规范的要求，说明该结构的扭转效应明显，设计人员需要增加结构周边构件的刚度，降低结构中间构件的刚度，以增大结构的整体抗扭刚度。

设计软件通常不直接给出结构的周期比，需要设计人员根据计算书中周期值自行判定第一扭转（平动）周期。以下介绍实用周期比的计算方法：

(1) 扭转周期与平动周期的判断。从计算书中找出所有扭转系数大于0.5的扭转周期，按周期值从大到小排列。同理，将所有平动系数大于0.5的平动周期值从大到小排列。

(2) 第一周期的判断。从列队中选出数值最大的扭转（平动）周期，查看软件的“结构整体空间振动简图”，看该周期值所对应的振型的空间振动是否为整体振动，如果其仅仅引起局部振动，则不能作为第一扭转（平动）周期，要从队列中取出下一个周期进行考察；以此类推，直到选出不仅周期值较大而且其对应的振型为结构整体振动的值，即为第一扭转（平动）周期。

(3) 周期比计算。将第一扭转周期值除以第一平动周期值即可。

2）位移比（层间位移比）

这是控制结构平面不规则性的重要指标，其限值在《抗震规范》和《高规》中均有明确的规定，不再赘述。需要指出的是，规范中规定的位移比限值是按刚性板假定作出的，如果在结构模型中设定了弹性板，则必须在软件参数设置时选择“对所有楼层强制采用刚性楼板假定”项，以便计算出正确的位移比。在位移比满足要求后，再去掉“对所有楼层强制采用刚性楼板假定”的选择，以弹性楼板设定进行后续配筋计算。

此外，位移比的大小是判断结构是否规则的重要依据，对于偶然偏心、单向地震、双向地震下的位移比，设计人员应正确选用。

3）刚度比

这是控制结构竖向不规则性的重要指标。根据《抗震规范》和《高规》的要求，软件提供了三种刚度比的计算方式，分别是剪切刚度、剪弯刚度和地震力与相应的层间位移比。正确认识这三种刚度比的计算方法和适用范围，是刚度比计算的关键。

(1) 剪切刚度主要用于底部大空间为一层的转换结构及对地下室嵌固条件的判定。

(2) 剪弯刚度主要用于底部大空间为多层的转换结构。

(3) 地震力与层间位移比，通常绝大多数工程都可以用此法计算刚度比，这也是软件的默认方式。

4）层间受剪承载力之比

这是控制结构竖向不规则性的重要指标，其限值可参考《抗震规范》和《高规》的有关规定。

5）刚重比

这是结构刚度与重力荷载之比，是控制结构整体稳定性的重要因素，也是影响重力二阶效应的主要参数。该值如果不满足要求，可能引起结构失稳倒塌，应当引起设计人员的足够重视。

6）剪重比

这是抗震设计中非常重要的参数。规范之所以规定剪重比，主要是因为长期作用下，地震影响系数下降较快，由此计算出来的水平地震作用下的结构效应可能太小。而对于长周期结构，地震动态作用下的地面加速度和位移可能对结构具有更大的破坏作用，但采用振型分解法时无法对此做出准确的计算。因此，出于安全考虑，规范规定了各楼层水平地震力的最小值，该值如果不满足要求，则说明结构有可能出现比较明显的薄弱部位，必须进行调整。

除以上计算分析以外，设计软件还会按照规范的要求对整体结构地震作用进行调整，如最小地震剪力调整、特殊结构地震作用下内力调整、“$0.2Q_0$”调整（框剪结构在抗震计算时，剪力墙刚度大吸收了大量的地震力，框架分担较少，为使剪力墙开裂后框架仍能承担一部分剪力，增加框架的安全度，规定框架承担的基底剪力不少于总剪力的20%。见《高规》中第8.1.4条）、强柱弱梁与强剪弱弯调整等，因程序可以完成这些调整，就不再详述了。

3. 对单构件作优化设计

前几步主要是对结构整体合理性的计算和调整，这一步则主要进行结构单个构件内力和配筋计算，包括梁、柱、剪力墙轴压比计算，构件断面优化设计等。

（1）软件对混凝土梁计算显示超筋信息。需注意以下情况：

① 当梁的弯矩设计值 M 大于梁的极限承载弯矩 M_u 时，提示超筋。

②《抗震规范》中第6.3.3条对混凝土受压区高度限制如下：

四级及非抗震：$\xi \leqslant \xi_b$。

二、三级：$\xi \leqslant 0.35$（计算时取 $A_S' = 0.3A_S$）。

一级：$\xi \leqslant 0.25$（计算时取 $A_S' = 0.5A_S$）。

当 ξ 不满足以上要求时，程序提示超筋。

③《抗震规范》中第6.3.4条要求梁端纵向受拉钢筋的最大配筋率为2.5%，当大于此值时，提示超筋。

④ 混凝土梁斜断面计算要满足最小断面的要求，如不满足则提示超筋。

（2）剪力墙超筋。分三种情况：

① 剪力墙暗柱超筋。软件给出的暗柱最大配筋率是按照4%控制的，而各规范均要求剪力墙主筋的配筋面积以边缘构件方式给出，没有最大配筋率。所以，程序给出的剪力墙超筋是警告信息，设计人员可以酌情考虑。

② 剪力墙水平筋超筋，说明该结构抗剪强度不够，应予以调整。

③ 剪力墙连梁超筋，大多数情况下是在水平地震力作用下抗剪强度不够。规范中规定允许对剪力墙连梁刚度进行折减，折减后的剪力墙连梁在地震作用下基本上都会出现塑性变形，即连梁开裂。设计人员在进行剪力墙连梁设计时，还应考虑其配筋是否满足正常状态下极限承载力的要求。

（3）柱轴压比计算。柱轴压比的计算在《高规》和《抗震规范》中的规定并不完全一样。《抗震规范》第6.3.6条规定，计算轴压比的柱轴力设计值既包括地震组合，也包括非地震组合；而《高规》第 6.4.2 条规定，计算轴压比的柱轴力设计值仅考虑地震作用组合下的柱轴力。软件在计算柱轴压比时，当该工程考虑地震作用，程序仅取地震作用组合下的柱轴力设计值计算；当该工程不考虑地震作用时，程序才取非地震作用组合下的柱轴力设计值计算。因此，设计人员会发现，对于同一个工程，计算地震力和不计算地震力其柱轴压比结果会不一样。

(4) 剪力墙轴压比计算。为了控制在地震力作用下结构的延性，《高规》和《抗震规范》对剪力墙均提出了轴压比的计算要求。需要指出的是，软件在计算短肢剪力墙轴压比时，是按单向计算的，这与《高规》中规定的短肢剪力墙轴压比按双向计算有所不同，设计人员可以酌情考虑。

(5) 构件断面优化设计。计算结构不超筋，并不表示构件初始设置的断面和形状合理，设计人员还应进行构件优化设计，使构件在保证受力要求的条件下断面的大小和形状合理，并节省材料。但需要注意的是，在进行断面优化设计时，应以保证整体结构合理性为前提，因为构件断面的大小直接影响到结构的刚度，从而对整体结构的周期、位移、地震力等一系列参数产生影响，不可盲目减小构件断面尺寸，使结构整体安全性降低。

4. 满足规范对抗震措施的要求

在施工图设计阶段，还必须满足规范规定的抗震措施要求。《混凝土规范》《高规》和《抗震规范》对结构的构造都提出了非常详尽的规定，这些措施是很多震害调查和抗震设计经验的总结，也是保证结构安全的最后一道防线，设计人员不可麻痹大意。

(1) 设计软件进行施工图配筋计算时，要求输入合理的归并系数、支座方式、钢筋选筋库等，如一次计算结果不满意，要进行多次试算和调整。

(2) 生成施工图以前，要认真输入出图参数，如梁柱钢筋最小直径、框架顶角处配筋方式、梁挑耳形式、柱纵筋搭接方式、箍筋形式、钢筋放大系数等，以便生成符合需要的施工图。软件可以根据允许裂缝宽度自动选筋，还可以考虑支座宽度对裂缝宽度的影响。

(3) 施工图生成以后，设计人员还应仔细验证各特殊或薄弱部位构件的最小纵筋直径、最小配筋率、最小配箍率、箍筋加密区长度、钢筋搭接锚固长度、配筋方式等是否满足规范规定的抗震措施要求。规范这一部分的要求往往是以黑体字写出，属于强制执行条文，万万不可以掉以轻心。

(4) 最后，设计人员还应根据工程的实际情况对计算机生成的配筋结果作合理性审核。如钢筋排数、直径、架构等，如不符合工程需要或不便于施工，还要做最后的调整计算。

2-6 · 结构设计中有什么方法节约用钢量

【答】

一栋单体钢筋混凝土结构建筑物，其单位面积用钢量的大小不仅反映出设计人员的技术水平，更重要的是成为投资方最为关注的指标，它将直接影响房产开发项目的经济效益，对此设计方应给予充分的理解和配合。结构设计中在保证结构安全、各项配筋构造符合设计规范要求的前提下，如何减少用钢量或者说如何使单位面积用钢量处于一个合理水准上，不仅是设计者的职责，也是衡量设计单位技术水平和市场竞争力高低的重要标志。

在签署委托设计合同时，内行的投资方往往提出对用钢量的限制条款，俗称“限额”设计，只要该限量合理科学，就不应认为是苛刻条件，客观上还可促使设计者更精心地完成设计。至于设计中能否减少用钢量或者说用钢量是否为正常水准，主要有宏观和微观两方面的影响因素，前者指在建筑设计方案构思时，是否具备采用合理结构体系的条件，它主要取决于建筑师的结构概念成熟程度；后者指结构设计时，结构布置是否合理、构件断面（包括混凝土强度等级）是否合适、配筋构造是否科学等，它主要决定于结构工程师对结构和构件受力原理的掌握、对构件合理设计的经验体会以及对规范条文的理解程度等。

1. 影响用钢量的宏观因素

影响建筑物结构用钢量的宏观因素，首先是建筑物的体型（平面长度尺寸及长宽比、竖向高宽比、立面形状等），其次是柱网尺寸、层高及主要抗侧力构件所在位置等。

1) 平面长度尺寸

平面长度尺寸主要反映结构单元是否超长，当建筑物较长，而结构又不设永久缝时就成为超长建筑。超长建筑由于必须考虑混凝土的收缩应力和温度应力，它相对于非超长建筑主要对待的仅是荷载产生的应力，其单位面积用钢量显然要多些。

2) 平面长宽比

平面长宽比较大（如 L/B=5 ～ 6）的建筑物，不论其是否超长，由于两主轴方向的动力特性（也即整体刚度）相差甚远，在水平力（风力或地震）作用下，两向构件受力的不均匀性造成配筋不均匀，使得其单位面积用钢量相对于平面长宽比接近 1.0 的建筑物要多，这是不言而喻的。

3) 竖向高宽比

竖向高宽比主要针对高层建筑而言，高宽比大的建筑其结构整体稳定性肯定不如高宽比小的建筑，为了保证结构的整体稳定并控制结构的侧向位移，势必要设置较刚强的抗侧力构件来提高结构的侧向刚度，这类构件的增多自然使用钢量增多。

4) 立面形状

立面形状是指竖向体型的规则性和均匀性，即外挑或内收程度及竖向刚度有否突变等。如侧向刚度从下到上逐渐均匀变化，其用钢量就较少，否则将增多，较典型的有竖向刚度突变的设转换层的高层建筑。

5) 平面形状

若平面较规则、凹凸少，用钢量就少，反之则较多；每层面积相同或相近而外墙长度越大的建筑，其用钢量也就越多。平面形状是否规则不仅决定了用钢量的多少，而且还可衡量结构抗震性能的优劣，从这点上分析，得知用钢量节约的结构其抗震性能未必就低。

6) 柱网尺寸

柱网尺寸包括柱网绝对尺寸及其疏密程度，它直接影响到楼盖梁板的结构布置。一般而言，柱网大的楼盖用钢量较多，反之虽则较少，但同时因柱数增多而使柱构件用钢量增加，其中柱端及梁柱节点区内加密箍筋的增加量几乎占全部增加量的 50%。柱网尺寸较均匀一致不仅使结构（包括柱和梁）受力合理，而且其用钢量比柱网疏密不一的要节省，这点似乎不难理解。

7）层高

对于高层建筑而言，层高与用钢量之间很难确定某种关系，换言之不能肯定层高对用钢量的影响究竟有多大。就柱的箍筋而言，总高度相同的建筑物，层高较小即层数较多，其配筋量反而较多，但按单位面积摊销后其用钢量可能反而更少。至于跨层柱，由于其受力的复杂性以及断面较大，用钢量一般比正常层高的柱要多。

8）抗侧力构件位置

抗侧力构件位置是指刚度中心与质量中心相重合或靠近，或者抗侧力构件所在位置能产生较大的抗扭刚度，结构的抗扭效应小，因而结构整体用钢量就少，反之则多。

2.影响用钢量的微观因素

1）竖向构件布置

有关柱网大小和疏密，基本上在建筑方案阶段已经确定，抗震墙的合理数量及合适位置一般也在结构工种介入方案设计过程中得到确定。结构设计的具体操作就是合理地确定墙柱断面，墙柱一般是压弯构件，其配筋量在多数情况下至少是多数部位都采用构造配筋，因此，在其混凝土强度等级合理取值且满足轴压比要求的前提下，墙柱断面不宜过大，否则用钢量将随其断面增大而增加。住宅建筑的框架或框架 - 剪力墙结构，有时为了在室内不露柱角而将柱外露（图 2-2），且为了立面的需要又使柱断面上下一致，这种设计方法对于小高层（12 层以下）住宅是可以接受的，倘若层数再多些，则采用该法肯定会增加用钢量。即使从结构受力角度看，这种设计方法也是不宜提倡的，因楼层荷载在柱位处会产生较大偏心，尤其是角柱。

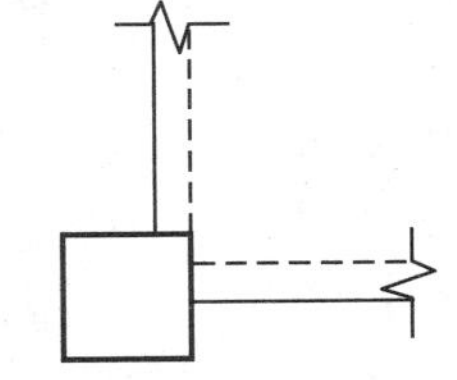

图 2-2　角柱外露

柱断面种类不宜太多是设计中的一个原则，在柱网疏密不均的建筑中，某根柱或为数不多的若干根柱由于轴力大而需较大断面，而建筑考虑便于装修则希望柱断面相同，此时如将所有柱断面放大以求其统一，势必增加用钢量。合理经济的做法应是对个别柱位的配筋采用加芯柱，加大配箍率甚至加大主筋配筋率或配以劲性钢筋以提高其轴压比，从而达到控制其断面尺寸的目的。这里运用的是个别处理总比大面积增加用钢量更为科学经济的道理和做法。利用竖向交通井道而形成的剪力墙筒体，其外围墙体对结构刚度的贡献最大，而内部墙体则贡献甚微。在满足结构整体刚度的前提下，筒体内部的剪力墙不宜过多、过厚和过于零碎，否则会增加该部位墙体用钢量且对结构无大作用。从施工角度看，剪力墙形成的筒体越是完整划一，施工就越方便。从受力角度看，筒体内部隔墙若设梁支承于筒体外围墙上，从而增大外围墙的轴力避免受拉，对其受力反而有利，尤其是内筒的角部处。

如果是高层建筑，墙柱断面还有一个收级问题。从节省用钢量的角度出发，墙柱断面应尽量小，只要符合 50mm 模数，几乎可以每层都收级，但从结构整体特别是从施工角度考虑，一幢高层建筑的墙柱断面变化过于频繁、断面种类过多却不科学，这种只看局部不顾整体、因小失大的做法是不妥当的。正因如此，一幢高 100m 的高层建筑，其柱断面变化在正常情况下应为 3 ～ 4 次，即每 5 ～ 8 层变化一次，表面上虽然有悖于节省用钢量的基本原则，但从混凝土结构的施工效益来看，却是必要和合理的。

2）水平构件布置

通常指的是楼层梁板构件，其布置原则首先是受力传力合理，其次是使用效果（包括视觉效果）良好，最后才是用钢量的节省，设计中不能本末倒置。对于公共建筑的楼层，如结构单元两向主轴尺寸相近，则以两向井字次梁布置；如两向主轴尺寸相差甚大，则区分主、次框架，以典型的交梁楼盖布置，其中板跨控制在约 3m，板厚取 100mm。对于住宅建筑，在 3.0 ～ 4.5m 正常开间情况下，楼板厚度为 100 ～ 120mm，应尽量增大板跨，而没必要也不应凡遇隔墙就设梁。当采用高强钢筋时，应使板的配筋由内力控制而非按构造配筋，否则将得不偿失。当板跨小、布梁多时，肯定用钢量会增多，而且可能使楼面荷载多次传递，造成受力不合理。

房间面积达 40 ～ 60m^2 甚至更大时，如此板块采用普通混凝土平板，即使施加了预应力，其用钢量都会较多，其主要原因是板的跨度和自重均较大。大跨度由使用功能决定而无法改变，要节省用钢量，只能往“自重”上考虑，即改变楼板的结构形式。采用先进技术的现浇双向空心楼板、加轻质填充块的双向密肋楼板，都是可以考虑的途径。

3）构件的配筋构造

由于设计规范中有明确具体的规定，故设计中通常都不应违反，但在符合规范规定的前提下，仍有不少设计技巧能达到节省用钢量的目的。

(1) 柱。设计中应通过混凝土强度等级的合理确定来控制其断面尺寸和轴压比，使绝大部分柱段都是构造配筋而非内力控制配筋，此时，柱主筋就可以按规定的最小配筋率或比其略高的配筋率选择主筋规格；至于柱箍筋的体积配筋率，由公式$\rho_v \geqslant \lambda f_c / f_{yv}$中可以看出，采用高强度钢筋比低强度钢筋更可节省用钢量。因此，对于高层建筑的柱箍筋主张采用 HRB335 甚至 HRB400，尽量避免采用 HPB235 也就不难理解了。

结构顶层边柱尤其是抽掉中柱的大跨度边柱，往往是大偏心受压，其主筋配筋量由内力控制且都较大，为了降低配筋率来节省用钢量，通常采用改变柱竖向形状的方法，如图 2-3 所示。如改变后仍难以承受其所承担的弯矩，有时干脆可将梁柱顶节点设计成简支，使柱中心受压或小偏心受压，此时的边柱也不必改变竖向形状且断面可较小。

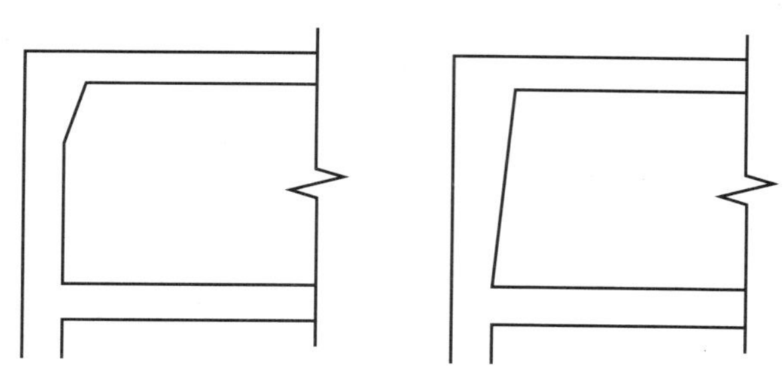

图 2-3　顶层大偏心柱变断面做法

(2) 梁。配筋大多由内力控制，但仍有小部分由最小配筋（箍）率控制。从梁主筋最小配筋率 f_t/f_y 及梁箍筋配箍率 f_t/f_{yv} 中可以看出，要使梁的用钢量不太高，一是混凝土强度等级不宜过高，二是采用高强度钢筋，前者不仅可降低最小配筋（箍）率，更重要的是有利于作为受弯构件的梁的抗裂性能。对断面宽度较小的梁，当配筋量较大时往往需要放 2 ～ 3 排钢筋，无疑将减小梁的有效高度，因此，当不影响使用或建筑空间观感时，尤其是梁断面高度不太大时，梁宽宜略为放大，尽量布置成单排主筋，以达到节省钢筋的目的。跨度较大的悬臂梁，不论其承受的是均布荷载还是梁端集中荷载，其弯矩内力都是急剧下降的，因此，当面筋较多时，除角筋需伸至梁端外，其余尤其是排钢筋均可在跨中切断，既节省钢筋又方便施工，是一种确实可行的方法。梁承受集中荷载处要配置附加横向钢筋（加密箍筋及吊筋）。正常结构布置的楼层梁，每一处集中荷载一般都不太大，较大者也仅为 200 ～ 300kN，在通常情况下，仅在梁侧配置加密箍筋已经足够，若再加配 2B 或 2B14 吊筋则已能承受更大的集中荷载。但设计中盲目加大吊筋直径，既没必要又会造成钢材的浪费。

(3) 楼板。前面已提及现浇混凝土楼板的厚度通常在 100mm 以上，在此条件下宜将板跨增大，使其配筋为内力控制而非构造配筋，按此结果楼板配筋只有采用 HRB335 或 HRB400 才能达到节省用钢量的目的。对于大跨度双向板，由于板底不同位置的内力存在差异，设计中不宜以最大内力处的配筋贯通整跨和整宽。为了节省用钢量，一般应分板带配筋，如图 2-4(a) 所示；其次当板底筋间距为 150mm 或 100mm 时，不需将每根钢筋都伸入支座，其中约半数钢筋可在支座前切断，如图 2-4(b) 所示。

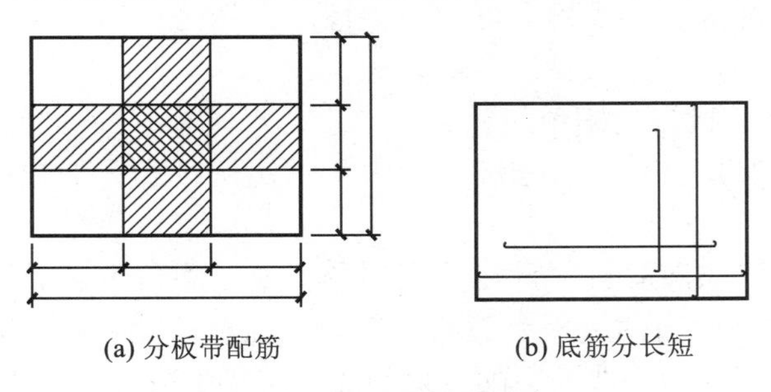

(a) 分板带配筋　　(b) 底筋分长短

图 2-4　板配筋处理示意

当板面需要采用贯通面筋时，贯通筋的配筋通常不需也不宜超过规定的最小配筋率 ($\rho_{min} \geqslant 0.1\%$)，支座不足够时再配以短筋，这样既符合规范又可节省用钢量。

3. 影响用钢量的其他因素

结构用钢量的多少还与建筑物抗震等级有关，相同的建筑物，设计 8 度抗震的肯定比 7 度抗震的用钢量多，这是不言而喻的，因此，比较用钢量时应在相等或相近的条件下进行，否则将无法得出准确答案。

即使抗震烈度相同，相同类型的建筑物所处的场地情况和基础型式不同，其用钢量也有相当大的差别。当场地地质条件较好时，其基础用钢量就很少，相反则较多，这“多”与“少”的差别有时为十几或几十个百分点，有时则可能是数倍。建筑物能采用天然地基基础而不必采用桩基础，从技术角度衡量是先进的，但从材料耗用量特别是用钢量方面，有时采用桩基础反而更经济，对这一点许多有经验的结构工程师都有切身体会。因此，在比较建筑物单位面积用钢量时，必须将地下结构与地上结构分别计算，否则将得不出实质性的结论。

2-7 结构设计有些什么值得借鉴的经验

【答】

1. 基础

1）箱、筏基础底板的挑板问题

（1）从结构角度来讲，如果能出挑板，能调匀边跨底板钢筋，特别是当底板钢筋通长布置时，不会因边跨钢筋而加大整个底板的通长筋，较节约。

（2）出挑板后，能降低基底附加应力，当基础形式处在天然地基和其他人工地基的坎上时，加挑板就可能采用天然地基。必要时可加较大跨度的周圈窗井。

（3）能降低整体沉降，当荷载偏心时，在特定部位设挑板，还可调整沉降差和整体倾斜。

（4）窗井部位可以认为是挑板上砌墙，不宜再出长挑板。虽然在计算时此处板并不应按挑板计算。当然此问题并不绝对，当有数层地下室，窗井横隔墙较密，且横隔墙能与内部墙体连通时，可灵活考虑。

（5）当地下水位很高，出基础挑板，有利于解决抗浮问题。

（6）从建筑角度讲，取消挑板，可方便柔性防水做法。当为多层建筑时，结构也可谦让一下建筑。

2）箱、筏基础底板挑板的阳角问题

（1）阳角面积。如其在整个基础底面积中所占比例极小，干脆砍了，可砍成直角或斜角。

（2）如果底板钢筋双向双排，且在悬挑部分不变，阳角不必加辐射筋，独立基础加辐射筋也可以。独立基础与薄底板受力相差很远。独立基础有裂缝无妨，悬挑底板纵向为构造筋，至阳角处双向为构造筋，加放射筋能抵抗集中应力，防止漏水。

（3）可将悬挑板的单向板的分布钢筋改为直径 12mm 的，这一改，一个工程可以省个两三万元。

3）关于回弹再压缩

基坑开挖时，摩擦角范围内的坑边的基底土受到约束，不反弹，坑中心的地基土反弹，回弹以弹性为主，回弹部分被人工清除。当基础较小，坑底受到很大约束，如独立基础，回弹可以忽略，在计算沉降时，应按基底附加应力计算。当基坑很大时，相对受到较小约束，如箱基，计算沉降时应按基底压力计算，被坑边土约束的部分当作安全储备，这也是计算沉降大于实际沉降的原因之一。

柱下条基一般认为在刚度较大，柱子轴力和跨度相差不大时，可按倒楼盖计算。实际大部分都可以按倒楼盖计算，即采用修正倒楼盖。先按平均反力计算连续梁，然后将求得的支座反力与柱子轴力相平衡，将差值的正值加到柱两边的 1/3 梁上，负值加在梁跨中 1/3，相对来讲，跨中 1/3 的压应力较小。可能要修正多次，直到支座反力与柱子轴力接近平衡。

4）房间基础板厚度的确定

当建筑大多数房间较小，而仅一两处房间较大时，如按大房间确定基础板厚会造成浪费，而按小房间确定则造成配筋困难，当承载力能满足要求时，可在大房间中部垫聚苯泡沫卸载，按小房间确定基础板厚。

5）满堂基础，砖混结构承重砖墙底部不用放脚

刚性基础需要放脚，对混凝土垫层是为满足刚性角要求；对灰土垫层，则不仅要满足刚性角要求，还要满足垫层的强度要求。砖弱、混凝土强，所以，只要砖墙够了，混凝土一定够。这也是判断方面的概念，如底部不够要放脚，上面怎么办？砖比灰土强度高，在接触面上，怕灰土承压应力不够，要放大墙脚断面，使传到灰土上的压应力减小。砖混结构承重砖墙底部的满堂基础为钢筋混凝土柔性基础，既不涉及刚性角，也不存在强度问题，所以满堂基础，砖混结构承重砖墙底部不用放脚。

6）钢筋混凝土墙底不需要加梁

钢筋混凝土墙等于是一道深梁。如果此处需要承受 M、V（例如只底层有墙、上面无墙），则墙作为梁计算。另外，墙与基础底板的计算承压面积是墙自身面积的 3 倍。墙和底板应直接连接，另加基础梁，完全浪费。

7）外墙梁均应做到窗上口

两层梁中间砌砖的做法不便施工，下部窗过梁常被认为非主体结构而把插筋忘掉。

2. 关于钢筋配置问题

(1) 箍筋在梁配筋中的比例问题（10% ～ 20%）。例如一根 8m 跨梁，断面为 400mm×600mm，配筋为上 6 根 Φ25，截断 1/3，下 5 根 Φ25；箍筋为 Φ8@100/200(4)，1000mm 范围内加密。纵筋总量为 3.85×9×8=281(kg)，箍筋总量为 0.395×3.5×50=69(kg)，箍筋/纵筋 =1/4，如果双肢箍仅为 1/8，箍筋相对纵筋来讲所占比例较小，故不必节省箍筋的问题。

(2) 钢筋锚固长度为若干倍钢筋直径 d，这是在钢筋强度被充分利用的前提下的要求，在钢筋强度未被充分利用时，如梁上小挑沿纵筋、剪力墙的水平筋端部等，锚固长度可折减。如剪力墙的水平筋端部，仅要求有 $10d$ 的直钩即可。

(3) 柱子造价在框架结构中是很小的，而在抗震时起的作用是决定性的。可不按计算配筋，大幅度增加纵筋，同时增大箍筋。

(4) 纵筋搭接长度为若干倍钢筋直径 d，一般情况下 d 取钢筋直径的较小值，但这有个前提，即大直径钢筋强度并未充分利用。否则应取钢筋直径的较大值。如框架结构顶层的柱子纵筋有时比下层大，d 应取较大的钢筋直径，甚至纵筋应向下延伸一层。其实，2 根钢筋放一起，用铁丝捆一下，还削弱了钢筋与混凝土的握裹力。所以，钢筋如有可能，应尽量不采用机械连接或焊接。锚固搭接全靠混凝土握裹，铁丝捆一下仅作钢筋定位，如非受拉，远比焊接可靠。机械连接成本过高，若非钢筋直径过大（＞ 25mm），能省则省。

(5) 一般认为，板的上筋直径为 8mm 以上时，可防止施工时踩弯，而现场经验看，只有螺纹 12mm 以上的才能保证这一点。

(6) 现浇阳台栏板，从施工条件来讲，当布单排筋时，板厚应大于 80mm，布双排筋时，应大于 120mm。因振捣棒最小直径为 30mm，布单排筋时，板厚如为 60mm，双向钢筋直径如为 8mm+6mm，则钢筋两边仅剩 23mm，无法振捣。

(7) 主梁有次梁处加附加筋。一般应优先加箍筋，附加箍筋可认为是主梁箍筋在次梁断面范围无法加箍筋或箍筋短缺，在次梁两侧补上，像板上洞口附加筋。附加筋一般要有，但不应绝对。规范说得清楚，位于梁下部或梁断面高度范围内的集中荷载，应全部由附加横向钢筋承担。也就是说，位于梁上的集中力如梁上柱、梁上后做的梁如水箱下的垫梁，不必加附加筋。位于梁下部的集中力应加附加筋。但梁断面高度范围内的集中荷载可根据具体情况而定。当主次梁断面相差不大，次梁荷载较大时，应加附加筋。当主梁高度很高，次梁断面很小、荷载很小时，如快接近板上附加暗梁，主梁可不加附加筋。还有当主次梁断面均很大，如工艺要求形成的主次深梁，而荷载相对不大时，主梁也可不加附加筋。

总的原则是，当主梁上次梁开裂后，从次梁的受压区顶至主梁底的断面高度的混凝土加箍筋能承受次梁产生的剪力时，主梁可不加附加筋。梁上集中力，产生的剪力在整个梁范围内是一样，所以抗剪性能满足，集中力处自然满足。主次深梁及次梁相对主梁断面、荷载较小时，也可满足。

(8) 钢筋混凝土墙顶、墙底不需要加粗钢筋。钢筋混凝土墙等于是一道深梁，下端与基础底板相连，是其翼缘。因此，基础底板的钢筋，可以看作是倒 T 形梁的受力钢筋，它的面积远远比另加 2Φ25 大得多。因此，另加 2 根粗钢筋是没有必要的。同理，钢筋混凝土墙顶另加钢筋也是不需要的。不是非要省这 2 根钢筋，这里有个概念问题，加钢筋是没弄清楚它的受力原理。

(9) 钢筋混凝土双向板负钢筋长度，两个方向均应按短边取。某“钢筋混凝土结构构造手册”上要求长边方向按长边取，短边方向按短边取，这是错误的。实验和分析的结果证明：钢筋混凝土双向板两个方向的负弯矩变化梯度，均取决于短边。

3. 关于梁、板的计算跨度

一般的手册或教科书上所讲的计算跨度，如净跨的 1.1 倍等，这些规定和概念仅适用于常规的结构设计，在应用越来越多的宽扁梁中是不合适的。梁板结构，简单点讲可认为是在梁的中心线上有一刚性支座，取消梁的概念，将梁板统一认为是一变断面板。

在扁梁结构中，梁高比板厚大不了多少时，应将计算长度取至梁中心，选梁中心处的弯矩和梁厚及梁边弯矩和板厚配筋，取二者大值配筋。（借用台阶式独立基础变断面处的概念）柱子也可认为是超大断面梁，所以，梁配筋时应取柱边弯距。削峰是正常的，不削峰才有问题。

4. 抗震缝应加大

经统计，按规范要求设的防震缝，在地震时有 40% 发生了碰撞。故应增大抗震缝间距。

5. 梁

(1) 一般情况下，悬挑梁宜做成等断面，尤其出挑长度较短时。与挑板不同，挑梁的自重占总荷载的比例很小，作成变断面不能有效减轻自重。变断面挑梁的箍筋，每个都不一样，加大施工难度。变断面梁的挠度也大于等断面梁。当然，大挑梁外露者除外。外露的大挑梁，适当变断面感官效果好些。

(2) 挑梁端部的挠度并不完全取决于本身的变形，其支座内垮的影响很可能超过挑梁本身的变形。

(3) 外墙梁均应做到窗上口。两层梁中间砌砖的做法不便施工，下部窗过梁常因认为是非主体结构而把插筋忘掉。

6. 板

(1) 现浇板一般应做成双向板。其一，双向板的支承边多，抗震的稳定性好，垮了两边还有另两边。单向板垮一边板就下来了。其二，双向板经济。从计算上讲，例如四边简支支承的双向板，其单向跨中弯矩系数约为 1/27，两边简支的单向板跨中弯矩系数为 1/8，二者比为 2×(1/27)/(1/8)，约为 60%。构造上，双向板的板厚为 1/(40 ～ 50)，单向板为 1/(3 ～ 40)，双向板薄，再着，即使是单向板，其非受力边也得放构造筋。

(2) 当某一房间采用双向井字次梁时，板应考虑整体弯矩。即井字次梁分隔成的四个角上的小板块，负筋应考虑按房间开间进深尺寸截断，而不是仅仅按本小板格截断。即次梁仅认为是大板的加劲肋。

2-8 结构设计中应注意哪些常见问题

【答】

(1) 地下室外墙作为混凝土构件，在进行断面设计时，侧土压力作为地下室外墙的永久荷载，不仅要乘荷载分项系数，而且因为它起控制作用，按《荷载规范》中第 3.2.5 条其分项系数应取 1.35（与人防荷载组合时仍取 1.2）。另外，严格来讲，地下室外墙的侧土压力应按静止土压力计算，但在实际设计中，经常采用主动土压力计算，已经偏小。因此，不能再不乘分项系数。

(2) 关于主次梁结点部位（梁面同高）的间接受荷情况，我国新老规范都明确规定应设置附加横向钢筋，并承担全部集中荷载。同时，不允许用布置在集中荷载影响区内的斜断面受剪箍筋代替附加横向钢筋。

(3) 主次梁楼盖中，当抗震设计框架梁上的荷载以集中荷载为主时，如果按箍筋加密区间距进行电算，对抗震要求的箍筋加密区段以外的断面，因其剪力比支座断面衰减不多，故应验算此断面的斜断面受剪承载力。如计算需要，应延长箍筋加密区的长度。

(4) 抗震设计时的型钢混凝土框支柱或框架柱，其箍筋设置除满足规范规定的体积配箍率及构造要求以外，同一断面内的箍筋肢距，同样要满足规范对钢筋混凝土框架柱的要求。必要时仍要设置复合箍。

(5) 在较为复杂的结构平面布置中，经常存在多方向柱网相接区域。有些设计将每根柱与周围各柱均用框架梁连接起来，形成不同方向的多梁交于一柱，导致节点区钢筋锚固和混凝土施工困难。实际上，对于现浇梁板结构，水平地震力主要靠楼板传递，每根柱只要在两个接近垂直的方向有梁连接即可，不必将所有柱都连起来。

(6) 采用锚固还是搭接的问题。例如，中柱节点处，框架梁下纵筋锚入柱内 L_{AE}，其搭接长度为 $2×L_{AE}$- 柱宽，如钢筋直径 25mm，$L_{AE}=40d$，柱宽 500mm，(2×25×40-500) mm=1500mm，则其搭接长度已经达到了 1500mm，远大于 $1.2×L_{AE}$=1200mm。而柱变断面，如上下柱断面相差 50mm，上柱锚入下柱 $40d$，此处采用锚固。

(7) 柱下条基一般认为在刚度较大，柱子轴力和跨度相差不大时，可按倒楼盖计算。实际大部分都可以采用修正倒楼盖计算。先按平均反力计算连续梁，然后将求得的支座反力与柱子轴力相平衡，将差值的正值加到柱两边的 1/3 梁上，负值加在梁跨中 1/3，相对来讲，跨中 1/3 的压应力较小。可能要修正多次，直到支座反力与柱子轴力接近平衡。

(8) 一般情况下，悬挑梁宜做成等断面，尤其出挑长度较短时。与挑板不同，挑梁的自重占总荷载的比例很小，作成变断面不能有效减轻自重。变断面挑梁的箍筋，每个都不一样，加大了施工难度。变断面梁的挠度也大于等断面梁。当然，大挑梁外露者除外。外露的大挑梁，适当变断面外观效果好些。

(9) 现浇板一般应做成双向板。参见 2-7 中对这一点的讨论。

(10) 当某一房间采用双向井字次梁时，板应考虑整体弯矩。即井字次梁分隔成的四个角上的小板块，负筋应考虑按房间开间进深尺寸截断，而不是仅仅按本小板格截断。即次梁仅认为是大板的加劲肋。

2-9 常见违反强制性条文的现象有哪些

【答】

工程建设标准强制性条文，是根据国务院《建设工程质量管理条例》对工程建设强制性标准实施监督的依据。强制性条文的内容，摘自工程建设强制性标准，主要涉及人民生命财产安全、人身健康、环境保护和其他公众利益。对于房屋建筑部分，2000 年 4 月和 2002 年 8 月分别发布了两版强制性条文。强制性条文的内容是工程建设过程中各方必须遵守的。

按照《实施工程建设强制性标准监督规定》[建设部第 81 号令]，违反强制性条文，除责令整改外，还要处以工程合同价款 2% 以上 4% 以下的罚款。但是，在监督检查过程中，仍然发现大量的违反强制性条文现象。表 2-1 将常见的这些事例收集整理，对照条文进行剖析，指出条文的真实内涵，关注重点要点，以利于我们防范或改进。

表 2-1 常见违反规范强制性条文的现象

序号	项目	违反现象
1	低窗台防护	a. 防护高度不够；b. 防护设施可攀；c. 可踏面当作防护；d. 开启扇不防护；e. 固定扇不防护；f. 采用普通玻璃；g. 以采用安全玻璃为由不防护；h. 可踏面高度不清楚；i. 防护目的不清楚；j. 防护设施不清楚，达不到防护效果
2	栏杆问题	a. 栏杆高度不够；b. 垂直杆件间距大于 0.11m；c. 栏杆底部留空，无坎；d. 采用水平栏杆，可攀爬；e. 栏杆承载力或刚度不够；f. 高度计算未扣除可踏面；g. 玻璃栏板未采用厚度大于 12mm 的安全玻璃；h. 距地面高度大于 5m 时未采用钢化夹层玻璃
3	框架结构钢筋抗震要求	a. 强屈比不满足要求；b. 超强比不满足要求；c. 框支剪力墙中的框支结构钢筋不符合要求
4	厕浴间防水及坎台	a. 不留坎台；b. 坎台高度不够；c. 坎台混凝土质量差；d. 用红砖代替混凝土坎台；e. 防水未翻边或翻边高度不够；f. 未作蓄水试验

（续）

序号	项目	违反现象
5	结构构件凿槽埋管	a. 凿槽减少构件断面尺寸；b. 凿槽未经结构工程师认可；c. 凿槽后无加强措施
6	门洞过梁	a. 过梁钢筋没有锚入混凝土结构支座；b. 过梁钢筋锚入砌体长度不够；c. 过梁钢筋直径或数量不够；d. 钢筋置于砂浆层厚度不够
7	室内环境检测	a. 指标检测不全；b. 检测数量不够；c. 没有根据检测结果对整个工程进行评价
8	桩位偏差	每根桩位偏差都必须在规范规定的允许偏差范围内，超偏差即违反强制性条文，必须处理
9	桩身混凝土试块	a. 小直径灌注桩没有做到一桩一试块；b. 大直径桩没有按规范留置多组试块
10	结构实体检验	a. 验收时结构实体没有检验或检验项目不全或检验数量不够；b. 检验结果没有评定；c. 检测单位无资质；d. 非正式检测报告，没有归档
11	外门窗气密性	a. 设计没有给定指标或给定指标不符合规范规定；b. 检测结果不符合设计要求；c. 检测用样品不具代表性；d. 试验时间不符合工程进度要求；e. 不合格，处理方法不科学

1. 低窗台防护问题

《住宅设计规范》第 5.8.1 条规定“外窗窗台距地面、楼面的净高低于 0.90m 时，应有防护设施”。执行本条时，可作如下理解：

(1) 有效防护的高度应保证净高 0.90m。

(2) 窗台和防护栏杆都是有效防护。

(3) 防护的起始高度从可踏面算起。凸窗台或水平防护栏杆高度为 0.45m 以下，算作可踏面；高度为 0.45m 以上，凸窗台是防护设施的组成部分。

(4) 窗外有阳台或平台时可不设防护设施。

(5) 开启扇必须防护，且不易攀爬。固定扇的防护按照 JGJ 113—2009《建筑玻璃应用技术规程》执行。其第 6.3.1 条、第 6.3.2 条都是强制性条文：“安装在易于受到人体或物体碰撞部位的建筑玻璃，如落地窗、玻璃门、玻璃隔断等，应采取保护措施。保护措施应视易发生碰撞的建筑玻璃所处的具体部位不同，分别采取警示（在视线高度设醒目标志）或防碰撞设施（设置护栏）等。对于碰撞后可能发生高处人体或玻璃坠落的情况，必须采用可靠的护栏。”这两条运用于低窗台防护时可作如下理解：

① “易于受到人体或物体碰撞”是指无意识碰撞，不涉及故意碰撞无意识碰撞的主体应包括仅具初等思维的婴幼儿和淘气的儿童。凸窗台上的玻璃具备低等级的易于碰撞的特征。

② 保护措施的设置应从实际出发，其目的是为了防止发生碰撞或碰撞后防止发生高处人体或玻璃坠落。

③ 必须按照《建筑安全玻璃管理规定》（发改委、建设部、质检总局和工商总局联合发布的发改运行 [2003]2116 号）使用安全玻璃，即钢化玻璃、夹层玻璃及由钢化玻璃或夹层玻璃组成的其他玻璃制品，如安全中空玻璃等。

④ 窗中的铝型材、塑钢型材可视为保护措施的一部分。

⑤ 护栏的做法有多种，如玻璃护栏、钢铝型材护栏、钢丝护栏等，主要从美观和安全角度考虑。

⑥ 顺着墙面做护栏，把凸窗台挡在外面，这种做法可称作假护栏，它往往是可以拆卸的。设置假护栏，不符合凸窗台的设计意图。

⑦ 在满足抗风压和人体冲击要求的最小厚度的基础上，增加玻璃厚度，增加部分是否能够起到护栏的作用，应根据具体情况由设计部门认定。

2. 栏杆的设计问题

《住宅设计规范》第5.6.2条、第5.6.3条、第6.1.3条、第6.1.4条、第6.3.1条及《民用建筑设计通则》第6.6.3条皆涉及栏杆问题，可总结归纳如下：

(1) 规定的对象是临空处的栏杆，如阳台、外廊、内天井、上人屋面及楼梯栏杆。

(2) 栏杆的设计应防止儿童攀登，不得采用可踏步的水平栏杆。

(3) 垂直杆件间的净距应不大于0.11m，按照人体学原理可防止儿童钻出。

(4) 栏杆离地面或屋面0.10m高度内不应留空，主要为防止水和杂物直接从杆件离地面的空隙盲目排泄和坠落，影响下层或地面的安全和环境。

(5) 栏杆设计应经过计算，能够承受规范规定的水平荷载。根据《荷载规范》，住宅、宿舍、办公楼、旅馆、医院、托儿所、幼儿园等，栏杆顶部水平荷载应取0.5kN/m；学校、食堂、剧场、电影院、车站、礼堂、展览馆或体育场，应取1.0kN/m。

(6) 栏杆的高度，对低层、多层住宅不应低于1.05m，中高层、高层住宅不应低于1.10m（楼梯除外）。这主要是根据人体重心稳定和心理要求，栏杆高度随建筑高度的增加而增加。栏杆的高度应以净高计算，即从可登踏面算起。

3. 钢筋的强屈比和超强比

GB 50204—2002《混凝土结构工程施工质量验收规范》(2011版）第5.2.2条和《抗震规范》第3.9.2条作出了同样的规定，“抗震等级为一、二级的框架结构，其纵向受力钢筋采用普通钢筋时，钢筋的抗拉强度实测值与屈服强度实测值的比值不应小于1.25，且钢筋的屈服强度实测值与强度标准值的比值不应大于1.3”。本条应用时应注意如下问题：

(1) 高层住宅中常用的框支剪力墙结构，其框支柱和框支梁属于本条规定的范围。

(2) 强屈比不应小于1.25主要是为了保证纵向钢筋具有一定的延性，当构件某个部位出现塑性铰后，塑性铰处有足够的转动能力和耗能能力。

(3) 超强比不应大于1.3，主要为实现框架结构的强柱弱梁、强剪弱弯。钢筋屈服强度过高，梁的抗弯承载力过高，设计原则规定的内力调整将难以奏效。

(4) 对一、二级框架结构中使用钢筋，监理单位和施工单位在核查出厂检验报告和进场复验报告时应计算实测强屈比和实测超强比，凡不符合规定的一律退场或另作他用。

4. 厕浴间防水和周边素混凝土坎台

GB 50209—2010《建筑地面工程施工质量验收规范》第4.10.11条规定，厕浴间和有防水要求的建筑地面必须设置防水隔离层，楼板四周除门洞外，应做混凝土翻边，高度不应小于200mm。

(1) 某些开发商为节省成本，毛坯房交楼时厕浴间未做防水隔离层，招致业主投诉。防水工程作为地面子工程的一个分项工程，监理公司应对其作专项验收，未进行验收或未通过验收的不得进入下道工序施工，更不得进入竣工验收。

(2) 实际工程中，厕浴间周边混凝土坎台经常被替代，如采用红砖、灰砂砖或其他小型砌块，这种做法是不允许的。工程中亦有用混凝土和砂浆碎渣加水泥经二次拌和浇灌坎台，这种做法亦应禁止。规范没有对混凝土坎台质量提出要求，施工单位应按普通混凝土构件进行施工，监理单位应按普通混凝土构件的质量标准进行检验。

(3) 铺涂防水材料时，应向墙面翻边，高出地面层200～300mm，决不能因为已做了防水翻边而不做素混凝土坎。

(4) 厕浴间地面施工完毕，应作蓄水试验，蓄水深度为20～30mm，24h内无渗漏为合格。

5. 剪力墙和楼板凿槽埋管

结构构件施工完毕，因设计原因或房屋功能变更，有时在剪力墙上或楼板上凿槽埋置给水管或电管。剪力墙厚度一般为200mm，楼板厚度一般为100mm左右，凿槽深度一般为20mm，凿槽对结构损伤严重，建设各方对此未予重视。虽尚未发生结构倒塌或构件破坏的重大质量事故，但构件在损伤处出现裂缝已属常见。根据GB 50210—2001《建筑装饰装修工程质量验收规范》第3.3.4条和第3.1.5条规定，严禁违反设计文件擅自改动建筑主体、承重结构或主要使用功能，当涉及主体承重结构改动时，必须由原设计单位或具备相应资质的设计单位对结构的安全性进行核验、确认。对于墙板凿槽埋管问题，按照强制性条文的精神，应作如下处理：

(1) 凿槽的位置、深度、宽度应由设计院负责该项目的注册结构工程师确定。

(2) 板面开槽不宜在支座附近且平行于支座。

(3) 剪力墙上不宜开水平槽。

(4) 埋管后填堵时应采取加强措施，如覆盖钢丝网后应用高强砂浆填密实。

6. 门洞上过梁施工及拆除

某剪力墙结构高层住宅，业主委托进行二次装修时，拆除门框，上部约300mm高的钢筋砖过梁突然掉落，砸死一人。过梁掉落后悬挂于墙体一端，说明过梁钢筋一端具有足够的锚固长度，另一端与墙体没有连接。过梁掉落砸死人虽是特例，但钢筋砖过梁施工质量不满足规范要求却常见，特别是钢筋与端部墙柱支座的锚固。

根据《砌体规范》第7.2.4条规定，钢筋砖过梁底面砂浆层处的钢筋，其直径不应小于5mm，间距不大于120mm，钢筋伸入支座砌体内的长度不小于240mm，砂浆层的厚度不小于30mm。本条规定的钢筋伸入支座是指两边支座，应包括非砌体类支座。

上述事故尚涉及装修时的拆除问题。非承重构件原则上是可以拆除的，但必须有安全的切实可靠的施工方案。

7. 室内环境污染检测数量

GB 50325—2010《民用建筑工程室内环境污染控制规范》关于民用建筑验收时室内

环境污染检测有 3 条强制性条文。第 6.0.4 条规定验收时必须检测，检测结果应符合表 6.0.4 的规定；第 6.0.19 条规定全部检测结果符合本规范规定时，应判定该工程室内环境质量合格；第 6.0.21 条规定室内环境质量验收不合格，严禁投入使用。

8. 桩位偏差及其他

桩基施工完毕，验收之前，必须对桩位偏差进行测量。测量结果总是能够发现部分桩的位置偏差超过允许偏差。GB 50202—2002《建筑地基基础工程施工质量验收规范》第 5.1.3 条和第 5.1.4 条对各种预制桩和灌注桩的桩位偏差、垂直度偏差和桩径偏差作出规定，要求每根桩的施工偏差都在规定的允许偏差范围之内。规范将允许偏差作为强制性条文，是比较少见的。当偏差超规范时，往往将实测偏差数据提交给设计单位，由设计单位复核通过或采用补救措施，尚未发现因桩位超偏差而对该工程处以造价 2% ～ 4% 的罚款。

本书对上述规范第 5.1.3 条关于打（压）入桩的允许偏差提出两点疑问：

(1) 总体来讲，承台下桩数越多，单桩桩位允许偏差越大。如桩数为 1 ～ 3 根的单桩允许偏差为 100mm，桩数为 4 ～ 16 根的单桩允许偏差为 1/2 桩径或边长。但是条文对于桩数大于 16 根的单桩允许偏差，外边桩为 1/3 桩径或边长，中间桩为 1/2 桩径或边长。只有桩数大于 16 根才区分外边桩和中间桩，且对外边桩的规定比桩数小于 16 根的更加严格，条文说明对此没有解释原因。

(2) 基础梁下的桩位允许偏差考虑了施工现场地面标高与桩顶设计标高距离的影响，但其他承台下的桩未考虑此影响。

9. 桩混凝土试块数量

《建筑地基基础工程施工质量验收规范》第 5.1.4 条规定，灌注桩每浇注 50m^3 必须有一组试件，小于 50m^3 的桩，每根桩必须有一组试件。执行中应注意如下事项：

(1) 直径较小的沉管灌注桩亦必须每桩做一组试件。

(2) 对大直径桩，在表 2-2 所列桩长范围内可仅制作一组试件（未计扩大头）。

表 2-2　大直径桩制作一组试件的条件

桩径 /m	1.4	1.5	1.6	1.8	2.0	2.2	2.4	2.6	2.8	3.0
桩长 /m	32	28	25	20	16	13	11	9	8	7

(3) 桩基的实体检验采用静载荷试验，进行钻芯、超声波或高低应变检测，故不需要做同条件养护试件。

10. 实体检验

十五本建筑工程施工质量验收规范相继出台后，验收工作的重大变化是验收前应对工程实体进行检验。GB 50300—2013《建筑工程施工质量验收统一标准》第 3.0.3 条第 8 款规定，对涉及结构安全和使用功能的重要分部工程应进行抽样检测，第 5.0.4 条第 3 款规定，有关安全和功能的检测资料应完整。实体检验的项目很多，验收规范都已经列出，但有些是强制性条文，如地基处理、复合地基、桩基础的检测等，规定了检测方法和检测数量；有些没有作为强制性条文，如混凝土强度、钢筋保护层厚度、防水性能检测等。对于没有列入强制性条文的实体检验，检查验收时应注意以下事项：

(1) 规范规定和合同约定的检测项目应齐全，不能不测。

(2) 检测的方法和数量首先应满足规范要求；如规范无要求，应按合同约定；如合同没有约定，按各方协商的原则确定。

(3) 承担实体检验的单位应具有相应的资质，出具正式的检测报告。

(4) 实体检验报告应作为工程竣工档案技术资料的一部分。

11. 外窗的气密性

1) JGJ 75—2012《夏热冬暖地区居住建筑节能设计标准》第4.0.11条对居住建筑外窗的气密性要求

(1) 10层及10层以上，气密性等级不应低于4级。即在10Pa压力差下，每小时每米缝隙的空气渗透量不应大于1.5m^3，且每小时每平方米面积的空气渗透量不应大于4.5m^3。

(2) 9层及9层以下，气密性等级不应低于3级。即在10Pa压力差下，每小时每米缝隙的空气渗透量不应大于2.5m^3，且每小时每平方米面积的空气渗透量不应大于7.5m^3。

建筑外窗的气密性指标可通过检测确定，检测方法及对检测结果的评价可依据国家标准GB/T 7106—2008《建筑外门窗气密、水密、抗风压性能分级及检测方法》。

验收时往往发现，建筑外窗气密性检测数量、样品采集和对检测结果的处理存在一些问题。因规范没有作明确具体的规定，我们可通过分析门窗类产品的特点形成一种共识。一方面，门窗是典型的工厂化生产的建筑产品，各部件在车间批量加工制作，在工地现场安装施工。工厂化生产的特点是产品质量具有稳定性，包括气密性指标；另一方面，针对不同的建筑，窗的长度和宽度、扇的分隔和开启方式、玻璃种类和厚度、型材断面尺寸及密封胶等所起的作用及程度不同。

2) 根据以上特点，气密性指标检测可考虑的原则

(1) 一般情况下，每项建筑都应对外窗的气密性进行检测。但是，当同一厂家同时向多个建筑工地供货，各工地建筑外窗的品种、规格、尺寸和安装工艺基本相同时，可将不同建筑工地的外窗作同一检验批处理。

(2) 采用随机抽样的方法采集检验样品，原则上取最不利的规格。当不能判断最不利规格时，应采集不同规格样品进行检测。

(3) 建筑外窗应在安装之前检测。当检测结果不合格，应找出问题所在，对整个检验批的外窗产品进行处理，处理后再次抽样检测。

2-10 如何从设计上预防施工中的结构质量通病

【答】

在建筑施工中，一旦发生结构质量隐患，后果就不堪设想。其实有好多问题如在设计上加以预防，就可避免结构隐患。

1. 现浇钢筋混凝土楼板收缩产生裂缝

由于收缩产生的裂缝一般有如下特征：一是裂缝宽度中间大，两头小；二是板上的

裂缝往往贯穿整个厚度，裂缝方向与受力方向平行；三是梁上的裂缝仅在侧面产生，且与梁的纵向垂直；四是裂缝在结构的中部多，两端少甚至没有；五是裂缝数量多、宽度小，集中的宽裂缝较为少见。

收缩裂缝多现于伸缩缝间距过大的建筑中，有的建筑物温度收缩缝的间距虽然符合规范要求，但是由于施工周期长，此时结构为暴露在大气中的露天结构，其收缩明显比室内收缩要大，因此，好多在施工中就出现了裂缝，为此在结构断面薄弱处、应力集中处宜采用各种加强措施。另外，由于抗拉与抗压强度存在一定的比例关系，影响抗压强度的因素都影响抗拉强度，但是结构设计中要考虑到提高强度后，有时收缩也随之加大，因此应以提高抗裂安全程度为目的，综合考虑后采取措施。

2. 楼屋面板结构层不平整

面层和装修的超重超载施工中，常常由于模板支撑不平，造成楼屋面板结构层不平整。

有时由于混凝土浇捣不够认真，也会造成面层凹凸不平，这样就导致砂浆找平层加厚。一般设计找平层厚度为 20 ～ 25mm，而实际找平层最厚可达到 70 ～ 80mm，平均也达到了 20 ～ 30mm，无形之中就使恒载增加 0.4 ～ 0.6kN/m^2。同样，砌体墙面不平，也存在面层加厚加重的情况。

当前住宅多为毛坯房，由业主自行装修，木地板与花岗岩地面荷重相差较大，还有顶棚有无做吊顶、吊柜等，这样造成装修荷载较难确定。

以上超重情况相当于设计降低了楼面的使用活荷载，降低了结构安全性。针对这种情况，设计中可根据当地的施工水平适当加厚面层进行计算。装修荷载方面，可考虑卧室采用木地板，厅、厨、卫部分采用花岗岩或缸砖地面。

3. 柱与非承重墙、构造柱与梁的连接

框架结构中后砌的填充墙与框架柱交接处，沿高度每隔 500mm 或 400mm 设 2Φ6 与柱拉结，伸入柱内的锚固长度不得小于规范规定的受拉钢筋最小锚固长度，施工中浇筑混凝土之前须预留插筋，在柱侧模上钻孔，这在施工上存在一定难度，再加上如果施工措施未跟上，容易造成漏筋、错位情况严重。对后浇的构造柱往往都是上下各预留插筋，柱下端与梁上预留的插筋连接施工没什么问题，问题在上端需要在模板上钻孔，定位困难，常常造成上下错位，插筋形同虚设。通常施工单位对遗漏、错位的插筋往往不够重视，采取钻孔、灌环氧树脂然后插筋的办法，这种措施存在孔深不足、抗拔不满足要求的弊端。

有的施工单位干脆凿开混凝土保护层，将拉结筋焊在柱箍筋上，这种破坏柱结构的做法更是不可取。拉结筋与构造柱对于抗震结构来讲有着相当重要的作用，无论是施工还是设计都应采取措施保证它们的有效作用。针对这种情况，结构设计可修改插筋做法，以有利施工和质量保证。对于遗漏错位的柱插筋、拉结筋，设计上须明确采用植筋的做法，钻孔、灌结构胶，插筋锚入的深度不小于 $10d$，这样才能确保起到构造柱和拉结筋的作用。

4. 梁贯通钢筋的连接

由于抗震结构承受地震反复作用，规范规定梁顶面和底面应有贯通全梁的钢筋，并规定了相应的构造要求，但对钢筋的接头位置未给予明确，而施工单位对接头位置应设于何处比较合适也未必很清楚，这样可能造成接头设在结构不利之处。因此，设计中宜对接头位置加以明确。钢筋不应在梁柱节点中切断或搭接，宜避开梁端加密区，不宜位于构件最大弯矩处。同时接头数量应符合 GB 50204—2015《混凝土结构工程施工质量验收规范》。由于基础梁的受力情况往往同楼层梁相反，更应注明接头位置。

5. 负弯矩钢筋问题造成裂缝

一般现浇楼板上的钢筋按设计要求绑扎完毕，隐蔽验收后方可开始浇捣混凝土，但施工中往往未注意保护已架立好的支座负钢筋，造成这些钢筋倒伏情况严重。这种情况造成支座负弯矩无足够的钢筋来承担，支座处板面就容易出现裂缝，板的刚度降低和挠度加大，使板的受力状态逐渐趋向简支，即跨中实际弯矩比设计弯矩大许多，因而使板配筋偏于不安全。

这种由于施工不当引起的安全隐患，当然，首先应从施工方法及操作规程上采取措施，加强质量管理及隐蔽签证。另外，结构设计也应针对这种实际情况采取必要的加强措施，设计文件中应明确提出施工要保证支座负筋位置准确的要求，施工时应设置足够的钢筋撑脚（马凳筋），以加强支座负筋的抗踩踏能力。目前较为成熟的做法是设置混凝土保护层定位件来控制上、下钢筋间的间距，设计时应注意适当加粗支座负筋和架立筋的直径。既然计算中连续板支座负钢筋按弹性分析与实际情况有出入，楼面板宜按塑性内力重分布的方法计算，从而减小支座弯矩，增大跨中弯矩，而屋面板考虑到防水防裂，仅跨中弯矩按塑性分析，这样使计算结果较为接近实际，也提高了板的安全度。

综上所述，设计与施工的关系是息息相关的，结构设计人员如能经常深入施工现场，了解具体的施工工艺以及施工存在的具体问题，就能不断积累经验，针对工程通病及施工难度，对设计进行不断的改进，提高设计水平，最大限度地降低工程中的安全隐患。

第3章

结构设计成果表达

3-1 建筑工程结构施工图设计有哪些基本规定或内容

【答】

1. 一般规定

(1) 施工图审查是根据国家和项目所在地区的法律、法规、技术标准与规范，对施工图就结构安全和强制性标准、规范的执行情况等进行的独立审查。

(2) 对需作抗震设防评价的工程项目，应取得由建设主管部门组织的专项抗震评价；

(3) 对于采用新结构、新技术、新材料的内容，应有可靠依据（试验研究、技术鉴定、专题论证等）。

(4) 对处于山区地基的建设项目，应注意地勘资料中对场区内有无滑坡、崩塌、岩溶等不良地质现象的描述及是否对建设工程造成危害的明确评价。

2. 结构设计总说明（首页）

重点说明及审查内容如下：

(1) 设计依据条件是否正确，结构体系选型、结构材料选用、统一构造作法、选用标准图等是否正确合理，对涉及使用、施工等方面需作说明的问题是否已作交代。

(2) 设计基准期，建筑结构安全等级、抗震设防烈度、建筑抗震设防分类、钢结构和钢筋混凝土结构抗震等级、基本风压值、人防工程防护等级等的确定是否正确。

(3) 地基概况描述。±0.000 相应的绝对标高、地基持力层的选定及相应的持力层承载力、基础选型及地下水类型和标高、场地和地基抗震性能、不良地质现象等。

(4) 结构设计荷载、风荷载取值是否符合规范要求。

(5) 结构材料及连接材料的品种、规格、型号、强度等级、安全等级、裂缝控制等级和质量要求（如焊缝质量等级、摩擦型高强度螺栓的摩擦面处理方法）等的确定是否符合规范要求。

(6) 本工程各类结构的统一做法和要求如混凝土构件的钢筋保护层厚度、纵向钢筋锚固长度、搭接长度、纵向受力钢筋的最小配筋百分率、箍筋做法等是否明确，是否符合规范要求。

(7) 建筑物耐火等级和构件耐火极限，钢结构的防火、防腐、防护、施工安装要求等是否符合规范要求。

(8) 采用的标准图目录和对构件的选用。

(9) 施工注意事项。如后浇带、施工顺序、楼面允许施工荷载、预应力结构、钢结构专项施工说明、各类地基的施工、验收要求等。

(10) 对直接承受动力荷载的构件和连接，是否满足规范所要求的构造措施。

3. 地基、基础设计

重点审查内容如下：

(1) 地基持力层、地基承载力的确定和设防水位标高的确定是否合理。

(2) 基础选型和平面布置是否正确，基础底面不同标高时的结构处理是可行。

(3) 软弱下卧层的验算是否满足规范要求。

(4) 人工地基的处理方案和技术指标要求，施工、检测及验收要求等是否明确，是否满足规范要求。

(5) 位于斜坡上的地基，是否满足稳定的要求；平整场地中，是否考虑了大量的挖方、填方、堆载和卸载等对边坡稳定性的影响。

(6) 土质地基上的高层建筑基础埋深是否满足规范要求；岩石地基上的高层建筑基础埋深较小时，是否验算建筑的稳定性、倾覆、滑移。

(7) 扩展基础底面积是否按地基承载力和变形计算确定；基础高度和变阶处的高度，是否满足抗冲切、抗剪切的要求；基础底板的配筋是否符合规范要求。

(8) 箱、筏基础的上部竖向荷载重心与基础平面形心的偏心距是否满足规范要求；箱、筏基础是否满足结构承载力、刚度和防水的要求。

(9) 桩基竖向承载力和水平承载力计算是否正确，单桩承载设计值是否注明，承载力检测要求是否明确；桩身混凝土强度等级、主筋保护层厚度要求是否符合规范要求；承台的承载力计算是否正确。桩端持力层为软弱土的一、二级建筑桩基以及桩端持力层为黏性土、粉土或存在软弱下卧层的一级建筑桩基，是否验算沉降。对桩端平面以下存在软弱下卧层时，其承载力验算是否满足要求。坡地、岸边的桩基是否满足稳定性要求。当桩周土层沉降较大时，是否考虑了桩侧负摩擦力对桩基承载力的影响。

(10) 需要进行变形验算的地基是否按规范进行计算，变形值是否满足规范要求。高层与裙房间沉降差异控制和处理是否合理可行。

(11) 需进行抗震验算的地基及基础，其验算及构造措施是否符合规范要求。

(12) 工程边坡或基坑开挖和支护方案是否合理可行，是否保证施工安全、满足规范要求，高边坡是否经过论证。

(13) 当基础施工对毗邻建筑物有影响时，对基坑开挖、工程降水的施工要求是否明确，是否安全。

(14) 地面水、地下水对建筑地基和场区的影响是否考虑，处于江河岸边、低洼地带的建（构）筑物底层地坪位于室外地坪之下时，是否考虑和采取了建（构）筑物及其构件的抗浮措施。

(15) 处于特殊性土层（湿陷性黄土及膨胀土地区）上的建筑地基基础设计是否满足有关规范要求。

4. 多层与高层钢筋混凝土结构和钢结构

1) 结构选型及设计的重点审查内容

(1) 结构类型是否满足最大高度限值规定要求，超限高层建筑是否经过论证和建设行政主管部门审查批准。

(2) 平面形状和外形尺寸是否满足规范要求，结构体系是否为双向抗侧力结构，其布置、刚度、质量分布是否均匀对称，主体结构是否避免了铰接；对非规则平面是否采取了有效措施。抗侧力构件断面是否符合规范规定。

(3) 竖向布置高宽比控制、结构竖向构件的上下连续性及断面尺寸、强度等级的变化是否合理，竖向局部水平外伸或内缩及出屋面部分的结构处理是否符合规范要求。

(4) 房屋的顶层、结构转换层、平面复杂或开洞过大的楼层、作为上部结构嵌固部位的地下室楼层的楼板是否现浇，其厚度及配筋率是否满足规范要求。

(5) 框架－剪力墙结构中剪力墙布置、形式及间距是否合理，框支剪力墙结构中落地剪力墙和落地筒体是否加强，落地剪力墙间距、落地剪力墙数目与全部剪力墙数目之比是否符合规范要求，框支梁是否按偏心受拉构件设计，转换层楼板是否采用双向上、下层配筋；筒中筒结构的高宽比、内筒与外筒间的距离、外筒柱距等是否符合规范要求。

(6) 主楼与裙房的连接处理是否正确，结构伸缩缝、沉降缝、防震缝的设置和构造是否符合规范要求；当不设缝时是否采取有效措施。

(7) 转换层上下结构刚度变化是否符合规范要求，转换结构选型是否合理可靠。

(8) 异形柱框轻结构（框架结构、框架－斜撑结构，框架－剪力墙结构）的选用是否符合技术规程的要求。

(9) 地下室结构构件如地下室底板、侧墙、柱、顶板的设置和选用是否能保证高层建筑埋深的有效性，是否有利于水平力的传递，其强度及裂缝宽度能否满足规范要求。

(10) 钢筋混凝土结构的梁、柱、剪力墙、板采用混凝土强度等级、断面尺寸、配筋、配筋率、配箍率及配箍特征值是否符合规范要求（抽查），柱、墙轴压比控制是否满足规范要求。

(11) 一般民用建筑局部采用小型钢网架、钢屋架、钢雨篷等结构时，与主体结构的连接是否安全可靠。

2) 计算和构造的重点审查内容

(1) 列出所有计算采用软件的名称、版本和编制单位。

(2) 所采用软件的计算假定和力学模型是否符合工程实际。

(3) 计算输入的结构总体信息是否正确，输入的荷载是否正确（抽查）。

(4) 时程分析对地震波和加速度值等计算参数的取值是否正确。

(5) 薄弱层部位判别验算及处理措施是否正确。

(6) 转换层上、下部结构和转换结构的计算模型及所采用的软件是否正确。

(7) 结构计算分析判断。结构周期、振型、底部总剪力与总质量的比值是否属于正常范围之内，层间位移和结构顶点位移是否符合规范规定。

(8) 当高层建筑由于高宽比超限、岩石地基上基础埋深不足等情况下必须进行抗倾覆验算时，计算倾覆力矩和抵抗倾覆力矩是否按规范要求取值。

(9) 高层建筑钢结构在风荷载作用下的侧移值和顶点最大加速度是否满足规范要求，钢结构梁、柱的强度、整体稳定性、局部稳定性、刚度是否符合规范要求，受压构件计算长度的取值是否符合规范要求，梁与柱及柱脚连接节点的计算和构造是否符合规定。

(10) 框架－抗震墙结构中，抗震墙承受的地震倾覆力矩是否大于结构总地震倾覆力矩的50%，如不满足，框架抗震等级的确定是否考虑了这一因素。

(11) 转换层上下层的侧移刚度比是否满足规范要求，上下结构的连接、转换层结构的断面、配筋和构造是否安全可靠。

(12) 对计算输出的超筋超限信息以及其他异常信息的特殊处理措施是否恰当。

(13) 梁、柱、剪力墙、支撑、钢结构连接节点，组合楼板的计算和构造是否符合规范规定，抗震措施是否符合国家规范要求。结构薄弱部位在构造处理上是否采取加强措施。采用预应力结构是否遵守有关规定，来保证设计、施工质量。当按一、二级抗震等级设计时，框架结构中纵向受力钢筋是否注明钢筋强度实测值的具体要求。

(14) 房屋顶层、楼电梯间及剪力墙底部、框支层上二层楼板以下的落地剪力墙等是否符合加强部位的要求。

5. 多层砌体结构

1) 结构布置和设计的重点审查内容

(1) 房屋总高度、层数、高宽比及各层层高，是否满足规范限值规定；伸缩缝、沉降缝、抗震缝的设置位置、间距及宽度是否满足规范要求。

(2) 平面布置是否简单对称，非简单对称平面是否有加强措施。

(3) 纵横墙上下是否连续，传力路线是否清楚，抗震横墙间距是否符合规范规定，是否采用横墙承重或纵、横墙共同承重的结构体系；当墙体被竖向管道削弱时或开洞率过大时，是否采取了加强措施。

(4) 对有错层、空旷大房间的特殊处理是否满足规范要求，楼梯间位置是否合理。

(5) 楼屋盖圈梁和构造柱布置是否符合规范要求。

(6) 承重窗间墙宽度、外墙尽端至门窗洞边尺寸、无锚固女儿墙高度等局部尺寸是否满足规范限值要求。若未满足，是否有特殊构造处理。

2) 计算与构造的重点审查内容

(1) 多层砌体房屋的静力计算和抗震验算是否符合规范有关规定，抗震验算是否按两个主轴方向分别验算；计算程序选用是否正确。

(2) 是否选取具有代表性的墙体及其控制断面，按规范要求进行砌体构件的高厚比、受压、受剪、局部受压承载力及抗震、抗剪强度验算。

(3) 圈梁、构造柱的构造和连接是否符合规范要求，现浇坡屋面及檐口受力是否明确。

(4) 悬挑构件是否满足抗倾覆计算并采取可靠的锚固措施，是否明确要求了施工中悬挑构件拆除底模支撑的条件；女儿墙选型是否合理，构造是否可靠。

(5) 承重墙梁中托梁混凝土强度等级、纵向配筋率，墙梁支承长度、托梁纵向钢筋锚固、托梁上墙体材料、厚度等构造要求是否满足规范要求。

(6) 预制构件标准图选用是否正确，支承部位是否满足计算和构造要求。

(7) 局部薄弱部位是否采取有效措施加强。

6. 底部框架－抗震墙砖房

1) 结构布置和设计的重点审查内容

(1) 房屋总高度、总层数、高宽比是否满足规范限值规定。

(2) 底部纵横两方向的抗震墙间距是否满足规范规定，转换层上下层侧移刚度的比值是否满足规范要求，质量中心与刚度中心是否一致。

(3) 转换层以上墙体是否上下对齐，纵横墙是否竖向连续。

(4) 底部框架及剪力墙结构的抗震等级的确定是否符合规范要求。

(5) 底部框架楼盖是否采用现浇或装配整体式钢筋混凝土楼盖。

(6) 底层框架的梁、柱、剪力墙、板的混凝土强度等级、断面尺寸、柱轴压比、配筋率是否符合规范要求。

(7) 上部砖房的结构布置、圈梁、构造柱及墙体布置是否符合规范要求。

2) 计算与构造的重点审查内容

(1) 结构抗震计算是否按规范规定进行，底层纵向、横向地震剪力设计值是否按规范要求乘以增大系数并全部由该方向的抗震墙承担，结构的总体受力分析计算软件是否适合底框结构计算。

(2) 底层框架砖房的框架部分设计、计算和构造措施是否满足规范要求。

3-2 施工图设计有哪些制图基本规则

【答】

1. 图纸规格

工程施工图的基本图纸规格及要求见表 3-1 所列。

表 3-1 施工图常用规格及要求

图号	尺　　寸	要　　求	注
A0	841×1189	一般不用，仅总平面施工图设计时使用，加长时 841 尺寸不变	1189 可按 149N 增长，即 1189+149+149+…
A1	594×841	不够可加长，594 尺寸不变	841 可按 210N 增长
A2	420×594	不够可加长，420 尺寸不变	594 可按 149N 增长
A3	297×420	一般不加长	
A4	210×297	仅限于图纸目录及设计修改或补充通知使用	

2. 标题栏与会签栏

按 GB/T 50001—2010《房屋建筑制图统一标准》第 3.2 节要求使用。

3. 图纸编排顺序

设计阶段包括方案、初步及施工图等各阶段设计，应在施工图的图号中冠以“图施”以资区别，各工种编排格式及顺序如下：

“图施 -0-×”——图纸目录及统一施工图说明；

“图施 -1-×”——总平面；

“图施 -2-××”——种植；

“图施 -3-××”——建筑及结构；
“图施 -4-××”——给排水；
“图施 -5-××”——电气照明。
注：× 为图纸编号，用阿拉伯数字。

4. 图线

参见《房屋建筑制图统一标准》中表 4.0.1，常见图线线型见表 3-2 所列。

表 3-2　制图所用常见线型及组合　　单位：mm

分组 线型	第一组	第二组	第三组
粗线	1.40	1.00	0.70
中线	0.70	0.50	0.35
细线	0.35	0.25	0.18

(1) 每组配三种规格，宜结合构图大小配套使用，但同一张图面内应采用同一组规格。

(2) 粗线一般用于轮廓线，详图编号的圆圈、剖面线、断面线、图名下横线，以及水、电管线；细线一般为尺寸线、引出线及图例线；除此两种使用范围外，都可采用中线。

5. 线型

分为实线、虚线、单点长画线、折断线、波浪线。详见 GB/T 50104—2010《建筑制图标准》第 2.1.2 条及《房屋建筑制图统一标准》第 4.0.2 条。

6. 字体

(1) 汉字采用 CAD 常用的长仿宋体。常用的字体见表 3-3 所列。

表 3-3　常用的长仿宋字体高宽关系

字高 /mm	5	3.5	2.5	2
字宽 /mm	3.5	2.5	1.8	1.5
用　　途	用于图名及首页文字说明		用于图内说明	

(2) 拉丁字母、阿拉伯数字及罗马数字的规格及使用可参照汉字。示例见 GB/T 14691—1993《技术制图——字体》。

(3) 大标题、图册封面、地形图等的汉字也可书写成其他字体，但应易于辨认，规格可根据图面大小而定。

7. 比例

(1) 绘图所用的比例。如下所列：
总体规划及总平面图可采用 1 ： 5000、1 ： 2000、1 ： 1000 及 1 ： 500；
分区总平面图可采用 1 ： 500、1 ： 300、1 ： 200；

建筑平、立、剖面的扩初阶段可采用 1 ∶ 200、1 ∶ 100；

建筑平、立、剖面的施工图设计阶段可采用 1 ∶ 100、1 ∶ 50；

施工详图可采用 1 ∶ 20、1 ∶ 10、1 ∶ 5、1 ∶ 2，必要时也可采用 1 ∶ 30。

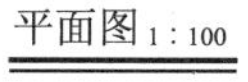

平面图 1 : 100

图 3-1　图纸比例注写示例

(2) 比例应以阿拉伯数字表示，其规格应比图名字高小一号或两号。同张图内如有不同比例的图面，应分别在图下注明比例。比例写于图名右侧，数字的底线应取平，如图 3-1 所示。

8. 剖（断）面符号

(1) 剖面符号带有方向性，以粗线呈 ┏ 表示，而断面符号则不带方向性，常用在节点详图中，以粗线表示，如图 3-2 所示。如平、剖面不在同张图内，则在平面的剖面符号下写图号，如“图施 -3-××”（也可注明 1-1，2-2，…，详见图号）。

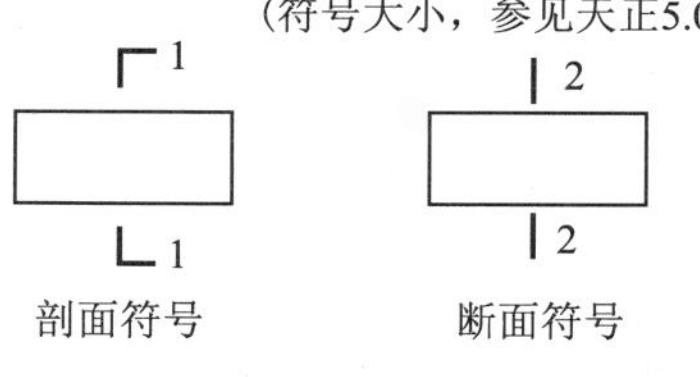

图 3-2　剖（断）面符号示例

(2) 带方向性的剖面应将临近可见的有关立面画全，而断面符号仅表示所切范围的画面。

(3) 符号的编号宜采用阿拉伯数字按顺序连续编排，编号所在的一侧应为该剖（断）面的剖视方向。在做详图断面时，可选用英文小写字母作为符号的编号。

9. 引出线与详图符号

(1) 引出线。应以细线绘制，宜采用水平向与斜线相交，斜线与水平线的交角宜采用 120°、135°、90°，引出线上的文字说明如图 3-3 所示。

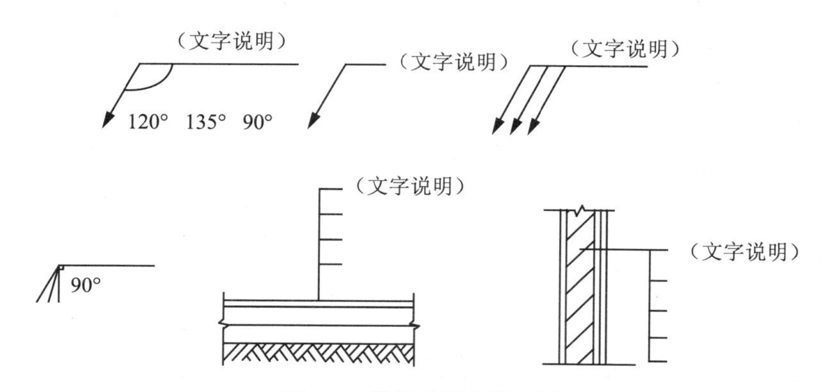

图 3-3　常见的引出线示例

(2) 文字说明也适用于数字或符号。例如构造所采用的钢筋、型钢等。结合实际需要统一采用以下符号：ф(Ⅰ级钢)、ф(Ⅱ级钢)、 ┗ (钢角)、Ⅰ (工字钢)、[(槽钢)、—(扁钢)。规格写在符号后，如：┗ 50×50×6，[12，—50×50。

(3) 详图索引分两种，圆圈直径 8mm，如图 3-4 所示。

注：直径 6mm 的圆圈用于钢筋、零件、设备等编号。

(4) 如采用标准图集，包括国标、地方或公司自编的详图，索引可采用如图 3-5 所示的符号。在图纸目录中注明图集名称或代号。

(5) 如在平、立面图上仅表示某一节点的详图索引，可采用如图 3-6 所示的标注。图上双线表示所切的位置，按所切的该处绘制详图即可。

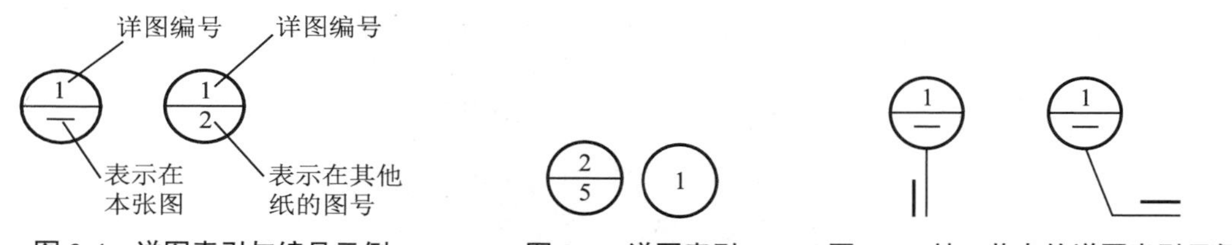

图 3-4　详图索引与编号示例　　图 3-5　详图索引　　图 3-6　某一节点的详图索引示例

(6) 为节约图面及时间，凡对称的图面画一半即可，但应采用对称符号，如图 3-7 所示。

10. 定位轴线

(1) 定位轴线应采用细的点画线绘制，仅用于建筑物。

(2) 景观建筑较小，一般横向编号采用阿拉伯数字从左到右，直向编号采用大写拉丁字母从下到上，其编号外圆圈直径为 8mm。

11. 定位

(1) 总平面图。其上采用定位坐标网格有两种：一种是测量坐标网，以 X、Y 表示；另一种是施工坐标网，以 A、B 表示，两种皆可。如为观景施工方便起见，以自编施工定位坐标较为方便，方法如下：

① 利用现有 X、Y 测量坐标，选择某点作为施工坐标 A、B 的 0 起点，如图 3-8 所示。但要在图下注明，如图 3-9 所示。

② 取建筑物墙角或某一固定标志 $\dfrac{A=0.00}{B=0.00}$ 也可，方向一般以垂直指北针为起点，如有困难则注明角度即可。

(2) 如景观设计的范围较小，则可以建筑物或围墙为基准，用尺寸线表示。

(3) 弧形线或曲面应有圆心及半径，圆心注上坐标以便施工定位。如半径较大，图面内不能容纳，则可采用折线表示，如图 3-10 所示。

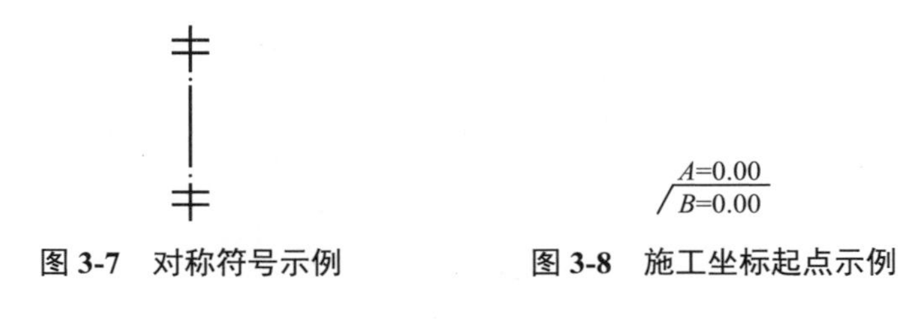

图 3-7　对称符号示例　　图 3-8　施工坐标起点示例

图 3-9　施工坐标起点坐标标注示例　　图 3-10　弧形线或曲面的注写示例

(4) 复杂的曲面图形可采用网格形式标注尺寸。如图 3-11 所示。

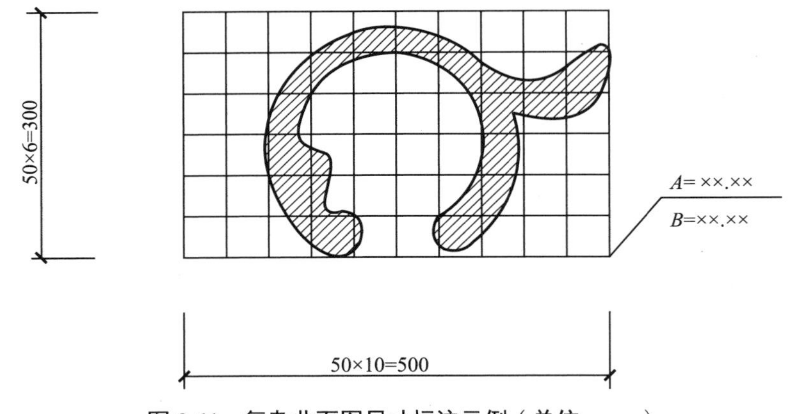

图 3-11　复杂曲面图尺寸标注示例（单位：mm）

12. 标高

(1) 采用的标高应有说明。如 ±0.00 等于绝对标高 ××.××，也可直接采用绝对标高（当与其他设计单位所设计的建筑或管线有关时，以采用绝对标高较妥）。

(2) 总平面图及建筑平面图所注室外的标高，受范围所限可引出；剖、立面图上所注的标高符号的尖端，应指至被注的高度，尖端可向下也可向上，如图 3-12 所示。

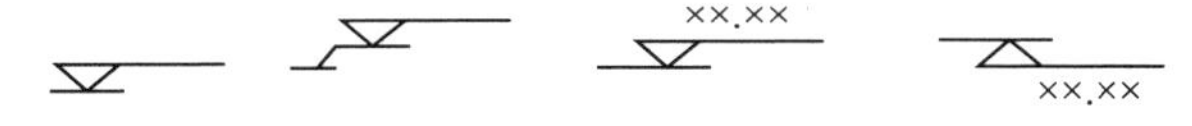

图 3-12　标高注写示例

(3) 在详图的同一位置需要表示几个不同标高时，可采用重叠标注法。如图 3-13 所示。

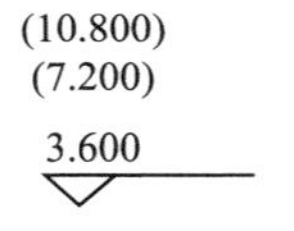

图 3-13　标高的重叠标注法

(4) 在总平面图的路中心或其他位置，也可采用标高及坐标混合注的方法。如图 3-14 所示。

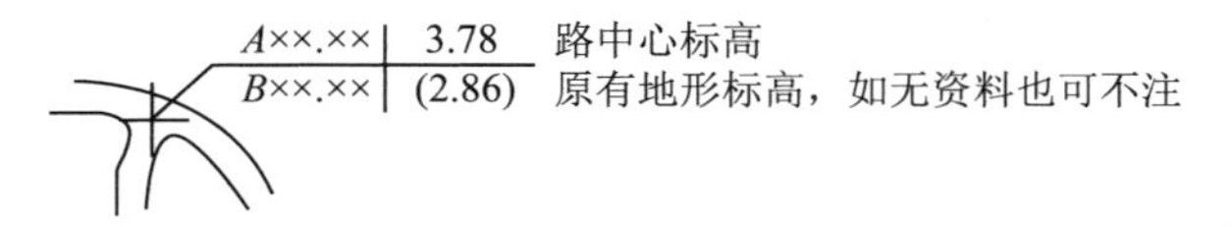

图 3-14　标高及坐标的混合注写法示例

13. 常用图例

(1) 种植图例，此处从略。

(2) 总平面图中常见图例。如图 3-15 所示。

(3) 建筑材料常见图例。如图 3-16 所示。

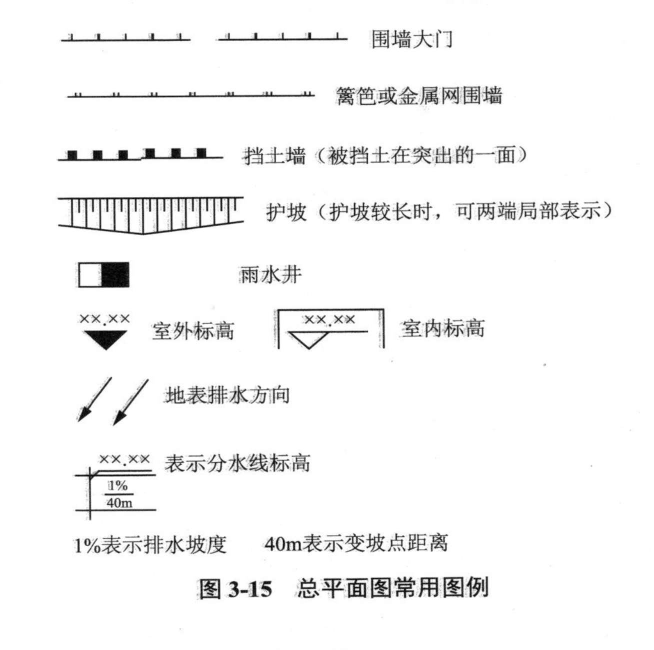

图 3-15 总平面图常用图例

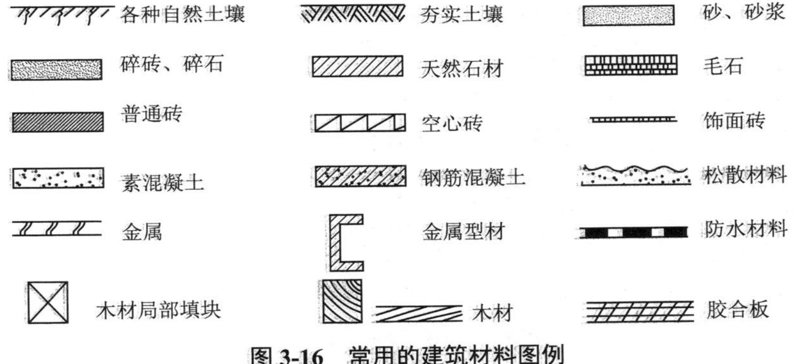

图 3-16 常用的建筑材料图例

3-3 结构施工图主要包括哪些内容

【答】

结构施工图包括图纸目录、首页（设计说明）、基础平面图及详图（基础尺寸定位、暖沟图及基础留洞图）、结构平面布置图、钢筋混凝土构件及节点构造详图[模板图、现浇板的配筋（预制板的布置）、柱配筋及详图、梁平面配筋图及详图、楼梯详图、墙及暗柱详图和构造、圈梁与构造柱布置及其剖面详图、特殊节点详图、过梁布置、雨篷、阳台、挑檐布置和其剖面详图、楼梯布置、板顶标高、梁布置及其编号、板上开洞洞口尺寸及其附加筋、屋面上人孔、通气孔位置及详图]等内容。

1. 图纸目录

全部图纸都应在"图纸目录"上列出，先列新绘制图纸，后列选用的标准图或重复利用图。"图纸目录"的图号是"G-0"。结构施工图的"图别"为"结施"。"图号"排列的原则是：从整体到局部，按施工顺序从下到上。例如，“结构总说明”的图号为“G-1”（G表示“结施”），以后依次为桩基础统一说明及大样、基础及基础梁平面、由下而上的各层结构平面、各种大样图、楼梯表、柱表、梁大样及梁表。

按平法绘图时，各层结构平面又分为墙柱定位图、各类结构构件的平法施工图（模板图，板、梁、柱、剪力墙配筋图等，特殊情况下增加的剖面配筋图），并应和相应构件的构造通用图及说明配合使用。此时应按基础、柱、剪力墙、梁、板、楼梯及其他构件的顺序排列。

2. 首页（设计说明）

1）结构总说明

“结构总说明”是统一描述该项工程有关结构方面共性问题的图纸，其编制原则是提示性的。设计者仅需打“√”，表明为本工程设计采用的项目，并在说明的空格中用 0.3mm 的绘图笔填上需要的内容。

必要时，对某些说明可以修改或增添。例如支承在钢筋混凝土梁上的构造柱，钢筋锚入梁内长度及钢筋搭接长度均可按实际设计修改；单向板的分布筋，可根据实际需要加大直径或减少间距等；图中通过说明，可用 K 表示 Φ6@200、G 表示 Φ8@200，也可用“K6”“K8”“K10”“K12”依次表示直径为 6、8、10、12mm 而间距均为 200mm 的配筋。有剪力墙的高层建筑宜采用“（高层）结构说明”。

结构图中的文字说明应尽量简短，文法要简要、准确、清楚，叙述的内容应为该图中极少数的特殊情况或者是具有代表性的大量情况。

2）设计说明要点

（1）说明建筑结构安全等级、抗震设防烈度、人防工程等级。

（2）扼要说明有关地基概况，对不良地基的处理措施和对基础施工的要求。有抗震设防要求时，应对地基抗震性能作进一步阐述。

（3）说明荷载规范中没有明确规定的或与规范取值不同的设计活荷载、设备荷载等。

（4）说明所选用结构材料的品种、规格、型号、强度等级等，如混凝土强度等级、钢筋种类与级别、受力筋保护层厚度、焊条型号、预应力混凝土构件的锚具种类、型号、预留孔做法、施工制作要求及锚具防腐措施等，并提出对某些构件（或部位）的特殊要求。

（5）说明所采用的标准构件图集；如果有特殊构件需要作结构性能检验时，应说明进行检验的方法与要求。

（6）说明施工注意事项，如后浇带的设置、后浇时间及所用材料强度等级，高层主楼与裙房的施工先后的时间，对特殊构件的拆模时间、条件要求等。

（7）多子项工程，宜编写统一的结构施工图设计总说明；如为简单的小型单项工程，则设计说明可分别写在基础平面图或结构平面布置图上。

3. 基础平面图

1）基础平面图

（1）基础平面与基础梁平面可合并为一图，比例可用 1 ∶ 100；大样图可用 1 ∶ 60 或 1 ∶ 50；基础说明可用 6 号仿宋字体。

基础梁用双细实线表示，梁宽要按比例画。首层内、外墙及第一跑楼梯的相应位置下均应布置基础梁；“地骨”一般只用于跨度小、高度不到顶的内部隔墙（如厕位隔墙）；按抗震设计时，一般要沿轴线在相邻基础间布置基础梁。

(2) 采用直接正投影法绘制，剖视位置在正负零处。应画出剖到的墙或柱及其基础底面的轮廓线（如条形基础和独立基础的底面外形）。

(3) 基础平面应绘制与建筑图一致的平面布置和轴线，表示建筑朝向的指北针，一般画在平面图的右上角。

(4) 剖到的墙或柱应画成中粗线，基础底面外形用细线，钢筋混凝土柱子涂红。

2) 基础平面施工图

以基础平面图为依据，按照结构设计计算情况绘出基础平面施工图，具体内容如下：

(1) 应绘出承重墙、柱网布置、纵横轴线关系、墙和柱尺寸关系和剖面号、基础和基础梁及其编号、柱号、标注基础底面尺寸、标注墙垛、垃圾道等的断面尺寸、地坑和设备基础的平面位置、尺寸、标高、基础底标高不同时的放坡示意图；构件的名称用代号表示。

(2) 应表示 ±0.000 以下的预留孔洞的位置、尺寸、标高。

(3) 桩基应表示出桩位平面布置、桩承台的平面尺寸及承台底标高。人工挖孔（冲、钻孔）灌注桩或预应力钢筋混凝土管桩一般都有统一说明及大样。与结构总说明不同的是，图中用“×”表示不适用于本设计的内容，对采用的内容不必打“√”，同时应在空格处填上需要的内容。

(4) 绘出有关的连接节点详图。

(5) 附注说明。本工程 ±0.000 相应的绝对标高，基础埋置在地基中的位置及所在土层，基底处理措施，地基或桩的承载能力，以及对施工的有关要求等。如需要对建筑物进行沉降观测时，应说明观测点的布置及观测时间的要求，并绘制观测点的埋置详图。

4.基础详图

1) 一般要求

(1) 基础大样应画出剖面、平面、配筋图，内容详尽至满足施工要求。在剖面图中，要正确表示双向配筋的相对位置关系，一般应将弯矩较大的一向放在外层。对于方形桩台，为免施工时放错，应使双向配筋量相等。

注明室内地面至基础底面范围内的竖向尺寸、墙厚、垫层宽度、大放脚的尺寸和总宽度尺寸、防潮层位置及垫层做法，外墙基础剖面还需注明室外地坪的相对标高。

(2) 钢筋混凝土基础尚应标注配筋直径和间距，现浇基础尚应标注预留插筋、搭接长度、箍筋加密等。

2) 各类基础基本要求

(1) 条形基础。应绘出剖面、配筋、圈梁、防潮层、基础垫层、标注尺寸、标高及轴线关系等。

(2) 扩展基础。应绘出基础的平面及剖面、配筋、标注总和分尺寸、标高及轴线关系、基础垫层等。

(3) 桩基。除绘出承台梁或承台板的钢筋混凝土结构外，并绘出桩位置、校样图（也可另图绘制），桩插入承台的构造等。桩表中的“单桩承载力设计值”是桩基础验收时单桩承载力试验的依据，宜取 100kN 的倍数。

确定“设计桩顶标高”时，应考虑桩台（桩帽）的厚度、地基梁的断面高度和梁顶标高、地基梁与桩台面间的预留空间、桩顶嵌入桩台的深度等因素。

图中的“不另设桩台的桩顶大样”，其“设计桩顶标高”应在施工缝处，大样上段可看作断面不扩大的桩台，应增加端部环向加劲箍及构造钢筋网，注明配筋量等。

(4) 筏基和箱。筏基按现浇梁板详图的方法表示，但要绘出承重墙、柱位置。当要求设后浇带时，应表示其平面位置。箱形基础一般要给出钢筋混凝土墙的平面、剖面及其配筋。当预埋件、预留洞情况复杂时，绘出墙的模板图。

(5) 基础梁。按现浇梁板详图的方法表示。

(6) 附注说明。基础材料、垫层材料、杯口填充材料、防潮层做法及距室内地面的尺寸、对回填土的技术要求、地面以下的钢筋混凝土构件的钢筋保护层厚度要求及其他对施工的要求。

桩基础说明应包括：结构总说明和桩基础统一说明中没有提及的基础做法；桩台面标高、桩顶设计标高、桩的施工方法及施工要求等；柱与轴线、基础梁与轴线以及基础与柱的位置关系；与基础定位有关的柱、剪力墙的断面尺寸；构件编号说明等。

3) 提示

对形状简单、规则的条形基础和扩展基础，在满足设计深度的前提下，可以用列表方法绘制，以适当简化图纸。

5. 结构平面布置图

结构平面图有两种划分方法：按“梁柱表法”绘图时，各层结构平面可分为模板图和板配筋图（当结构平面不太复杂时可合并为一图）；按“平法”绘图时，各层结构平面需分为墙柱定位图、各类结构构件的平法施工图（模板图、板配筋图以及梁、柱、剪力墙、地下室侧壁配筋图等）。

(1) 一般要求。其内容如下：

① 应采用正投影法绘制，剖示位置在楼板顶面上。平面图中梁、柱、剪力墙等构件的画法：原则是从板面以上剖开往下看，看得见的构件边线用细实线，看不见的用虚线。剖到的承重结构断面应涂黑色。

凡与梁板整体连接的钢筋混凝土构件，如窗顶装饰线、花池、水沟、屋面女儿墙等，必须在结构图中表示。构件大样图应加索引。

对平面图中难以画清楚的内容，如凹厕部分楼板、局部飘出、孔洞构造等，可用引出线标注或加剖面索引、用大样图表示。对平面中凹下去的部分（如凹厕、孔洞等），要用阴影方法表示，并在图纸背面用红色铅笔在阴影部分轻涂。如有凹板，应标出其相对标高及板号。

楼梯间在楼层处的平台梁板应归入楼层结构平面之内。对梯段板及层间平台，应用交叉细实线表示，并写上“梯间”字样。

② 图中如若干部分相同时，可只绘制一部分，并用大写的拉丁字母（A、B、C…）外加细实线圆圈表示相同部分的分类符号，圆圈直径为 8mm 或 10mm。其他相同部分仅标注分类符号。

③ 结构平面图中的剖面图、断面详图的编号顺序。外墙按顺时针方向从左下角开始编

号；内横墙从左向右，从上至下编号；内纵墙从上至下，从左至右编号。梁、柱编号亦如此。

绘图顺序：一般按底筋、面筋、配筋量、负筋长度、板号标志、板号、框架梁号、次梁号、剪力墙号、柱号的顺序进行。

④ 被楼板挡住而看不见的墙、柱、梁，用虚线画出，楼板块用细实线画出。板底、面钢筋均用粗实线表示，宜画在板的 1/3 处。文字用绘图针笔书写，字体大小要均匀（可用数字模板），当受到位置限制时，可跨越梁线书写，以能看清为准。所有直线段都不应徒手绘制。

双向板及单向板应采用表示传力方向的符号加板号表示。

在板号下中应标出板厚。当大部分板厚度相同时，可只标出特殊的板厚，其余在本图内用文字说明。板面标高有变化时，应标出其相对标高。

在各层模板图中，应标出全部构件（板、框架梁、次梁、剪力墙、柱）的编号，不得以对称性等为由漏标。

⑤ 注明构件编号和详图索引（如阳台、雨篷另有详图时），楼梯间只绘出交叉线，其结构布置另见详图。

⑥ 圈梁一般用单线条绘出平面布置图，并绘出圈梁断面图，注明标高、断面尺寸、钢筋数量。过梁（GL）应编注于过梁之上的楼层平面中。梁上起柱（LZ），要标出小柱的定位尺寸，说明其做法。砌体隔墙下的板内加筋以粗直线表示（钢筋端部不必示出弯钩），并且注明定位尺寸。

(2) 以结构平面布置简图为基础，参照结构构件设计计算情况，给出结构平面布置施工图。具体内容如下：

① 绘出与建筑图一致的轴线网及梁、柱、承重砌体墙、框架等结构构件位置，并注明编号。楼面上的结构构件在该层结构平面布置图上表示。两层楼面之间的结构构件（如雨篷、过梁等）应在与之较近的楼面结构平面布置中表示。标注结构标高，标注墙、柱、梁的关系尺寸。

② 注明预制板的跨度、方向、板号、数量，标出预留洞大小及位置，带孔洞的预制板应单独绘出。

③ 现浇板沿斜线注明板号、板厚，配筋可布置在平面图上，亦可另绘放大比例的配筋图（复杂的楼板还应绘制模板图），注明板底标高，标高有变化处绘局部剖面，标出直径不小于 300mm 预留洞的大小和位置，绘出洞边加强筋。

④ 有圈梁时应注明编号、标高，圈梁可用小比例绘制单线平面示意图，门窗洞口处标注过梁编号。

⑤ 楼梯间绘斜线并注明所在详图号。

⑥ 屋面结构平面布置图应标出屋面板的坡度、坡向、坡向起点及终点处结构标高、预留孔洞位置大小等，设置水箱处应表示结构布置。

⑦ 电梯间应绘制机房结构平面布置图，注明梁板编号、板的配筋、预留孔洞位置、大小及板底标高等。

⑧ 多层工业厂房还应表示运输线平面位置。

⑨ 附注说明。选用预制构件的图集代号，有关详图的索引号（如楼板锚拉详图的索引号）以及预制板支承长度及支座处找平做法等。

6. 钢筋混凝土构件详图

1）现浇构件

如现浇梁、板、柱及框架、剪力墙、筒体等的详图，要给出如下内容：

① 纵剖面、长度、轴线号、标高及配筋情况，梁和板的支座情况，整体浇捣的预应力混凝土构件尚应绘出曲线筋位置及锚固详图。

② 横剖面、轴线号、断面尺寸配筋；预应力混凝土预应力筋的定位尺寸。

③ 剪力墙、井筒可视不同情况增绘立面。

④ 若钢筋较复杂不易表示清楚时，可将钢筋分离绘出。

a. 底筋的画法。结构平面图中，同一板号的板可只画一块板的底筋（应尽量注于图面左下角首先出现的板块），其余的应标出板号。底筋一般不需注明长度。绘图时应注意弯钩方向，且弯钩应伸入支座。对常用的配筋，如 Φ6@200、Φ8@200、Φ10@200 等可用简记法表示，与结构总说明配合使用。分布筋只在结构总说明中注明，图中不画出。

b. 负筋的画法。同一种板号组合的支座负筋只需画一次。如某块板的支座另一边是两块小板时，则只按其中较大的板配置负筋。板的跨中不出现负弯矩时，负筋从支座边可伸至板的 $L_0/3$（活荷载大于三倍恒荷载）、$L_0/4$（活荷载不大于三倍恒荷载）或 $L_0/5$（端支座），L_0 为相邻两跨中较大的净跨度。双向板两个受力方向支座负筋的长度均取短向跨度的 1/4。钢筋长度应加上梁宽并取 50mm 的倍数。板的跨中有可能出现负弯矩时，板面负筋宜采用直通钢筋。

负筋对称布置时，可采用无尺寸线标注，负筋的总长度直接注写在钢筋下面；负筋非对称布置时，可在梁两边分别标注负筋的长度（长度从梁中计起）；端跨的负筋无尺寸线时，直接标注的是总长度。以上钢筋长度均不包括直弯钩长。

板厚较大的悬臂板筋和直通负钢筋，均应加设支撑钢筋，并在图中注明。

⑤ 构件完全对称时可绘制一半表示。

⑥ 若有预留洞、预埋件时，应注明位置、尺寸、洞边配筋及预埋件编号等。

⑦ 曲梁或平面折线梁应增绘平面布置图，必要时可绘展开详图。

⑧ 附注说明。除结构总说明已叙述外的需特别注明的内容。

2）预制构件

如预制梁、板、柱、框架、剪力墙等的详图（包括复杂的预制梁垫），要绘出如下内容：

① 构件模板图。表示模板尺寸，轴线关系，预留洞及预埋件位置、尺寸，预埋件编号，必要的标高等；后张预应力混凝土构件尚需表示预留孔道、锚固端等。

② 构件配筋图。纵剖面表示钢筋形式、曲线预应力筋的位置、箍筋直径与间距，钢筋复杂时将钢筋分离绘出；横剖面注明断面尺寸、钢筋直径、数量等。

③ 附注说明。除结构总说明已叙述外的需特别注明的内容。

3）有抗震设防要求

此时，框架、剪力墙等抗侧力构件应根据不同的抗震等级要求，按现行规范规定设置主筋、配筋（包括加密箍筋）、节点核芯区内配筋、牵拉筋等。

对形状简单、规则的现浇或预制构件，在满足设计深度前提下，可以用列表方法绘制，以适当简化图纸。

我国结构施工图中引入平面表示法，将框架梁、柱等构件的断面尺寸和配筋情况不是用图纸单独表示，而是用文字在结构平面布置图的相应位置表示。这不但使图纸数量大量减少，设计效益有很大提高，而且便于施工图的阅读。

7. 节点构造详图

(1) 按抗震设计的现浇框架，均应绘制节点构造详图（尽可能采用通用设计或统一详图集），如抗震缝、节点核芯区内配符合抗震要求的钢筋接头和锚固，填充墙与框架梁柱的锚拉等。

(2) 预制框架或装配整体框架的连接部分，梁、柱与墙体的锚拉等，均应绘制节点构造详图，节点构造应尽可能采用通用设计或统一详图集。

(3) 详图应绘出平面、剖面，注明相互关系尺寸，与轴线关系、构件名称、连接材料、附加钢筋（或埋件）的规格、型号、数量，并注明连接方法以及对施工安装、后浇混凝土的有关要求等。

(4) 附注说明：除结构总说明已叙述外的需特别注明的内容。

8. 其他图纸

(1) 楼梯。应绘出楼梯结构平面布置剖面图、楼梯与梯梁详图，表明位置、大小等。

① 楼梯结构详图一般应单独绘制。图中各承重构件的表达方法和尺寸注法与楼层结构平面图相同。

② 楼梯剖面图要注明休息平台的相对标高（结构标高），梁、板编号和踏步尺寸，注明楼梯的宽度，梁的位置和剖面号，以及梁、板、柱的编号。

③ 所用比例较大且能够表示清楚时，踏步板、平台板的配筋可直接画在楼梯平、剖面图中，并注明钢筋编号、直径、间距和必要的关系尺寸。

④ 平台梁配筋图应包括纵剖面与横剖面图，单独画在同一图中，纵剖面图上注明钢筋编号、纵筋直径和根数，箍筋适当绘出并注明直径和间距，横剖面图应注明断面尺寸、纵筋与箍筋的位置、编号、直径和数量，在剖面下方应注明剖面编号和比例。

(2) 特种结构和构筑物。如水池、水箱、烟囱、挡土墙、设备基础、操作平台等。详图宜分别单独绘制，以方便施工。

(3) 预埋件详图。大型工程的预埋件详图可集中绘制，应绘出平面、剖面图，注明钢材种类、焊缝要求等。

(4) 钢结构构件详图。指主要承重结构为钢筋混凝土、部分为钢结构的钢屋架、钢支撑等的构件详图。应单独绘制，其深度要求应视工程所在地区金属结构厂或承担制作任务的加工厂的条件而定。

3-4 在绘制结构施工图时要注意什么

【答】

1. 概述

施工图是工程师的“语言”，是设计者设计意图的体现，也是施工、监理、经济核算的重要依据。结构施工图在整个设计中占有举足轻重的地位，切不可草率从事。

1）对结构施工图的基本要求

这些要求包括图面清楚整洁、标注齐全、构造合理、符合国家制图标准及行业规范，能很好地表达设计意图，并与计算书一致。

通过结构施工图的绘制，应掌握各种结构构件工程图表的表达方法，会应用绘图工具手工绘图、修改（刮图）和校正，同时能运用常用软件通过计算机绘图和出图。

2）钢筋混凝土结构构件配筋图的表示方法

(1) 详图法。它通过平、立、剖面图将各构件（梁、柱、墙等）的结构尺寸、配筋规格等“逼真”地表示出来。用详图法绘图的工作量非常大。

(2) 梁柱表法。它采用表格填写方法将结构构件的结构尺寸和配筋规格用数字符号表达。此法比“详图法”要简单方便得多，手工绘图时，深受设计人员的欢迎。其不足之处是：同类构件的许多数据需多次填写，容易出现错漏，图纸数量多。

(3) 结构施工图平面整体设计方法（以下简称“平法”）。它把结构构件的断面型式、尺寸及所配钢筋规格在构件的平面位置用数字和符号直接表示，再与相应的“结构设计总说明”和梁、柱、墙等构件的“构造通用图及说明”配合使用。平法的优点是图面简洁、清楚、直观性强，图纸数量少，设计和施工人员都很欢迎。

为了保证按平法设计的结构施工图实现全国统一，建设部已将平法的制图规则纳入国家建筑标准设计图集，详见《混凝土结构施工图平面整体表示方法制图规则和构造详图》(11G101-1、2、3)，以下简称《平法规则》。

“详图法”能加强绘图基本功的训练；“梁柱表法”目前还在广泛应用；而“平法”则代表了一种发展方向。毕业设计时，宜在掌握各种方法的基础上有所侧重。

2. 结构施工图绘制的具体内容

1）详图法施工图

(1) 框架梁、柱配筋图。其内容包括：

① 框架大样图可用 1 ： 40 比例绘制。各柱柱中、悬臂梁根部、框架梁两端及跨中各作一个剖面，均用 1 ： 20 比例绘制。

② 完整标出框架的构件尺寸及定位尺寸，并用一度尺寸线标明层高、柱高、梁顶标高。

③ 构件的钢筋绘制要求见表 3-4 所列。

表 3-4　框架梁柱钢筋绘制基本要求

构　件	要　　求
柱的纵向钢筋	纵向钢筋用粗实线表示。Ⅰ级钢筋的切断点要画弯钩；Ⅱ级钢筋的切断点用短斜线标出，并斜向钢筋一方；钢筋如采用机械连接或等强度对接焊，接点或焊点用圆点表示。箍筋可用中粗实线表示
	柱的纵筋采用机械连接或等强度对接焊时，应标出接点位置；当采用搭接连接时，要标出搭接位置及搭接长度（取 50mm 的倍数，以下同）；柱纵筋需要分批接驳时，应标出每次接驳的位置
	柱中插筋及切断钢筋的锚固长度 L_{aE}，可采用文字说明的方法注明
	顶层柱顶柱筋及梁筋的锚固做法，应在图上有所表示
	柱的剖面大样中各类纵筋和箍筋要分别标注，并标明剖面尺寸

（续）

构 件	要 求
柱的箍筋	柱箍筋加密区范围以及加密区、非加密区、节点核芯区的箍筋做法应在图上注明
	箍筋按规定需采用复合箍筋时，应在柱剖面旁边用示意图表示复合箍筋的做法，并注意箍筋末端弯钩的画法
梁的纵向钢筋	悬臂梁负筋，应与框架梁边跨的负筋一起考虑，绘图时可根据需要进行调配，以免支座钢筋过密
	梁纵筋由于构造原因不能伸入邻跨时，可将部分钢筋向下或向上锚入柱内，绘图时可根据需要调整配筋
	梁的支座负筋分批切断时，在图中应分批标明切断点位置。为便于区分钢筋，详图中宜加上钢筋编号
	抗震设计时框架梁的贯通钢筋，当采用机械连接或等强度对接焊接长时，应标出接点位置；当采用两端与支座负钢筋搭接的方式或在跨中一次搭接的方式接长时，应在图纸上注明搭接位置及长度。除贯通筋外，有时尚需增加架立筋以满足箍筋肢距的需要，此时应将贯通筋与架立筋分别标出
	梁端底筋及面筋锚入柱内的锚固长度 L_{aE}，可采用文字说明的方法
梁的吊筋	梁侧有集中荷载（次梁）作用时，应标出吊筋及附加箍筋的位置，并画出吊筋的大样
梁的箍筋	梁端箍筋加密区的范围、加密区及非加密区的箍筋做法应在图上注明
梁的腰筋	梁的腰筋为按构造配置时，长度伸至梁端即可；按计算（抗扭或侧向抗弯）而设置的腰筋，其锚入柱内的长度为 L_{aE}，绘图时需注意其区别

④ 剖面大样中，各类纵筋和箍筋要分别标注，并标明剖面尺寸。采用复合箍筋时，应在剖面旁边用示意图表示复合箍筋的做法。抗扭箍筋应注意箍筋末端弯钩的画法。

(2) 剪力墙配筋图。其内容包括：

① 剪力墙配筋平面图及剖面图的比例可与框架大样图相同。连梁因为钢筋通长配置，故断面及配筋相同的连梁可只作一个剖面，比例可用 1 ∶ 20 或 1 ∶ 30。

② 用一尺寸线标明层高及连梁高，注上连梁顶的标高。标明剪力墙的定位轴线、开口尺寸、各片墙的厚度、宽度及端部暗柱或明柱的尺寸。

对平面或剖面中的孔洞（如电梯井、门洞等），要用阴影方法表示，并在图纸背面用红色铅笔在阴影部分轻涂。

③ 剪力墙各种钢筋的用量应在平面及剖面图中适当表示。当竖向钢筋沿高度减少时，要标出考虑锚固长度后纵筋的切断位置。连梁的底筋、面筋、腰筋、箍筋以及拉结筋的数量及构造要求，应在图上表达清楚。

④ 剪力墙的水平钢筋与竖向钢筋的关系、拉结筋的做法、钢筋的搭接做法、水平钢筋转角构造、顶层竖筋与屋面板的锚固、墙与柱之连接等构造做法，应在施工图中或在（高层）结构说明中表达清楚。

(3) 楼梯配筋图。楼梯配筋图可结合建筑施工图，在其楼梯剖面大样图预留的位置直接绘出。板式楼梯的配筋一般采用楼梯表的方式表达。

2）梁柱表法施工图

（1）柱表。柱表的形式有多种，应选用符合设计要求的柱表。填表前应将柱表中大样和表中符号相对照，真正搞清方可填写。

① 柱号、层次应由下而上排列，当几层柱断面及配筋相同时，可用一行表示，如“3～5层”。

② 各栏数值如上下相同，可采用上下填写、中间打相同号“〃”的方法表示。不得采用只填上段数值，下段打相同号的方法。

③ 柱高计算起点以下的纵向钢筋与首层相同，所不同的是箍筋。基础至刚性地面的箍筋宜全长加密，而基础内的箍筋不受剪，只起固定作用，一般不少于“上中下各1ϕ8”（此处箍筋直径应与上层的箍筋直径相同）。

④ 断面型式及尺寸应按柱表中提供的柱断面型式填写。必要时可对柱表中的柱断面型式进行修改或补充。

⑤ 柱表中没有标注箍筋加密区长度 L_n 的栏目时，可利用“备注”一栏标注。

⑥ 柱表说明中，要填写设防烈度、抗震等级、竖筋接头的做法及搭接长度等内容。

（2）梁大样及梁表。梁表也有多种形式，应选用符合设计要求的梁表。填表前应与图对应搞清各符号含义。

① 梁号应由基础梁开始往上按施工顺序逐层填写，同一层先填框架梁再填次梁、梯梁；当几层框架梁相同时，“梁号”可表示为“3～5KL3”等；连续梁的“分号”可只填跨号（如 -1，-2，-P 等）。

② 基础梁及独立梁的梁顶标高一定要填写。基础梁的梁顶标高一般可取室内设计标高以下50mm；外墙下的基础梁，尚应使梁底低于室外地面设计标高，以免外墙面因沉降不同而出现开裂现象。

③ 断面型式及断面尺寸应按梁表中的梁断面型式填写。必要时可对其做出修改或补充。

④ 梁的跨度一般按轴线距离填写（单位：mm），支座宽则从轴线计起，悬臂跨应填写端部尺寸 h_1 等。

⑤ 梁表中筋必须逐跨填写，不得使用相同号“〃”。梁的底筋如分排放置时，应用“㈡、㈢”或“上、下”注明；筋不标注 S_1、S_2 长度时，应在该条文处填写锚固长度为 $40d$（不少于 L_{aE}），d 为钢筋直径。

⑥ 在某一梁跨内所填的钢筋如无注明“左”或“右”时，是指该跨右端支座（按分跨编号循序而言）的钢筋，填写时应特别注意。

⑦ 通长钢筋应注明“通长”字样并说明允许搭接的部位。

⑧ 箍筋要注明端部及跨中的范围；如为抗扭箍，要在旁边注明“（抗扭）”。

⑨ 次梁作用处，除吊筋外，每侧宜再加3～4个密箍；悬臂端集中力处，宜再加4个密箍；密箍直径与该梁段其他箍筋相同，间距为50mm。

⑩ 腰筋为一排时，不必写排数。

（3）楼梯表。目前流行有多种式样的楼梯表，其表达方式、符号不尽统一，但其填写方法都相似。

① 梯板号。应由首层（或地下室）第一跑开始按施工顺序由下往上进行编号。折板

式楼梯的上、下跑梯板由于类型不同，不能用同一编号。编号时应结合楼梯间剖面大样进行。

② 跨度、厚度、踏步尺寸等。应按大样图对应填写，单位为mm（未标单位时，一般图纸及本书数据单位均为mm）。

③ 标注的负筋长度。在所选楼梯表的大样中，应留意标注的负筋长度是水平投影还是与梯板方向平行的长度。

④ 板底筋要在弯折处分开锚固时，底筋应分段填写，并标注锚固长度；弯折处的负筋长度应加长。

⑤ 梯板应支承于基础梁或地下室底板，不应采用天然地基基础。如梯表提供的大样图不符合要求，可作修改或另绘大样。

⑥ 表说明。其中，应填写混凝土强度等级，梯板的分布筋宜改为@250，梯扶手下应另加2Φ12。

3）平法施工图

按平法设计的配筋图，应与相应的“梁、柱、剪力墙构造通用图及说明”配合使用。各类构件的构造通用图及说明都是简明叙述构件配筋的标注方法，再以必要的附图展示构造要求。目前已有多种与平法或“原位图示法”配套使用的“通用图及说明”，选用时应与国家标准《平法规则》相符合，并在各类构造通用图说明的空格处填上需要的内容。

（1）柱平法施工图。柱平法施工图有列表注写和断面注写两种方式。柱在不同标准层断面多次变化时，可用列表注写方式，否则宜用断面注写方式。

在平法施工图中，应在图纸上注明包括地下和地上各层的结构层楼（地）面标高、结构层标高及相应的结构层号，并在图中用粗线表示出该平法施工图要表达的柱或墙、梁。

结构层楼面标高是指将建筑图中的各层地面和楼面标高值扣除建筑面层及垫层厚度后的标高，结构层号应与建筑楼层号对应一致。

① 列表注写方式。在柱平面布置图上，分别在同一编号的柱中选择一个或几个断面标注几何参数代号（反映断面对轴线的偏心情况），用简明的柱表注写柱号、柱段起止标高、几何尺寸（含断面对轴线的偏心情况）与配筋数值，并配以各种柱断面形状及箍筋类型图。柱表中自柱根部（基础顶面标高）往上以变断面位置或配筋改变处为界分段注写，具体注写方法详见《平法规则》。

② 断面注写方式。在分标准层绘制的柱平面布置图的柱断面上，分别在同一编号的柱中选择一个断面，直接注写断面尺寸和配筋数值。

在柱定位图中，按一定比例放大绘制柱断面配筋图，在其编号后再注写断面尺寸（按不同形状标注所需数值）、角筋、中部纵筋及箍筋。柱的竖筋数量及箍筋形式直接画在大样图上，并集中标注在大样旁边。当柱纵筋采用同一直径时，可标注全部钢筋；当纵筋采用两种直径时，需将角筋和各边中部筋的具体数值分开标注；当柱采用对称配筋时，可仅在一侧注写腹筋。

必要时，可在一个柱平面布置图上用小括号“（ ）”和尖括号“< >”区分和表达各不同标准层的注写数值。

如柱的分段断面尺寸和配筋均相同，仅分段断面与轴线的关系不同时，可将其编为同一柱号。但此时应在未画配筋的柱断面上注写该断面与轴线关系的具体尺寸。

(2) 剪力墙平法施工图。剪力墙平法施工图也有列表注写和断面注写两种方式。剪力墙在不同标准层断面多次变化时，可用列表注写方式，否则宜用断面注写方式。

剪力墙平面布置图可采取适当比例单独绘制，也可与柱或梁平面图合并绘制。当剪力墙较复杂或采用断面注写方式时，应按标准层分别绘制。

在剪力墙平法施工图中，也应采用表格或其他方式注明各结构层的楼面标高、结构层标高及相应的结构层号。

对于轴线未居中的剪力墙（包括端柱），应标注其偏心定位尺寸。

① 列表注写方式。把剪力墙视为由墙柱、墙身和墙梁 3 类构件组成，对应于剪力墙平面布置图上的编号，分别在剪力墙柱表、剪力墙身表和剪力墙梁表中注写几何尺寸与配筋数值，并配以各种构件的断面图。在各种构件的表格中，应自构件根部（基础顶面标高）往上以变断面位置或配筋改变处为界分段注写，详见《平法规则》。

② 断面注写方式。在分标准层绘制的剪力墙平面布置图上，直接在墙柱、墙身、墙梁上注写断面尺寸和配筋数值。

选用适当比例原位放大绘制剪力墙平面布置图，对各墙柱、墙身、墙梁分别编号。从相同编号的墙柱中选择一个断面，标注断面尺寸、全部纵筋及箍筋的具体数值（注写要求与平法柱相同）。从相同编号的墙身中选择一道墙身，按墙身编号、墙厚尺寸、水平分布筋、竖向分布筋和拉筋的顺序注写具体数值。从相同编号的墙梁中选择一根墙梁，依次引注墙梁编号、断面尺寸、箍筋、上部纵筋、下部纵筋和墙梁顶面标高高差。墙梁顶面标高高差，是指相对于墙梁所在结构层楼面标高的高差值，高于者为正值，低于者为负值，无高差时不注。

必要时，可在一个剪力墙平面布置图上用小括号“(　)”和尖括号“<　>”区分和表达各不同标准层的注写数值。如若干墙柱（或墙身）的断面尺寸与配筋均相同，仅断面与轴线的关系不同时，可将其编为同一墙柱（或墙身）号。当在连梁中配交叉斜筋时，应绘制交叉斜筋的构造详图，并注明设置交叉斜筋的连梁编号。

(3) 梁平法施工图。梁平法施工图同样有断面注写和平面注写两种方式。当梁为异型断面时，可用断面注写方式，否则宜用平面注写方式。

梁平面布置图应分标准层按适当比例绘制，其中包括全部梁和与其相关的柱、墙、板。对于轴线未居中的梁，应标注其定位尺寸（贴柱边的梁除外）。当局部梁的布置过密时，可将过密区用虚线框出，适当放大比例后再表示，或者将纵横梁分开画在两张图上。

同样，在梁平法施工图中，应采用表格或其他方式注明各结构层的顶面标高及相应的结构层号。

① 断面注写方式。是在分标准层绘制的梁平面布置图上，从不同编号的梁中各选择一根梁用剖面号引出配筋图，并在其上注写断面尺寸和配筋数值。断面注写方式既可单独使用，也可与平面注写方式结合使用。

② 平面注写方式。是在梁平面布置图上，对不同编号的梁各选一根并在其上注写断面尺寸和配筋数值。

平面注写包括集中标注与原位标注。集中标注的梁编号及断面尺寸、配筋等代表许多跨，原位标注的要素仅代表本跨。具体表示方法如下：

a. 梁编号及多跨通用的梁断面尺寸、箍筋、跨中面筋基本值采用集中标注，可从该梁任意一跨引出注写；梁底筋和支座面筋均采用原位标注。对与集中标注不同的某跨梁断面尺寸、箍筋、跨中面筋、腰筋等，可将其值原位标注。

b. 梁编号由梁类型代号、序号、跨数及有无悬挑代号几项组成，应符合表 3-5 的规定。例如：KL7(5A) 表示第 7 号框架梁，5 跨，一端有悬挑。

表 3-5 梁的平面注写方法

梁类型	代 号	序 号	跨数及是否带有悬挑
楼层框架梁	KL	××	(××) 或 (××A) 或 (××B)
屋面框架梁	WKL	××	(××) 或 (××A) 或 (××B)
框支梁	KZL	××	(××) 或 (××A) 或 (××B)
非框架梁	L	××	(××) 或 (××A) 或 (××B)
悬挑梁	XL	××	(××) 或 (××A) 或 (××B)

注：(××A) 为一端有悬挑，(××B) 为两端有悬挑；悬挑不计入跨数。

c. 等断面梁的断面尺寸用 $b\times h$ 表示；加腋梁用 $b\times hYL_t\times h_t$ 表示，其中 L_t 为腋长，h_t 为腋高；悬挑梁根部和端部的高度不同时，用斜线“/”分隔根部与端部的高度值。例如：300mm×700mmY500mm×250mm 表示加腋梁，跨中断面为 300mm×700mm，腋长为 500mm，腋高为 250mm；200mm×500mm/300mm 表示悬挑梁，宽度为 200，根部高度为 500mm，端部高度为 300mm。

d. 箍筋加密区与非加密区的间距用斜线“/”分开，当梁箍筋为同一种间距时，则不需用斜线；箍筋肢数用括号括住的数字表示。例如：A8@100mm/200mm(4) 表示箍筋加密区间距为 100mm，非加密区间距为 200mm，均为四肢箍。

e. 梁上部或下部纵向钢筋多于一排时，各排筋按从上往下的顺序用斜线“/”分开；同一排纵筋有两种直径时，则用加号“+”将两种直径的纵筋相连，注写时角部纵筋写在前面。例如：6Φ254/2 表示上一排纵筋为 4Φ25，下一排纵筋为 2Φ25；2Φ25+2Φ22 表示有 4 根纵筋，2Φ25 放在角部，2Φ22 放在中部。

f. 梁中间支座两边的上部纵筋不同时，须在支座两边分别标注；支座两边的上部纵筋相同时，可仅在支座的一边标注。

g. 梁跨中面筋（贯通筋、架立筋）的根数，应根据结构受力要求及箍筋肢数等构造要求而定，注写时，架立筋须写入括号内，以示与贯通筋的区别。例如：2Φ22+(2Φ12) 用于四肢箍，其中 2Φ22 为贯通筋，2Φ12 为架立筋。

h. 当梁的上、下部纵筋均为贯通筋时，可用“；”号将上部与下部的配筋值分隔开来标注。例如：3Φ22；3Φ20 表示梁采用贯通筋，上部为 3Φ22，下部为 3Φ20。

i. 梁某跨侧面布有抗扭腰筋时，须在该跨适当位置标注抗扭腰筋的总配筋值，并在其前面加“×”号。例如：在梁下部纵筋处另注写有 ×6Φ18 时，表示该跨梁两侧各有 3Φ18 的抗扭腰筋。

j. 附加箍筋（密箍）或吊筋直接画在平面图中的主梁上，配筋值原位标注。

k. 多数梁的顶面标高相同时，可在图面统一注明，个别特殊的标高可在原位加注。

3-5 平面整体表示方法的基本内容有哪些

【答】

1. 概述

1）平法的产生

国内传统设计方法效率低、质量难以控制。日本的结构图纸没有节点构造详图，节点构造详图由建筑公司（施工单位）进行二次设计，设计效率高、质量得以保证。美国的结构设计只给出配筋面积，具体配筋方式由建筑公司搞。考虑这些先进经验，中国传统的设计方法也必须改革。

2）平法的原理

设计流程：设计结构体系→结构分析（力学分析）→结构施工图设计。

结构设计有使用价值，是一种特殊的商品，分为创造性劳动和重复性劳动（非创造性劳动）。现在由结构工程师完成创造性设计部分（创造性劳动），节点构造、节点外构造并不是结构工程师的劳动成果，而是抄的规范（注：节点构造是算不出来的，是由研究人员试验出来的）。传统的单构件正投影表示方法将创造性劳动和非创造性劳动混在一起，但节点内构造和节点外构造的设计属于重复性劳动（非创造性劳动）。基于此，产生了结构标准化、构造标准化的思路，用数字化、符号化的表示方法即平面整体表示方法表示创造性设计。平面整体设计方法，含表示方法和标准图两部分。节点构造标准化后，施工公司的劳动量加大了。

3）平法的应用

1991 年 9 月，平法开始在山东应用于工程，国内由此开始推广平法。构造图适合于所有的构件，平法一张图上都有，走哪看哪，非常方便。平法推出后，业界有坚决支持、坚决反对、不表态三种态度。后来其先行者将专利贡献给国家，成为国家标准。

平法是给从事结构设计与施工的专业人员看的，提高了科技含量，非专业人员不易看懂，设计方法的改革也促进了施工单位技术人员水平的提高。平法是结构设计领域的一次革命，提高效率两倍以上，能够使中国结构界不合理的人员配置情况得到改善。现在是每三个建筑师配一个结构师。

2. 柱平法

1）定义

(1) 嵌固部位是指地下室顶板处，地面以下的结构构造（含地下室部分）划归基础结构（待出图集）。嵌固部位以下箍筋也划归到基础结构部位，不归本图集。

(2) 柱钢筋总断面为柱断面面积 $b \times h$，梁钢筋总断面为梁有效断面面积 $b \times h_0$，h_0 为梁高扣除单排钢筋 35mm、双排钢筋 60mm 后的数值。

(3) 保护层保护的是一个面、一条线，不保护一个点。要让所有的钢筋都完成混凝土的 360° 包裹或握裹。

2）钢筋

(1) 钢筋需搭接在箍筋非加密区，在全高加密的情况下可以突破上述规定，避开两端，在中间区可以连接。柱筋焊接时两根钢筋级差不超过两级，若级差超过两级可等断面代换。

(2) 两根钢筋交叉时允许两根钢筋紧挨在一起，因为紧挨在一起的是点，握裹考虑的是线和面。

(3) 柱冒顶时钢筋直接通上去，若柱顶没有梁，则 12d 弯折也不要。柱钢筋收边尽量采用 b 图节点样式，往外侧收边，减少柱内钢筋拥挤程度，柱钢筋有效封边即可。

(4) 柱箍筋复合方式很合理，任何一个局部重叠的部位钢筋均不超过两层，尽可能减少了两根钢筋并排出现的概率和长度。因为两根钢筋并排出现时，两根钢筋之间存在一道暗缝，存在隐患，混凝土也无法做到对钢筋的 360° 握裹。柱箍筋首先由一个最大的箍筋包起来，其余可以全部用拉筋，必须拉住主筋和纵筋。

(5) 拉筋和单肢箍筋的概念不同。后者没必要勾住所有（纵向、横向）的钢筋，而拉筋则必须勾住所有钢筋。

3. 剪力墙平法

1) 定义

剪力墙抵抗横向水平地震作用的力，抗震思路为：剪力墙 →柱（即第 1 道防线 →第 2 道防线）。拐角墙钢筋不允许在角部搭接。钢筋尽量配到边沿，形成端柱、暗柱等，端柱、暗柱也是剪力墙的一部分。剪力墙钢筋底部加强区不搭接。

2) 钢筋

(1) 约束边缘构件的箍筋大，构造边缘构件的箍筋小。当剪力墙的暗柱很长时，剪力墙水平筋和箍筋伸至剪力墙端部，除非设计者注明。剪力墙水平筋伸入端柱一个锚长即可（端柱计算参照框架柱）。

(2) 剪力墙最顶层的梁为墙顶连梁，箍筋箍到墙身里。剪力墙的水平层肯定放在外侧，竖向筋放在内侧。

(3) 暗梁箍筋。剪力墙竖向筋和暗梁箍筋在同一层面上。框架梁顺到剪力墙中，形成边框梁 BKL。

(4) 交叉暗撑箍筋根据标注和构造要求，暗撑为半个墙厚，墙薄时采用交叉钢筋。柱钢筋尽量用粗的，梁钢筋不要用太粗的。

(5) 洞口加强钢筋和剪力墙水平钢筋。水平钢筋扣柱加强纵钢筋，不要将加强筋放在外边；竖向钢筋扣柱加强横钢筋。洞口加强筋放在剪力墙水平、纵向钢筋的内侧。洞口补强暗梁高 400，为箍筋的中到中的尺寸（计算时需加两个箍筋直径），宽度同暗梁宽。剪力墙纵筋锚入补强暗梁，为刚性条带，形成一完整封边。

(6) 连梁。用于剪力墙上的一种梁，分楼层连梁（楼面连梁）和屋面连梁（墙顶连梁）。连梁和连系梁不搭界，平法中不采用连系梁。拉梁是一种特殊的梁，非框架梁也非普通梁。

4. 梁平法

1) 定义

(1) 框架梁是两端以柱为支座的梁，一端支柱、一端支梁则构不成框架梁（非框架梁），处理时不能纯粹按非框架梁处理，应一端按框架梁、另一端按非框架梁处理。

(2) 通长筋和贯通筋的概念。不是一根钢筋（不是同种直径的钢筋），是通过搭接形成一种钢筋的方式。

(3) $l_n/3$ 或 $l_n/4$ 属于构造规定；设计规定负弯矩钢筋的断点在不需要该钢筋的点处再长出一段，不具有可操作性；通常情况下 $l_n/3$ 或 $l_n/4$ 可满足构造要求，特殊情况下不满足。（注：在工程分析中不存在精确值，只存在控制值。）

(4) 水平段钢筋≥ $0.4l_{aE}$，垂直段钢筋为 $15D$，达不到以上要求时，将钢筋调细（等面积代换钢筋）。

2) 钢筋

(1) 梁的受扭纵向钢筋（N 筋）、梁的纵向构造钢筋（G 筋）的做法：N 筋按受拉钢筋锚固，G 筋锚箍 $12d$ 即可；G 筋为构造筋，梁高向每隔≤ 200 配一根，N 筋根据需要设置。（注：侧面构造钢筋改造比较大，近几年来梁的侧面裂缝较多，认为多加梁侧面构造筋可减少梁的侧面裂缝，但笔者认为没有道理。）

(2) 钢筋应回避在节点内焊接、搭接，建议钢筋不要在节点内连接，要锚固。框支梁 KZL 节点下部的钢筋不能断开，因为钢筋在此受拉。

(3) 井字梁。任何一个相交部位都不是支座；梁相交部位是否放附加箍筋由设计者定，要设箍筋，则相交的两条梁、四个方向都设。

(4) 吊筋高度。吊筋绝对不能只包住次梁，可勾住主梁下排第二排钢筋（第一排钢筋勾不住时）或第三排钢筋（第二排钢筋勾不住时），即吊筋的高度为主梁的高度。

5. 综述

(1) 设计出图顺序。基础（平面支撑构件）→柱、墙（竖向支撑构件）→梁（水平支撑构件）→板（平面支撑构件）。

(2) 做预算时要搞清“谁是谁的支座”的问题，即基础梁是柱和墙的支座，柱和墙是梁的支座，梁是板的支座。柱钢筋贯通，梁进柱（锚固）；梁钢筋贯通，板进梁（锚固）；基础梁 JCL 主梁钢筋全部贯通，JCL 次梁钢筋到梁边为止，JCL 必须保持柱位置钢筋的连通，不是锚固，钢筋是贯穿的。

3-6　计算书内容主要包括什么

【答】

1. 设计依据

(1) 执行的国家标准、部颁标准与地方标准。
(2) 资料。如地质勘察报告、试桩报告、动测报告等。
(3) 应用的计算分析软件名称、开发单位。

2. 结构的安全等级

混凝土结构、钢结构、桩基、天然地基等的安全等级。

3. 荷载取值

(1) 墙自重取值：混凝土墙、围护外墙、内隔墙、活动隔断等效荷载。
(2) 侧压力、水浮力计算、人防等效静载、底层施工堆载、支挡结构的地面堆载。

4. 楼面（含地下室）及屋面荷载计算（推荐格式）

1) 底层楼面
(1) 静载。静载合计标准值 (kN/m^2)。其下包括：
① 混凝土板厚度 (mm)，自重标准值 (kN/m^2)，分项系数。
② 面层厚度 (mm)，自重标准值 (kN/m^2)，分项系数。
③ 底粉或吊顶（含吊挂灯具风管重），标准值 (kN/m^2)；分项系数。
(2) 活载。施工活载标准值 (kN/m^2)，分项系数。
2) 一般楼面
按荷载标准层分别写。
(1) 静载。静载合计标准值 (kN/m^2)。其下包括：
① 混凝土板厚 (mm)，自重标准值 (kN/m^2)。
② 面层厚度 (mm)，自重标准值 (kN/m^2)。
③ 底粉或吊顶（含吊挂灯具风管重），标准值 (kN/m^2)；分项系数。
(2) 活载。其下包括：
① 活载标准值 (kN/m^2)，分项系数。
② 等效隔断 (kN/m^2)，分项系数。特殊楼面如机房、储藏室、库房等活载大的应逐项写出。
③ 隔墙计算。q=××kN/m^2，h_{i0}×q_i=××kN/m，h_{i0} 为净高。
3) 不上人屋面
(1) 静载。静载合计 (kN/m^2)。其下包括：
① 防水层，标准值 (kg/m^2)，分项系数。
② 保温层，标准值 (kN/m^2)，分项系数。
③ 找平、隔气层，标准值 (kN/m^2)，分项系数。
④ 屋面板，标准值 (kN/m^2)，分项系数。
(2) 检修活载。标准值 0.7kN/m^2，分项系数。

注：不上人的屋面活载，平屋面建议标准值为 1.0kN/m^2，斜屋面为 0.5kN/m^2；屋面的绿豆砂保护层在计算重力荷载的时候，一般取 0.07kN/mm^2。

4) 上人屋面
静载。合计 (kN/m^2)。其下包括：
① 饰面，标准值 (kN/m^2)，分项系数。
② 刚性面层 (50 厚)，标准值 (kN/m^2)，分项系数。
③ 找平层，标准值 (kN/m^2)，分项系数。
④ 防水层，标准值 (kN/m^2)，分项系数。
⑤ 保温层，标准值 (kN/m^2)，分项系数。

⑥ 找平、隔气层，标准值（kN/m^2），分项系数。
⑦ 屋面板，标准值（kN/m^2），分项系数。
⑧ 吊顶或底粉，标准值（kN/m^2），分项系数。

5. 楼梯荷载计算

静载。合计（kN/m^2）。其下包括：
(1) 楼板自重标准值，分项系数。
(2) 饰面自重标准值，分项系数。
(3) 底粉自重标准值 $0.5kN/m^2$。

6. 地基基础计算书

(1) 天然地基。其下包括：
① 持力层选择，基础底面标高。
② 地基承载力设计值计算。
③ 底层柱下端内力组合设计值（可以用平面图代替）。
④ 基础底面积计算、地基变形计算应归纳总底面积、总垂直荷载设计值，供校对用。
⑤ 基础计算书：冲切、抗剪、抗弯计算。
(2) 复合地基。其下包括：
① 静载试验值。
② 承载力设计值计算与选用值。
③、④、⑤同天然地基。
(3) 桩基。其下包括：
① 结构计算，取出柱底内力。
② 单桩承载力极限标准值计算（分别按钻孔计算）。
③ 桩数计算；总桩数，总荷载设计值。
④ 静载试验分析，桩位调整。
⑤ 承台设计计算（冲切、抗剪、抗弯）。

7. 地下室计算

(1) 荷载计算。
(2) 内力分析。含侧板、底板。
(3) 配筋原则。其下包括：
① 强度控制顶板。
② 裂缝控制，结构自防水底板、周边墙板。

8. 电算部分

(1) 结构设计总信息。
(2) 周期、振型、地震。
(3) 结构位移。
(4) 轴压比与有效计算长度系数简图。

(5) 各层楼面及墙、梁荷载。
(6) 各层平面简图。
(7) 各层配筋简图。
(8) 各层超筋超限输出信息。

9. 其他

水池结构计算、楼梯计算、人防计算、雨篷计算等。

3-7 结构设计计算书表达内容及格式有哪些要求

【答】

1. 计算书的标准及书写与签字

(1) 装订成册，A4 开本。
(2) 除计算机打印的结果外，书写计算书可用钢笔、签字笔、不准使用圆珠笔。计算书的书写应清楚、整洁。
(3) 计算书要有设计单位盖章，要有计算人签字，审核人签字。

2. 计算书中应有的文字说明

(1) 计算书应有目录，计算书的首页应说明本计算书所包括的计算内容（部位）、计算完成的时间。对于修改部位的计算书，应注明修改了哪些部位，哪些部位已经作废等内容。
(2) 电算计算书中应说明所采用的程序名称、版本号，及是否通过有关部门的鉴定。
(3) 无论是电算还是手算，在计算书中都必须有各种荷载取值的计算内容，特殊荷载要说明荷载取值来源。要说明工程的概况、层数、层高、总高。
(4) 应说明场地的基本烈度及建筑物的抗震设防烈度、钢筋混凝土结构的抗震等级，场地类别，地基基础设计等级，基本雪压和基本风压，地面粗糙度，人防工程抗力等级。
(5) 应说明钢筋混凝土构件的混凝土强度等级、钢材种类，对砌体结构应说明施工质量控制等级，采用砖、砌块、砂浆等材料标准、规格。
(6) 电算时，应对结构计算简图作必要的说明。对手算的计算书，应有结构（构件）计算简图、计算公式，对于复杂的计算公式，应说明公式或计算图表、手册的名称公式所在页数。
(7) 应说明基础埋置深度、持力层的选定等内容。
(8) 采用标准图的标准构件时，应给出构件实际承受荷载标准值（或设计值）及所选构件允许荷载值，应注明标注图集的名称及图集号，并应作必要的复核与验算。

3. 计算结果应包括的主要内容

(1) 电算时，应输出给定的总信息。包括几何参数、材料、荷载、调整系数、周期、振型、地震作用、位移，结构平面简图、荷载平面简图、配筋平面简图，地基计算，基础计算，人防计算，挡土墙计算，水池计算，楼梯计算等。

(2) 在地震作用下应给出 F_{ex}/G 值（F_{ex} 为结构底部水平地震作用标准值，G 为建筑物重量）。

(3) 梁（板）计算配筋值。纵筋、箍筋、吊筋面积。给出实际的配筋值，如配筋有较大调整，应有说明。

(4) 给出柱子的计算纵筋、箍筋面积和实配面积，如有较大调整应有说明。

(5) 剪力墙竖向和水平计算配筋和实配面积。

(6) 柱轴压比、剪力墙的小墙肢轴压比等。

(7) 对较大跨度的梁板应给出梁板挠度、裂缝宽度的计算值。

(8) 所有构件的超筋、超限信息以及处理。

3-8　结构的专业总说明主要包括什么内容

【答】

(1) 设计依据。采用的标准规范和规程、抗震参数、荷载取值。

(2) 概述和总则。结构体系、正常使用年限、安全等级、地基基础设计等级。

(3) 材料选用。填充墙体、混凝土、钢筋和钢材、材质性能要求及替换、防水混凝土要求。

(4) 一般构造要求。保护层、搭接、锚固长度、接头率、接头方式、防雷接地做法、耐久性、防火等。

(5) 梁、板、柱、剪力墙、连梁构造与施工要求。

(6) 基础构造与施工要求。基坑开挖、支护、回填、保护、预埋预留。

(7) 沉降观察要求。

(8) 非结构构件与主体结构的连接。

(9) 其他施工要求。冬、夏季或雨季施工措施，钢筋绑扎、混凝土浇筑养护，分项验收。

(10) 后浇带设计要求。包括材料、养护、施工。

(11) 补偿收缩混凝土设计要求。包括材料、养护、施工。

(12) 大体积混凝土设计要求。包括材料、养护、施工。

(13) 基于自然环境和使用环境的要求及做法。例如腐蚀现象。

(14) 其他要求。

3-9　结构设计说明中应注意及存在的基本问题有哪些

【答】

如图纸不太多，图纸目录应与结构设计总说明一起编为结施 1，图纸目录应排在左上角（不应在右上角或右下角），接着给出选用图集目录，再接着排结构设计总说明（有人写为“结构施工总说明”，不妥），排法要符合逻辑关系，看图，应先看“纲”，再看“目”，图纸目录应是“纲”，结构设计总说明是“目”。图纸目录分为“专用图纸目录”或“现制图纸目录”及选用图集目录，二者应分开列表，有人把选用图集列为结构设计总说明中，不妥。如图纸较多，图纸目录及选用图集目录可单列一页或若干页，图号应编为结施 1。如全部图纸只有一张，则不需图纸目录，应在左上角写明“本套图纸仅此 1 张”并加框线。

《建筑工程设计文件编制深度规定》（建质 [2008]69 号）及《建筑工程施工图设计文件审查要点（试行）》对结构设计总说明的内容均有规定。但写得完全符合要求且无瑕疵的结构设计总说明并不多见。现有《民用建筑工程结构施工图设计深度图样》(09G103 图集)，为大家提供了框架 - 剪力墙结构和砌体结构 2 种结构型式的结构设计总说明范本。

结构设计总说明存在的或应注意的问题大致如下：

(1) 结构设计总说明应简单明了，与本工程无关的不要列入。

现仍有少数设计单位采用通用说明打“√”的方法，不好，在电脑 CAD 技术如此普及的时代，仍采用 20 世纪八九十年代初的办法就显得落伍了。又如本工程层高并不太高（抗震设计），框架结构中的砌体填充墙高度不可能超过 4m，但在结构设计总说明中又要写“砌体填充墙高度大于 4m 时采取什么什么措施”，这就叫“文不对题”，实在无必要。

(2) 未写明结构设计所采用的主要标准及法规，有的仅写“按现行规范设计”，不妥。

如在新旧规范的共同存续期（如 2001 年、2002 年），“现行规范”是指新规范还是旧规范？采用的主要规范必须写明规范名称和有效的版本号（年代号）。规范在不断修订，新版本陆续取代老版本，不时发现所写的版本号是已作废的。这说明不少设计单位对情报工作和新规范收集工作不重视。

(3) 工程概况方面。其下包括：

① 未写明工程的具体地点，如 ×× 省 ×× 市 ×× 县 ×× 镇（乡）或 ×× 市 ×× 区 ×× 街，因为在一个比较大的行政区域内，抗震设防烈度各地有可能是不同的，市区或郊区的地面粗糙度也不同。有些总说明根本不写工程地点，更不妥。

② 未写工程的地上、地下层数及建筑总高度（从室外地面至大屋面的高度），但这是判断房屋是否超高超限及确定结构抗震等级的重要依据。

③ 未写明工程采用的结构体系（结构型式），或明明是异形柱框架结构，有人为避免专项审查（广东、天津、上海已有异形柱结构设计规程，不需进行专项审查），就不写或写为“框架结构”。

④ 如是改造、加固、加层工程或装饰（装修）工程，未说明原来的工程名称、工程性质（用途、层数、高度及结构体系等）、何设计单位何时（按何年代的规范）设计、何时竣工验收投入使用，现采取何法改造（如加柱、扩大柱断面、梁板柱碳纤维、粘钢补强、增加建筑面积、砌体加层、轻钢加层、外套框架加层、增设电梯间或楼梯间、将楼梯间改为使用房间、屋面增设绿化或屋顶花园、立面改造等）及改造后的工程性质（如将工业厂房改造为办公用房、将办公用房改造为酒店或宿舍）等。

(4) 作为设计依据的本工程的地勘报告未写明是何地勘单位何年何月何日完成的，未写明地勘报告的编号。

(5) 桩基承载力注写不清楚。未写明单桩竖向承载力特征值 R_a=××kN（按 GB 50007—2011《基规》设计）或单桩竖向承载力设计值 R=××kN（按 JGJ 94—2008《建筑桩基技术规范》设计）；有不少总说明写桩端端阻力特征值 q_{pa}=××kPa、第 i 层土桩侧阻力特征值 q_{sia}=××kPa（按《基规》设计）或桩端极限端阻力标准值 q_{pk}=××kPa、第 i 层土的极限桩侧阻力标准值 q_{sik}=××kPa（按《建筑桩基技术规范》设计），这是没有必要的，桩基是检测单桩竖向承载力，而不是检测桩端端阻力与侧阻力特征值（标准值）。有的设计按《基规》，采用单桩竖向承载力设计值 R 或设计按《建筑桩基技术规范》，采用单桩竖向承载力特征值 R_a，二者不可混用。

(6) 未写明地基基础的检测要求。特别是桩基、复合地基等都需检测，不可只写按 ×× 规范进行，应对检测内容、检测数量、检测方法提出要求，并写明依据的规范。

(7) 未写明沉降观测的要求及方法，在基础图中也未埋设沉降观测点。《基规》第 10.3.8 条规定了哪些建筑物需进行沉降观测，但未说明观测方法，上海市《地基基础设计规范》对建筑物沉降观测点的埋设及沉降观测要点有较详细的规定，可供参考。因此不可只写按 ×× 规范进行沉降观测。

(8) 混凝土保护层厚度、钢筋锚固长度 L_a、钢筋抗震锚固长度 L_{aE}、钢筋搭接长度 L_L、钢筋搭接抗震长度 L_{LE} 宜写为“见 11G101-1 图集第 ×× 页”，自己写难免写不全或有错，有人写“按混凝土结构设计规范”也不妥，因为施工单位可能未备有设计规范；基础、筏板、地下室墙体的混凝土保护层厚度应补充说明（因为 11G101-1 图集没有这些内容）。

(9) 板洞口加筋两向均未伸入支座内锚固（应有一向加筋伸入支座内锚固），且未说明加筋应不小于被切断的钢筋面积之和。

(10) 梁开小洞详图，宜参照《高规》图 7.2.28(b)。

(11) 钢筋混凝土结构中的砌体拉墙筋伸入砌体内的长度不应套用砌体结构的 1000mm，应按《抗震规范》第 13.3.3 ～第 13.3.6 条执行。

(12) 混凝土养护很重要，对防止混凝土的早期开裂有显著作用，现施工单位普遍忽视，在总说明中应特别强调。

(13) 文字不通顺、错别（同音）字、名词及法定单位不规范等现象较普遍。如：米、M 应写为 m，MM 应为 mm，KN/M^2 应为 kN/m^2，mpa、Mpa 应为 MPa；设计耐久年限、设计基准期应为设计使用年限；结构安全等级 2 级、Ⅱ级应为二级，抗震设防烈度七度、Ⅶ度、7° 应为 7 度，抗震等级 3 级、Ⅲ级应为三级；建筑场地土类别应为建筑场地类别，二类、2 类应为Ⅱ类；地基基础设计等级、二级应为乙级，等等。

(14) 建筑抗震设防分类不清，个别设计不能正确地对建筑物进行抗震设防分类。应严格按 GB 50223—2008《建筑工程抗震设防分类标准》的规定执行。设计人应领会标准的内涵，分析建筑的性质、规模、特点、对社会的影响等因素，合理进行分类。应特别注意：

① 广播、电视和邮电通信建筑。

② 城市抗震防灾建筑（医院、消防车库、采供血机构的建筑等）。

③ 博物馆、大型体育馆（6000 座位）、大型影剧院（1200 座位），大型商场（年营业额 1.5 亿元以上、固定资产 0.5 亿元以上、建筑面积 1 万 m^2 以上，3 个条件均满足）等民用建筑。大底盘建筑，当其下部属于大型零售商场的乙类建筑范围时，一般可将其及与之相邻的 2 层定为加强部位，按乙类进行抗震设计，其余各层可按丙类进行抗震设计。

(15) 确定抗震等级时忽视主体与裙房之间有无设缝，笼统按高层部分来定抗震等级。

当高层部分与裙房之间不设缝时，应按高层部分来定抗震等级；当两者之间设有缝时，高层和裙房应按各自的情况确定抗震等级。

地下室的抗震等级：应按《抗震规范》第 6.1.3 条或《高规》第 3.9.5 条，即当地下室顶板作为上部结构的嵌固部位时（应满足《抗震规范》第 6.1.14 条），地下一层的抗震等级应与上部结构相同，地下一层以下的抗震等级可根据具体情况采用三级或更低等级；地下室中无上部结构的部分，可根据具体情况采用三级或更低等级。

(16) 混凝土结构的抗震等级定错。主要是：框支剪力墙不区分底部加强区与非加强区的抗震等级。对短肢剪力墙、复杂高层建筑结构（带转换层的结构、带加强层的结构、错层结构、连体结构）的抗震等级提高重视不够。

(17) 基础的安全等级与建筑物的安全等级不同，应按各自的规范来确定安全等级。

结构设计使用年限与建筑施工图矛盾。根据《建设工程质量管理条例》，要注明工程合理使用年限，一般工程结构标注设计使用年限（定义为：设计规定的结构或结构构件不需进行大修即可按其预定目的使用的时期）为 50 年 [应根据 GB 50068—2001《建筑结构可靠度设计统一标准》第 1.0.5 条（强条）（同 GB 50352—2005《民用建筑设计通则》第 3.2.1 条），见表 3-6]，而建筑施工图定为 100 年（例如一般高层），两者矛盾。若结构使用年限定为 100 年，则结构要符合另外的要求或采取专门的有效措施。

表 3-6　设计使用年限分类

类　别	设计使用年限 / 年	示　例
1	5	临时性建筑
2	25	易于替换结构构件的建筑
3	50	普通建筑和构筑物
4	100	纪念性建筑和特别重要的建筑

3-10　施工说明易漏哪些内容

【答】

(1) 本工程结构安全等级为 ×× 级；对应结构重要性系数为 γ_0=××。

(2) 本工程的地基基础工程与结构主体工程，正常合理使用年限为 ×× 年。

(3) 抗震说明。其中应包括：

① 建筑场地类别为 ×× 类。

② 建筑的抗震设防分类标准为 ×× 类。

(4) 材料要求方面。其下应包括：

① 一、二级抗震等级的框架中纵向受力钢筋的选用，其检验所得的强度实测值，应符合下列要求：

a. 钢筋的抗拉强度实测值与屈服强度实测值的比例不应小于 1.25。

b. 钢筋的屈服强度实测值与钢筋的强度标准的比值。当按一级抗震等级设计时，不应大于 1.25；当按二级抗震等级设计时，不应大于 1.40。

② 在工地现场要用强度较高的钢筋代换强度较低的钢筋时，要征得设计人的确认。钢筋代换的原则如下：

a. 构件按强度设计时，用“等强代换”，计算公式为

$$f'_y A'_s \geqslant f_y A_s$$

b. 按最小配筋率 ρ_{min} 设计时，用“等面积代换”。

c. 若构件有抗裂要求，代换时应进行抗裂验算，不允许用Ⅰ级钢筋代替Ⅱ级钢筋。

d. 代换后，钢筋应符合有关的构造要求。

e. 纵向钢筋与弯起钢筋应分别代换。

f. 偏心构件中的拉压钢筋应分别代换。

g. 同一断面中，钢筋代换直径差不大于5mm。

h. 两种钢筋应延伸率相同、可焊性接近。

i. 梁、板中的受力钢筋按等强度代换；且代换后的最小配筋率 ρ_{min} 不小于0.2%；按构造设置的钢筋及抗震设计时，墙、柱中钢筋均按等面积代换。

j. 当用强度较高的代换强度较低的钢筋后，对应的锚固长度、搭接长度、混凝土的强度等级应作相应的调整。

(5) 板在柱边负筋的长度的构造要求和大柱周边负筋配置。

(6) 在各层平面布置图（或配筋图）上加注本层主要房间的可变荷载的标准值，或集中说明各类房间的可变荷载标准值（此即正常合理使用的条件）。

第4章 工程设计交付实施

4-1 结构设计校对有哪些要点

【答】

1. 桩位布置图

抗拔桩 40d，其余桩偏位；说明；沉降观测点；地梁上的构造。

2. 承台布置图

地梁相交处设吊筋；电梯底标高；底层隔墙下应设地梁；地梁上构造（a. 楼梯间；b. 排窗下构造；c. 建筑装饰小柱），地梁宽度是否有特殊要求；集水坑；坡道；柱涂阴影；沉降观测点。

3. 柱定位平面

底层柱定位需考虑出屋面的关系，异形柱的柱箍筋慎用弯钩拉结。

4. 承台地梁

承台地梁的顶标高，底层排窗下加 GZ 时注意门洞位置是没有的。

5. 结构平面

楼层特殊标高（卫生间、配电间、小屋面、电梯机房）；排窗下窗台构造及压顶；板厚及配筋变化（挑出部分、卫生间、配电间、绿化屋面、较重的荷载、电梯机房、消防前室）；是否有高窗；特殊节点做法是否标注；雨篷及相关构造及泄水孔；女儿墙构造及挑梁端部的构造；出屋面楼梯间的雨篷；管道井及尺寸；详图索引关系；空调板位置及与柱关系；结构找坡；上人屋面面层较厚；板面高低差上筋断开，下筋也断开；高层转角处加构造；屋面梁高小于 700mm 照样加腰筋；荷载排风机房（3.5），空调机房（5.0）；对称板筋必相等；雨篷的标高；室内外高差时，梁边线为实线；板筋，长度、板厚不一致时钢筋是否已断。

6. 梁配筋平面图

梁布置是否与板布置相同；吊筋是否遗漏；吊筋的大小；电梯机房的吊钩及承重梁；抗扭梁及配筋；主次梁搁置关系；梁遇楼梯间处标高是否一致；梁平面图中注意板筋与梁筋的图层的区别，修改梁筋时注意通长筋。

7. 楼梯图

楼梯的梯梁与墙的位置；楼梯间窗的位置与梁的关系；底层梯梁标高；电梯若为砖砌，注意需在门顶标高位置附加一道圈梁。

8. 墙体做法

电梯间及配电架，女儿墙实砌；墙体荷载是否输入准确。

9. PK 楼面

荷载输入时，应注意板面荷载为板厚加 0.05mm。

10. 特别注意

300mm 宽梁上翻后，墙体会突出 50mm。楼梯梁半平台位置与楼面梁不能拉通。

4-2　建筑工程施工图设计文件审查有什么规定

【答】

为指导建筑工程施工图设计文件审查工作，根据《建设工程质量管理条例》和《建设工程勘察设计管理条例》，建设部制定了《建筑工程施工图设计文件审查要点》（以下简称《要点》）。《要点》所涉及标准内容，以现行规范规程内容为准。

《要点》供施工图审查机构进行民用建筑工程施工图技术性审查时参考使用。工业建筑工程的施工图，可根据工程的实际情况参照该要点进行审查。

1)《要点》中要求建设单位报请施工图技术性审查的资料应包括的主要内容

(1) 作为设计依据的政府有关部门的批准文件及附件。

(2) 审查合格的岩土工程勘察文件（详勘）。

(3) 全套施工图（含计算书并注明计算软件的名称及版本）。

(4) 审查需要提供的其他资料。

2)《要点》规定，施工图技术性审查应包括的主要内容

(1) 是否符合《工程建设标准强制性条文》和其他有关工程建设强制性标准；

(2) 地基基础和结构设计等是否安全。

(3) 是否符合公众利益。

(4) 施工图是否达到规定的设计深度要求。

(5) 是否符合作为设计依据的政府有关部门的批准文件要求。

3)《要点》中关于专业审查涉及的问题

(1) 建筑专业审查。编制依据、规划要求、施工图深度、强制性条文、建筑设计重要内容、建筑防火重要内容、国家及地方法令及法规。

(2) 结构专业审查。强制性条文、设计依据、结构计算书、结构设计总说明、地基和基础、混凝土结构、多层砌体结构、底部框架砌体结构、普通钢结构、薄壁型钢结构、网架结构、高层建筑钢结构及其他。

(3) 给排水专业审查。强制性条文、设计依据、系统设计总体要求、给水系统、排

水系统、消防设计、施工图的设计深度。

(4) 暖通专业审查。强制性条文、设计依据、基础资料、防排烟、通风与空调系统的防火措施、环保与卫生、安全设施、施工图的设计深度。

(5) 建筑电气专业审查。强制性条文、设计依据、供配电系统、防火、防雷及接地、不同性质的建筑工程对建筑电气的要求、施工图的设计深度及其他。

在具体审查要点中，明确列出了详细的审查项目和内容。

4-3 结构施工图设计文件有哪些审查要点

【答】

1. 强制性条文

《工程建设标准强制性条文（房屋建筑部分）》。

2. 设计依据

(1) 工程建设标准。使用的规范、规程是否适用于本工程，是否为有效版本。

(2) 建筑抗震设防类别。建筑抗震设计所采用的建筑抗震设防类别，是否符合 GB 50223—2008《建筑工程抗震设防分类标准》的规定。

(3) 建筑抗震设计参数。

① 是否正确使用岩土工程勘察报告所提供的岩土参数，是否正确采用岩土工程勘察报告对基础形式、地基处理、防腐蚀措施（地下水有腐蚀性时）等提出的建议采取了相应的措施。

② 建筑抗震设计采用的抗震设防烈度、设计基本地震加速度和所属设计地震分组，是否按《抗震规范》附录 A 采用；对已编制抗震设防区划的城市，是否按批准的抗震设防烈度或设计地震城市采用。

(4) 岩土工程勘察报告。

① 是否正确使用岩土工程勘察报告所提供的岩土参数，是否正确采用岩土工程勘察报告对基础形式、地基处理、防腐蚀措施（地下水有腐蚀性时）等提出的建议并采取了相应措施。

② 需考虑地下水位对地下建筑影响的工程，设计及计算所采取了的防水设计水位和抗浮设计水位，是否符合《岩土工程勘察报告》所提供的水位。

3. 结构计算书

(1) 软件的适用性。

① 所使用的软件是否通过有关部门的鉴定。

② 计算软件的技术条件，是否符合现行工程建设标准的规定，并应阐明其特殊处理的内容和依据。

(2) 计算书的完整性。结构设计计算书应包括输入的结构总体计算总信息、周期、振型、地震作用、位移、结构平面简图、荷载平面简图、配筋平面简图，地基计算，基础计算，人防计算，挡土墙计算，水池计算，楼梯计算等。

(3) 计算分析。

① 计算模型的建立，必要的简化计算与处理，是否符合工程的实际情况；

② 所采用软件的计算假定和力学模型，是否符合工程实际；

③ 复杂结构进行多遇地震作用下的内力和变形分析时，是否采用了不少于两个不同的力学模型的软件进行计算，并对其计算结果进行分析比较；

④ 所有计算机计算的结果，应经分析判定，确认其合理、有效后方可用于工程设计。

(4) 结构构件及节点。

① 结构构件是否具有足够的承载能力，是否满足《荷载规范》第 3.2.2 条、《混凝土规范》第 3.3.2 条及其他规范、规程有关承载能力极限状态的设计规定。

② 结构连接节点及变断面悬臂构件各断面承载力是否满足规范、规程的要求。

4. 结构设计总说明

着重审查设计依据条件是否正确，结构材料选用、统一的构造作法、标准图选用是否正确，对涉及使用、施工等方面需作说明的问题是否已作交代。审查内容一般包括：

① 建筑结构类型及概括，建筑结构安全等级和设计使用年限，建筑抗震设防分类、抗震设防烈度（设计基本地震加速度及设计地震分组）、场地类别和钢筋混凝土结构抗震等级，地基基础设计等级，砌体结构施工质量控制等级，基本雪压和基本风压，地面粗糙度，人防工程抗力等级等。

② 设计 +0.000 标高所对应的绝对标高、持力层土层类型及承载力特征值，地下水类型及标高、防水设计水位和抗浮设计水位，场地的地震动参数，地基液化、湿陷及其他不良地质作用，地基土冻结深度等描述是否正确，相应的处理措施是否落实。

③ 设计荷载。包括规范未作出具体规定的荷载均应注明使用荷载的标准值。

④ 混凝土结构的环境类别、材料选用、强度等级、材料性能（包括钢材强屈比等性能指标）和施工质量的特别要求等。

⑤ 受力钢筋混凝土保护层厚度，结构的统一做法和构造要求及标准图选用。

⑥ 建筑物的耐火等级、构件耐火极限、钢结构防火、防腐蚀及施工安装要求等。

⑦ 施工注意事项。如后浇带设置、封闭时间及所用材料性能、施工程序、专业配合及施工质量验收的特殊要求等。

5. 地基和基础

(1) 基础选型与地基处理。

① 基础选型、埋深和布置是否合理，基础底面标高不同或局部未达到勘察报告建议的持力层时结构处理措施是否得当。

② 人工地基的处理方案和技术要求是否合理，施工、监测及验算要求是否明确。

③ 桩基类型选择、桩的布置、试桩要求、成桩方法、终止沉桩条件、桩的监测及桩基的施工质量验收是否明确。

④ 是否要进行沉降观测，如要进行观测，沉降观测的措施是否落实，是否正确。

⑤ 深基础施工中是否提出了基础施工中施工单位应注意的安全问题，基坑开挖和工程降水时有无消除对毗邻建筑物的影响及确保边坡稳定的措施。

⑥ 对有液化土层的地基，是否根据建筑物的控制设防类别、地基液化等级，结合具体情况采取了相应的措施；液化土中的桩的配筋范围是否符合《抗震规范》第 4.4.5 条的规定。液化土中桩的配筋范围，应自桩顶至液化深度以下符合全部消除液化沉陷所要求的深度，其纵向钢筋应与桩顶相同，箍筋应加密。

(2) 地基和基础设计。

① 地下室顶板和外墙计算，采用的计算简图和荷载取值（包括地下室外墙的地下水压力及地面荷载等）是否符合实际情况，计算方法是否正确；有人防地下室时，要注意审查基础结构是人防荷载控制还是建筑物的荷载控制。

② 存在软弱下卧层时，是否对下卧层进行了强度和变形验算。

③ 单桩承载力的确定是否正确，群桩的承载力计算是否正确；桩身混凝土强度是否满足桩的承载力要求；当桩周土层产生的沉降超过基桩的沉降时，应根据《建筑桩基技术规范》第 5.4.3 条考虑桩侧负摩阻力。

④ 筏形基础的设计计算方法是否正确，见《基规》第 8.4.14 条～第 8.4.18 条。

⑤ 地基承载力及变形计算、桩基沉降验算、高层建筑高层部分与裙房间差异沉降控制和处理是否正确。

⑥ 基础设计（包括桩基承台），除抗弯计算外，是否进行了抗冲切及抗剪切验算以及必要的局部受压验算，见《基规》第 8.2.7 条、第 8.3.1 条、第 8.3.2 条、第 8.5.15 ～第 8.5.20 条及第 8.4 节。

⑦ 人防地下室结构选型是否正确，设计荷载取值、计算和构造是否符合规范规定。

⑧ 天然地基基础是否按《抗震规范》第 4.2.2 条进行抗震验算。

⑨ 地下室墙的门（窗）洞口是否按计算设置了地梁；地下室设置的隔墙是否进行了计算，其计算简图、荷载取值、受力传力路径是否明确合理。

6. 混凝土结构

(1) 结构布置。

① 房屋结构的高度是否在规范、规程规定的最大适用高度以内；超限高层建筑（适用最大高度超限、适用结构类型超限及体型规则性超限的建筑）是否执行了省、自治区、直辖市人民政府建设行政主管部门在初步设计阶段的抗震设防专项审查意见。

② 结构平面布置是否规则，抗侧力体系布置、刚度、质量分布是否均匀对称；对平面不规则结构（扭转不规则、凹凸不规则、楼板局部不连续等）是否采取了有效措施；不应采用严重不规则的方案。

③ 结构竖向高宽比控制、竖向抗侧力构件的连续性及断面尺寸、结构材料强度等级变化是否合理；对竖向不规则结构（侧向刚度不规则、竖向抗侧力构件不连续、楼层承载力突变、竖向局部水平外伸或内缩及出屋面的小屋等）是否采取了有效措施。

④ 主楼与裙房的连接处理是否正确；结构伸缩缝、沉降缝、防震缝的设置和构造是否符合规范要求；当主楼与裙房间不设缝时，是否进行了必要的计算并采取了有效措施。

⑤ 转换层结构选型是否合理，转换层结构上下楼板及抗侧力构件是否按规范要求进行了加强。

⑥ 建筑及设备专业对结构的不利影响，例如建筑开角窗及设备在梁上开洞等，是否采取可靠措施。

⑦ 房屋局部采用小型钢网架、钢桁架、钢雨篷等钢结构时，与主体结构的连接应安全可靠，结构计算、构造、加工制作应符合规范要求。

⑧ 填充墙、女儿墙和其他非结构构件及其与主体结构的连接是否符合规范的规定，是否安全可靠。

⑨ 框架结构抗震设计时，不应采用部分由砌体墙承重的混合形式；框架结构中楼、电梯间及局部出屋顶的电梯机房、楼梯间、水箱间等，应采用框架承重，不得采用砌体墙承重；抗震设计时，高层框架结构不宜采用单跨框架。

⑩ 框架及框架剪力墙结构应设计成双向抗侧力体系；抗震设计时，框架 - 剪力墙结构两主轴方向均应布置剪力墙。

(2) 结构计算。

① 结构平面简图和荷载平面简图是否正确。

② 抗震设计时，地震作用原则是否符合《抗震规范》第 5.1 节的要求。

③ 需进行时程分析时，岩土工程勘察报告是否提供了相关资料，抗震波和加速度峰值等计算参数的取值是否正确。

④ 薄弱层和薄弱部位的判别、验算及加强措施是否正确及有效。

⑤ 转换层上下部结构和转换层结构的计算模型及所采用的软件是否正确；转换层上下结构侧向刚度比是否符合规范、规程规定；转换层结构（框支梁、柱、落地剪力墙底部加强部位及转换层楼板）的断面尺寸、配筋和构造是否符合规范要求。

⑥ 结构计算的分析判断。

a. 结构计算总信息参数输入是否正确。自振周期、振型、层侧向刚度比、带转换层的等效侧向刚度比、楼层地震剪力系数、有效质量系数等是否在工程设计的正常范围内并符合规范、规程要求；层间弹性位移（含最大位移与平均位移的比）、弹塑性变形验算时的弹塑性层间位移，首层墙、柱轴压比、混凝土强度等级及断面变化处的墙、柱轴压比、柱有效计算长度系数等是否符合规范规定。

b. 抗震设计的框架 - 剪力墙结构。在基本振型地震作用下，框架部分承受的地震倾覆力矩大于结构总倾覆力矩的 50% 时，其框架部分的抗震等级应按框架结构确定。

c. 剪力墙连梁超筋、超限应按《高规》第 7.2.25 条的要求进行调整和处理。

⑦ 预应力混凝土结构构件，是否根据使用条件进行了承载力计算及变形、抗裂、裂缝跨度、应力及端部锚固区局部承压等验算；是否按具体情况对制作、运输及安装等施工阶段进行了验算。

⑧ 板柱节点的破坏往往是脆性破坏，在设计无梁楼盖板柱节点时，必须按《混凝土规范》附录 F 进行计算，并保留必要的余地。

(3) 配筋与构造。

① 梁、板、柱和剪力墙的配筋应满足计算结果及规范的配筋构造要求（包括抗震设计时框架梁、柱箍筋加密等）。

② 框架 - 剪力墙结构的剪力墙。当有边框柱而无边框梁时应设暗梁，当无边框柱时还应设边缘构件。

③ 剪力墙厚度及剪力墙和框支剪力墙底部加强部位的确定应符合规范、规程的要求。

④ 采用预应力结构时，应遵守有关规范的要求。

⑤ 剪力墙开洞形成独立小墙肢按柱配筋时，其箍筋配置除符合框架柱的要求外，还应符合剪力墙水平筋的配筋要求。

⑥ 楼面梁支承在剪力墙上时，应按《高规》第 7.1.6 条的要求采取措施增强剪力墙出平面的抗弯能力；应避免楼面梁垂直支承在无翼墙的剪力墙端部。

⑦ 剪力墙结构设角窗时，该处 L 形连梁应按双悬挑梁复核，该处墙体和楼板应专门进行加强。

⑧ 受力预埋件的锚筋、预制构件和电梯机房等处的吊环，严禁使用冷加工钢筋。

⑨ 跨高比大于或等于 5 的连梁宜按框架梁进行设计；不宜将楼面主梁支承在剪力墙之间的连梁上。

⑩ 筒体结构的内筒的抗震构造措施是否符合规范、规程的要求。

⑪ 带转换层结构的转换层设置高度、落地剪力墙间距、框支柱与落地剪力墙的间距，是否符合 JGJ 3—2010 第 10.2 节的有关规定。

⑫ 结构伸缩缝的最大间距超过规范规定时，是否采取了减少温度作用和混凝土收缩对结构影响的可靠措施。

(4) 钢筋锚固、连接。混凝土结构构件的钢筋锚固、连接是否满足《混凝土规范》及其他有关规范、规程关于钢筋锚固、连接的要求。

(5) 钢筋混凝土楼盖。钢筋混凝土楼盖中，当梁、板跨度较大，或楼面梁高度较小（包括扁梁），或悬臂构件悬臂长度较大时，除验算其承载力外，应验算其挠度和裂缝是否满足规范的要求。

(6) 预应力混凝土结构。有抗震设防要求的工程采用部分预应力混凝土结构时，应注意是否符合《混凝土规范》第 11.8.2 条～第 11.8.6 条及《抗震规范》附录 C 的规定，并配置了足够数量的非预应力钢筋。

(7) 耐久性。混凝土结构的耐久性设计是否符合《混凝土规范》第 3.5.1 条～第 3.5.8 条的有关规定。

7. 多层砌体结构

(1) 结构布置。

① 墙体材料（包括 +0.000 以下的墙体材料）、房屋高度、层数、层高、高宽比和横墙最大间距应符合规范要求；墙体材料还应符合工程所在地墙改政策的规定。

② 平面布置宜简单对称，应优先采用横墙承重或纵墙承重方案，墙体构造应满足规范规定。

③ 纵横墙上下应连续，传力路线应清楚；横墙较少的多层普通砖、多孔砖住宅楼的总高度和层数接近或达到《抗震规范》表 7.1.2 规定限值时，加强措施应符合《抗震规范》第 7.3.14 条的要求。

④ 楼、屋盖与墙体的连接，楼梯间墙体的拉结连接（包括出屋顶部分），楼、屋盖圈梁和构造柱（芯柱）的布置应符合规范要求。

⑤ 在抗震设防地区，楼板面有高差时，其高度不应超过一个梁高（一般不超过

500mm)，超过时，应将错层当两层计入房屋的总层数中。

⑥ 抗震设计时，不宜采用砌体墙增加局部少量钢筋混凝土墙的结构体系，如必须采用，则应双向设置，且各楼层钢筋混凝土墙所承受的水平地震剪力不宜小于该楼层地震剪力的 50%，见《建筑物抗震构造详图（配筋砌体楼房）》97G329（五）。

⑦ 在抗震设防地区，多层砌体房屋墙上不应设转角窗。

(2) 结构计算。

① 多层砌体房屋的抗震验算和静力计算，应按规范进行。

② 抗震设防地区的砌体结构除审查砌体抗剪强度是否满足规范要求外，还要注意审查门窗洞边形成的小墙垛承压强度是否满足规范要求。

③ 悬挑结构构件，除进行承载力计算外，还应进行抗倾覆和砌体局部受压承载力验算。

④ 应按规范规定验算梁端支承处砌体的局部受压承载力。

⑤ 在墙体中留洞、留槽、预埋管道等将使墙体削弱，必要时应验算削弱后的墙体的承载力。

(3) 构造。

① 圈梁、构造柱（芯柱）断面尺寸和配筋构造（包括构造柱箍筋加密、纵筋的搭接和锚固）等应满足规范要求，并在图纸上表明清楚；圈梁兼过梁时，过梁部分的钢筋（包括箍筋）应按计算用量单独配置。

② 悬挑构件应采取可靠的锚固措施；现浇拦板、檐口等构件及现浇坡屋面，受力应明确，配筋应合理，锚固要可靠；女儿墙等构件选型要合理，构造措施要可靠。

③ 按规定在梁支承处砌体中设置混凝土或钢筋混凝土垫块，当墙中设圈梁时，垫块与圈梁宜浇成整体。

④ 对混凝土砌块墙体，如未设圈梁或混凝土垫块，在钢筋混凝土梁、板的支承面下，应按《砌体规范》第 6.2.13 条的规定用不低于 C20 的灌孔混凝土，将一定高度和一定长度范围内的孔灌实。

⑤ 应正确选用预制构件标准图，预制构件支承部分应满足计算和构造要求。

⑥ 墙梁的材料、计算和构造要求应符合《砌体规范》第 7.3 节的规定。

⑦ 砌体结构是否根据《砌体规范》第 6.3.1 条～第 6.3.9 条的规定采取了防止或减轻墙体开裂的措施。工程经验表明，砌体结构长度未超过规范规定的伸缩缝最大间距时，也应注意适当采取防止或减轻墙体开裂的措施。

⑧ 后砌的非承重隔墙、无法分皮错缝搭砌的砌块砌体墙，应按规范要求在水平灰缝中设置钢筋网片。

⑨ 在墙中留设槽、洞及埋设管道等使墙体削弱时，应严格遵守规范的要求，并采取相应的加强措施。

8. 框架砌体结构

(1) 结构布置。

① 房屋总高度、层数、层高、高宽比、材料强度等级（墙体材料及混凝土）应符合规范规定。

② 房屋的纵横两个方向，层侧向刚度比应符合规范的规定。

③ 上部砌体的开洞要求同砌体结构。

(2) 结构计算。

① 房屋的抗震计算应按规范规定的方法进行。

② 底部框架砌体房屋的地震作用效应应按规范要求的方法确定，并按规范的规定进行调整。

(3) 构造。

① 砌体部分应按砌体房屋结构设计，混凝土结构部分应按混凝土房屋结构设计。

② 底部框架砌体房屋的钢筋混凝土部分，框架和抗震墙的抗震等级以及相应的抗震构造措施符合规范的有关要求。

③ 房屋的楼盖、屋盖、托墙梁和抗震墙，其断面尺寸和配筋构造要求应符合规范的规定。

④ 房屋过渡层构造柱的设置，上部抗震墙构造柱的设置、圈梁的设置以及相关的构造要求，应符合规范的规定。

4-4 在6度区、非抗震区，结构施工图有哪些审查细节

【答】

1. 结构计算书

1) 荷载取值合理性

应符合《荷载规范》的条款和行业专门的规范、标准。民用建筑未明确的常用荷载标准值如下：浴缸、坐厕的卫生间 4kN/m^2；有分隔的公共卫生间（需考虑填料及隔墙）8kN/m^2；阶梯教室、微机房 3kN/m^2；银行金库、配电室、水泵房 10kN/m^2。注意屋面建筑找坡的荷载，墙面、楼面、天棚装饰荷载的取值是否和建筑一致。阳台、楼梯、上人屋面、走道栏杆顶部水平荷载不得遗漏。高、低屋面处在低屋面应考虑施工堆料荷载。

2) 计算机程序分析计算

注意软件的使用范围和技术条件，所建立的计算分析模型是否符合实际，对计算结果应先判断、校核其合理有效后，方可用于设计。必须说明软件名称、版本号、编制单位。需要有总信息，各层结构平面简图、荷载简图、配筋简图，底层墙、柱的内力组合结果，墙体受压计算结果，错层结构柱的计算长度，高层建筑的水平位移值，大跨度梁、楼（屋）盖的挠度、裂缝宽度数值，抗震设防区的柱轴压比。

3) 应有必要的手算

包括标准构件选用的计算，浅基础的地基承载力、变形、基础强度计算，人工挖孔桩强度、承载力计算，楼梯、墙梁等构件计算，雨篷、挑梁抗倾覆计算、局部受压计算、雨篷梁抗扭计算，挡土墙的抗倾覆、抗滑移及基底承载力、墙身强度计算等。

2. 结构设计总说明（应包含内容）

(1) 结构类型概况、设计使用年限、结构安全等级。符合 GB 50068—2011《建筑结构可靠度设计统一标准》第 1.0.5 条、第 1.0.8 条及其他规范的有关规定。

(2) 抗震设防烈度、场地类别、抗震设防类别。符合《抗震规范》附录A，未明确的按《岩土勘察报告》采用。符合《抗震规范》第3.1.1条要求的按《建筑抗震设防分类标准》采用。

(3) 钢筋混凝土结构的抗震等级。符合《抗震规范》第6.1.2条，注意抗震措施设防烈度选用和设防烈度的关系，符合《建筑抗震设防分类标准》第3.0.3条。

(4) 设计荷载的取值。对《荷载规范》未作具体规定的荷载标准值应注明。

(5) 地基基础设计等级，持力层类别、承载力特征值，地下水类别、标高，设计防水水位，有无软弱下卧层，基坑开挖支护措施。

符合《基规》第3.0.1条。

(6) 混凝土结构环境类别及耐久性的要求，地下工程防水等级，防水混凝土抗渗等级。符合《混凝土规范》第3.5.1条～第3.5.8条，《地下工程防水技术规范》第3.2节各条、第4.1.4条。

(7) 混凝土强度等级，钢筋种类与级别，砌体结构施工质量控制等级，砌体、砂浆种类和强度等级。需要作结构性能检验的应说明检验的方法要求。

(8) 建筑耐火等级、构件耐火极限，受力钢筋的混凝土保护层厚度。符合GB 50016—2014《建筑设计防火规范》第3.2.1条～第3.5.8条、第5.1.2条～第5.1.3条，GB 50045—1995《高层民用建筑设计防火规范》2005年版第3.0.2条，《混凝土规范》第8.2节各条。

(9) 结构统一做法，标准图的选用，施工的注意事项，如后浇带设置、封闭时间及所用材料。

3. 地基基础

1) 基础选型、埋深、布置是否合理

一般红黏土层上的浅基础宜浅埋，充分利用硬壳层，但不得小于0.5m。基础类别不宜超过两种。注意放在不同持力层、荷载差别大、地基较软弱、持力层厚薄不均匀等情况的基础沉降差应有控制措施，如设置沉降缝或调整基底附加压力，采用墙下扩展基础、十字交叉基础、人工挖孔桩等基础形式。多层砌体结构优先采用无筋扩展基础，地基较软弱时应设置基础圈梁。高层建筑基础埋深满足《基规》第5.1.3条和第5.1.4条，人工挖孔桩埋深由有可靠侧向限制的深度计算至承台底，无承台的可以算至柱纵向钢筋的锚固深度。浅基础基底不在同一深度时应放阶，局部软弱地基应处理。抗震设防区独立基础和人工挖孔桩应设置双向拉梁。

2) 地基承载力及变形计算

符合《基规》第3.0.2条、第3.0.4条、第5.2节、第5.3.1条、第5.3.4条。承载力应根据《岩土勘察报告》提供，基底交叉处面积不得重复计算。注意地基基础荷载效应的取用，地基承载力计算采用标准组合、地基变形计算采用准永久组合、基础内力和强度计算采用基本组合。

注意需要进行地基变形计算的范围。

3) 软弱下卧层强度、变形应验算

4) 压实填土地基、人工地基设计

符合《基规》第6.3.1条，JGJ 79—2012《建筑地基处理技术规范》第3.0.6条、第3.0.7

条。注意砂、石垫层厚度不宜小于 0.5m 和超过 2m，符合《建筑地基处理技术规范》第 4.2.2 条、第 4.2.3 条、第 4.2.5 条。

5）无筋扩展基础设计

台阶宽高比应符合《基规》第 8.1.2 条，基底平均压力超过 300kPa 的混凝土基础应作抗剪计算。

6）扩展基础设计

符合《基规》第 8.2.7 条～第 8.2.10 条，独立基础要作抗冲切计算，基岩上的扩展基础尚应计算抗剪，基础混凝土强度低于柱时要作必要的局部受压验算。

7）人工挖孔桩设计

应注意成孔条件，和地下水位的影响。必须作不低于 C20 等级的钢筋混凝土护壁。中、微风化嵌岩深度不小于 0.5m。嵌岩桩中心距小于 2.5 倍桩径或小于 1.5 倍扩大头直径以及扩大头小于 500mm 净距，均应要求跳花施工。挖孔桩混凝土强度等级不低于 C20，桩径尺寸要满足强度和构造要求，符合《基规》第 8.5.2 条、第 8.5.10 条、第 8.5.11 条，桩身混凝土强度施工工艺折减系数为 0.7。挖孔桩主筋由计算确定，尚应满足最小配筋率的要求（《基规》第 8.5.2 条），挖孔桩的钢筋应全桩长设置，桩顶箍筋应加密。挖孔桩的终孔检验、施工检验必须提出要求（《基规》第 10.1.16 条、第 10.1.19 条）。

8）抗震设防区的天然地基基础计算

符合《抗震规范》第 4.2.1 条～第 4.2.4 条。

9）重力挡土墙设计

符合《基规》第 6.7.3 条～第 6.7.5 条，GB 50330—2013《建筑边坡工程技术规范》第 3.2.2 条、第 3.3.3 条、第 3.3.6 条、第 3.4.2 条、第 3.4.9 条、第 10 章各条。采用重力挡土墙的土质边坡不宜高于 8m，岩质边坡不宜高于 10m。较高重力挡土墙对地基承载力要求很高，较难达到。注意墙背实际填土类型与计算时参数取值存在误差对土压力计算结果会造成差别。地下室或和主体结构同一整体的挡土墙应采用静止土压力计算，地下水的作用不可忽略。

10）修建在边坡上的房屋

这些房屋应满足《基规》第 5.4 节各条。

4. 楼（屋）盖结构

(1) 楼（屋）盖除满足承载力、刚度、裂缝宽度限值的要求，还要满足耐火极限的要求。多层民用建筑二级耐火等级上人屋面板和底部商场上住宅过渡层楼板耐火极限不低于 1h。注意较大跨度的现浇楼（屋）面板厚度取值是否满足刚度要求。

(2) TAT 等计算软件假定楼（屋）面水平刚度无限大。设计中对开洞楼板层应采取刚度加强措施，对无楼板侧向限制的墙、柱节点（如错层大空间）计算中应设为弹性节点。

(3) 多层砌体结构的楼（屋）面板在墙体、梁的支撑长度。

符合《砌体规范》第 6.2.6 条、第 7.1.6 条，《抗震规范》第 7.3.5 条。

(4) 现浇坡屋面、自防水屋面应双层双向配筋，部分面筋拉通设置。

(5) 抗震设防区的底部框架上部多层砌体结构房屋的过渡层楼板应为不小于 120mm 厚的现浇楼板。

符合《抗震规范》第 7.5.7 条。

(6) 阳台、外挑走廊预制板选用级别一般高于房间板级别。

(7) 高层建筑楼（屋）面板类型选用。

符合《高层建筑混凝土结构技术规程》第 3.6 节的规定。

(8) 离地 30m 以上的飘出较长的挑檐、抗震设防区飘出较长的悬臂板等构件，底部应配置受力钢筋。

(9) 现浇挑檐、天沟温度伸缩缝间距不宜大于 12m，转角应设置构造钢筋。

(10) 大跨度屋盖选型。跨度不大于 24m，可根据跨度大小采用钢筋混凝土结构或预应力混凝土结构，其中跨度大于 15m 时优先采用预应力混凝土结构；跨度大于 30m，可采用钢结构。

5. 多（高）层钢筋混凝土框架结构

(1) 高层建筑最大适用高度、竖向高宽比限制。应符合《高规》第 3.3.1 条、第 3.3.2 条。

(2) 伸缩缝设置间距限制。应符合《混凝土规范》第 8.1.1 条～第 8.1.3 条，《高规》第 4.3.12 条。

沉降缝、伸缩缝应满足抗震缝宽度的要求。

(3) 结构布置合理，传力应明确。抗震设防区尽量不采用严重不规则（平面不规则、错层、转折）的建筑方案。抗震设防区不得框架与砌体承重混用。不宜在框架结构中布置少量钢筋混凝土剪力墙（如电梯井）。高层建筑不应使用单向框架结构（另一方向设联系梁）和单跨框架结构。

(4) 柱、梁最大、最小配筋率限制，梁、柱纵筋、梁腰筋间距，梁集中荷载处设置附加箍筋或吊筋。

符合《混凝土规范》第 8.5.1 条、第 9.2.1 条、第 9.3.1 条、第 9.2.11 条、第 9.2.13 条、第 11.3.1 条、第 11.3.6 条、第 11.4.12 条、第 11.4.13 条。

(5) 抗震设计中柱轴压比限制，柱、梁箍筋加密区长度、体积配箍率、箍筋肢距。应符合《混凝土规范》第 11.4.16 条、第 11.3.6 条、第 11.3.7 条、第 11.4.14 条、第 11.4.15 条、第 11.4.17 条、第 11.4.18 条。梁、柱箍筋应为封闭式。

(6) 抗震设计应满足“强柱弱梁、强剪弱弯、节点更强”和加强锚固、避免短柱的原则。应符合《混凝土规范》第 11.3.2 条、第 11.4.1 条、第 11.4.3 条。框架柱的抗弯能力高于框架梁的抗弯能力，框架柱、梁的抗剪能力高于抗弯能力，节点设计保证连接的构件满足需要的延性。短柱混凝土强度等级不低于 C30，箍筋全段加密。

(7) 钢筋锚固长度、搭接长度。应符合《混凝土规范》第 8.3 节各条、第 8.4 节各条，抗震设计尚应满足第 11.1.7 条。

(8) 柱计算长度取值。应符合《混凝土规范》第 6.2.20 条。一般底层柱高度算至基础顶面。PMCAD 软件模型输入中，底层高度应从基础顶面算至二层楼面。有错层的楼层在 TAT 软件中设置错层，否则错层柱计算高度会出错。

(9) 出屋面的电梯、楼梯、水箱间应框架设置到顶，抗震设防区的楼梯不得直接支撑在框架填充墙上。

(10) 抗震设防区屋面梁上抬柱的，该柱应向下伸一层。

(11) 抗震设防区框架填充墙宜采用轻质墙体，如采用砌体填充墙，要尽量均匀、对称，避免形成短柱。

(12) 箍筋、拉筋、预埋件不得与框架梁、柱纵筋焊接。

(13) 非结构构件的抗震设计由相关专业进行，与主体结构有可靠连接。

(14) 受力预埋件的锚筋、吊环严禁采用冷加工钢筋，吊环应采用 HPB235 级钢筋。应符合《混凝土规范》第 9.7.1 条、第 9.7.6 条。

6. 多层砖砌体结构

(1) 抗震设防区层数、总高度、层高、高宽比限制。应符合《抗震规范》第 7.1.2 ～第 7.1.4 条。

(2) 注意伸缩缝间距限制，并应有防止墙体开裂的措施。应符合《砌体规范》第 6.3.1 条，措施可参照第 6.3 节各条。抗震设计中伸缩缝应满足抗震缝宽度的要求。

(3) 结构布置合理、传力应明确，横墙间距符合选取的静力计算方案。应符合《抗震规范》第 7.1.5 条～第 7.1.7 条，《砌体规范》第 4.2 节各条。优先采用纵、横墙共同承重的方案。抗震设计不得采用掺有局部混凝土墙。

(4) 柱、墙体应进行承载力计算，还要进行高厚比验算。应符合《砌体规范》第 5.1.1 条、第 6.1 节各条，重点对横墙间距大、层高较高、窗洞多的墙体验算高厚比。

(5) 地震作用效应，抗震设计的墙体抗剪计算符合要求。应符合《抗震规范》第 7.2.1 条、第 7.2.3 条、第 7.2.6 条。

(6) 墙体的材料（含地坪以下墙体）满足规范要求。应符合《砌体规范》第 6.2.1 条、第 6.2.2 条。

(7) 圈梁、构造柱设置。应符合《砌体规范》第 7.1.2 条～第 7.1.4 条，《抗震规范》第 7.3.1 ～第 7.3.4 条。在较长阳台挑梁的根部、较大门窗洞口两侧、集中力较大处也宜设置构造柱。

(8) 小墙垛、砖柱承载力应计算，较大集中荷载下的局部受压应验算。梁支承处设垫块或垫梁、扶壁柱或构造柱。应符合《砌体规范》第 5.2.1 条、第 5.2.4 条、第 5.2.5 条、第 6.2.4 条、第 6.2.5 条。小墙垛、砖柱的断面尺寸小，强度折减较多，应重点验算。

(9) 悬臂构件（如挑梁、屋面挑檐）应注重抗倾覆计算、根部局部受压计算，并有可靠的锚固措施。应符合《砌体规范》第 7.4.1 条、第 7.4.4 条、第 7.4.6 条。

(10) 注意墙梁的适用条件、材料选用、构造措施。应符合《砌体规范》第 7.3.2 条、第 7.3.12 条。

(11) 填充墙、隔墙和周边构件有可靠连接。应符合《砌体规范》第 6.2.8 条。

7. 底部框架上部砖砌体结构

(1) 抗震设防区房屋总高度、层数、层高、高宽比限制。应符合《抗震规范》第 7.1.2 条～第 7.1.4 条。对抗震设防区的底部框架严格控制总高度、层数。

(2) 伸缩缝间距、防止或减轻墙体开裂措施等要求，同多层砖砌体结构。

(3) 结构布置应合理，层侧向刚度比应控制，横墙间距应满足规范要求。

抗震设计应符合《抗震规范》第 7.1.5 条、第 7.1.8 条，底层必须均匀设置一定数量的纵横抗震墙，抗震墙不得放在基础梁上，应单独设基础，上部砖墙必须对齐或基本对齐底部框架、抗震墙。

(4) 地震作用效应满足《抗震规范》第 7.2.4 条、第 7.2.5 条。

(5) 抗震墙、底部框架的托墙梁材料、构造应满足规范要求。应符合《抗震规范》第 7.5.8 条、第 7.5.3 条、第 7.5.4 条、第 7.5.9 条，《砌体规范》第 10.5.9 条、第 10.5.10 条。底部框架混凝土等级不得低于 C30，过渡层砂浆强度等级不得低于 M7.5。

(6) 过渡层的构造柱，圈梁的设置。应符合《抗震规范》第 7.5.1 条、第 7.5.2 条。过渡层对应底部框架柱位置应设构造柱，上部构造柱应能贯通下部框架柱。

4–5 结构专业施工图审查质量有哪些共性问题

【答】

1. 技术审查意见应抓住要点

一些项目的技术审查，未按建设部对施工图审查的基本要求抓住重点，即：强制性条文、安全、环境保护和公众利益。审查人员以设计审核角度，按看图顺序罗列发现的问题，未按问题的性质进行分类。

技术审查意见应分三类：

(1) 不符合规范强制性条文的问题和安全方面的问题。对违反的问题，应写明有关规范强制性条文的条款号。

(2) 不符合规范强制性标准的问题。

(3) 优化建议。一般问题不要提，对那些因设计不合理影响使用功能或造成经济上较大浪费的，提出建议，有关建议也应尽可能以规范为依据提出。

2. 结构专业审查深度

结构专业审查一定要看计算资料，有的审查人员不看结构计算书，有的地区不要求提供计算书，这样审查结构的安全性难于保证。结构计算是结构设计的一个重要内容，是结构设计的基础。结构专业审查必须要查的计算资料应包括：

(1) 基础计算书。

(2) 上部结构电算资料。四个平面（底层内力图，各层梁、墙、柱几何尺寸简图，各层荷载平面图，各层梁柱配筋平面图）总体信息，主要的电算结果文本数据（周期、剪力、位移、刚度等）。

(3) 技术审查“应系统掌握现行工程建设标准，全面理解强制性条文的准确内涵”，统一审查标准和审查尺度。审查意见用词应与规范原文所采用的严格程度用词相一致（有关严格程度用词，请查 GB 50010—2010 第 260 页“本规范用词说明”）：

① 表示很严格，非这样做不可的用词：正面词采用“必须”，反面词采用“严禁”。

② 表示严格，在正常情况下均应这样做的词：正面采用“应”，反面采用“不应”或“不得”。

③ 表示允许稍有选择，在条件允许时首先这样做的词：正面采用“宜”，反面采用“不

宜”；表示有选择，在一定条件下可以这样做的，采用“可”。

技术审查意见对于涉及强制性条文、安全、环保和公众利益的问题，应采用第①类严格程度用词；对于强制性条文以外的强制性标准，一般用第②类严格程度用词；建议性的问题，用第③类严格程度用词。

有些技术审查意见对违反强制性条文的问题，采用“建议”“宜”这类用词，这说明审查人员对规范的理解、把握标准存在问题。有的审查意见用讨论的语气也是不适当的，如“后浇带的位置是否适当”。有的技术审查，对设计中一般性的问题提出了具体的改进意见，设计按审查要求修改答复后，反而违反了强制性条文，并且复审予以通过。

3. 检查中结构专业技术审查常见的一些问题

(1) 结构设计总说明。对建筑特性、设计依据、设计安全等级、材料强度等未明确交代或交代不全，审查人员未按建设部施工图审查要点提出审查意见。

(2) 计算资料不全或根本没有，审查人员不看计算资料，这类问题在中小城市较普遍。

(3) 设计人员和审查人员对新规范学习不够，新规范安全度提高了，设计仍按老规范，安全性不满足。常见的问题有：钢筋混凝土构件最小配筋率，新规范规定为0.2%和$45f_t/f_y$中最大者，与老规范相比提高较多，特别是基础按冲切控制确定的基础厚度较大，往往配筋不满足最小配筋率；桩身的强度不满足新规范中桩的承载力设计要求；二a环境条件下混凝土构件混凝土保护层厚度不符合新规范要求；《荷载规范》对基本风压、基本雪压、使用荷载都有调整，设计计算用错时有出现；等等。这些都与安全有关，都是强制性条文的问题。

(4) 抗震设计，场地类别用错。这是重大失误。

(5) 外挑结构，活荷载不符荷载规范强制性条文要求，出现次数较多，这是严重影响安全的问题。

(6) 结构设计一般是先计算后画图。在画图过程中由于种种原因，构件尺寸甚至结构平面布置作了调整，调整后结构应重新调整计算，不少设计却未作重算，使结构设计存在隐患，审查人员未对此类问题提出审查意见，这是审查失误。

4. 建议

各地施工图审查对规范把握的标准上存在差异，有一些经常出现的问题。对那些规范只作了原则性的规定，而设计、审查难以定量控制的问题，建议组织有关专家进行探讨研究，作出统一的技术规定，必要时请示规范编制组予以认定。

4-6　结构专业施工图审查中常见的问题有哪些

【答】

施工图审查根据国家法律、法规、技术标准与规范，对施工图设计文件的结构安全、公众利益和图家强制性标准、规范的执行情况及设计深度进行全面审查。该制度执行一段时间以来，消除了大量结构安全隐患，并促使设计单位提高了设计质量。由于目前的工程设计越来越复杂，且设计周期普遍偏短，结构专业施工图设计文件中存在某些质量问题。下面把这些经常发现的问题整理列举出来，供结构专业设计和审查时参考。

1.不符合国家法律、法规规定的问题

(1)《建设工程质量管理条例》(国务院令第279号)规定，未根据勘察成果文件进行工程设计将被处以罚款。常见的问题是基础设计参数取值与勘察报告不符，包括地基承载力特征值取值、桩基础和支护结构的计算参数、地下水位取值等。出现该问题的原因主要在于设计单位根据个人的经验确定设计参数，且未与勘察单位协调调整补充相关资料。

(2)混凝土外加剂、建筑结构配件指定生产厂家也违反《建设工程质量管理条例》的规定。

(3)桩型及其施工工艺的选择与实际环境、地质条件不相适应，未考虑挤土、振动、噪声可能对周边造成的影响，不符合环保、施工安全的有关要求，如在市区使用锤击桩、在可能造成污染的环境区域内使用冲钻孔灌注桩且无泥浆处理系统，有砂碎卵石含水层、深厚淤泥层、垃圾填埋层以及化工厂等场地使用人工挖孔桩等。

2.基础设计方面的问题

(1)建造在斜坡上或边坡附近的建筑物和构筑物，未验算其稳定性。当设有一侧或多侧开口的地下室时，主体设计未考虑土压力影响进行受力分析，并验算整体建筑的抗倾覆和抗滑移稳定性。当地下水埋藏较浅，建筑地下室或地下构筑物存在上浮问题时，未进行抗浮验算。

(2)建筑场地存在液化土层时，未对桩基础抗震承载力进行验算。未根据具体工程情况考虑桩侧负摩阻力对基桩承载力的影响。

(3)桩基础设计中，仅按竖向荷载作用进行布桩，未验算弯矩作用下承台底部边桩的反力。尤其是框剪结构的剪力墙及剪力墙结构核心筒底部弯矩和剪力对基础承载力的影响较大，不应遗漏。对于水位较高的地下室和短肢剪力墙、大跨度结构等弯矩较大的承台底部桩基，尚应验算是否存在向上的抗拔力。

(4)抗拔桩设计时，桩身配筋量仅按强度要求进行计算，缺少裂缝宽度验算，按裂缝宽度控制计算结果的配筋量要远大于按强度要求计算的配筋量，在设计中往往缺少抗拔桩静载试验及其配筋做法等要求说明。有抗拔要求的承台按一般桩基受压的承台进行配筋，承台顶部受拉区未配筋，筏基基础梁或地下室底板梁的受力方向与一般楼屋面梁板不同，其梁配筋设计也采用平法表示但未附加图示说明，存在安全隐患。

(5)目前建筑工程采用断面尺寸较小的预应力管桩，且在多层建筑中采用单柱单桩或一柱两桩基础，柱底弯矩由基础梁和桩共同承受。单柱单桩或垂直于两桩连线方向的基础梁设计中，未考虑平衡该方向柱脚在水平风荷载或地震作用下所产生的弯矩因素，基础梁两端箍筋未按框架梁抗震构造要求设置箍筋加密区，基础梁的上下主筋在桩台内锚固长度与构造做法要求未加说明。桩身考虑承受上部结构传来的弯矩作用时也未进行抗弯承载力计算，存在抗震薄弱环节，给工程留下潜在的隐患。

(6)浅基础施工图中经常未注明基槽开挖后应进行基槽检验的要求，桩基础施工图中经常未注明桩端持力层检验、施工完成后的工程桩进行竖向承载力检验的要求。

(7)天然地基扩展基础持力层或桩基持力层下面存在软弱下卧层，有的工程既不进行沉降验算，又不作软弱下卧层地基承载力验算。

(8) 压实填土地基处理问题。有的工程处于部分挖方、部分填方地段，填方地段采用压实填土人工处理地基，其压实填土地基的填料、施工、压实填土的范围以及压实填土地基检验等均未提出具体要求说明，甚至未注明压实填土的密实度要求和地基承载力特征值要求，压实填土地基施工质量如何控制、其地基承载力能否达到设计要求等均存在疑义。

(9) 天然地基独立基础带梁板式的地下室底板设计中，地下室底板与柱下独立基础埋置于同一持力层上，结构计算中仅按上部结构荷载全部由柱下独立基础承担，而地下室底板仅按一般地下室底板受荷情况进行设计，实际上整个地下室底板与柱下独立基础在上部荷载作用下，将会一起发生沉降变形共同受力，按上述计算原则进行设计，对底板而言是偏于不安全的，有可能会导致地下室底板承载能力不足而开裂。按照变形协调受力的原理，应当将地下室底板与独立基础连为一体按弹性地基有限元受力分析。也可以采取如下模式：除了柱下独立基础之外，在地下室底板与持力层之间采取褥垫处理措施。这时，底板可不参与独立基础分担上部荷载，而按底板本身承受底板与疏水垫层自重、地下水上浮力、人防等效荷载（有人防时考虑）等进行设计。

(10) 天然地基锥体独立基础设计问题。有的基础设计锥体斜面坡度大于1 ：3，该锥体部分混凝土很难振捣密实，现场施工往往是混凝土自然堆上，采用铲子或抹灰刀拍捣成形，其锥体部分的混凝土很难达到设计强度要求。故建议：改为阶形独立基础为好。既保证独立基础混凝土施工质量，又使基础在柱轴力作用下混凝土局部承压验算容易满足。

3. 地下室外墙设计存在的问题

(1) 地下室外墙配筋计算。有的工程外墙配筋计算中，凡外墙带扶壁柱的，不区别扶壁柱尺寸大小，一律按双向板计算配筋，而扶壁柱按地下室结构整体电算分析结果配筋，又未按外墙双向板传递荷载验算扶壁柱配筋。按外墙与扶壁柱变形协调的原理，往往其外墙竖向受力筋配筋不足、扶壁柱配筋偏少、外墙的水平分布筋有富余量。建议：除了垂直于外墙方向有钢筋混凝土内隔墙相连的外墙板块或外墙扶壁柱断面尺寸较大（如高层建筑外框架柱）之间外墙板块按双向板计算配筋外，其余的外墙宜按竖向单向板计算配筋为妥。竖向荷载（轴力）较小的外墙扶壁桩，其内外侧主筋也应予以适当加强。外墙的水平分布筋要根据扶壁柱断面尺寸大小，适当另配外侧附加短水平负筋予以加强，外墙转角处也同此予以适当加强。

(2) 地下室外墙计算时底部为固定支座（即底板作为外墙的嵌固端），侧壁底部弯矩与相邻的底板弯矩大小一样，底板的抗弯能力不应小于侧壁，其厚度和配筋量应匹配，这方面问题在地下车道中最为典型，车道侧壁为悬臂构件，底板的抗弯能力不应小于侧壁底部。地下室底板标高变化处也经常发现类似问题：标高变化处仅设一梁，梁宽甚至小于底板厚度，梁内仅靠两侧箍筋传递板的支座弯矩难以满足要求。地面层开洞位置（如楼梯间）外墙顶部无楼板支撑，计算模型和配筋构造均应与实际相符。车道紧靠地下室外墙时，车道底板位于外墙中部，应注意外墙承受车道底板传来的水平集中力作用，该荷载经常遗漏。

(3) 地下室外墙在计算中，有的工程漏掉抗裂性验算。外墙的厚度目前做得比较薄，外墙钢筋保护层比较厚，其裂缝宽度控制在0.2mm之内，往往配筋量由裂缝宽度验算控制。

4.上部结构设计存在的问题

(1)《荷载规范》中对基本风压值未明确的地区较多，基本风压值的取值较乱，50年一遇基本风压值不应小于30年一遇基本风压值的1.1倍，对于山区的建筑物，风压高度变化系数应考虑地形条件的修正。对于特别重要或对风荷载比较敏感的高层建筑，其基本风压应按100年重现期的风压值采用。

(2)楼面计算荷载偏小或者局部隔墙计算荷载遗漏、构件设计断面尺寸或材料强度等级与计算不符，几乎是每个工程都有发现的问题，主要是由于建筑、结构专业配合不密切以及设计和审核把关不严引起的。对该问题进行整改时，往往要重新电算。

(3)施工图审查时核对构件实际配筋是否满足计算要求是一项繁重的工作。由于审查周期很短，审查师不可能对所有构件一一核对，只能抽查。但是设计人员整改时往往只针对审查师指明的某一构件问题进行修改，未指明的其余构件的实配钢筋比电算值少就没有自行认真核对整改。

(4)有的工程楼屋面板电算配筋时，对边梁的断面尺寸与跨度大小不区分约束条件进行分析，一律按嵌固边支座约束条件计算，其结果有的边梁处板面支座负筋配的钢筋很多，而板跨中和内跨支座板面负筋配筋不够。设计跨度较大的悬挑板时，挑板所在的边梁和内跨板设计时未考虑挑板传来的弯矩作用，也是常见的问题。

(5)对于一级框架和9度抗震设计的结构，《抗震规范》和《高规》均规定应根据梁的实际配筋面积进行强柱弱梁验算，SATWE软件计算时可输入梁超配筋参数，梁实际配筋时应与此相符，即实配钢筋不应大于计算量与梁超配筋参数的乘积。有的工程框架梁支座负筋实配钢筋面积比电算值多出很多，而梁的箍筋与柱子的配筋又按电算配筋，其结果形成强梁弱柱、强弯弱剪，与抗震设计原则相背，对抗震极为不利。且由于支座负筋面积增大之后，又使得梁支座负筋配筋率超过2.5%，梁的箍筋直径又未增大2mm，反而带来违反两条强制性条文规定的现象。像这类问题，在审图中时常出现。有些设计人员认为增大配筋总是偏于安全，但增加配筋的部位不对，反而适得其反。

(6)非结构构件的抗震设计普遍被忽视。有的工程建筑因为造型需要，在屋面上用砖砌筑较高的女儿墙，仅在墙体内设置钢筋混凝土构造柱与压顶梁，也不进行抗风与抗震的验算，在台风或地震作用下，有倒塌砸人或砸坏屋面板的可能，虽然是非结构构件，但是结构设计上未采取可靠措施，将给工程留下安全隐患。屋顶高大女儿墙采用钢筋混凝土结构按悬臂结构设计时，作为嵌固端的边梁未考虑女儿墙传来的扭矩作用，相邻的屋面板也未加强，同样存在安全隐患。

(7)地下室顶板室内外板面标高变化处，当标高变化超过梁高范围时则形成错层，未采取相应措施不应作为上部结构的嵌固部位。规范明确规定作为上部结构嵌固部位的地下室楼层的顶楼盖应采用梁板结构，地下室顶板为无梁楼盖时不应作为上部结构嵌固部位。结构计算应往下算至满足嵌固端要求的地下室楼层或底板，但剪力墙底部加强区层数应从地面往上算，并应包括地下层。

(8)《抗震规范》和《高规》对建筑物的平面不规则(包括扭转不规则、凹凸不规则和楼板局部不连续)和竖向不规则作出了明确的定义和限制，其中凹凸不规则定义为结构平面凹进的一侧尺寸大于相应投影方向总尺寸的 30%，楼板局部不连续定义为楼板的尺寸和平面刚度急剧变化，例如有效楼板宽度小于该层楼板典型宽度的 50% 或开洞面积大于该层楼面面积的 30%，并规定不应采用同时具有多项平面、竖向不规则以及某项不规则程度超过规定很多的设计方案。在实际工程中入口门厅、越层会议室和餐厅、立面开洞等设计方案根本做不到上述要求，所以，凹凸不规则和楼板局部不连续应理解为大部分楼层不规则，局部楼层可不受该条文限制，但应采取有效加强措施。

(9)《高规》第 8.1.3 条规定：框架 - 剪力墙结构在基本振型地震作用下，框架部分承受的地震倾覆力矩大于结构总地震倾覆力矩的 50% 时，其框架部分的抗震等级应按框架结构采用，其最大适用高度和高宽比限值可比框架结构适当增加。

(10) 施工图审查时，最常发现的违反强制性条文的构造问题。主要包括：

① 普通钢筋混凝土保护层厚度取值偏小。

② 板配筋不满足受弯构件最小配筋百分率要求。

③ 框架柱全部纵向钢筋的配筋率偏小。

④ 框架短柱（指剪跨比不大于 2 的框架柱，现有大部分计算软件未提供剪跨比计算结果，现仍按框架柱的净高是否大于柱断面高度的 4 倍判断）未全高加密箍筋。

⑤ 框架梁端纵向受拉钢筋配筋率大于 2.5%。

⑥ 框架梁端纵向受拉钢筋配筋率大于 2% 时，箍筋直径未按要求增大 2mm。

⑦ 框架梁端断面的底面和顶面纵向钢筋配筋量的比值偏小。

⑧ 框架梁高小于 400mm 时加密区箍筋间距偏大（如采用 @100，小于梁高的 1/4）。

⑨ 沿连梁全长箍筋的构造未按框架梁梁端加密区箍筋的构造要求采用。

⑩ 外框筒梁和内筒连梁箍筋直径小于 10mm。

⑪ 墙体水平分布钢筋未要求作为连梁的腰筋在连梁范围内拉通连续配置；当连梁断面高度大于 700mm 时，其两侧面沿梁高范围设置的纵向构造钢筋的直径小于 10mm；对跨高比不大于 2.5 的连梁，梁两侧的纵向构造钢筋（腰筋）的面积配筋率小于 0.3%。

⑫ 框支梁未沿梁高配置间距不大于 200mm、直径不小于 16mm 的腰筋。

⑬ 楼梯图中，与休息平台梁相连的两端框架短柱箍筋未全高加密，该休息平台梁又未按框架梁抗震构造要求配筋。

4-7 结构专业施工图审查中应注意哪些主要问题

【答】

施工图审查的主要内容是：强制性条文的执行，确保安全度及政策性条文的实施，审查的依据是现行规范及政府政策要求。

1. 体系的控制

(1) 关于短肢剪力墙。一定要有足够的普通剪力墙，约占承受抗地震倾覆力矩 50% 的比例，当连梁跨高大于 5 时按规范可按框架梁配置，但需加强墙肢的受力检查，梁伸入墙肢的构造不得小于连梁的构造。

(2) 大空间框支体系。注意以下两个方面：

① 转换层选择合理，高位转换需讨论。

② 框支托梁不能多次转换承墙，一般超过二次转换传递时，第三次的梁不再设计为托梁。

(3) 侧限的控制。一般在地下室有裙房时作后浇带，可以裙房做侧移但注意裙房较大时保证裙房的传递刚度。一般四周有 1/4 局部无侧限时，只要有此部分加强处理即可以满足。

(4) 板柱抗震墙体系。单是板柱体系是不允许的，必须设置一定的抗震墙，但只有中间柱外其余有梁时也可考虑不算板柱体系。

(5) 体系的规则与不规则完全按规范要求，注意偏心问题。

(6) 体系不能混用。

(7) 内框架不能为一个内柱的单排内框架。

(8) 底框砖房必须满足纵横两个方向的抗震要求，需承受各自的地震力，再有必须满足横墙间距。

2. 说明和荷载

(1) 荷载必须选择正确，永久荷载占总荷载 70% ～ 80% 时，分项系数为 1.35。

(2) 消防楼梯荷载取 3.5kN/m^2，指高层建筑，但小高层（12 层左右）可以不取。

(3) 说明中必须写明安全等级及使用年限。基准期为规范编制的依据而不是使用年限。使用超过 50 年时必须有一定的合理措施，确保安全。

3. 砌体

(1) 关于高度层数的限制。

① 高度及层数两者，层数更为重要。当室内外高差大于 0.6m 时总高度可加高 1m，可以在底层加多一些，则 3.6m 可放大到 3.9 ～ 4m。

② 关于阁楼。当不作使用、无楼梯上去时可以考虑作吊顶，有楼梯上去时则一定作层考虑。

③ 半地下室。当满足下列条件可作固结端：地下部分高度大于地上部分，内墙较多，刚度较好，以及 ±0.00 楼板现浇厚大于 120mm，如空心板，板上现浇层必须先浇再砌墙以保证其整体性。

(2) 关于砌体材料。由于黏土砖的淘汰，墙体材料比较乱。对此首先应严格按《抗震规范》执行，以砌体及多孔砖规范作辅，多孔砖规范应作修改，故有抵触之处时，暂以《抗震规范》为准。各地市应相应制定地方规程执行为好。

(3) 收缩缝超长。采取一定的措施，可适当超长但不能太多。

(4) 横墙较少及接近限值房屋控制。很多设计未能满足此条要求。

横墙较少而开间大于 4.2m 的房间面积占全部的 40% 时，应按《抗震规范》第 7.3.14 条执行。当接近限值即 6 度 8 层、7 度 7 层时，按《抗震规范》第 7.3.2 条第 5 项执行；6 度 7 层、7 度 6 层时，外墙与内横墙相交处宜设柱。

(5) 大洞口两侧增加构造柱可以加在内外墙交点。所谓大洞口，指洞口＞2m，高度≥2/3层高。

(6) 横墙间距在顶层可适当放宽。

(7) 墙体的挑梁其锚固长度易出现差错。

(8) 砌体施工质量一般为B级，如不是B级必须注明。

(9) 常常忽略了水泥砂浆比混合砂浆应有降低，而造成不安全因素。

(10) 底框。

① 注意上部砖墙构造柱配筋为Φ14。

② 墙体应与下部抗震墙或框支梁对齐。

③ 上、下的刚度比注意有不能太大的限值，但也不能小于1。

4. 钢筋混凝土结构

(1) 混凝土的材料强度、钢材的材料强度必须说明。

(2) 混凝土的保护层必须注意与环境条件相配。

(3) 经常出现的问题。如钢筋锚固、搭接、最小配筋率、最大配筋率不符合新规范要求。

(4) 当梁断面≥450mm时，每200mm应加腰筋。

(5) 伸缩缝的处理是否得当。

(6) 高层应提交计算结果——周期、位移、薄弱层层间位移。如有特殊情况，应索取计算书。

(7) 对高层复杂结构，必须说明采用的程序名称。

(8) 平法计算中问题较多。如挑梁端不够明确、配筋漏缺，在一面内部标注混乱，支座、跨中常有差错，通长筋与支座筋不一致，等等。出图应自查送审。

(9) 剪力墙标注太简单，暗柱、暗梁应满足新规范的规定，特别边缘构件的约束与构造二者必须分清。对加强区及加强部位的加强要求，表达应明确。

5. 地基基础

(1) 要注意采用承载力特征值f_{ak}，而不是标准值f_k。

(2) 目前规范以标准值对应地基的选用即基础的底面积，而计算基础时应按设计值，不能混淆。

(3) 对需要进行沉降验算的基础，新规范与旧规范不同，一定要注意。

(4) 地基处理（包括填实土）应把要求标注明白，各项数据要填全，对新的工艺要提交相应的资料。

(5) 桩基的选用应写清桩型、持力层、承载值、试桩要求、锚桩要求、有无沉降要求等。

(6) 桩与承台的联结要求，一定要符合规范。

(7) 基础除满足抗弯、抗剪外，还要注意局部承压的要求。目前有部分基础除计算面积出现问题外，常易忽略抗剪计算。

6. 钢结构

(1) 重点在于支撑系统设置完善合理。

(2) 连接可靠。

(3) 基础设计正确，与设计简图相符。

4-8 审查结构施工图时，违反工程建设标准强制性条文及其他安全性的问题有哪些

【答】

违反工程建设标准强制性条文及其他安全性的问题，包括以下方面：

1. 沿用老版规范引起的问题

部分工程跨年度设计，与新版规范配套软件修编工作滞后有关。一些新版规范修改的内容在施工图中没有反映。

2. 设计者处理不当引起的问题

(1) 不少施工图最突出的问题是部分构件配筋小于计算书中的数值，从而产生安全问题。

(2) 多层、高层裙房屋面为不上人的轻钢屋面时，不考虑积雪分布系数。而该系数局部区域可达到 2。在南京地区，这类屋面将是控制荷载。而有些工程只载 0.5kPa 的活荷载，没有考虑比其大的雪载而产生安全问题。

(3) 非结构构件尤其是围护结构，常发生没有“玻璃幕墙与主体结构连接的预埋件，应在主体结构施工时，按设计要求埋设”的设计说明与标准控制。

(4) 下列问题在抗震设计中尤其明显：

① 砖混结构，送审计算书中只有水平地震力的计算，而没有小断面砌体结构的竖向承载力计算。

② 场地类别说明与勘察报告不一致；计算输入的信息与设计说明不一致。

③ 混凝土结构的抗震等级选择不当。

当建筑的抗震类别为乙类时，不按抗震设防烈度提高一度后查对规范表格确定抗震等级。

短肢剪力墙结构及转换层，位置在三层以上的框支柱与剪力墙底部加强部位等的抗震等级，没有按规定提高一级。

④ 框架柱中、角柱没有独立编号，而中柱、边柱配筋率取最小值时，角柱配筋率就不满足《抗震规范》表 6.3.7-1 的要求。

⑤ 当梁端纵向配筋大于 2% 时，框架梁的箍筋直径没有按规定增加 2mm。

⑥ 由于计算简图不当，产生构件安全问题。梁端与剪力墙正交时，计算分析梁端负弯矩很大（配筋较大）而墙体较薄，其局部抗力与梁端抗力不得平衡而产生局部转动，使梁的跨中弯矩不足。当梁端作用在一字形等墙边缘构件时，出平面弯矩对边缘构件极为不利。因为此时塑性铰首先在边缘上产生，对墙肢强度刚度削弱很大。

⑦ 个别工程将抗震缝分开的几个独立结构单元同时一起输入，未作多塔结构处理及

缝中分布楼板的措施，抗震分析时作无缝整体分析。有的作多塔处理，但抗震分析时，一个方向只取三个周期，个数小于塔数。以上分析方法及结果都不正确。

3. 对审查意见答复的问题

对审查意见的答复一般都很认真，按审查意见修改图纸、补充设计、出修改通知单，并随同答复一起送交核查。

也有个别不认真，简单答复“同意”“交底时与施工单位交代”“今后计算中注意，本工程钢筋已放大……”等。

4. 审查意见自身的问题

一般审查意见都清楚明白，提出问题同时指出有关的规范条目。这些意见涉及四部分：

① 设计深度。

② 违反工程建设标准强制性条文问题。

③ 违反工程建设强制性标准问题。

④ 优化建议或其他问题。

但也有少数的审查意见，只有意见而不写相应的条目，也不区分强制性条文的问题、强制性标准的问题。个别将强制性标准当作强制性条文，把设计深度不够也纳入强制性问题，甚至把自身的不准确理解强加于人。

4-9 施工图审查可能发现哪些问题

【答】

根据校审记录表和审图单位审查意见书，设计存在的问题一般可概括为4个方面：①不满足设计深度要求的问题；②违反“工程建设标准强制性条文”的问题；③不符合相关专业规范重要规定的问题；④其他方面的问题。上述问题汇总见表4-1。

表4-1 结构施工图审查问题汇总

问题类型	存在问题	规范依据
不满足设计深度要求的问题	未标出混凝土结构的环境类别	《混凝土规范》第3.5.2条，说明混凝土结构的环境类别；第8.2.1条，纵向受力的普通钢筋及预应力钢筋，其混凝土保护层厚度（钢筋外边缘至混凝土表面的距离）不应小于钢筋的公称直径，且应符合表8.2.1的规定
违反“工程建设标准强制性条文”的问题	板支座负筋和板跨中配筋偏小	《混凝土规范》第8.5.1条，钢筋混凝土结构构件中纵向受力钢筋的配筋百分率不应小于表8.5.1规定的数值
	柱通长筋小于支座筋的1/4	《混凝土规范》第11.3.7条，沿梁全长顶面和底面至少应各配置两根通长的纵向钢筋，对一、二级抗震等级，钢筋直径不应小于14mm，且分别不应少于梁两端顶面和底面纵向受力钢筋中较大断面面积的1/4；对三、四级抗震等级，钢筋直径不应小于12mm

（续）

问题类型	存在问题	规范依据
违反“工程建设标准强制性条文”的问题	生产车间的门式刚架轻型房屋钢结构，以混凝土柱牛腿及混凝土梁作为基础，结构体系对抗震不利	《抗震规范》第3.5.2条，结构体系应符合下列各项要求： (1) 应具有明确的计算简图和合理的地震作用传递途径； (2) 应避免因部分结构或构件破坏而导致整个结构丧失抗震能力或对重力荷载的承载能力； (3) 应具备必要的抗震承载力、良好的变形能力和消耗地震能量的能力； (4) 对可能出现的薄弱部位，应采取措施提高抗震能力
	抗震钢结构的材料性能指标要求未注	《抗震规范》第3.9.2条，结构材料性能指标应符合最低要求
	钢结构的安全等级、设计使用年限未注	GB 50018—2002《冷弯薄壁型钢结构技术规范》中第4.1.3条规定
	Ⅰ级钢与Ⅱ级钢的连接，采用E50型焊条	不满足“当不同强度的钢材连接时，采用与底强度钢材相适用的焊接材料”的要求，不符合GB 50017—2003《钢结构设计规范》中第8.2.1条规定
	环境类别采用二类(a)，部分主体结构混凝土采用C20，混凝土等级和保护层厚度均不符合混凝土规范	《混凝土规范》第3.5.3条
	框架柱纵筋、角筋及箍筋不足；对剪跨比大于2的柱和因设置填充墙等形成的柱净高与柱断面高度之比小于4的柱、楼梯柱及其他短柱，箍筋应全长加密	《混凝土规范》第11.4.12条
	楼梯活荷载取$2.0kN/m^2$，未按消防疏散楼梯荷载$3.5kN/m^2$取值	《荷载规范》第4.1.1条规定
	建筑场地类别错误，计算书及图纸均为Ⅱ类土，地质勘察报告为Ⅲ类土	《抗震规范》第4.1.6条
不符合相关专业规范重要规定的问题	柱中纵筋净距大于200mm，柱宽为500mm者，应配4根纵筋	《混凝土规范》第11.4.13条，框架柱和框支柱中全部纵向受力钢筋配筋率不应大于5%。柱的纵向钢筋宜对称配置。断面尺寸大于400mm的柱，纵向钢筋的间距不宜大于200mm。当按一级抗震等级设计，且柱的剪跨比$\lambda \leq 2$时，柱每侧纵向钢筋的配筋率不宜大于1.2%

（续）

问题类型	存在问题	规范依据
不符合相关专业规范重要规定的问题	结施图中未对独立基础进行说明。当基础混凝土强度等级低于底层柱混凝土柱强度等级时，应进行柱下局部承压验算	《基规（征求）》第8.2.7条，扩展基础的计算应符合下列要求： (1) 基础底面积，应按本规范第五章有关规定确定。在墙下条形基础相交处，不应重复计入基础面积； (2) 对矩形断面柱的矩形基础，应验算柱与基础交接处以及基础变阶处的受冲切承载力； (3) 基础底板的配筋，应按抗弯计算确定； (4) 当扩展基础的混凝土等级小于柱的混凝土强度等级时，尚应验算柱下扩展基础顶面的局部受压承载力
	特征周期值 T_g 取0.45s计算。按GB 50011—2001第5.1.4条表5.1.4-2，应取0.35s，结构体系计算偏保守	《抗震规范》第5.1.4条，建筑结构的地震影响系数应根据烈度、场地类别、设计地震分组和结构自振周期以及阻尼比确定。其水平地震影响系数最大值应按表5.1.4-1采用；特征周期应根据场地类别和设计地震分组按表5.1.4-2采用，计算8、9度罕遇地震作用时，特征周期应增加0.05s。 注：(1) 周期大于6.0s的建筑结构所采用的地震影响系数，应做专门研究；(2) 已编制抗震设防区划的城市，应允许按批准的设计地震动参数采用相应的地震影响系数
	单桩承载力提高，无桩静载试验报告	《基规》第8.5.6条
	桩顶箍筋加密区范围小于(3～5)d(d为桩径)	JGJ 94—2008《建筑桩基技术规范》第4.1.1条规定
	柱加密区箍筋的体积配箍率不满足最小体积配箍率的要求	《抗震规范》第6.3.9条规定
	屋面板的板面未配置温度收缩钢筋	《混凝土规范》第9.1.8条规定

第二篇

钢筋混凝土框架疑难问答

第5章 建筑结构概念

5-1　什么是结构

【答】

结构，广义而言，是指房屋建筑和土木工程的建筑物、构筑物及其相关组成部分的实体；狭义而言，是指各种工程实体的承重骨架。

以一幢用框架作为竖向承重结构的房屋为例，房屋中还有砖墙作为外墙，框架内有砖墙填充。这幢房屋由于承重骨架是框架，因此，它的结构是框架结构；外墙和填充墙是非承重结构或者称为自承重结构，即只承受自己本身重量的结构。

5-2　结构与建筑的关系如何

【答】

(1) 方案设计阶段。结构工种需要早日介入。

结构工程师和建筑师所运用的基本理论是结构概念设计和抗震设计的基本要求，即从大方向保证所构思的方案在结构上是可行的，宏观上是合理的，暂时不必拘泥于局部的细小尺寸或详细构造。

(2) 技术设计阶段。结构设计不断优化，追求最优效果。

(3) 为了保证工程的设计质量，提高工作效率，设计进程将遵循一定的设计工作流程。如图 5-1 所示。

5-3　建筑结构的基本功能要求有哪些

【答】

设计任何建筑物和构筑物时，《建筑结构可靠度设计统一标准》规定建筑结构在设计使用年限内，应满足下列各项功能要求。

1. 安全性

在正常施工和正常使用时，能承受可能出现的各种作用；（有关结构构件的承载力和可靠度）

在设计规定的偶然事件发生时及发生后，仍能保持必需的整体稳定性。（有关对生命财产的安全保障）

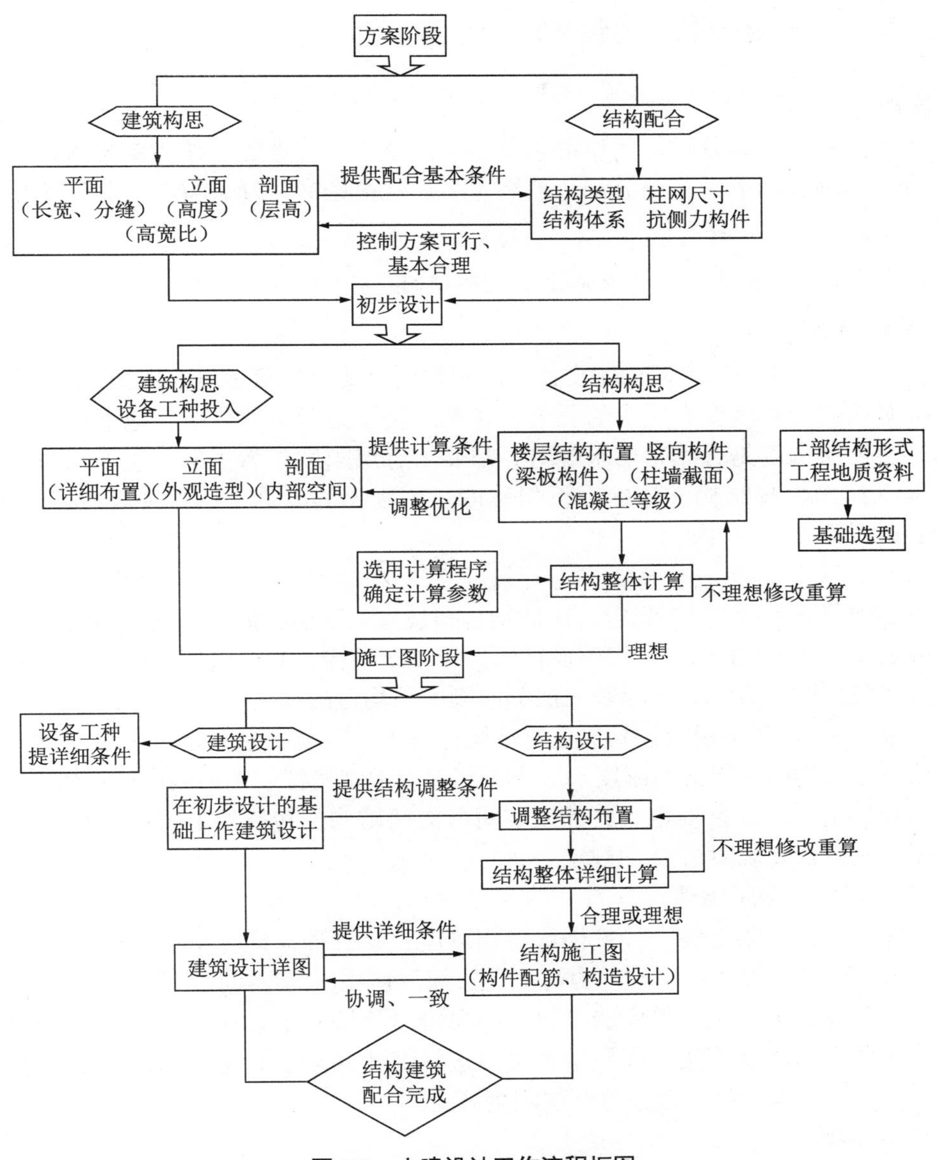

图 5-1 土建设计工作流程框图

2. 适用性

在正常使用时，具有良好的工作性能。这一般是指结构构件不出现过大的变形和过宽的裂缝。（有关使用条件、舒适感及美观）

3. 耐久性

在正常的维护下，具有足够的耐久性能。这一般是指结构构件不发生锈蚀和风化现象。（有关寿命和对环境因素的抵御能力）

安全性、适用性和耐久性，是结构可靠的标志，总称为结构的可靠性。标准中规定的建筑结构的功能要求，反映了对建筑结构的明确需要能力。

5-4 结构整体性能控制主要包括哪些方面

【答】

这些控制共有六部分，每一项都关乎结构的整体抗震性能，作为结构人员应理解、掌握、应用熟练。以下对每部分都从控制意义、规范条文、计算方法及程序实现、注意事项这四个方面进行论述。

1. 刚度比的控制：表征结构整体上下匀称度的指标

1）控制意义

规范要求了结构各层之间的刚度比，并根据刚度比对地震力进行放大。

规范对结构的层刚度有明确的要求，在判断楼层是否为薄弱层、地下室是否能作为嵌固端、转换层刚度是否满足要求等时，都要求有层刚度作为依据。直观的来说，层刚度比的概念用来体现结构整体的上下匀称度。刚度比的计算，详见《高规》附录 E.0.1 和附录 E.0.2。

2）规范条文

《抗震规范》附录 E.2.1 规定，筒体结构转换层上下层的侧向刚度比不宜大于 2。

《高规》第 3.5.2 条规定，抗震设计的高层建筑结构，其楼层侧向刚度不宜小于相邻上部楼层侧向刚度的 70%，与相邻三层侧向刚度平均值的比值不宜小于 80%。

《高规》第 5.3.7 条规定，高层建筑结构计算中，当地下室的顶板作为上部结构嵌固端时，地下室结构的楼层侧向刚度不应小于相邻上部结构楼层侧向刚度的 2 倍。

《高规》第 10.2.3 条规定，底部大空间剪力墙结构，转换层上部结构与下部结构的侧向刚度，应符合高规附录 D 的规定。

3）计算方法及程序实现

刚度算法包括：第一种，计算楼层剪切刚度；第二种，计算单层加单位力的楼层剪弯刚度；第三种，计算楼层平均剪力与平均层间位移比值的层刚度。

只要计算地震作用，一般应选择第三种层刚度算法；不计算地震作用，对于多层结构可以选择剪切层刚度算法，高层结构可以选择剪弯层刚度算法；不计算地震作用，对于有斜支撑的钢结构，可以选择剪弯层刚度算法。

4）注意事项

层刚度作为该层是否为薄弱层的重要指标之一，对结构的薄弱层，《抗震规范》要求其地震剪力放大 1.15。

当采用第三种层刚度的计算方式时，如果结构平面中的洞口较多，会造成楼层平均位移的计算误差增加，此时应选择“强制刚性楼板假定”来计算层刚度。

2. 周期比的控制：表征抗扭刚度的大小，使结构地震时不至轻易产生扭转破坏

1）控制意义

周期比是指第一扭转周期与第一侧振周期的比值。

周期比侧重控制的是侧向刚度与扭转刚度之间的一种相对关系，而非其绝对大小，它的目的是使抗侧力构件的平面布置更有效、更合理，使结构不至于（相对于侧移）出

现过大的扭转效应。所以一旦出现周期比不满足要求的情况，一般只能通过调整平面布置来改善这一状况，这种改变一般是整体性的，局部的小调整往往收效甚微。即周期比控制并非在要求结构足够结实，而是在要求结构承载布局的合理性。

验算周期比的目的，主要为控制结构在罕遇大震下的扭转效应。

2）规范条文

《高规》第 3.4.5 条要求：结构扭转为主的第一自振周期 T_t 与平动为主的第一自振周期 T_1 之比，A 级高度高层建筑不应大于 0.9，B 级高度高层建筑、超过 A 级高度的混合结构高层建筑及本规程第 10 章所指的复杂高层建筑不应大于 0.85。

抗震规范中没有明确提出该概念，所以，多层时该控制指标可以适当放松，但一般不大于 1.0。

3）计算方法及程序实现

程序计算出每个振型的侧振成分和扭振成分，通过平动系数和扭转系数可以明确地区分振型的特征。

周期最长的扭振振型对应的就是第一扭振周期 T_t，周期最长的侧振振型对应的就是第一侧振周期 T_1（注意：在某些情况下，还要结合主振型信息来进行判断）。知道了 T_t 和 T_1，即可验证其比值是否满足规范。

4）注意事项

复杂结构的周期比控制：对于多塔楼结构，不能直接按上面的方法验算。如果上部没有连接，应该对各个塔楼分别计算并分别验算，如果上部有连接，验算方法尚不清楚。体育场馆、空旷结构和特殊的工业建筑，没有特殊要求的，一般不需要控制周期比。

当高层建筑楼层开洞口较复杂或为错层结构时，结构往往会产生局部振动，此时应选择“强制刚性楼板假定”来计算结构的周期比，以过滤局部振动产生的周期。

3. 位移比的控制：扭转不规则时的一个控制参数，反映了结构的扭转效应

1）控制意义

位移比是指楼层竖向构件的最大水平位移和层间位移角与本楼层平均值之比。

位移比的大小反映了结构的扭转效应，同周期比的概念一样，都是为了控制建筑的扭转效应而提出的控制参数（在《高规》第 3.4.5 条中，位移比和周期比是同时提出的）。

2）规范条文

《抗震规范》第 3.4.4 条规定，平面不规则而竖向规则的建筑结构，应采用空间结构计算模型，并符合下列要求：

① 扭转不规则时，应计及扭转影响，且楼层竖向构件最大的弹性水平位移和层间位移分别不宜大于楼层两端弹性水平位移和层间位移平均值的 1.5 倍，当最大层间位移远小于规范限值时，可适当放宽。

② 凹凸不规则或楼板局部不连续时，应采用符合楼板平面内实际刚度变化的计算模型；高烈度或不规则程度较大时，宜计入楼板局部变形的影响。

③ 平面不对称且凹凸不规则或局部不连续，可根据实际情况分块计算扭转位移比，对扭转较大的部位应采用局部的内力增大系数。

《高规》第 3.4.5 条规定，在考虑质量偶然偏心影响的规定水平地震力作用下，楼层

竖向构件的最大水平位移和层间位移，A级高度高层建筑不宜大于该楼层平均值的1.2倍，不应大于该楼层平均值的1.5倍；B级高度高层建筑、超过A级高度的混合结构及本规程第10章所指的复杂高层建筑，不宜大于该楼层平均值的1.2倍，不应大于该楼层平均值的1.4倍。

3）计算方法及程序实现

程序中对每一层都计算并输出最大水平位移、最大层间位移角、平均水平位移、平均层间位移角及相应的比值，用户可以一目了然地判断是否满足规范。且注意位移比的限值是根据刚性楼板假定的条件下确定的，其平均位移的计算方法，也基于“刚性楼板假定”。

控制位移比的计算模型：按照规范要求的定义，位移比表示为“最大位移/平均位移”，而平均位移表示为“(最大位移+最小位移)/2”，其中的关键是“最小位移”，当楼层中产生0位移节点，则最小位移一定为0，从而造成平均位移为最大位移的一半，位移比为2。这样就失去了位移比这个结构特征参数的参考意义，所以，计算位移比时，如果楼层中产生“弹性节点”，应选择“强制刚性楼板假定”。

《高规》第3.4.5条要求，应在质量偶然偏心的条件下，考察结构楼层位移比的情况。层间位移角：程序采用“最大柱（墙）间位移角”作为楼层的层间位移角，此时可以“不考虑偶然偏心”的计算条件。

4）注意事项

复杂结构的位移控制：复杂结构，如坡屋顶层、体育馆、看台、工业建筑等，这些结构或者柱、墙不在同一标高或者本层根本没有楼板，此时如果采用“强制刚性楼板假定”，结构分析就会严重失真，位移比也没有意义。所以，这类结构可以通过位移的“详细输出”或观察结构的变形示意图，来考察结构的扭转效应。

对于错层结构或带有夹层的结构，这类结构总是伴有大量的越层柱，当选择“强制刚性楼板假定”后，越层柱将受到楼层的约束，如果越层柱很多，计算便会失真。

总之，要得到结构位移特征的计算模型之合理性，应从结构的实际出发。对复杂结构，应采用多种分析手段。

4. 剪重比的控制：保证结构有足够的抗剪能力（与抗震影响系数有内在联系），不至于太脆弱

1）控制意义

控制剪重比，是要求结构承担足够的地震作用，设计时不能小于规范的要求。剪重比与地震影响系数的内在联系为：$\lambda=0.2\alpha_{max}$。

2）规范条文

《抗震规范》第5.2.5条明确要求了楼层剪重比。

3）计算方法及程序实现

剪重比是反映地震作用大小的重要指标，它可以由“有效质量系数”来控制，当“有效质量系数”大于90%时，可以认为地震作用满足了规范要求，此时再考察结构的剪重比是否合适，若不合适，应修改结构布置、增加结构刚度，使计算的剪重比能自然满足规范要求。

“有效质量系数”与“振型数”有关，如果“有效质量系数”不满足90%，则可以

通过增加振型数来满足。

有效质量系数概念来源：WILSONE.L. 教授曾经提出振型有效质量系数的概念，用于判断参与振型数足够与否，并将其用于 ETABS 程序，但他的方法是基于刚性楼板假定的，不适用于一般结构。现在不少结构因其复杂性需要考虑楼板的弹性变形，因此，需要一种更为一般的方法，不但能够适用于刚性楼板，也能够适用于弹性楼板。出于这个目的，我们从结构变形能的角度对此问题进行了研究，提出了一个通用方法来计算各地震方向的有效质量系数，这个新方法已经实现于 TAT、SATWE 和 PMSAP。根据计算经验，当有效质量系数大于 0.8 时，基底剪力误差一般小于 5%。在这个意义上，我们称有效质量系数大于 0.8 的情形为振型数足够，否则称振型数不够。《高规》第 5.1.13 条规定，对 B 级高度高层建筑及复杂高层建筑，有效质量系数不小于 0.9。程序自动计算该参数并输出。

剪重比的调整：当剪重比不满足规范要求时，程序将自动调整地震作用，已达到设计目标的要求。剪重比调整系数将直接乘在该层构件的地震内力上。地下室可以不受最小剪重比的控制。TAT 可以人工控制结构的剪重比；而 SATWE 是按照规范值控制，不能人工控制。

5. 结构薄弱层的验算和控制：避免薄弱层的轻易出现，若不可避免，要采取相应措施予以加强

1）控制意义

避免薄弱层轻易出现，若不可避免则采取相应措施予以加强。

2）规范条文

《高规》第 4.4.2 条、第 5.1.14 条规定，抗震设计的高层建筑结构，其楼层侧向刚度小于其上一层的 70% 或小于其上相邻三层侧向刚度平均值的 80% 或某楼层竖向抗侧力构件不连续时，其薄弱层对应于地震作用标准值的地震剪力应乘以 1.15 的增大系数。

3）计算方法

①按层刚度比来判断薄弱层。规范对结构的层刚度有明确的要求，在判断楼层是否为薄弱层时，《抗震规范》和《高规》建议了计算层刚度的下列方法（地下室是否能作为嵌固端、转换层刚度是否满足要求等，都要求有层刚度作为依据）：

方法一：《高规》附录 E.0.1 建议的方法，即剪切刚度为 $K_i=G_iA_i/h_i$。

方法二：《高规》附录 E.0.2 建议的方法，即剪弯刚度为 $K_i=V_i/\Delta_i$。

方法三：《抗震规范》第 3.4.2、第 3.4.3 条说明及《高规》建议的方法，即地震剪力位移比刚度为 $K_i=V_i/\Delta_i$。

由于层刚度产生的薄弱层，可以通过调整结构布置和材料强度来改变。

②按楼层承载力比来判断薄弱层。程序将薄弱层地震作用标准值乘以 1.15 的增大系数。

选择剪力位移比方法计算层刚度时，一般要采用“刚性楼板假定”的条件。对于有弹性板或板厚为零的工程，应计算两次：在刚性楼板假定条件下计算层刚度并找出薄弱层，再在真实条件下计算，并检查原找出的薄弱层是否得到确认，然后完成其他计算。

转换层是楼层竖向抗侧力构件不连续的薄弱层。错层、刚度削弱层以及承载力比值不满足规范的楼层，也应看作是薄弱层。

由楼层承载力产生的薄弱层，只能通过调整配筋来解决，如提高“超配系数”等。

③按楼层弹塑性层间位移角来判断薄弱层。

结构弹塑性变形验算，指罕遇地震下结构层间位移不超过弹塑性层间位移角，属变形能力极限状态验算。

结构薄弱层（部位）的位置可按下列情况确定：第一，楼层屈服强度系数（ξ_y）沿高度分布均匀的结构，可取底层；第二，楼层屈服强度系数（ξ_y）沿高度分布不均匀的结构，可取该系数最小的楼层（部位）和相对较小的楼层，一般不超过 2 ～ 3 处。

计算方法：简化方法，适用于不超过 12 层且层侧向刚度无突变的框架结构；其余的建筑结构可采用弹塑性静力分析方法或弹塑性动力分析方法。

简化方法（《抗震规范》和《高规》）的弹塑性层间位移，可按下列公式计算：

$$\Delta u_p = \eta_p \Delta u_e \tag{5-1}$$

或

$$\Delta u_p = \eta_p \Delta u_e = \frac{\eta_p}{\xi_y} \Delta u_y \tag{5-2}$$

式中：Δu_p——弹塑性层间位移（mm）；

Δu_y——层间屈服位移（mm）；

Δu_e——罕遇地震作用下按弹性分析的层间位移（mm）；计算时，水平地震影响系数最大值取为地震影响 6 度时 α_{max}=0.28、7 度时 α_{max}=0.50、8 度时 α_{max}=0.90、9 度时 α_{max}=1.40；

η_p——弹塑性位移增大系数。当薄弱层（部位）的屈服强度系数不小于相邻层（部位）该系数平均值的 0.8 时，可按表 5-1 采用；当不大于该平均值的 0.5 时，可按表内相应数值的 1.5 倍采用；其他情况可采用内插法取值；

ξ_y——楼层屈服强度系数，指按钢筋混凝土构件实际配筋和材料强度标准值计算的楼层受剪承载力和按罕遇地震作用标准值计算的楼层弹性地震剪力的比值；对排架柱，指按实际配筋面积、材料强度标准值和轴向力计算的正断面受弯承载力与按罕遇地震作用标准值计算的弹性地震弯矩的比值。

表 5-1　结构的弹塑性层间位移增大系数 η_p

结构类型	总层数或部位	ξ_y		
		0.5	0.4	0.3
多层均匀框架结构	2 ～ 4	1.30	1.40	1.60
	5 ～ 7	1.50	1.65	1.80
	8 ～ 12	1.80	2.00	2.20
单层厂房	上柱	1.30	1.60	2.00

6. 结构稳定性的验算与控制

1）控制意义

对结构稳定性的控制，是避免建筑在地震时发生倾覆。当高层、超高层建筑高宽比较大，水平风、地震作用较大，地基刚度较弱时，结构整体倾覆验算很重要，它直接关系到对结构安全度的控制。

2) 规范条文

《高规》第 5.4.2 条规定，高层建筑结构如果不满足第 5.4.1 条（即结构刚重比）的规定时，应考虑重力二阶效应对水平力（地震、风）作用下结构内力和位移的不利影响。

《高规》第 5.4.4 条，规定了高层建筑结构的稳定所应满足的条件。

《高规》第 5.4.1 条规定，当高层建筑结构的稳定应符合一定条件时，可以不考虑重力二阶效应的不利影响。

《高规》第 12.1.6 条规定，高宽比大于 4 的高层建筑，基础底面不宜出现零应力区；高宽比不大于 4 的高层建筑，基础底面与地基之间零应力区面积不应超过基础底面面积的 15%。计算时，质量偏心较大的裙楼与主楼可分开考虑。

3) 计算方法及程序实现

重力二阶效应即 P-Δ 效应包含两部分：第一，由构件挠曲引起的附加重力效应；第二，由水平荷载产生侧移，重力荷载由于侧移所引起的附加效应。计算时一般只考虑第二种，第一种对结构影响很小。

当结构侧移越来越大时，重力产生的福角效应（P-Δ 效应）将越来越大，从而降低构件性能直至最终失稳。

在考虑 P-Δ 效应的同时，还应考虑其他相应荷载，并考虑组合分项系数，然后进行承载力设计。

对于多层结构 P-Δ 效应影响很小；对于大多数高层结构，P-Δ 效应影响为 5% ～ 10%；对于超高层结构，P-Δ 效应影响将在 10% 以上。所以在分析超高层结构时，应该考虑 P-Δ 效应影响（P-Δ 效应对高层建筑结构的影响规律：中间大两端小）。

框架为剪切型变形，按每层的刚重比验算结构的整体稳定；剪力墙为弯曲型变形，按整体的刚重比验算结构的整体稳定；整体抗倾覆的控制；基础底部零应力区控制。

4) 注意事项

① 结构的整体稳定的调整。

a. 当结构整体稳定验算符合《高规》第 5.4.4 条或通过考虑 P-Δ 效应提高了结构的承载力后，对于不满足整体稳定的结构，必须调整结构布置，提高结构的整体刚度（只有高宽比很大的结构才有可能发生）。

b. 当整体稳定不满足要求时，必须调整结构方案，减少结构的高宽比。

c. 对一些特殊的工业建筑物，在没有特殊要求的情况下，也应满足整体稳定的要求。

② 结构大震下的稳定。

a. 第二阶段设计是结构的弹塑性变形验算，对地震下容易倒塌的结构和有特殊要求的结构，要求其薄弱部位的验算应满足大震不倒的位移限制，并采用相应的专门的抗震构造措施。对于复杂和超限的高层结构，宜进行第二阶段的设计。

b. 第二阶段的弹塑性变形分析，宜同时考虑结构的 P-Δ 效应。

c. 为了保证结构大震下的稳定，弹塑性层间位移角应满足表 5-2 的要求。

表 5-2　弹塑性位移角限值

结构类型	弹塑性位移角限值 $[\theta_p]$
钢筋混凝土框架	1/50
钢筋混凝土框架－抗震墙、板柱－抗震墙、框架－核心筒	1/50
钢筋混凝土抗震墙、筒中筒	1/120

③ 结构整体抗倾覆验算。《高规》与《抗震规范》，对高层建筑尤其是高宽比大于 4 的高层建筑的整体抗倾覆性能提出了更严格的要求。

a. 计算时假定基础及地基均具有足够的刚度，基底反力呈线性分布；重力荷载合力中心与基底形心基本重合（一般要求偏心距不大于 $B/60$）。如为基岩，地基足够刚，抗倾覆力矩与倾覆力矩之比 M_R/M_{OV} 可满足要求；可是当为中软土地基时，M_R/M_{OV} 要求还应适当从严。

b. 地震时，地基稳定状态受到影响，故抗震设计时，尤其抗震设防烈度为 8 度以上地区，M_R/M_{OV} 要求还应适当从严；抗风时，可计及地下室周边被动土压力作用，但 M_R/M_{OV} 仍应满足规程要求，不宜放松。

c. 当扩大的裙房地下室底板较薄、地下室墙体较少，地下室墙体、顶板开洞削弱较多时，抗倾覆力矩计算的基础底面宽度宜适当减少或可取塔楼基础的外包宽度计算，以策安全。

5-5　何谓结构的“设计基准期”？它与建筑结构设计使用年限、使用寿命有何关系

【答】

设计基准期，指为确定可变作用及与时间有关的材料性能等取值而选用的时间参数。由于结构上的作用是随时间而变化的，所以，分析结构对靠度时必须相对固定一个时间坐标以作基准，这就是“设计基准期”，结构在设计基准期内应该能够可靠地工作。

既然是参数，必定有其实际含义，不过根据上述定义却看不出实际含义是什么，它只指出了是怎么来的，具体表示什么却没有说明。设计基准期是综合考虑荷载作用和结构抗力而提出的一个概念，设计基准期取不同值，表示我们考虑可变作用和结构抗力方法的不同。比如说，基准期为 50 年，我们对材料强度的要求取 95% 的保证率，是根据试验得出的统计数据，要求用于工程的材料的强度必须达到 95% 的保证率，这是一个定数。但如果是 100 年，我们是否要求保证率达到 98%？同理，在结构抗力方面也是这样理解。再比如基准期为 50 年，我们计算结构抗力采用的方法是极限状态设计法，但如果是 100 年，我们可能就不用这种方法，而去采用更先进的方法，或者仍采用它，但是里面要求的各项指标都提高了。

设计基准期，在实用上的含义为安全度。但是，安全度不仅仅跟设计基准期有关。

除了根据基准期，还要根据结构破坏可能产生的后果（危及人的生命、造成经济损失、产生社会影响等）的严重性，采用不同的安全等级。安全等级共分为三个级别，其

对应的系数分别为 1.1，1.0，0.9。其应用例如：

结构承受的作用效应≤结构材料的抗力 × 安全等级对应的系数

目前，我国设计基准期通常采用 50 年。即结构设计采用的荷载、材料参数是以 50 年为统计年限来取值的，50 年内发生的最大荷载应为结构采用的极限值，而 50 年不遇或 100 年不遇的灾害性荷载就会超出结构荷载的取值范围，造成结构破坏是可能的。当然在实际荷载取值、结构计算过程中，由于采用了很大的安全系数，其综合最大荷载往往要远大于历史上 50 年内发生过的荷载。

建筑结构设计使用年限，是指设计规定的结构或结构构件不需进行大修即可按其预定目的使用的时期，也就是指在正常施工、使用过程中具有良好的工作性能，只需正常维修而不需大修，可按预期目的正常使用，具有足够的耐久性能，持续地完成设计功能。

《建筑结构设计统一标准》规定建筑结构在设计使用年限内，必须满足下列各项功能要求：

(1) 在正常施工和正常使用时，能承受可能出现的各种作用。（承载力和可靠度）

(2) 在正常使用时具有良好的工作性能。（使用条件、舒适感和美观）

(3) 在正常维护下具有足够的耐久性能。（寿命和对环境因素的抵御能力）

(4) 在设计规定的偶然事件发生时及发生后，仍能保持必需的整体稳定性。（对生命财产的安全保障）

我国《建筑结构可靠度设计统一标准》第 1.0.5 条关于结构的设计使用年限，见表 5-3 所列。

表 5-3　结构的设计使用年限

分　类	设计使用年限	示　　例
1	5 年	临时性结构
2	25 年	易于替换的结构构件
3	50 年	普通房屋和构筑物
4	100 年	纪念性和特别重要的建筑物

建筑结构的使用寿命，是指通过工程计算的正常条件下工作的寿命。规范规定普通房屋的设计使用年限为 50 年，而目前住宅类建筑的产权年限都为 70 年，不知这其中的关系缘由是怎样的？既然规定民宅为 70 年的产权，其含义应为正常使用年限应最少为 70 年，而不应是 50 年。

结构的设计基准期与结构的寿命有一定的联系，但两者并不完全相等，当结构的使用年限超过 50 年后，其失效概率将逐年增大，但结构并未报废。只要采取适当的维修措施，仍能正常使用。

设计使用年限是正常情况下建筑结构保持良好使用的年限，并不是结构的寿命年限，即是不需大修的年限，超过 50 年后结构可能在正常使用情况下需要进行大修，也可能超过设计年限后仍不需大修。在大修后可以延长结构的使用年限，即结构的寿命应远不止50年。

建筑物的耐久性（寿命）这一概念是20世纪90年代初期中国的一些建筑科学专家到国外参观交流时，才了解到的。国外的建筑行业很重视研究建筑结构的耐久性，也就是建筑寿命，而我国长期以来没有重视这方面的研究。

目前，我国各种建筑无论是桥梁、办公楼还是居民住宅都有明确的建筑设计使用年限，但是至今没有建筑寿命标准。有关专家认为，建筑寿命的长短不能用使用年限来衡量，它与建筑的设计质量、施工质量、使用维护等都有密切关系。

5-6 何谓结构的可靠度？它与结构的可靠性之间有什么关系

【答】

结构的可靠度是指结构在规定的时间内、在规定的条件下，完成预定功能的概率。这个规定的时间为设计基准期，即50年；规定的条件为正常设计、正常施工和正常使用的条件，即不包括错误设计、错误施工和违反原来规定的使用情况；预定功能指的是结构的安全性和适用性。

安全性、适用性和耐久性，是结构可靠的标志，总称为结构的可靠性。

因此，结构的可靠度是结构可靠性的概率度量。

5-7 什么是结构的可靠指标

【答】

用失效概率 P_f 来度量结构的可靠性具有明确的物理意义，能够较好地反映问题的实质。但是，用概率进行计算比较麻烦，特别是当结构可能受到多种因素的影响，而且每一种影响因素不一定完全服从正态分布时，需要预先对它们进行当量正态化处理。此外，当影响失效概率的因素较多时，计算失效概率一般要通过多维积分，数学上比较复杂。有鉴于此，可以利用可靠指标 β 代替结构失效概率 P_f 来具体度量结构的可靠性。

由于 $\mu_z=\beta\sigma_z$，因此，可靠指标为结构功能函数 Z 的平均值 μ_z 与其标准差 σ_z 之比，即 $\beta=\mu_z/\sigma_z$ 。

5-8 什么是结构的极限状态

【答】

整个结构或结构的一部分超过某一特定状态，就不能满足设计规定的某一功能要求，此特定状态称为该功能的极限状态。它是区分结构工作状态“可靠”或“失效”的标志（结构可靠即结构能满足某种功能要求，并能良好地工作）。结构在规定的时间内（如设计基准期，一般为50年），规定的条件（如正常设计、正常施工、正常使用和正常维修）下，能完成预定功能要求，称为结构可靠。极限状态分为以下两类。

1. 承载能力极限状态

指结构或结构构件达到最大承载力，出现疲劳、倾覆、稳定、漂浮等破坏现象和不适于继续承载的变形，结构在偶然作用下连续倒塌或大范围破坏时的极限状态。所有的结构或构件都必须按承载能力极限状态进行计算，并保证具有足够的可靠度。

承载能力极限状态一般有以下几种情况：

(1) 整个结构或结构的一部分作为刚体失去平衡（如倾覆等）。

(2) 结构构件或其连接，因应力超过材料强度而破坏（包括疲劳破坏）或因过度塑性变形而不适于继续承载。

(3) 结构转变为机动体系而丧失承载能力。

(4) 结构或构件因达到临界荷载而丧失稳定（如压屈等）。

(5) 偶然作用下连续倒塌或大范围破坏（我们设计的基本原则是在偶尔荷载作用下结构可发生局部破坏，而不出现不成比例的连续倒塌破坏。就是设置多道防线，设置冗余约束，尽可能地设置替代荷载原本传递路径的新路径，以及加强细部构造约束等）。

(6) 地基丧失承载能力而破坏。

2. 正常使用极限状态

指结构或结构构件达到正常使用或耐久性能的某项规定限值的状态。一般先按承载能力极限状态来设计计算结构构件，再按正常使用极限状态进行校核。设计时可靠度可略低些。

正常使用极限状态影响一般有以下几种情况：

(1) 发生影响正常使用或外观的变形。

(2) 发生影响正常使用或耐久性的局部损坏。

(3) 发生影响正常使用的振动。

(4) 发生影响正常使用的其他特定状态。

承载能力极限状态的控制，保证了安全性的要求，对任何承受作用的结构构件都是基本要求，是必须达到的；正常使用极限状态的控制，满足了良好的适用性和耐久性要求，相对于承载能力极限状态来说是第二位的，且不是对所有的结构构件都必须进行控制的。因此，后者所达到的可靠度比前者宽松一些，所采用的计算指标也不同。例如承载力计算采用荷载与材料强度的设计值，而变形与裂缝验算则采用荷载与材料强度的标准值。

5-9 什么是结构的失效

【答】

1. 结构的根本功能

(1) 承受正常使用和施工时可能出现的作用力。

(2) 正常工作时有良好工作性能。

(3) 正常维护下有足够耐久性。

(4) 偶然事件发生时保持必需的整体稳定性。

结构的失效意味着上述任一预定功能的丧失。防止结构失效，是结构概念设计要确保的任务。

2. 结构的失效

(1) 破坏。指结构或其构件因所用材料的强度被超越或应变大于其极限值而丧失承载力，如图 5-2(a) 所示。

(2) 失稳。指结构或其构件因断面过小而被压屈或因连接处失效而形成可变体系，如图 5-2(b) 所示；在不大的作用力下突然发生大变形的现象 [图 5-2(a)]，同样也会丧失承载力。

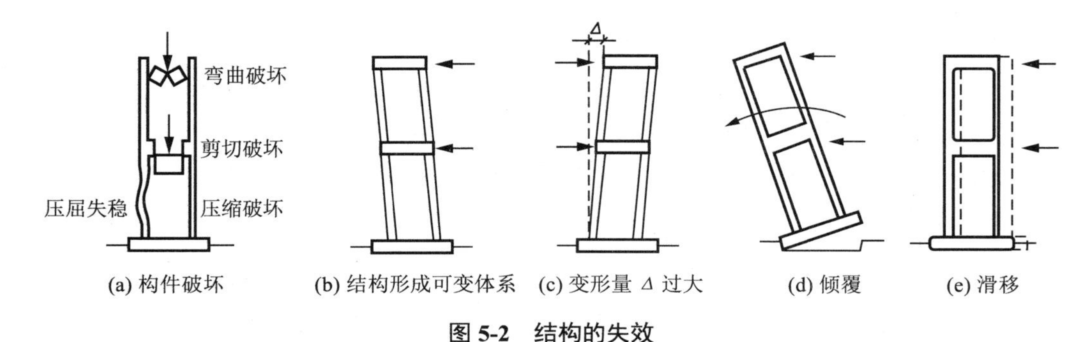

图 5-2　结构的失效

(3) 变形过大（含裂缝过宽）。指结构或其构件在施加作用力后发生影响使用的过大变形（含过宽裂缝），如图 5-2(c) 所示。

(4) 耐久性丧失。指结构所用材料在长期环境中受破坏因素的影响，丧失使用功能。

(5) 倾覆或滑移。指结构作为刚体失去平衡的现象，如图 5-2(d)、(e) 所示。

3. 与失效现象直接相关的材料性能

(1) 极限应力（钢材指屈服应力）和极限应变。二者均与结构承载力有关。

(2) 应力应变关系中的弹性模量、弹性阶段、塑性阶段和延性性能。它们都与结构的变形（含裂缝）有关。

(3) 线膨胀系数。与结构的温度效应有关。

(4) 其他重要性能。如耐久性、耐火性、冷弯性、冲击韧性等。

5-10　如何认识和使用标准、规范、规程

【答】

在建筑结构设计时，要受建筑结构设计标准、规范、规程有关条文的制约。因而正确认识“标准”“规范”“规程”及理解它们在结构设计中的作用，是至关重要的。

“标准”定义为由国务院或各部委授权主管机构制定或批准的对重复性事物和概念所作的统一规定。它是以科学、技术和实践经验的综合成果为基础，经有关方面协商一致的产物，在以特定形式发布后作为共同遵守的准则和依据。其中“技术标准”是对技

术原则、指标或界限给出的规定，是一种衡量准则，属国家标准范畴，如《土的分类标准》《建筑结构可靠度设计统一标准》等。

“规范”为由各部委授权主管机构制定的对技术要求和技术方法所作的系列规定，它涉及的范围较广泛、较系统、通用性强，是标准的一种形式，也属于国家标准范畴。如《钢结构设计规范》《建筑抗震设计规范》等。

“规程”为由各部委授权主管机构制定的对具体技术要求、实施程序和方法所作的系列规定，它涉及的范围较单一、较具体、专用性强，也是标准的一种形式，但不作为国家标准。如《钢筋混凝土深梁设计规程》等。

标准、规范、规程都是统一的或系列的规定，都需要共同遵守，都是以科学技术和实践经验的综合成果为基础的；随着科技的进步以及实践经验的积累，它们都会不断更新和修订。事实上在我国以往实践中，技术规范大体上每10年左右修订一次。同时自20世纪90年代以来，各国技术规范修订的周期明显缩短。所以，作为一个建筑结构的设计人，不应该把标准、规范、规程视作死板的、一成不变的规定。在一般情况下应该完全遵循它们，另外在具有充分实践经验的基础上，经过研究、验证和协商，对其中不恰当的条文也可予以修正、发展和更新。

现行的我国标准、规范和规程中，已经规定有四种不同的情况可以区别对待：

(1) 强制性条文——具有法律属性，一经查出违反，不论是否发生事故，都要追究责任。但这种条文在规范中只占少数，如GB 50010—2010《混凝土结构设计规范》中的强制性条文只有56条，占现行该规范条文总数的5%左右。

(2) 要严格遵守的条文——规范中的正面词用“必须”，反面词用“严禁”，表示非这样做不可，但并不具有绝对强制性要求。

(3) 应该遵守的条文——规范中的正面词用“应”，反面词用“不应”或“不得”，表示在正常情况下均应这样做。

(4) 允许稍有（或有）这样情况的条文——规范中的正面词用“宜（或可）”，反面词用“不宜”，表示在条件允许时首先（或者在一定条件下可以）这样做。

在结构概念设计阶段，需要遵循的是结构设计标准、规范、规程中的“总则”“一般性规定”“基本要求”“材料选择”等宏观问题的条文；至于结构计算、构造细节等方面和具体条文，是在技术设计和施工图阶段去考虑。这里，除应该遵循上述四种不同情况并加以区别对待外，有创新意义的设想可以更多地加以展示，并创造条件予以落实、实现。

5-11 基本结构设计方法有哪些？它们各有什么特点

【答】

我国工程结构的设计方法经历了容许应力法、破损阶段法、极限状态设计法和概率极限状态设计法四个阶段。

(1) 容许应力法。此法是建立在弹性理论基础上的设计方法。在使用荷载作用下，它规定结构构件在使用阶段断面上的最大应力不超过材料的容许应力。容许应力法没有考虑材料的非线性性能，忽视了结构实际承载能力与按弹性力方法计算结果的差异，对荷载和材料容许应力的取值也都凭经验确定，缺乏科学依据。

（2）破损阶段法。此法考虑结构在使用阶段，使得考虑塑性应力分布后的结构构件断面承载力不小于外荷载产生的内力并乘以安全系数。破损阶段法以构件破坏时的受力状况为依据，并且考虑了材料的塑性性能，在表达式中引入了一个安全系数，使构件有了总安全度的概念，因此与容许应力法相比，破损阶段法有了进步。但存在的缺点是，安全系数仍须凭经验确定，且只考虑了承载力问题，没有考虑构件在正常使用情况下的变形和裂缝问题。

（3）极限状态设计法。此法明确将结构的极限状态分成承载力极限状态和正常使用极限状态。承载力极限状态要求结构构件可能的最小承载力不小于可能的最大外荷载所产生的断面内力；正常使用极限状念是指对构件的变形及裂缝的形成或开展宽度的限制。在安全度的表达上有单一系数和多系数形式，考虑了荷载的变异、材料性能的变异及工作条件的不同。在部分荷载和材料性能的取值上，引入了概率统计的方法加以确定。因此，它比容许应力法、破损阶段法考虑的问题更全面，安全系数的取值更加合理。

容许应力法、破损阶段法和极限状态设计法存在的共同问题是：没有把影响结构可靠性的各类参数都视为随机变量，而是看成定值；在确定各系数取值时，不是用概率的方法，而是用经验或半经验、半统计的方法，因此，都属于“定值设计法”。

（4）概率极限状态设计法。此法以概率理论为基础，视作用效应和影响结构抗力（结构或构件承受作用效应的能力，如承载能力、刚度、抗裂能力等）的主要因素为随机变量，是根据统计分析确定可靠概率（或可靠指标）来度量结构可靠性的结构设计方法。其特点是有明确的、用概率尺度表达的结构可靠度的定义，通过预先规定的可靠指标 β 值，使结构各构件间以及不同材料组成的结构之间有较为一致的可靠度水准。

理论上，可以直接按目标可靠指标进行结构的设计，但考虑到计算上的烦琐和设计应用上的习惯，目前，我国采用“分项系数表达的以概率理论为基础的极限状态设计方法”，简言之，概率极限状态设计法用可靠指标 β 度量结构可靠度，用分项系数的设计表达式进行设计，其中各分项系数的取值是根据目标可靠指标及基本变量的统计参数用概率方法确定的。

5-12 多层、高层建筑结构的结构分析设计基本步骤有哪些

【答】

根据建筑功能确定结构体系之后，就进入了结构分析计算过程，它是结构设计的主要内容。结构设计是否成功，主要依赖于计算成果的实现。多层、高层建筑结构的结构分析设计步骤大致如图 5-3 所示。

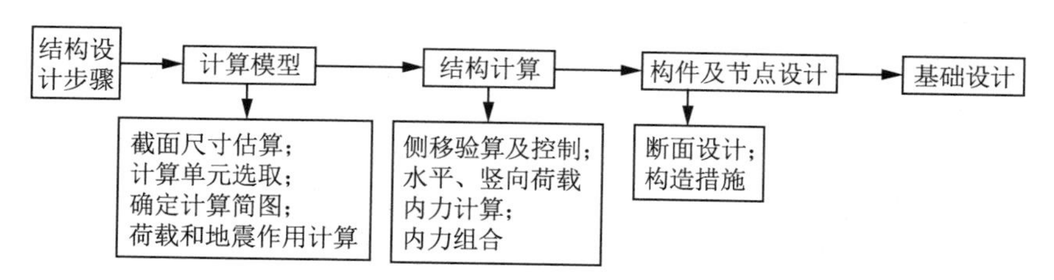

图 5-3 建筑结构分析设计步骤

5-13 结构方案优选有哪些相关要素和基本要求

【答】

结构方案优选相关要素和基本要求见表 5-4 所列。

表 5-4 结构方案优选相关要素和基本要求

优化要素	基本要求
建筑设计的角度考虑	(1) 满足建筑使用功能的要求； (2) 满足建筑造型艺术的要求； (3) 适应未来发展与灵活改造的需要
结构设计的角度考虑	(1) 符合现行有关规范； (2) 正确的结构概念设计； (3) 先进的结构理论概念； (4) 合理的传力途径； (5) 合理的应力分布； (6) 合理的破坏机制； (7) 抗风的有效性与合理性； (8) 抗震的可靠性与安全性（保证抗震设防目标）
建筑施工的角度考虑	(1) 有利于建筑工业化； (2) 有利于施工操作； (3) 有利于控制质量； (4) 有利于缩短工期； (5) 有利于降低造价
建筑设备的角度考虑	(1) 便于设备的安装与检修； (2) 便于管道、线路的扣设与穿越； (3) 保证设备的正常运行
建筑材料的角度考虑	(1) 应用轻质高强材料，有利于减小构件断面、减轻结构自重； (2) 应用新型建筑材料，有利于利用工业废料、节约能源； (3) 应用组合结构体系，有利于充分发挥各自材料之长处
综合技术经济指标的角度考虑	(1) 单位面积的自重较小； (2) 单位面积的材料用量较少； (3) 单位面积的造价较低； (4) 单位面积的用工量适中； (5) 施工工期恰当； (6) 节能技术经济指标合适
其　　他	(1) 满足人防要求； (2) 满足消防要求

5-14 什么样的结构属于不规则结构

【答】

混凝土房屋、钢结构房屋和钢 - 混凝土混合结构房屋，存在表 5-5 所列举的某项平面不规则类型或竖向不规则类型以及类似的不规则类型时，即属于不规则的建筑。

表 5-5　结构不规则类型

不规则类型		定　　义
平面不规则	扭转不规则	楼层最大弹性水平位移（或层间位移）大于该楼层两端弹性水平位移（或层间位移）平均值的 1.2 倍
	凹凸不规则	结构平面凹进的尺寸大于相应投影方向总尺寸的 30%
	楼板局部不连续	楼板的尺寸和平面刚度急剧变化，如有效楼板宽度小于该层楼板典型宽度的 50%，或楼板开洞面积大于该楼层面积的 30%，或有较大的楼层错层
竖向不规则	侧向刚度不规则	该层的侧向刚度小于相邻上层的 70% 或小于其上相邻三个楼层侧向刚度平均值的 80% 或除顶层或出屋面较小的建筑外，局部收进的水平向尺寸大于相邻下层的 25%
	竖向抗侧力构件不连续	竖向抗侧力构件（柱、剪力墙、抗震支撑）的内力由水平转换构件（梁、桁架等）向下传递
	楼层承载力突变	抗侧力结构的层间受剪承载力小于相邻上一楼层的 80%

不规则可以体现在建筑物的平面和立面形态、抗侧力结构布置情况、竖向的侧向刚度变化以及建筑物型态等方面，如图 5-4 所示。特别对抗震不利的情形，如图 5-5 所示。

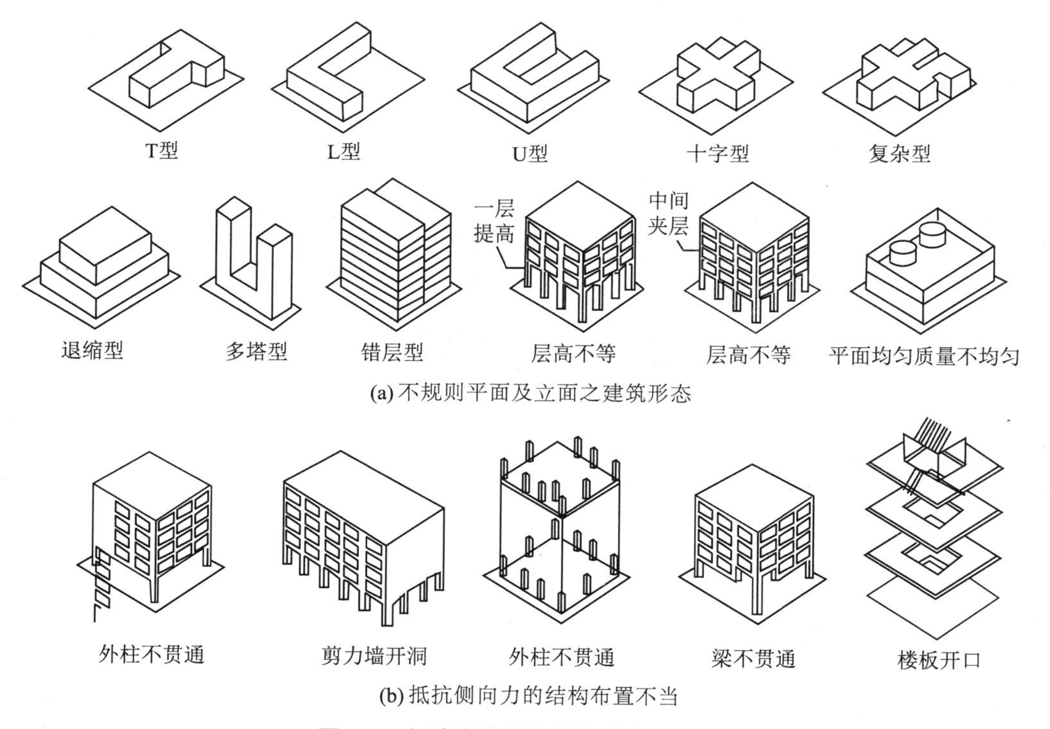

图 5-4　各种建筑结构不规则情况（一）

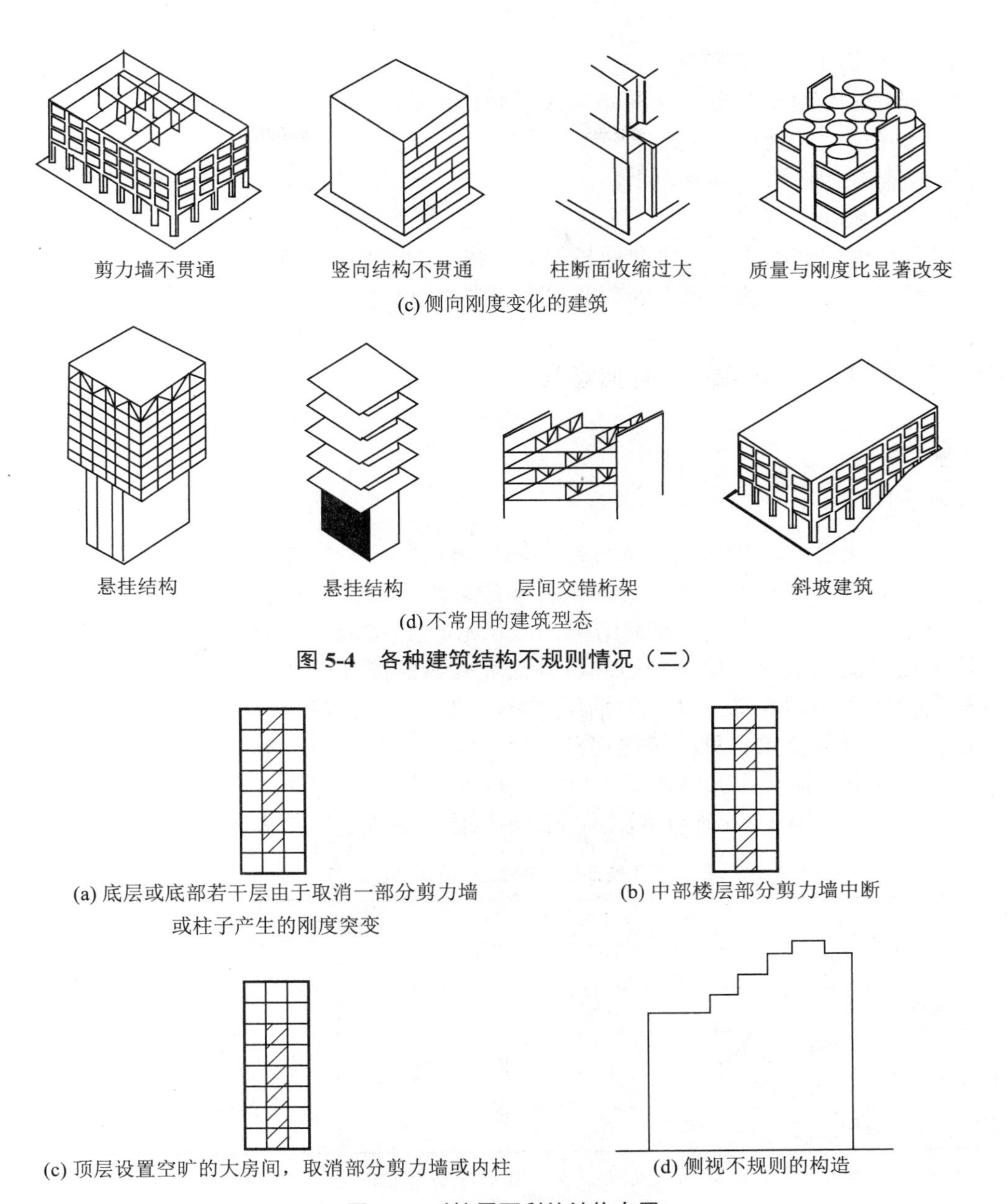

图 5-4 各种建筑结构不规则情况（二）

图 5-5 对抗震不利的结构布置

结构平面应尽量设计成规则、对称而简单的形状，使结构的刚度中心和质量中心尽量重合，以减少因形状不规则产生扭转的可能性。

结构的竖向布置要做到刚度均匀而连续，避免刚度突变，避免薄弱层。

5–15 如何保证结构的整体稳定性，以使结构的局部破坏不导致大范围的倒塌

【答】

结构整体稳定，意味着不会因为局部的破坏如局部爆炸或撞击引起的结构局部破

坏，而导致结构整体倒塌破坏。

增强结构的整体稳定性，可采取以下几种措施：

(1) 增强结构的延性。

(2) 使荷载传递路径具有多重性。

(3) 采用超静定结构。

(4) 设置横向和纵向以及竖向通长钢筋，将结构连系成一个整体。

(5) 按特定的局部破坏状态的荷载组合状态进行设计。

5-16 结构设计几个限值各有何意义

【答】

1. 轴压比

轴压比是指有地震作用组合的柱组合轴压力设计值，与柱的全断面面积和混凝土轴心抗压强度设计值乘积的比值，是影响柱子破坏形态和延性的主要因素之一。对《抗震规范》规定不进行地震作用计算的结构，可取无地震作用组合的轴力设计值计算。

轴压比限值的依据是理论分析和试验研究并参照国外的类似条件确定的，其基准值是对称配筋柱大小偏心受压状态的轴压比分界值。主要为控制结构的延性，规范对墙肢和柱均有相应限值要求，见《抗震规范》第 6.3.7 条和第 6.4.6 条。在剪力墙的轴压比计算中，轴力取重力荷载代表设计值，与柱子的不一样。

《抗震规范》第 6.3.6 条对混凝土柱的轴压比作了规定，见表 5-6 所列。

表 5-6 柱轴压比的限值

结构类型	抗震等级			
	一	二	三	四
框架结构	0.65	0.75	0.85	0.90
板柱 - 抗震墙、框架抗震墙、框架 - 核心筒、筒中筒结构	0.75	0.85	0.90	0.95
部分框支抗震墙结构	0.6	0.7	—	—

注：表中限值适用于剪跨比大于 2、混凝土强度等级不高于 C60 的柱。剪跨比不大于 2 的柱，轴压比限值应降低 0.05；剪跨比小于 1.5 的柱，轴压比限值应专门研究并采取特殊构造措施。

同时《高规》第 7.2.13 条对剪力墙结构底部加强部位的墙肢轴压比作了规定，见表 5-7 所列。

表 5-7 剪力墙墙肢轴压比限值

抗震等级	一级（9 度）	一级（7、8 度）	二、三级
轴压比限值	0.4	0.5	0.6

注：墙肢轴压比为重力荷载代表值作用下，墙肢承受的轴压力设计值与墙肢的全断面积和混凝土轴心抗压强度设计值乘积之比 $[N/(f_cA)]$。

轴压比的规定，主要是为了保证结构的延性要求。通过轴压比的限制，可以改善混凝土的受压性能，增加延性，保证竖向结构构件的安全。

对于柱，当配筋量、箍筋形式满足一定要求或在柱断面中部配置芯柱，且配筋量满足一定要求时，柱的延性性能有不同程度的提高，此时可以对柱的轴压比适当放宽。

在进行剪力墙结构中的矩形断面墙肢（墙段）设计时，轴压比应从严掌握。

2. 剪重比

剪重比主要为控制各楼层最小地震剪力，确保结构安全性。

《高规》第 3.3.13 条及《抗震规范》第 5.2.5 条均以强制性条文，对结构各楼层水平地震作用下的最小剪力提出了要求。

结构各楼层水平地震剪力标准值应符合下式要求：

$$V_{\mathrm{Ek}i} \geqslant \lambda \sum_{i=1}^{n} G_i \tag{5-3}$$

式中：λ——楼层水平地震剪力系数，不应小于表 5-8 所列数值，且对竖向不规则的薄弱层，尚应乘以 1.15 的增大系数。

表 5-8 楼层最小剪力系数值

类　别	6 度	7 度	8 度	9 度
扭转效应明显或基本周期小于 3.5s 的结构	0.008	0.016 (0.024)	0.032 (0.048)	0.064
基本周期大于 5.0s 的结构	0.006	0.012 (0.018)	0.024 (0.036)	0.048

注：① 基本周期介于 3.5s 和 5.0s 之间的结构，应允许线性插入取值；

② 括号内数值分别用于《抗震规范》表 3.2.2 中设计基本地震加速度 0.15g 和 0.30g 的地区；

③ 6 度设防时，楼层最小剪力系数可取 7 度时相应的 1/2。

为了使结构有较好的安全性，结构总水平地震作用应控制在合适的范围内，根据经验资料，剪重比 $\gamma_{\mathrm{V}} = F_{\mathrm{Ek}}/G$，见表 5-9 所列。

表 5-9 剪重比 γ_{V} 的适宜范围

地震烈度	7 度		8 度	
场地类别	Ⅱ	Ⅲ	Ⅱ	Ⅲ
框架结构	0.015 ~ 0.03	0.02 ~ 0.04	0.03 ~ 0.05	0.04 ~ 0.08
框架 - 剪力墙结构	0. 02 ~ 0.04	0. 03 ~ 0.05	0. 04 ~ 0.06	0. 05 ~ 0.08
剪力墙结构	0. 03 ~ 0.04	0. 04 ~ 0.06	0. 04 ~ 0.08	0. 07 ~ 0.10

楼层剪重比是一个相当灵活的指标，控制剪重比既有安全方面的考虑，也有经济方面的考虑，不能硬套，应根据具体情况分析确定。

3. 侧向刚度比及（层间受剪）承载力比

此两参数主要为控制结构竖向规则性，见《抗震规范》第 3.4.2 条、第 3.4.3 条。

当该层侧向刚度小于相邻上一层的 70% 或小于其上相邻三个楼层侧向刚度平均值的 80%；除顶层或出屋面小建筑外，局部收进的水平向尺寸大于相邻下一层的 25% 时；为侧向刚度不规则。见《抗震规范》表 3.4.3-2。

用简图（图 5-6）说明如下：结构刚度沿竖向突变、外形外挑或内收等都会使楼层产生变形集中，出现严重的地震灾害甚至倒塌，所以，要对结构的层间刚度比进行控制。结构设计时，应力求结构刚度自下而上逐渐均匀减小，不要突然减少竖向构件太多，避免柔弱层的产生。震害调查显示，柔弱底层震害较为严重，应力求避免。

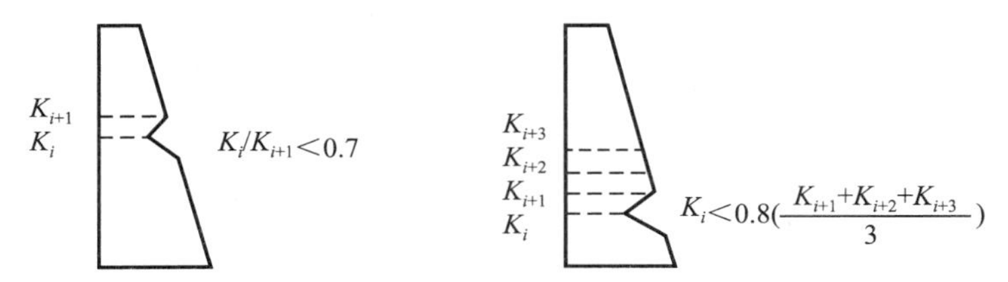

图 5-6　沿竖向的侧向刚度不规则（有柔软层）

（层间受剪）承载力比是指抗侧力结构的层间受剪承载力与相邻上一楼层的比值，应不小于相邻上一楼层的 65%，否则应为竖向不规则结构，见《抗震规范》表 3.4.2-2。该比值的限定，主要是对结构竖向规则性给出定量界限，避免出现薄弱层。

4. 周期比

周期比是指结构扭转为主的第一自振周期 T_t 与平动为主的第一自振周期 T_1 之比。

限制周期比的目的是使结构具有必要的抗扭刚度。主要为控制结构扭转效应，减小扭转对结构产生的不利影响。通过调整控制抗侧力结构的布置，可以增大结构的抗扭刚度，如剪力墙尽可能沿周边布置，以最大限度地加大抵抗扭转的内力臂，从而提高整个结构的抗扭能力。

周期比过大，说明结构的抗扭刚度过小。其实有两个方法可以调整：一是加大周边刚度（加大柱子尺寸、周边梁高等）；二是减小内部刚度，尽量使结构的刚度中心和结构的质量中心重合或者接近。

对结构的扭转效应需从以下两个方面加以限制：

(1) 限制结构平面布置的不规则性，避免产生过大的偏心而导致结构产生较大的扭转效应。

(2) 结构的抗扭刚度不能太弱。关键是限制周期比，使其符合规范对周期比的限值。

当两周期接近时，由于振动耦联的影响，结构的扭转效应明显增大。

a. 若周期比 $T_t/T_1 < 0.5$，则相对扭转振动效应如 $\theta r/u$ 一般较小（θ、r 分别为扭转角和结构的回转半径，θr 表示由于扭转产生的离质心距离为回转半径处的位移，u 为质心位移），即使结构的刚度偏心很大，偏心距 e 达到 $0.7r$，其相对扭转变形 $\theta r/u$ 值亦仅为 0.2。

b. 而当周期比 $T_t/T_1 > 0.85$ 以后，相对扭振效应 $\theta r/u$ 值急剧增加，即使刚度偏心很小，偏心距 e 仅为 $0.1r$。

c. 当周期比 $T_t/T_1=0.85$ 时，相对扭转变形 $\theta r/u$ 值可达 0.25。

d. 当周期比 $T_t/T_1 \approx 1$ 时，相对扭转变形 $\theta r/u$ 值可达 0.5。

由此可见，抗震设计中应采取措施减小周期比 T_t/T_1 值，使结构具有必要的抗扭刚度。如周期比 T_t/T_1 不满足本条规定的上限值时，应调整抗侧力结构的布置，增大结构的抗扭刚度。如在满足层间位移比的情况下，减小某些（中部）竖向构件刚度，增大平动周期，加大端部竖向构件抗扭刚度，减小扭转周期。

5. 刚重比

刚重比主要为控制结构的稳定性，以免结构在水平荷载作用或重力二阶效应作用下，导致失稳倒塌，产生滑移和倾覆。《高规》第 5.4.4 条以强制性条文对结构的刚重比作了规定。

剪力墙结构、框架－剪力墙结构、筒体结构应符合下式要求：

$$EJ_d \geqslant 2.7H^2\sum_{i=1}^{n}G_i \tag{5-4}$$

框架结构应符合下式要求：

$$D_i \geqslant 20\sum_{j=1}^{n}\frac{G_j}{h_i} \quad (i=1, 2, \cdots, n) \tag{5-5}$$

式中：EJ_d——结构一个主轴方向的弹性等效侧向刚度，可按倒三角形分布荷载作用下结构顶点位移相等的原则，将结构的侧向刚度折算为竖向悬臂受弯构件的等效侧向刚度；

H——房屋高度；

G_i、G_j——分别为第 i、j 楼层重力荷载设计值，取 1.2 倍的永久荷载标准值与 1.4 倍的楼面可变荷载标准值的组合值；

h_i——第 i 楼层层高；

D_i——第 i 楼层的弹性等效侧向刚度，可取该层剪力与层间位移的比值；

n——结构计算总层数。

6. 剪跨比

梁的剪跨比指剪力的位置 a 与 h_0 的比值。剪跨比影响了剪应力和正应力之间的相对关系，因此，也决定了主应力的大小和方向，也影响着梁的斜断面受剪承载力和破坏的方式；同时也反映在受剪承载力的公式上。

柱的剪跨比：若反弯点在柱子层高范围内，可取柱子的剪跨比小于 2，需要全长加密，见《混凝土规范》第 11.4.7 条、第 11.6.8 条。

7. 剪压比

剪压比指梁柱断面上的名义剪应力 $V/(bh_0)$ 与混凝土轴心抗压强度设计值的比值。梁塑性铰区的断面剪压比对梁的延性、耗能能力及保持梁的强度、刚度有明显的影响，当剪压比大于 0.15 的时候，梁的强度和刚度有明显的退化现象，此时，再增加箍筋用量也不能发挥作用，因此，对梁柱的断面尺寸有所要求。

8. 跨高比

梁的跨高比（梁的净跨与梁断面高度的比值）对梁的抗震性能有明显的影响。梁（非剪力墙的连梁）的跨高比＜5 和深梁都是按照深受弯构件进行计算的。

9. 延性比

延性比即为弹塑性位移增大系数。延性是指材料、构件、结构在初始强度没有明显退化的情况下的非弹性变形能力。延性比主要分为三个层面，即断面的延性比、构件的延性比和结构的延性比。结构的延性比多指框架或者剪力墙等结构的水平荷载－顶层水平位移（*P*-delta）、水平荷载－层间位移等曲线。结构的屈服位移有等能量方法、几何作图法等。

10. 高宽比

《高规》第3.3.2条对钢筋混凝土高层建筑结构的高宽比作了规定，高宽比不宜超过表5-10的规定。

表5-10　钢筋混凝土高层建筑结构适用的最大高宽比

结构体系	非抗震设计	抗震设防烈度		
		6度、7度	8度	9度
框架	5	4	3	—
板柱－剪力墙	6	5	4	—
框架－剪力墙、剪力墙	7	6	5	4
框架－核心筒	8	7	6	4
筒中筒	8	8	7	5

高层建筑的高宽比是对结构刚度、整体稳定、承载能力和经济合理的宏观控制。结构设计应首先对房屋的高宽比进行协调控制。对于体型复杂的建筑，应根据实际情况由设计人员确定合理的计算方法。一般情况下，可按所考虑方向的最小宽度计算宽高比，但对突出建筑物平面很小的局部结构（如楼梯间、电梯间等），一般不应包含在计算宽度内。对带有裙楼的高层建筑，当裙楼的面积和刚度相对于其上塔楼的面积和刚度较大时，计算高宽比时房屋高度和宽度可按裙房以上部分考虑。

11. 位移比

位移比主要用于控制结构平面规则性，以免形成扭转，对结构产生不利影响。见《抗震规范》第3.4.2条～第3.4.4条。

《高规》第3.4.5条同时还规定了结构的位移比，条文规定："在考虑偶然偏心影响的地震作用下，楼层竖向构件的最大水平位移和层间位移，A级高度高层建筑不宜大于该楼层平均值的1.2倍，不应大于该楼层平均值的1.5倍；B级高度高层建筑、混合结构高层建筑及本规程第10章所指的复杂高层建筑不宜大于该楼层平均值的1.2倍，不应大于该楼层平均值的1.4倍。"这也是《抗震规范》中关于平面规则性的限制条件之一。

该条从结构平面布置角度限制了结构的不规则性，避免因过大的偏心而导致结构产生较大的扭转效应。

位移比限制使建筑结构有了必要的刚度，它保证了在正常使用条件（弹性受力状态）下，钢筋混凝土结构避免混凝土墙、柱出现裂缝，将楼面梁、板裂缝数量和宽度限制在规范允许的范围之内；同时可保证填充墙等非结构构件的完好，避免产生明显的损坏。

5-17 抗侧力结构为何要求三心（质量中心、刚度中心和水平荷载中心）合一

【答】

一般情况下，风力或地震力在建筑物上的分布是比较均匀的，其合力作用线往往在建筑物的中部。

(1) 建筑物的安排应有利于抗侧力结构的均匀布置，使抗侧力结构的刚度中心接近于水平荷载的合力作用线（即建筑物平面的刚度中心接近其质量中心），以减小水平荷载作用下产生的扭矩。

否则建筑物就会绕通过刚度中心的垂直轴线扭转，致使抗侧力结构处于更复杂的受力状态。

结构刚度相差悬殊时，水平力按刚度分配后，刚、柔两部分之间会产生较大水平力差异，并在它们之间出现剪力和弯矩，结构受力更复杂。

(2) 由于偏心分布的质量引起的几何中心与质心的偏离（即水平荷载合力与抵抗剪力的合力之间在平面存在偏心时），也可能引起扭转。

因为质量偏心分布，地震作用也将是偏心的。因为仅仅由于质量的存在，地震才对结构产生荷载，且荷载数值直接与质量的数值成正比。

(3) 建筑质量重心与支承体系中心不重合时，将形成倾覆力矩，如图 5-7 所示。

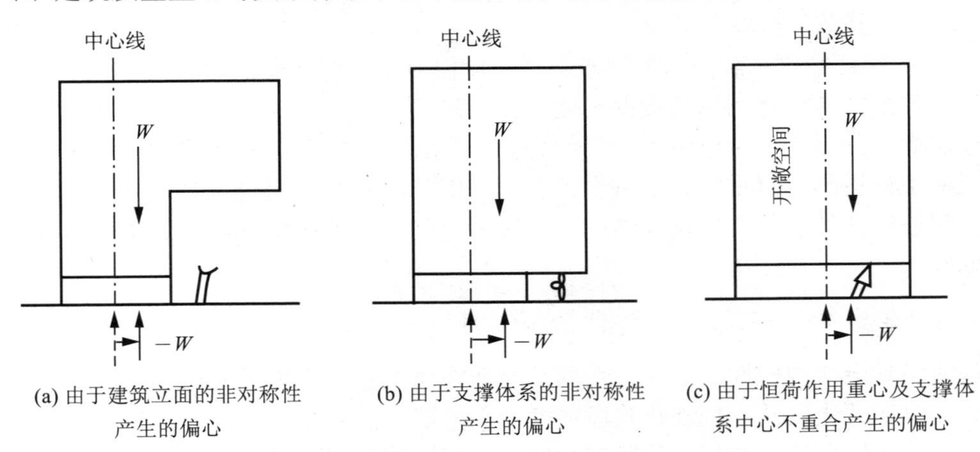

图 5-7 重心与支撑体系中心偏离

5-18 什么是结构体系的延性和延性系数？如何保证延性要求

【答】

1. 延性系数（或称延伸系数、延伸率），是衡量结构体系塑性变形能力的一种指标

延性系数 μ 越大，地震作用降低越显著（延性表示着结构的超弹性变形能力，而柔性表示着结构的弹性变形能力，两者应注意区分）。较高的变形能力，能较好地吸收地震能量。

对一个结构而言，弹性状态是指外荷载与结构位移成线性关系的状态，当结构中某些部位出现塑性铰后，荷载 P 与位移 Δ 将呈现非线性关系，如图 5-8 所示。当荷载增加

很少而位移迅速增加时，可认为结构“屈服”；当承载能力明显下降或结构处于不稳定状态时，可认为结构破坏，达到极限位移。

结构的延性常常用顶点位移延性比 μ 表示（图 5-8），即

$$\mu=\frac{\Delta_u}{\Delta_y} \tag{5-6}$$

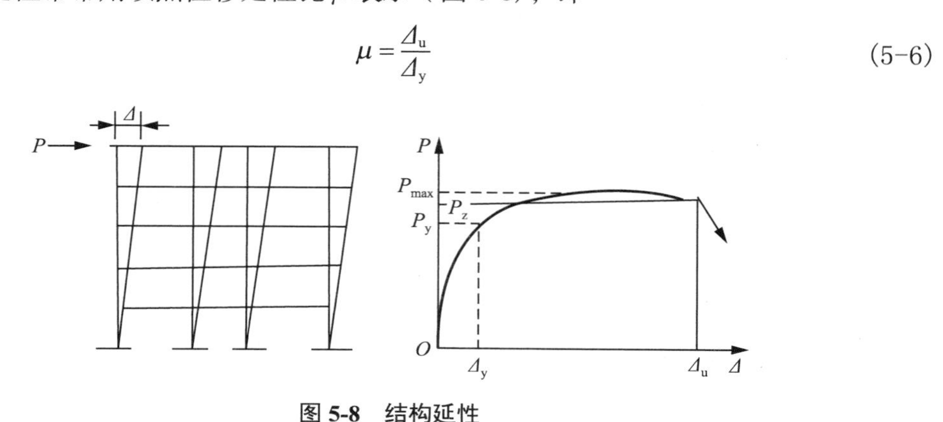

图 5-8　结构延性

对弹性及弹塑性结构进行比较可见：

① 在同样的地震作用下，弹塑性结构所受的等效地震力比弹性结构大大降低。因此，在设防烈度地震作用下，利用结构弹塑性性能吸收地震能量，可大大降低对结构承载能力的要求，达到节省材料的目的。

② 对弹塑性结构承载能力的要求降低了，但对结构塑性变形能力的要求却提高了。可以说，弹塑性结构是利用结构变形能力抵抗地震。例如，钢结构材料延性好，可抵抗强烈地震而不倒塌，而砖石结构变形能力差，在强烈地震下容易出现脆性破坏而倒塌。钢筋混凝土材料具有双重性，如果设计合理，能消除或减少混凝土脆性性质的危害，充分发挥钢筋塑性性能，实现延性结构。抗震的钢筋混凝土结构都应按照延性结构要求进行抗震设计。

2. 有抗震要求的框架梁柱应具有足够的延性

钢筋混凝土结构构件的延性，是指其断面在全过程工作中承受后期变形（包括材料的塑性、应变硬化以及应变硬化阶段的变形）的能力。后期变形的始点是指钢筋开始屈服到变形曲线发生明显转折点的状态，终点是指达到承载力极限或下降段中承载能力下降 10% ～ 20% 后的状态。

延性的重要性在于：

① 延性差，结构破坏时没有明显的预兆，是应该尽量避免的。

② 后期变形能力可以作为一种安全储备，延性好的结构能适应设计中没有考虑到的诸如偶然的荷载、荷载的反复、基础的沉降、强度和收缩等意外情况。

③ 在超静定结构中，断面延性好，则塑性铰的转动能力大，整个结构的塑性重分布充分。

④ 延性好的结构，对地震或爆炸等的动力反应小些，吸收能量的能力比较大。只有恰当估计延性，才能够正确估计动力作用和结构的变形。

也就是说一个建筑物超出弹性极限后，还保有塑性抗力，使房屋可随着地震摇晃而

没有任何大的破坏，这种抵抗地震的能力，不只是强度，还要求结构具有吸收能量的能力，称为延性。如果建筑物在水平方向的变位能达到基本地震时间荷载下所预计变位的几倍，而仍能保持承受垂直荷载的能力，那么它一定能吸收比时间地震更大的地震能量。如果具有这样的延性，即使建筑物发生严重的破坏，仍能避免完全倒塌。延性如果低到不能发挥影响时，若想承担同样的荷载，则必须以提高抵抗力为代价，即抵抗力要达到构件不会超越弹性极限的程度。

可以说，结构每一构件的延性决定了整个结构抵抗超载的能力。因为框架结构在强震下，弹性变形引起的水平位移较大，为了使框架结构有充分的变形能力，防止发生脆性性质的剪切破坏或混凝土受压破坏，需通过计算和采取必要的构造措施，保证梁柱有足够的延性。结构的延伸性与材料特性、节点构造和结构形式有关。

某些材料（特别是钢材，见图 5-9）的延性好，只有在发生相当大的塑性变形后才出现破坏；而脆性材料（如混凝土）中极小的变形就会使它们立刻断裂。钢筋混凝土内的钢材能使这种材料形成相当的延性，通过延性变形吸收能量并延缓混凝土的全部破坏，即使超过弹性极限（荷载引起永久变形的点），材料在完全断裂之前仍能进一步承担荷载。

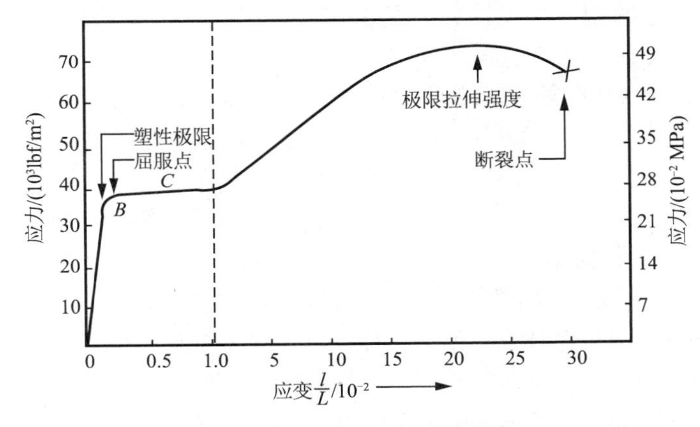

图 5-9　碳素钢应力－应变曲线

3. 钢筋混凝土结构的“塑性铰控制”理论在抗震结构设计中发挥越来越重要的作用

“塑性铰控制”理论基本要点如下：

① 钢筋混凝土结构可以通过选择合理断面形式及配筋构造，控制塑性铰出现部位。

② 抗震延性结构应当选择并设计有利于抗震的塑性铰部位。所谓有利，就是一方面要求塑性铰本身有较好的塑性变形能力和吸收耗散能量的能力，另一方面要求这些塑性铰能使结构具有较大的延性而不会造成其他不利后果，例如，不会使结构局部破坏或出现不稳定现象。

③ 在预期出现塑性铰的部位，应通过合理的配筋构造增大它的塑性变形能力，防止过早出现脆性的剪切及锚固破坏。在其他部位，也要防止过早出现剪切及锚固破坏。

4. 根据上述理论及试验研究结果得到钢筋混凝土延性框架的基本措施

① 塑性铰应尽可能出在梁的两端，设计成强柱弱梁框架。

② 避免梁、柱构件过早剪坏，在可能出现塑性铰的区段内，应设计成强剪弱弯。

③ 避免出现节点区破坏及钢筋的锚固破坏，要设计成强节点、强锚固。

5. 构件尺寸、端部状况和连接细部也会影响延性

为使结构、构件具备必要的延性，可以从以下方面采取措施。

1）材料选用方面

(1) 混凝土强度等级限制。混凝土最低强度等级见表 5-11 所列。

表 5-11　多高层房屋各构件混凝土最低强度等级限值

构件	抗震构造措施等级	
	Ⅰ级	Ⅱ、Ⅲ级
框架梁、柱、节点	C30	C20
剪力墙	C20	C20

(2) 钢筋种类。不得采用硬钢等变形能力小的钢种，如冷拉钢筋、热处理钢筋、Ⅳ级热轧钢筋和各种高强钢丝。并且所用钢筋极限强度与屈服强度之比不宜小于 1.25（实质上是限制了延性差的钢筋，如冷拉钢筋的使用）。以使结构构件某一部位出现塑性铰后仍有足够的转动能力，避免钢筋过早拉断。

当混凝土强度等级和配筋率相等时，结构构件的延性随着钢筋级别的提高而降低。

热轧钢筋（GB 1499.1—2008《钢筋混凝土用钢第 1 部分：热轧光圆钢筋》），按其强度分为 HPB235（光圆）、HRB335、HRB400、RRB400 4 种。

热轧带肋钢筋（GB 1499.2—2008《钢筋混凝土用钢第 2 部分：热轧带肋钢筋》）分为 HRB335（Ⅱ级，老牌号为 20MnSi）、HRB400（Ⅲ级，老牌号为 20MnSiV、20MnSiNb、20MnTi）、HRB500（Ⅳ级）3 个牌号。带肋钢筋外形有螺旋形、人字形和月牙形 3 种，一般 HRB335、HRB400 钢筋轧制成人字形，HRB500 钢筋轧制成螺旋形及月牙形。

冷轧带肋钢筋（GB 13788—2008《冷轧带肋钢筋》）分为 CRB550、CRB650、CRB800、CRB970 4 个牌号。CRB550 为普通钢筋混凝土用钢筋，其他牌号为预应力混凝土钢筋。

我国生产的 HPB235（光圆）、HRB335、HRB400 钢筋的塑性性能较好，因此，结构构件的纵向受力钢筋宜选用 HRB335、HRB400、CRB550 钢筋，箍筋宜选用 HPB235（光圆）、HRB335、CRB550 钢筋。CRB550 用作箍筋，其塑性当能满足梁、柱的剪切变形、抗剪承载力、弯曲延性等要求。

(3) 施工。切忌随意用较高强度钢筋代换设计中规定的钢筋或随意增加结构中的配筋数量，以防降低结构的延性和改变屈服强度系数沿房屋高度的分布情况。如果必须代换时，应按钢筋承载力设计值相等的原则进行等强代换，还应满足配筋间距、保护层厚度、裂缝控制、挠度限值、锚固连接、构造要求以及抗震构造措施等方面的要求；同时应满足强屈比和超强比（钢筋的屈服强度实测值与钢筋的强度标准值之比：一级抗震等级时不大于 1.25，二级抗震等级时不大于 1.4）的要求，以避免影响强柱弱梁、强剪弱弯等设计原则的实现。

2）结构计算及构造方面

(1) 框架柱的压应力不能太高。应符合下式要求：

$$\frac{N}{bhf_c} \leqslant \left[\frac{N}{bhf_c}\right] \tag{5-7}$$

式中：N——竖向荷载与水平荷载（包括地震作用）共同作用下柱的轴向压力。可近似估计为

$N=(1.05 \sim 1.1)N_v$（风荷载作用或 7 度设防时）；

或 $N=(1.1 \sim 1.15)N_v$（8 度设防时）；

N_v——竖向荷载下柱的轴向力；

bh——柱的断面面积；

f_c——柱混凝土的轴向抗压强度；

$\left[\frac{N}{bhf_c}\right]$——柱轴压比限值，见表 5-12 所列。

表 5-12　柱轴压比限值

结构类型	抗震等级			
	一	二	三	四
框架结构	0.65	0.75	0.85	0.90
框架－抗震墙、板柱－抗震墙、框架－核心筒及筒中筒	0.75	0.85	0.90	0.95
部分框支抗震墙	0.6	0.7	—	—

如不满足轴压比要求时，应首先考虑加大柱断面面积，其次可提高混凝土的强度 f_c。

(2) 构造措施。

① 柱纵向钢筋最小配筋率（柱断面中全部纵向钢筋面积之和与柱断面面积之比）：见表 5-13 所列，同时每侧配筋不应小于 0.2%。

表 5-13　柱断面纵向钢筋最小配筋率

类　别	抗震等级			
	一	二	三	四
中柱、边柱	0.9%(1.0%)	0.7%(0.8%)	0.6%(0.7%)	0.5%(0.6%)
角柱、框支柱	1.1%	0.9%	0.8%	0.7%

注：表中括号内数据用于框架结构的柱。

② 梁柱断面尺寸。框架梁的宽度不宜小于 200mm 和柱宽的 1/2，且宜控制 $h/b \leqslant 4$；柱的断面尺寸不宜小于 300mm；梁的净跨与梁高之比，柱的净高与柱断面长边之比不宜小于 4（以防发生明显的脆性剪切破坏，降低结构的延性）。

③ 框架梁、柱的配筋形式应满足各项构造规定。

5-19　如何限制建筑结构的水平位移

【答】

多高层建筑结构应具有必要的刚度，避免产生过大的位移影响结构的承载力、稳定

性和使用要求。

建筑结构水平位移包括两方面：房顶总水平位移Δ；各楼层层间水平位移δ。

对水平位移（钢筋混凝土结构构件的断面刚度可采用弹性刚度，各作用的分项系数均应采用1.0）进行控制，有以下几个原因：

(1) 保证主要结构的安全，让主要结构基本处于弹性受力状态，不因位移过大而发生结构的开裂、破坏、失稳和倾覆。钢筋混凝土结构要避免混凝土墙或柱出现裂缝，要将混凝土梁等楼面构件的裂缝数量、宽度限制在规范允许的范围之内。

(2) 限制δ，让填充墙、隔墙和幕墙等非结构构件基本保持完好，避免产生明显损坏。尽量减少或防止非结构构件和室内装修的破坏，可降低地震后的维修费用。

(3) 限制Δ，可使在建筑内生活、工作的人们不致因位移过大而感到不舒适。

《高规》第3.7.3条规定：风荷载或多遇地震标准值作用下，按弹性方法计算的楼层层间最大位移与层高之比δ/h的限值，见表5-14所列。

表5-14　楼层层间最大位移与层高之比的限值

结构体系	δ/h
框架	1/550
框架－剪力墙、框架－核心筒、板柱－剪力墙	1/800
筒中筒、剪力墙	1/1000
出框架结构外的转换层	1/1000

5-20　按现行的设计方法进行混凝土结构设计时，需要做哪些计算与验算

【答】

进行结构和结构构件设计时，既要保证它们不超过承载能力极限状态，又要保证它们不超过正常使用极限状态。为此，要求对它们进行下列计算和验算：

(1) 所有结构构件均应进行承载力（包括压屈失稳）计算；在必要时尚应进行结构的倾覆和滑移验算。

处于地震区的结构，尚应进行结构构件抗震的承载力计算。

(2) 对某些直接承受吊车的构件，应进行疲劳强度验算。

(3) 对使用上需要控制变形值的结构构件，应进行变形验算。

(4) 根据裂缝控制等级的要求，应对混凝土结构构件的裂缝控制情况进行验算。

5-21　有楼板开孔率超限时，是否将此层定义为“夹层”

【答】

夹层一般指两个楼层面之间局部范围设置楼板，使该层出现错层的情况。按正常层高设置的楼层，楼面开大洞，一般不属夹层。

第6章 框架结构体系

6-1 框架设计应遵循哪些原则

【答】

1. 框架的平面简化

多层框架结构是一个空间结构，为简化计算，经过下面的简化后，可化为平面框架计算：

(1) 各榀框架只承受平面内的荷载，按平面框架分析，平面外刚度不考虑。

(2) 各榀框架通过楼板协调工作，楼板在自身平面内刚度很大，平面外刚度不考虑，水平荷载是按各榀空间的刚度进行分配的。

2. 框架在非地震区

(1) 横向框架承重时。按横向平面框架分析，纵向框架梁可按连续梁计算。如纵向有较大水平荷载，纵向应按框架分析。

(2) 纵向框架承重时。按纵向平面框架分析。横向框架梁当横向柱子很多时，可按连续梁计算；否则横向也按框架分析。

(3) 双向框架承重时。按纵、横两个方向平面框架分析。

3. 框架在地震区

(1) 地震区设计分两个阶段。第一阶段是多遇地震下的弹性内力分析，所有结构都要进行此分析，弹性内力分析后，要做一些增大和调整（强柱弱梁、强剪弱弯和强柱根等设计）；第二阶段是对部分结构进行罕遇地震下的弹塑性位移计算。大量分析表明，对于结构层间屈服强度系数沿楼层分布不均匀的结构，在地震作用下总是从结构的薄弱部位率先屈服，发展弹塑性变形，产生变形集中的现象。对于这些结构仅通过构件断面的抗震承载力验算，不能保证在基本烈度地震下，把结构薄弱楼层（薄弱部位）的弹塑性变形控制在允许的范围内。因此，必须通过对罕遇地震作用下结构弹塑性位移反应特点和规律的分析，寻找结构的薄弱楼层（或部位），验算它们是否在容许范围内。这对改善薄弱楼层变形能力、提高结构整体抗震能力、防止结构倒塌、做到大震不倒具有重要意义。

(2) 对地震作用，可按两个主轴方向考虑水平地震作用并进行抗震验算。8度和9度区的大跨度结构，应考虑竖向地震作用。

(3) 考虑地震作用时要计算出各楼层（质点）的等效水平地震作用，然后按静力进行分析。当作多振型计算时，要在计算出各振型的等效水平地震作用后，按静力计算相应的内力和位移，并进行振型组合。

(4) 多层框架不论是哪个方向承重，纵、横两个方向都要按框架进行分析。

(5) 规则框架结构不考虑地震的扭转效应；不规则的框架结构要考虑水平地震作用的扭转效应，宜采用空间协同分析。

(6) 沿竖向不规则的结构，除考虑扭转效应外，还应考虑应力集中的影响。

(7) 对于特别不规则结构，宜采用时程分析进行补充验算。

6–2 框架结构设计需要哪些基本步骤

【答】

框架结构基本设计步骤框图如图 6-1 所示。

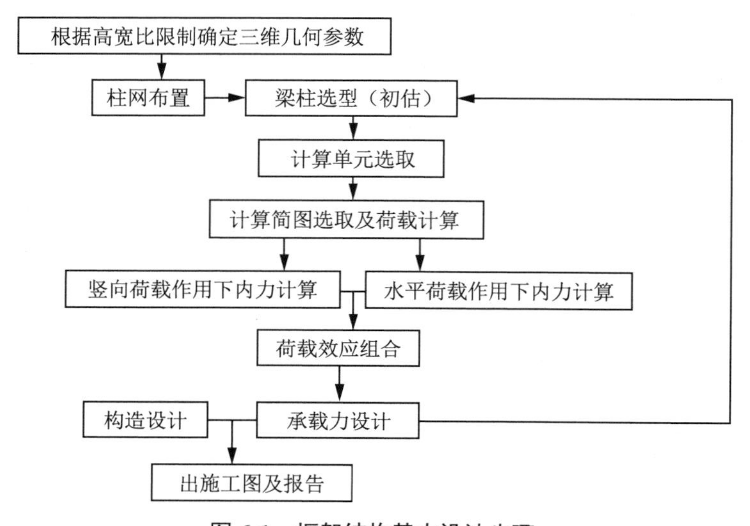

图 6-1 框架结构基本设计步骤

6–3 框架体系布置方法有几种

【答】

按照承重框架的布置方向，框架体系的结构布置可分为三种。

1. 横向承重框架

主梁沿房屋横向布置，连系梁、次梁或板沿纵向布置，结构的主要荷载由横向框架承担。故一般只需对横向框架进行分析计算。

横向框架一般为刚接，纵向做成刚接或铰接，它横向刚度较大，适用于开间较固定的房屋，但使房内净空有所减小。

2. 纵向承重框架

主梁沿房屋纵向布置，连系梁、次梁或板沿横向布置，结构的主要荷载由纵向框架承担。故一般只需对纵向框架进行分析计算。此时连系梁高度小，空间利用较好，对地基较差的狭长房屋也有利。

它横向刚度较差，房屋较高时应设横向抗风结构，如剪力墙等。但横向剪力墙与楼板不宜连成整体，地震区不宜采用。

3. 纵、横向承重框架

两个方向均按承重空间布置，框架柱为双向偏心受压构件。常采用现浇双向板或井字梁楼面，有利于抗震。

纵、横两个方向均应按框架进行结构计算。但当纵向框架梁柱线刚度比大于 3 ，且纵向柱列较多时，纵向框架梁可近似按连续梁计算，相应地横向框架也可近似按单向偏心受压构件计算，但应注意角柱双向偏心受压的受力特点。

6-4 如何确定结构计算单元

【答】

框架结构是一个空间受力体系，如图 6-2(a) 所示。近似计算时，为方便起见，常常忽略结构纵向和横向之间的空间联系，忽略各构件的抗扭作用，将纵向框架和横向框架分别按平面框架进行分析计算，如图 6-2(c)、(d) 所示。

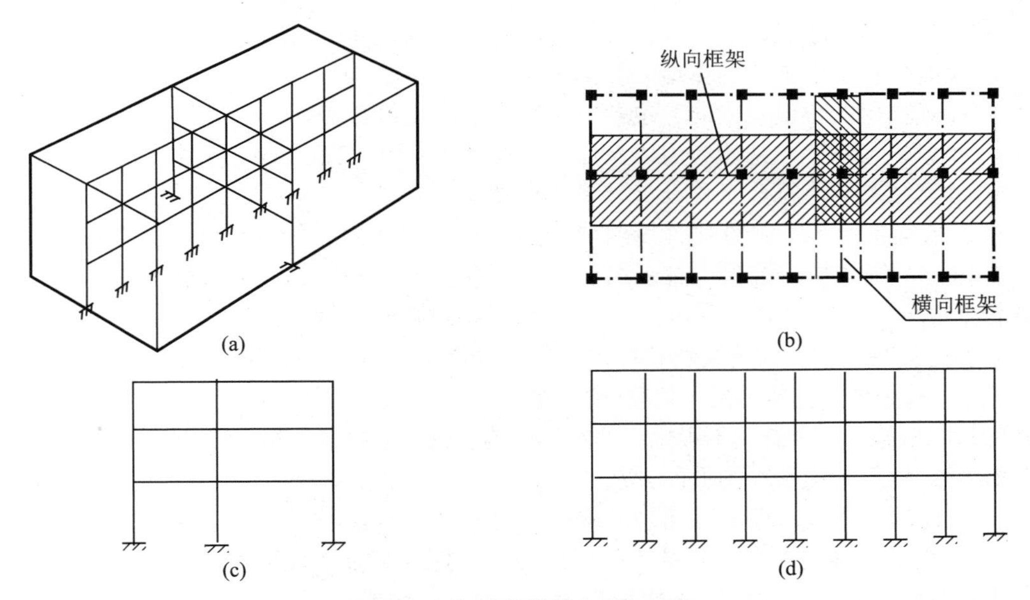

图 6-2 框架结构纵横向受力体系

(1) 当采用横向框架承重方案时，裁取的横向框架应承受阴影范围内的全部竖向荷载，而纵向框架不承受竖向荷载; 反之，当采用纵向框架承重方案，在进行纵向框架计算时，阴影范围内的全部竖向荷载由纵向框架承受，横向框架不承担竖向荷载。

(2) 当承重框架为双向布置时，应根据结构的具体布置，按楼盖结构的实际荷载传递情况进行计算。取出来的平面框架承受如图 6-2(b) 所示阴影范围内的水平荷载，竖向荷载则需要按楼盖结构的布置方案确定。在分析如图 6-2 所示的各榀平面框架时，由于通常横向框架的间距相同，作用于各横向框架上的荷载相同，框架的抗侧刚度相同，因此，各榀横向框架都将产生相同的内力与变形，结构设计时一般取中间有代表性的一榀横向框架进行分析即可。而作用于纵向框架上的荷载则各不相同，必要时应分别进行计算。

6-5　如何确定多层框架结构的计算简图

【答】

计算简图应该符合实际工程，抓住主要矛盾，忽略次要矛盾，将复杂的实际工程加以简化，经过计算，得到比较理想的结果。

因此，结构分析中所采用的各种简化或近似假设、数学运算方法等都应有理论的或试验的验证或者有工程经验确认其可靠性；所确定的力学计算模型应符合结构的实际受力状况，并有相应的构造措施作保证；取用的各种参数值，如构件尺寸、荷载（作用）和材料的性能指标等应与结构的实际工作条件一致；还应保证概念清楚、易于应用、便于校核和纠错。

1）确定混凝土结构计算简图需满足的条件

① 边界条件和连接方式应能反映结构的实际受力状态，并应有相应的构造措施加以保证。

② 材料性能和断面性能应能符合结构的实际情况。

③ 应能代表实际结构的体型和几何尺度。

④ 荷载作用的数值、方向、位置以及组合情况应符合实际受力情况。

⑤ 根据施工偏差、初始应力以及变形位移状况对计算简图加以适当修正。

⑥ 计算结果应能符合工程设计必要的精度要求。

杆系结构是由多个一维构件所组成。当构件的长度大于 3 倍断面尺寸（高度）时，就可视作为一维构件。混凝土杆系结构常为超静定的空间体系，宜按杆系结构分析所得的各杆断面内力进行设计。更短粗的构件，应按二维或三维结构进行分析。

典型的杆系结构，如建筑物和各种工程构筑物中常用的连续梁（板）及不同形状的多层多跨梁 - 柱框架。其他结构，如有许多门窗大开孔的墙板体系，板柱（无梁）体系、地下结构的封闭框架，甚至有些不很规则的水工结构，也常近似取为相应的杆系结构进行分析。

2）确定杆系结构计算图形的方法

① 杆件的轴线宜取断面几何中心的连线。

② 现浇结构和装配整体式结构的梁柱节点、柱与基础连接处等可作为刚接；梁、板与其支承构件非整体浇筑时，可作为铰接。

③ 杆件的计算跨度或计算高度宜按其两端支承长度的中心距或净距确定，并根据支承节点的连接刚度或支承反力的位置加以修正。

④ 杆件间连接部分的刚度远大于杆件中间断面的刚度时，可作为刚域插入计算图形。

计算图形宜根据结构的实际形状、构件的受力和变形状况、构件间的连接和支承条件以及各种构造措施等，作合理的简化。例如，支座或柱底的固定端应有相应的构造和配筋作保证；有地下室的建筑底层柱，其固定端的位置还取决于底板（梁）的刚度；节点连接构造的整体性，决定其按刚接或铰接考虑等。

结构内力计算简图是一种将实际房屋结构（平剖面图），根据尽可能正确反映结构实际受力情况的原则，简化成能用结构力学的方法进行内力分析的图示。

3) 多层框架结构计算简图的内容

① 框架中各杆件（梁、柱）的长度，对于框架顶层，还应反映梁的倾斜搁置时的坡度。

② 根据各杆长度及初定的断面尺寸算得的线刚度。

③ 梁柱、柱基连接类别（铰接、刚接、嵌固）。

④ 作用在框架梁柱上的各种荷载（包括垂直或水平集中作用的恒荷载或可变荷载，垂直或水平分布作用的恒荷载或可变荷载）的大小、方向和作用位置（距梁、柱轴线的偏心尺寸）。

⑤ 按一定的规律，对梁、柱及其节点进行编号。

确定计算简图，是结构计算中的一个十分重要的环节，它不仅涉及结构计算的可靠度，而且即使结构采用电算，有时仍需要预先由设计者确定其计算简图。

梁柱为刚接，柱嵌固于基顶的框架是最常见的一种计算简图。梁与砖墙或屋架与柱的连接为铰接，因而出现框排架结构及内框架结构。

梁的跨度取为柱断面形心轴线之间的距离，如遇各层柱的断面尺寸发生变化时，取为顶层柱断面形心轴线之间的距离，如图 6-3 所示。

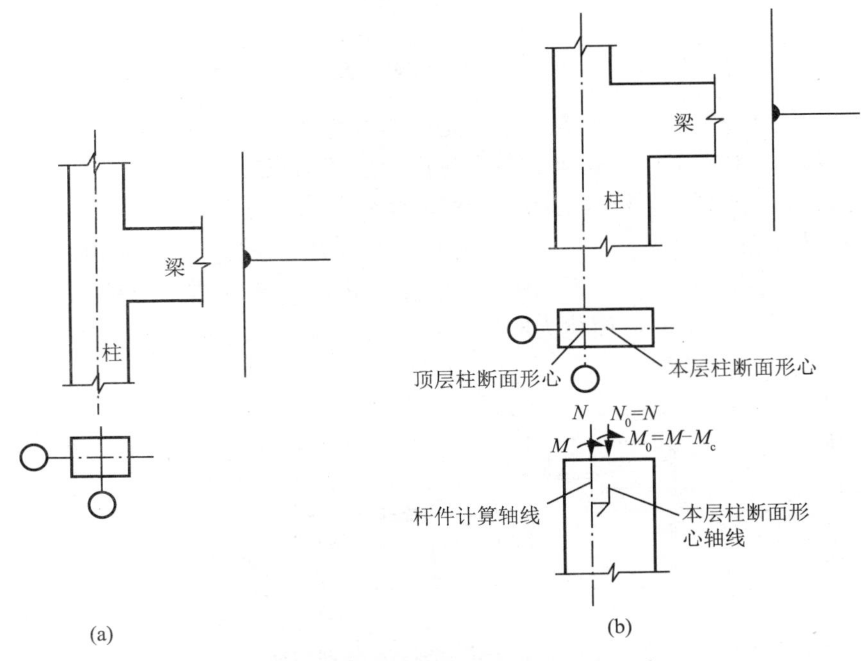

图 6-3　框架柱轴线与柱断面中心的关系

此时应注意按此计算简图算出的内力是计算简图轴线上的内力，对下层柱而言，此轴线不一定是柱断面的形心轴，进行构件断面设计时，应将算得的内力转化为断面形心轴处的内力。对于不等跨框架，当各跨跨度相差不大于 10% 时，可简化为等跨框架，简化后的跨度取原框架各跨跨度的平均值。

a. 柱高的取值。当按弹性理论计算时，底层应从基础顶面算至二楼楼面梁的断面形心轴线，其余各层应从梁的断面形心轴线算至相邻梁的断面形心轴线。在实际设计时，为计算简便，底层柱的柱高从基顶算至二楼楼面板底（预制板）或板顶（现浇板），其余各层的柱高则从板底算至相邻层的板底（即层高）。如图 6-4 所示。对于倾斜的或折线形的横梁，当其坡度小于 1/8 时，可简化为水平直杆。

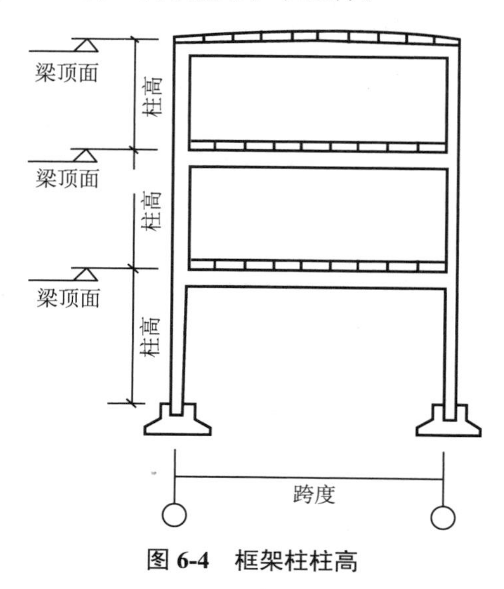

图 6-4　框架柱柱高

b. 框架节点的简化。框处节点一般总是三向受力的，但当按平面框架进行结构近似分析时，节点也可相应简化。框架节点可简化为刚接节点、铰接节点和半铰节点，这要根据其传力效果、施工方案和构造措施确定。半铰节点由于影响因素较多，其半刚性力学特征常需要根据试验结果确定，一般计算中难以采用，常简化为完全刚接或铰接节点。在现浇钢筋混凝土结构中，梁和柱内的纵向受力钢筋都将穿过节点或错入节点区，如图 6-5(a)、(b) 所示，这时应简化为刚接节点。

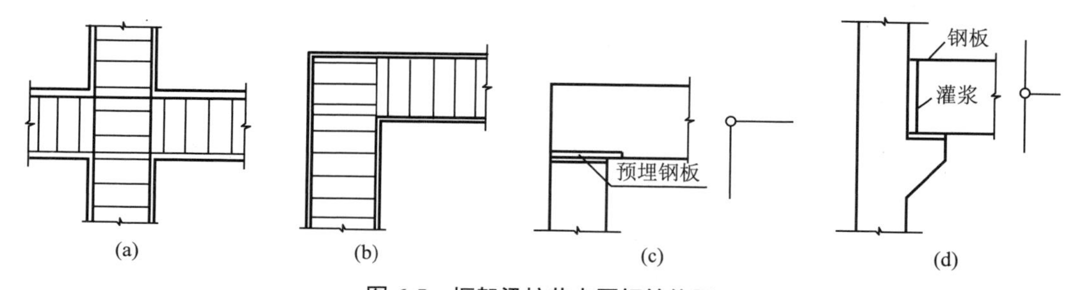

图 6-5　框架梁柱节点区钢筋位置

装配式框架结构则是在梁底和柱子的某些部位顶埋钢板，安装就位后再焊接起来，由于钢板在其自身平面外的刚度很小；同时焊接质量随机性较大，难以保证结构受力后梁柱间没有相对转动，因此，常把这类节点简化成铰接点，如图 6-5(c) 所示。

框架支座可分为固定支座和铰支座。当为现浇钢筋混凝土柱时，一般设计成固定支座，如图 6-6(a) 所示；当为预制柱杯形基础时，则应视构造措施不同，分别简化为图 6-6(b)

所示的固定支座或图 6-6(c) 所示的铰支座。

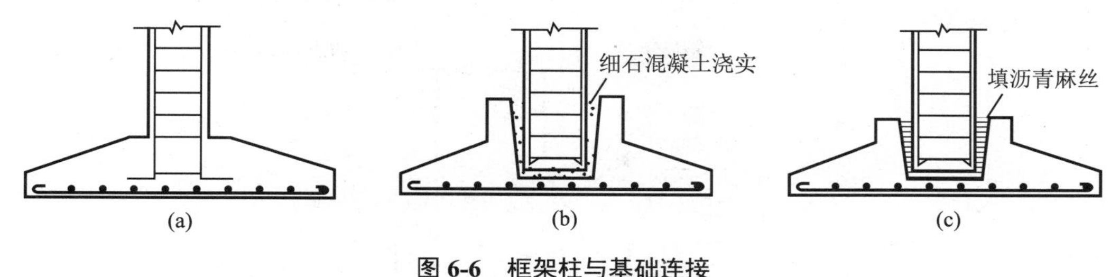

图 6-6 框架柱与基础连接

当框架梁柱采用同样强度等级的混凝土时，梁和柱的线刚度可用 $\frac{I_i}{l_i}E_c$ 表示，并且通常以底层柱的相对线刚度为 1，则其余各层梁柱相对线刚度为

$$\frac{\frac{I_i}{l_i}E_c}{\frac{I_{1c}}{l_{1c}}E_c}=\frac{I_i/l_i}{I_{1c}/l_{1c}}$$

在计算荷载之前，先应根据结构平面布置和建筑平、立、剖面图绘出结构的受荷总图，图中包括由楼板传来的均布恒荷载、活荷载，由与框架方向垂直的梁传来的集中恒荷载和活荷，由外墙墙面传来的分布风荷载以及由女儿墙传来的集中风荷载；在地震区，尚应考虑作用在各层楼面处的集中水平和竖向的地震力等。

在荷载计算中，注意不要漏项。然后根据简支传力的原则、框架的负荷范围（计算单元）、荷载规范及建筑设计资料（平、立、剖及节点大样等）进行荷载计算，确定荷载的大小、方向和作用位置，并标明于框架计算简图上。对于多层房屋结构，通常先依次确定各层楼面及屋面中板、次梁和主梁的计算简图（包括按简支传力求出各支座反力），再绘出各根框架的计算简图，作为电算或手算的根据。内力计算时或上机前应对计算简图进行校核。

应该说明，关于由垂直于框架方向的梁传来的集中力，如果作用在框架梁的净跨内时，按梁的跨间荷载考虑；如果通过柱断面形心轴线时，按轴心压力作用于框架柱上（通常忽略轴向变形的影响，在框架内不引起弯矩和剪力）；如果作用于柱断面形心轴线之外，且尚在柱断面内时或虽在柱断面以外但为悬挑构件传来的竖向力时，可视为一轴心压力和一节点附加弯矩的共同作用，当附加弯矩值较小时，也可近似作为轴心压力。

6-6 为什么框架梁、柱中心线宜重合

【答】

当梁、柱中心线不能重合时，在计算中应考虑偏心对梁柱节点核心区受力和构造的不利影响，以及梁荷载对柱子的偏心影响。

梁、柱中心线之间的偏心矩，9 度抗震设防时不应大于柱断面在该方向宽度的 1/4；如偏心距大于该方向柱宽的 1/4 时，在节点核心区不单出现斜裂缝，而且还有竖向裂缝，

可采取增设梁的水平加腋等措施，如图 6-7 所示。设置水平加腋后，仍需考虑梁荷载对柱子的偏心影响。

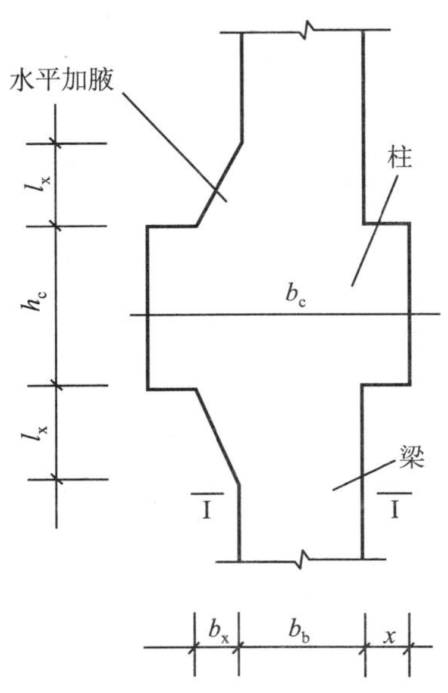

图 6-7　框架梁水平加腋示意图

加腋厚度可取梁断面高度，平面尺寸则应符合《高规》第 6.1.3 条的规定：$b_x/l_x \leqslant 1/2$、$b_x/b_b \leqslant 2/3$、$b_x+b_b+x \geqslant b_c/2$。

框架梁加腋后，可以明显改善框架梁、柱节点承受反复荷载的能力。

6–7　框架杆件的控制断面如何选取

【答】

框架在恒载、楼面活荷载、屋面活荷载、风荷载以及地震区的地震作用下的内力分别求出以后，要计算各主要断面可能发生的最不利内力。这种计算各主要断面可能发生的最不利内力的工作，称之为内力组合。

框架每一根杆件都有许许多多断面，内力组合只需在每根杆件的几个主要断面进行。这几个主要断面的内力求出后，按此内力进行杆件的配筋，便可以保证此杆件有足够的可靠度。这些主要断面称之为杆件的控制断面。

每一根梁一般有 3 个控制断面：左端支座断面、跨中断面和右端支座断面。而每一根柱一般只有两个控制断面：柱顶断面和柱底断面。

对与支承构件整体浇注的梁端，可取支座或节点边缘断面的内力值进行设计。因为该处正处于弯矩图陡降的区域，而剪力则变化不大，支座边的负弯矩值比支座中心线处的小得多。用此断面的弯矩进行配筋计算，可减小配筋量，同时仍能确保安全。

所以，控制断面指的是柱边缘处的梁断面及梁跨中断面或梁顶面及底面处的柱断面，并以此处内力去计算断面内配筋。按计算简图进行内力分析所得的结果都是轴线处内力，因此，断面设计所用的弯矩应按式 6-1 换算，如图 6-8 所示。此项换算在组合前进行。

$$\begin{cases} M_b' = M_b - V_b \dfrac{h_c}{2} \\ M_c' = M_c - V_c \dfrac{h_b}{2} \\ V_b' = V - (g+p)\dfrac{h_c}{2} \end{cases} \tag{6-1}$$

式中：M_b'——梁端控制断面处弯矩；

M_c'——柱端控制断面处弯矩；

V_b'——梁端控制断面处剪力。

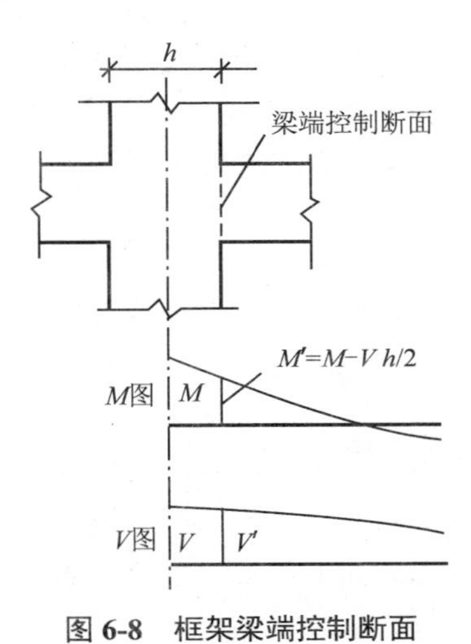

图 6-8 框架梁端控制断面

6-8 如何正确选取结构分析中的各种调整系数

【答】

1）周期折减系数

考虑框架或框剪结构填充墙刚度对计算周期的影响，即填充墙越多且刚度折减越大，该系数就越小，反之就越大。一般为 0.6 ～ 1.0。

2）框剪结构中框架承担的地震力调整系数

主要考虑剪力墙承担了大部分地震剪力，若按框架刚度分担的地震作用进行框架设计，则使整体结构在剪力墙开裂而刚度退化后偏于不安全，其取值体现了多道抗震设防的原则。

3）振型数

高层建筑至少取 9 个，考虑扭转耦联时至少取 15 个，多塔结构则不应少于多塔楼数的 9 倍，且计算振型数应保证振型参与质量不小于总质量的 90%。

4）梁端弯矩调幅系数

考虑梁在竖向荷载作用下的塑性内力重分布，通过调幅使梁端负弯矩减小，相应增加跨中弯矩，使梁端符合强柱弱梁原则。现浇框架一般取 0.8 ～ 0.9。

5）梁跨中弯矩放大系数

当不计算活荷载不利布置时，可通过该参数调整梁在恒、活荷载作用下的跨中弯矩，提高结构安全储备。一般取 1.0 ～ 1.3（层数少和活载大时取大值）。

6）连梁刚度折减系数

由于连梁两端的变位差，造成连梁剪力很大而往往出现超筋，故计算时应对连梁刚度进行折减。但为避免连梁开裂过大，此系数不宜取值过小，一般不宜小于 0.55。当结构位移由风荷载控制时，折减系数不宜小于 0.8。

7）梁刚度增大系数

现浇楼板和梁连成一体按 T 形断面梁工作，而计算时梁断面取矩形，故可考虑楼板对梁刚度的贡献。对于现浇楼面一般边框梁取 1.5，中间框架梁取 2.0。

8）梁扭矩折减系数

对于现浇结构，可以考虑楼板对梁的约束作用而对梁的扭矩进行折减，折减系数可以为 0.4 ～ 1.0。

6–9　为什么要考虑刚度折减系数

【答】

钢筋混凝土是非弹性材料，在较低应力下一般也会出现弹塑性变形，而使混凝土弹性模量 E 值有所降低；应力稍大时还会开裂，加之以装配式结构的接头还不可避免地有所松动，因此结构刚度小于其弹性刚度。在计算结构的水平位移时，应考虑这种刚度的降低而使实际水平位移加大的现象。

而在结构内力分析时，在超静定结构中，内力分布只与各构件刚度的相对值有关，与其绝对值无关。所以，实际上如果各构件均采用相同的刚度折减系数，在计算内力时，EI 值可不必折减，这并不影响计算弹性内力的结果。

刚度折减系数用于层间位移及顶点位移结果的折减，即用位移理论计算值除以刚度折减系数 β。

（1）位移理论计算值。框架层间位移 $\delta_i=Q_i/\sum_i D_i$，框架顶点位移 $\Delta=\sum_i \delta_i$。

（2）刚度折减系数 β。使用阶段不开裂的构件 β=0.85，使用阶段开裂的构件 β=0.65。

对于装配式结构，考虑附加接头松动的影响，β 值还要更小一些。

一般情况下，结构单元中所有梁、柱、墙均应取相同的刚度折减系数。但框架剪力墙之间的连梁容许采用较小的 β，因为它两端连接刚度很大的墙肢，或一端连着刚度很小的框架柱，此梁的梁端弯矩和剪力计算值很大，完全照此去配筋往往使设计与施工都很困难；而且这些梁比其他构件较早进入塑性阶段。因此，设计中，框架与剪力墙之间的连梁（不包括框架梁以及剪力墙墙肢之间的连梁）允许采用较小的刚度折减系数。

6-10 框架梁断面惯性矩增大系数如何考虑

【答】

框架结构中，由于楼板参加梁的工作，使得梁的断面惯性矩增大。但要精确地确定梁断面的惯性矩是一个复杂的问题，因此，考虑采取在梁的断面惯性矩上乘以一个增大系数的方法去处理。

在进行内力与位移的计算时具体考虑如下：

1）现浇整体梁板结构中

现浇楼板可以作为框架梁的有效翼缘而参与梁的工作（翼缘有效宽度为每侧 6 倍板厚），然后按 T 形断面（中间框架梁）或倒 L 形断面（边框架梁）计算梁的惯性矩。

为简化计算，可取边框架梁 $I=1.5I_0$，中框架梁 $I=2.0I_0$，I_0 为矩形断面梁的惯性矩。

2）装配式楼盖中

① 做整浇层后，可取边框架梁 $I=1.2I_0$，中框架梁 $I=1.5I_0$。板开洞过多时，仍宜按梁本身惯性矩取用。

② 板与梁无可靠连接时，不考虑翼缘的作用，仍按梁本身的惯性矩取用。

6-11 框架结构的标高如何标定

【答】

楼层的标志标高，采用建筑标高；楼层的结构标高，较建筑标高低一个楼面面层厚度。

相邻两跨横梁（含挑梁）的建筑高差小于 1.0m 时，计算中可简化为同一高度，一般以主跨为准。

6-12 塑性铰与普通铰有何区别

【答】

塑性铰，指在杆系结构中，非弹性变形集中产生的区域。其中的两个无限靠近的相邻断面，当断面弯矩达到极限弯矩时，可产生有限的相对转角，这种断面称为塑性铰。

在普通结构力学分析中的“铰”，如连接桁架杆件的理想铰、梁或框架的支承铰等，都是不传递弯矩或假设为不传递弯矩的。

当断面配筋率不超过最大配筋率时，受弯构件的塑性铰主要是由于受拉钢筋屈服后，构件产生较大的塑性变形，使断面发生塑性转动而形成。

对于超筋梁，一般破坏时钢筋尚未屈服，此时塑性铰主要是由混凝土的塑性变形引起断面转动而形成。

塑性铰与普通铰的不同之处如下：

(1) 塑性铰不是集中于一点，而是形成在一小段局部变形很大的区域。有一定的范围（称塑性铰区）。

(2) 在塑性铰处，弯矩不等于零，而等于该断面所能承受的极限弯矩。

当断面弯矩数值小于塑性弯矩 M_p 时，它可传递全部弯矩而不承受任何转动。

当断面弯矩数值等于塑性弯矩 M_p 时，它可传递全部弯矩，并在弯矩方向承受一定限度的转动，也因此能吸收诸如地震等的能量。

但它不能传递数值上大于 M_p 的任何弯矩。

(3) 塑性铰是单向铰，仅能沿弯矩作用方向承受一定限度的转动，它随弯矩符号的改变而消失。所谓单向铰，是因为塑性铰只能沿弯矩增大方向发生有限的相对转角，如果沿相反方向变形，则断面立即恢复其弹性刚度而不再具有铰的性质。对于钢筋混凝土结构来说，在一定长度范围内，杆件受拉钢筋屈服，强度不变，变形增大，在受压区混凝土破坏之前，产生有限相对转角的塑性铰。

(4) 塑性铰只能形成有限的转角。

6-13　框架按“强柱弱梁”的原则进行设计，该概念指什么？为此可采取哪些措施

【答】

1. “强柱弱梁”的概念

就是指在地震作用下，塑性铰应首先在梁端出现，而避免在柱中出现，呈现“梁铰机制”，如图 6-9 所示，圆点表示塑性铰。

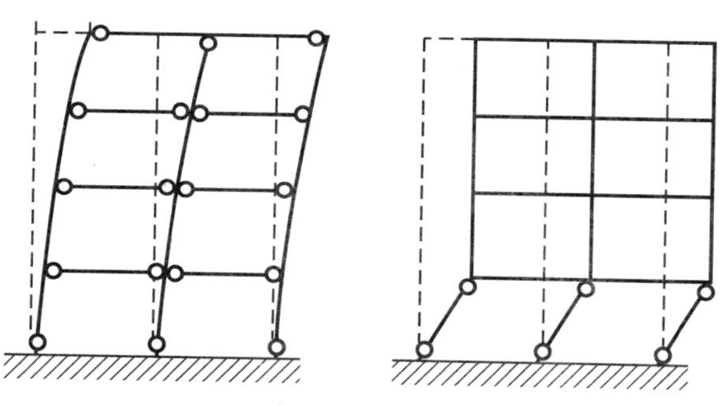

图 6-9　框架结构中塑性铰位置

所谓强柱，就是应使框架柱的抗弯刚度比梁的抗弯刚度大，抗剪应有足够的能力。

在强烈地震作用下，结构发生大的水平位移而进入塑性阶段，如果框架的任一柱端先出现塑性铰，则楼层刚度削弱，同层的其他柱端因此而相继形成塑性铰，出现“柱铰机制”，致使框架成为机动体系，房屋倒塌。

而塑性铰即使在框架中的所有梁端上出现，理论上框架仍然不会进入机动状态，必须同时在某层柱中也都形成塑性铰，才会形成破坏机构，其概率相对很小。在倒塌前，梁铰机制的破坏更加充分的调动了结构中各个部分的能力，整体性较好，有利于控制损伤，避免倒塌。因此，在能力设计法中，将梁铰机制（或者允许出现梁柱铰混合机制）作为框架结构的预期破坏模式，于是有了所谓的“强柱弱梁”的设计概念。

试验研究表明，梁端屈服型框架有较大的内力重分布和能量消耗的能力，极限层间位移大，抗震性能较好；柱端屈服型框架容易形成倒塌机制。

为了使框架在塑性阶段时仍能承受竖向荷载，可使梁端先出现塑性铰，这时只有在所有的梁或绝大部分梁出现塑性铰后，框架才会形成可变体系，引起整个房屋倒塌。

2. 在设计中采取的措施

一是正确计算梁端弯矩，把梁端设计弯矩降下来；二是减小柱的轴压比限值，把柱做大；三是提高强柱弱梁系数。即：

(1) 对梁端进行弯矩调幅，减小梁端弯矩以降低负弯矩钢筋的配筋量。

(2) 限制柱的平均压应力。

(3) 限制支座负筋的配筋率（规定梁支座上部纵向筋的最大配筋率）。

在竖向荷载下，梁端断面往往有较大负弯矩，负钢筋配置过于拥挤。设计时允许进行弯矩调幅，降低负弯矩，以减少配筋面积。

6-14 框架按“强剪弱弯”的原则进行设计，该概念指什么？为此可采取哪些措施

【答】

“强剪弱弯”的设计原则是要提高构件的抗剪承载力,使其大于塑性铰的抗弯承载力。在梁端塑性铰的转动过程中,要求梁和柱的斜断面受剪承载力大于其正断面受弯承载力，使梁、柱在延性弯曲破坏之前，可能发生的是延性破坏而不发生脆性剪切破坏。为此可主要从以下方面采取措施。

1. 限制剪压比

梁、柱断面出现斜裂缝之前，构件的剪力基本上是由混凝土的抗剪强度来承担，随剪压比的提高，箍筋约束混凝土的效果降低；剪压比过高，混凝土就会过早破坏。因此对柱的剪力与混凝土轴心抗压设计强度的比值应加以限制。

2. 验算斜断面承载力

柱、梁所受剪力，均应不超过其斜断面受剪承载力。

1) 框架梁

① 无地震作用组合时,按《混凝土规范》第6.3.4条确定受弯构件的斜断面受剪承载力。

② 有地震作用组合时，按《混凝土规范》第11.3.4条确定斜断面受剪承载力。

2) 框架柱

① 无地震作用组合时，按《混凝土规范》第6.3.12条确定偏心受压和偏心受拉构件的斜断面受剪承载力；

② 有地震作用组合时，按《混凝土规范》第11.4.7条、第11.4.8条确定斜断面受剪承载力。

3) 加密箍筋

为防止主筋压屈和斜断面严重开裂，在框架梁端相当于1.5～2.0倍梁高的梁长度范围内，和柱端相当于1/6柱净高的柱高范围内，应加密箍筋。

6-15　为什么要进行框架柱的轴压比验算？如何验算

【答】

轴压比指考虑地震作用组合的框架柱和框支柱轴向压力设计值 N 与柱全断面面积 A 和混凝土轴心抗压强度设计值 f_c 乘积之比值：$N/(f_cA)$。对不进行地震作用计算的结构，取无地震作用组合的轴力设计值。

轴压比是影响钢筋混凝土柱承载力和延性的一个很重要的参数。大量试验表明，随着轴压比的增大，柱的极限抗弯承载力提高，但极限变形能力、耗散地震能量的能力都降低，且轴压比对短柱的影响更大。控制轴压比，可保证构件的延性，使柱断面平均压应力不过高（用于初选柱断面尺寸）。

在钢筋混凝土框架抗震设计中，为了保证框架柱具有足够的延性，我国抗震设计规范作出了轴压比限值的规定。这一规定，是我国抗震规范区别于欧美代表性规范的特点之一。经常出现的情况是，框架柱的断面由轴压比限值来确定，而配筋由规范规定的构造配筋率决定，这显然存在不合理的地方：柱子的断面由轴压比限值来确定，往往使柱子的断面很大，一方面，这样大的柱子很容易使柱子的剪跨比 λ 不大于 2（$\lambda=\frac{H}{2h_0}$），而形成抗震性能更加不好的短柱；另一方面，由于柱子断面很大，占去了许多建筑空间，同时由于自重增大，也引起地震反应增大，造成了恶性循环。

1. 轴压比限值影响因素

1）框架柱断面形状的影响

框架柱的断面形状，将直接影响柱断面界限破坏时钢筋和混凝土内应变、应力的分布。另外，断面形状还将严重影响混凝土受压边缘的极限压应变试验标准值，从而影响到轴压比限值的标准值。对于圆形断面，已有的计算结果表明轴压比限值可以达到 1.0。

2）框架柱剪跨比 λ 的影响

建立在断面界限破坏基础上的轴压比公式的推导中，没有体现出剪跨比的影响。事实上，剪跨比能够大体反映断面上弯曲应力与剪切应力的比例关系，因而是框架柱破坏形式的主导因素。

以往的试验与研究认为，框架柱的剪跨比越大，延性越好，在通常的配筋条件下，当 $\lambda>2$ 时，框架柱在横向水平剪力作用下，一般都是发生延性好的弯曲破坏；当 $\lambda\leqslant 2$ 时，框架柱就变成了短柱，在横向水平剪力作用下一般发生延性差的剪切破坏。

3）箍筋形式与含量的影响

在利用界限破坏条件推导框架柱的轴压比限值时，并没有考虑箍筋约束的有利影响。箍筋能改善混凝土的受力性能，特别是能提高混凝土受压边缘的最大压应变。

4）外荷载作用形式的影响

外荷载的特征及作用方式是影响框架柱抗力性能的外因。特别是考虑到抗震时，地震力作用的大小和方向不同，产生的应力大小和方向就不同，从而影响着钢筋混凝土框架柱的抗震性能。比如反映在单个构件上，单向压弯框架柱、双向压弯框架柱在低周反复荷载作用下的受力变形是不同的。

到目前为止，震害和结构抗震试验还不能明确判断结构出现第一批柱铰的确切位置。有可能在中柱柱底，也有可能在边柱或角柱的柱底，甚至柱顶也有出现塑性铰的可能。工程设计中随着抗震设防烈度的不同、结构高宽比的不同和剪力墙布置不同，水平地震荷载所产生的倾覆力矩也不一样。有时边、角柱上产生的附加压力远远大于20%。因此，有人提出“由轴压比控制断面的基本上是中柱”，此说法是不够全面的。实际工程设计时，对所有柱的轴压比都应进行严格的控制。

试验表明，以弯曲破坏为主的柱中，随着轴压比的加大，构件屈服时的位移逐步加大，而多质区的混凝土压碎提前，导致拉延性降低，使质区混凝土酥裂，部分质区混凝土退出工作，从而使柱承载力迅速下降。为了保证框架柱有足够的延性，对柱的轴压比应加以限制，保证框架具有良好的延性节点，使节点中出现计算时没有考虑到的超额应力时，可以通过塑性变形吸收一部分能量并使应力重分布。

2.轴压比限值

一～四级抗震等级的各类结构的框架柱和框支柱，其轴压比不宜大于表6-1所规定的限值。对Ⅳ类场地上较高的高层建筑，柱轴压比限值应适当减小。

表6-1　框架柱轴压比限值

结构类型	抗震等级			
	一	二	三	四
框架结构	0.65	0.75	0.85	0.90
框架－抗震墙、板柱－抗震墙、框架核心筒及筒中筒	0.75	0.85	0.90	0.95
部分框支抗震墙	0.6	0.7	—	

(1) 表6-1内限值适用于剪跨比大于2、混凝土强度等级不高于C60的柱；剪跨比不大于2的柱轴压比限值应降低0.05；剪跨比小于1.5的柱，轴压比限值应专门研究并采取特殊构造措施；当混凝土强度等级为C65～C70时，轴压比限值宜按表中数值减小0.05；混凝土强度等级为C75～C80时，轴压比限值宜按表中数值减小0.10。

(2) 沿柱全高采用井字复合箍且箍筋肢距不大于200mm、间距不大于100mm、直径不小于12mm或沿柱全高采用复合螺旋箍、螺旋间距不大于100mm、箍筋肢距不大于200mm、直径不小于12mm或沿柱全高采用连续复合矩形螺旋箍、螺旋净距不大于80mm、箍筋肢距不大于200mm、直径不小于10mm时，轴压比限值均可增加0.10。

(3) 在柱的断面中部附加芯柱（柱断面中部设置由附加纵向钢筋形成的芯柱），其中另加的纵向钢筋的总面积不少于柱断面面积的0.8%，轴压比限值可增加0.05；此项措施与(2)中的措施共同采用时，轴压比限值可增加0.15，但箍筋的配箍特征值仍可按轴压比增加0.10的要求确定。

(4) 柱轴压比不应大于1.05。不满足上述要求时，首先应考虑加大柱断面面积；其次可提高混凝土的强度等级。

6-16 何谓节点的延性系数 μ？为什么要使框架节点有足够的延性保证？为此可采取哪些措施

【答】

1）节点的延性系数 μ 是用于衡量节点的延性的一个指标

其计算公式为

$$\mu = \frac{\Phi_u}{\Phi_y} \tag{6-2}$$

式中：Φ_u——节点破坏时，梁与柱之间夹角的变形；

Φ_y——节点在弹性阶段结束时，梁与柱之间夹角的变形。

2）多层框架中，节点往往是地震破坏的主要部位

节点的受力比较复杂，应力集中现象较严重。当节点中出现计算中没有考虑到的超额应力时，节点可能发生突然的脆性破坏而造成结构的早期破坏。为避免这种情况出现，可使节点具有良好的延性，通过节点塑性变形使应力重分布，使它在受力后不致发生脆性破坏。

3）一般抗震设防区的多层框架，节点的延性系数应大于 4

4）保障延性可采用的措施

① 节点的箍筋直径和间距应按表 6-2 的规定采用，此箍筋为横向约束箍筋。

表 6-2 节点的箍筋直径和间距

抗震等级	最小箍筋直径 /mm	箍筋间距 /mm
一	10	≤ 100
二	8	≤ 100
三	8	≤ 100
四	6（柱根 8）	边角柱≤ 100，中柱≤ 150

② 节点应采用封闭箍筋，应有 135° 弯钩，弯钩端头直线长度不应小于 $10d$。

③ 柱中纵向筋应贯通节点，不应在节点中截断，以免节点内钢筋过密、施工困难和混凝土粘接强度难于保证。

6-17 什么叫作短柱？如果结构出现短柱，应如何处理

【答】

1. 短柱的概念

短柱是指反弯点在柱子高度中部，且柱净高 H_{c0} 与平行于水平作用力方向（如水平地震作用）的柱断面高度 h_c 之比小于 4 的柱（$H_{c0}/h_c \leqslant 4$）。

影响钢筋混凝土柱破坏形态的最重要的因素是剪跨比 λ，剪跨比较小的柱子会出现斜裂缝而导致剪切破坏。λ 的计算公式为

$$\lambda=\frac{M}{Vh_0} \tag{6-3}$$

式中：M、V——分别为柱端部断面组合的弯矩计算值和对应的断面组合剪力计算值，并去上下端计算结果的较大值；

h_0——柱断面有效高度。

(1)$\lambda > 2$ 时，称为长柱。多发生弯曲破坏，但仍需要配置足够的抗剪箍筋。

(2)$1.5 \leqslant \lambda \leqslant 2$ 时，称为短柱。多数会出现剪切破坏，但当提高混凝土等级并配置足够的抗剪箍筋后，可能出现稍有延性的剪切受压破坏。

(3)$\lambda < 1.5$ 时，称为超短柱。一般都会发生剪切斜拉破坏，几乎没有延性。

框架柱中反弯点大都接近柱高的中点，为设计方便，常用柱的长细比近似表示剪跨比的影响。一般情况下柱所受剪力沿高度不变，令

$$\lambda=\frac{M}{Vh_0}\approx\frac{V\frac{H_{c0}}{2}}{Vh_c}=\frac{H_{c0}}{2h_c} \tag{6-4}$$

式中：H_{c0} 为框架柱柱净高，则 $\lambda \leqslant 2$，可以表示为 $H_{c0}/h_c \leqslant 4$。

但是，对于高层建筑，梁、柱线刚度比较小，特别是底部几层由于受柱底嵌固的影响且梁对柱的约束弯矩较小，反弯点的高度会比柱高的一半高得多，甚至不出现反弯点，此时不宜按 $H_{c0}/h_c \leqslant 4$ 来判定短柱，而应按剪跨比 $\lambda=M/(Vh_0) \leqslant 2$ 来判定。

短柱往往出现于局部错层、山坡场地中部分结构立于较短的柱子上、设备有夹层、柱间有半高实心黏土砖填充墙以形成条形窗、不适当地设置某些拉梁及楼梯间休息平台等处。框架在地震作用下，柱端的剪力一般较大，造成剪跨比较小而形成短柱。

短柱对竖向荷载来说，它受到的弯曲较少，因此能承受较大的荷载。但短柱刚性较大，在侧向荷载情况下，荷载是依据抗力构件的刚度进行分配的，短而刚的柱子所“吸引”的力，可能与其强度很不相称。悬臂柱刚度［柔度为 $pl^3/(3EI)$］随长度的立方而变化，如果两柱的 E、I 相同，柱长度增加两倍，其柔性将增为 8 倍。如果它们必须作等量的挠曲，则 8 倍刚性的柱（短柱）将承担的荷载为另一柱的 8 倍。

长柱一般发生弯曲破坏；短柱多发生脆性的剪切破坏。

同层出现长、短柱共存时，在地震作用下，刚度大的短柱首先剪切破坏而形成逐柱破坏。短柱先于其他柱破坏，削弱了楼层的总强度，不利于框架受力。

2. 短柱的变形特征

短柱的变形特征为剪切型，在地震作用时，容易发生脆性破坏，引起结构的严重破坏甚至倒塌。

抗震等级为一级时，每侧纵向钢筋配筋率不宜大于 1.2%，构造方面箍筋应沿柱子全高加密，间距不应大于 100mm，箍筋宜采用复合螺旋箍或井字复合箍，其体积配箍率不应小于 1.2%，9 度时不应小于 1.5%，梁柱节点核芯区的体积配箍率不应小于上下柱端的较大值（梁的纵向钢筋可以计入）。

确定为短柱后，可以通过一些措施改善短柱的抗震性能，如应使短柱剪力设计值满足《抗震规范》式 6.2.9-2（$\gamma_{RE}V \leqslant 0.15 f_c bh_0$）的要求；应验算其抗剪强度，尽量提高短柱的承载力。采用各种有效措施提高短柱的延性，改善短柱的抗震性能。短柱所受剪力应全部由箍筋承担，不考虑混凝土的作用。短柱延性很差，往往产生脆性剪切破坏，可能在柱的中部断面产生交叉剪切裂缝。因此要求如下：

(1) 箍筋体积配箍率 $\rho_v \geqslant \lambda_v f_c/f_{yv}$，不应小于 1.2%，且沿柱全高布置，$\lambda_v$ 为最小配箍特征值，宜按《抗震规范》表 6.3.9 采用。一般箍筋直径不小于 $\phi 8$，间距不大于 100mm。宜采用复合螺旋箍或井字复合箍，不得采用单箍。

当为方格网式配筋时 [图 6-10(a)]，其体积配筋率 ρ_v 应按下式计算：

$$\rho_v = \frac{n_1 A_{s1} l_1 + n_2 A_{s2} l_2}{A_{cor} s} \tag{6-5}$$

此时，钢筋网两个方向上单位长度内钢筋断面面积的比值不宜大于 1.5；

当为螺旋式配筋时 [图 6-10(b)]，其体积配筋率 ρ_v 应按下式计算：

$$\rho_v = \frac{4A_{ss1}}{d_{cor} s} \tag{6-6}$$

式中：A_{cor}——方格网式或螺旋式间接钢筋内表面范围内的混凝土核心面积，其重心应与 A_l 的重心重合，计算中仍按同心、对称的原则取值；

ρ_v——间接钢筋的体积配筋率（核心面积 A_{cor} 范围内单位混凝土体积所含间接钢筋的体积）；

n_1、A_{s1}——方格网沿 l_1 方向的钢筋根数、单根钢筋的断面面积；

n_2、A_{s2}——方格网沿 l_2 方向的钢筋根数、单根钢筋的断面面积；

A_{ss1}——单根螺旋式间接钢筋的断面面积；

d_{cor}——螺旋式间接钢筋内表面范围内的混凝土断面直径；

s——方格网式或螺旋式间接钢筋的间距，宜取 30 ～ 80mm。

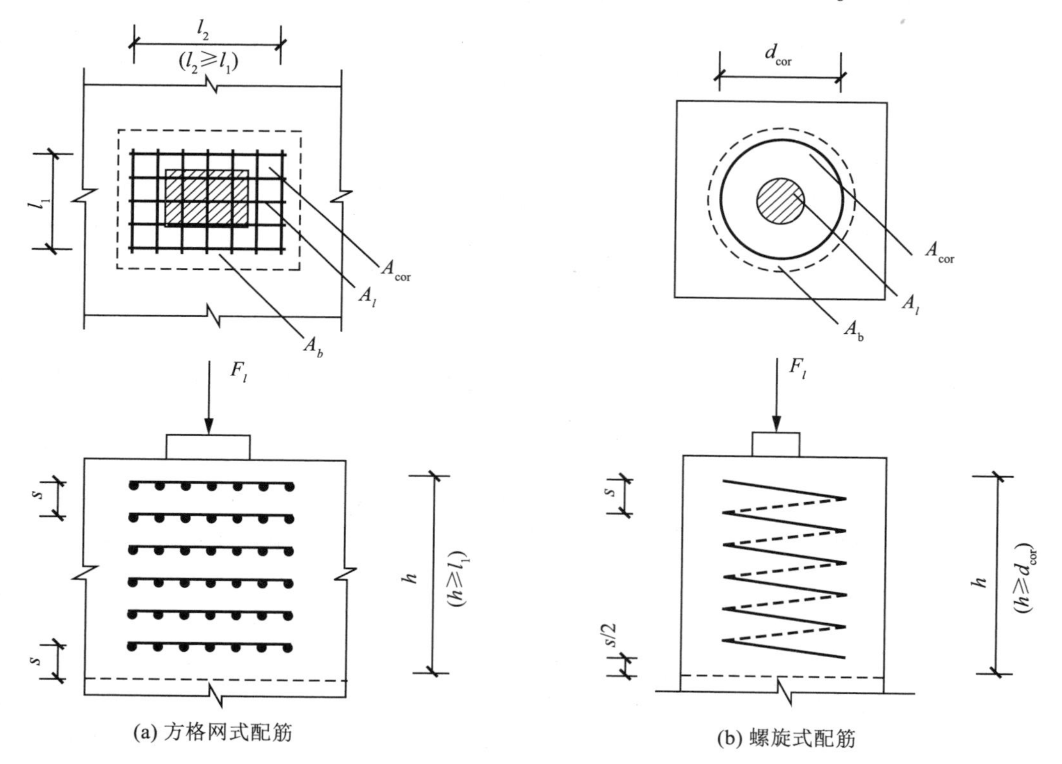

(a) 方格网式配筋　　(b) 螺旋式配筋

图 6-10　局部受压区的间接钢筋

框架节点核芯区箍筋的最大间距和最小直径宜按《抗震规范》第6.3.7条采用；一、二、三级框架节点核芯区配箍特征值分别不宜小于0.12、0.10和0.08，且体积配箍率分别不宜小于0.6%、0.5%和0.4%。节点核芯区体积配箍率不宜小于核芯区上、下柱端的较大体积配箍率。

(2) 最大轴压比应比一般柱的轴压比减小0.05。

(3) 可在底部几层增设钢筋混凝土剪力墙，使底部成为框－剪结构。剪力墙的增设应考虑使底部框架柱承担的地震剪力减小，当框架柱承担的地震剪力小于结构总剪力的20%时，一、二级框架柱的轴压比限值可提高0.1，使框架柱断面减小，从而消除或部分消除短柱现象。

(4) 可采用钢与混凝土组合结构，如劲性混凝土、钢管混凝土等，承载力较普通钢筋混凝土柱有大幅度的提高，在相同的承载力下柱断面可大大减小，消除了短柱并具有较好的抗震性能。

此外，还可以通过使用分体柱等来改善短柱的抗震性能。也可以采用一些其他措施，如将形成短柱效应的砌体填充墙，在每根柱的每一边切下一条竖直的砌体窄条，并在缝隙中填以可压缩性的填料，以消除填充墙的加劲作用。当然同时应保证墙体的稳定。

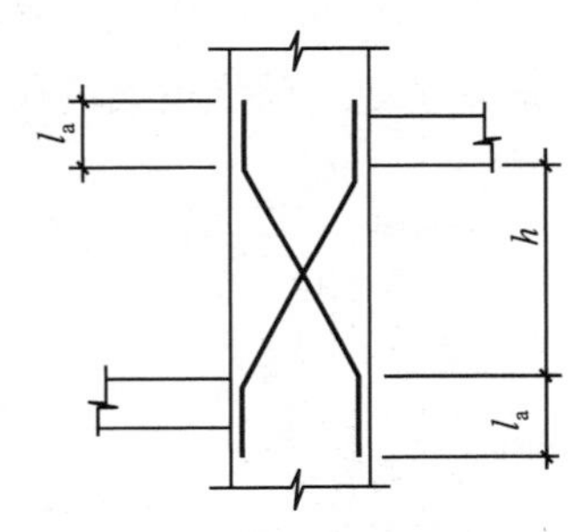

h—短柱净高；l_a—斜钢筋锚固长度

图6-11 短柱斜钢筋配置情况

框架柱的剪跨比不大于1.5时，为超短柱，破坏为剪切脆型破坏。抗震设计应尽量避免采用超短柱，但由于工艺要求不可避免（如有错层等情况）时，应采取特殊构造措施，如采取增设交叉斜筋、外包钢板箍、设置型钢或将抗震薄弱层转移到相邻的一般楼层等合理并经验证有效的构造措施，防止短柱剪切（或黏着）破坏，改善其延性，控制裂缝发展，增加其耗能能力。斜钢筋在框架柱每个方向应配置两根，钢筋直径d的要求：一、二级框架不应小于20mm和18mm，三、四级框架不应小于16mm，锚固长度不应小于$40d$，如图6-11所示。

6-18 “矮墙效应”是指何种情况？在什么情形下考虑矮墙效应？如何避免矮墙效应

【答】

一般的钢筋混凝土剪力墙的受力状态为弯剪型，而对于总高度（不是层高）与总宽度之比小于2的剪力墙，在水平地震作用下的破坏形态为剪切破坏，类似于短柱，属于脆性破坏，称为矮墙效应。

《混凝土规范》中的内容主要是针对一般的剪力墙，不包括矮墙，如底部框架砖房的剪力墙，框支结构落地墙在框支层剪力较大，按剪跨比计算也可能出现矮墙效应。为了避免矮墙效应，可在剪力墙上开竖缝，使之成为高墙，以提高整体结构的延性。

6-19 填充墙对框架的影响在设计中如何考虑

【答】

填充墙一般采用砖、砌块或现浇混凝土。

填充墙的框架设计得好，填充墙可以增加结构体系的强度和刚度，在地震反复作用下填充墙开裂，可大量吸收和消耗地震能量，起到“耗能元件”的作用。对装修标准不高的建筑，填充墙可以修复。

当框架填充墙结构受到水平荷载时，填充墙表现为有效的压杆，沿框架的受压对角线支承着框架。因为填充墙同时可以是外墙和内隔墙，所以这种体系较经济地为结构提供了所需的强度和刚度。

由于缺少公认的关于框架填充墙结构的设计方法，因此，较常见的方法是在设计框架填充墙结构时，使框架承担全部竖向和水平荷载。在考虑填充构件时，假定填充构件不作为主体结构的一部分，而预先采取措施避免荷载传递其上。实际上填充墙体的斜裂缝表明，填充墙通常能承受很大的荷载，因此，应修正框架结构的受力和变形性能。较好的设计方法是应考虑填充墙为抗侧力墙，在设计框架时考虑填充墙的作用而修正其变形性能。

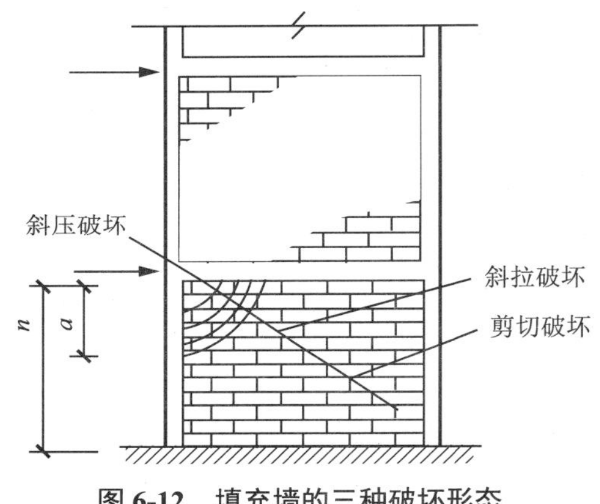

图 6-12 填充墙的三种破坏形态

框架在水平荷载作用下，梁和柱产生双曲率弯曲，各层柱的上部水平位移以及框架主对角支撑的缩短，使柱与墙贴紧，而且使墙在对角方向受压。地震力被吸引到刚度大处（由于砌体的嵌入，框架刚度增强，柱的有效高度缩短，刚性增大），这些构件（柱子、砌体）如果没有设计成能承受这些力，就很容易破坏。柱子可能成为短柱而产生脆性剪切破坏，墙体将会发生三种破坏形态，如图 6-12 所示。

第一种是剪切破坏，由于砌体墙缝中的水平剪应力作用，裂缝沿水平缝产生，突然向下逐层延伸，最终形成阶梯形裂缝。

第二种是斜压破坏，由于斜压杆某端墙角处压应力过大，使墙角沿着框架被压碎。

第三种是斜拉破坏，在垂直于墙体主对角线的拉应力作用下，墙体斜裂缝沿着与主对角线平行的一条或多条线发展并贯穿墙体。此拉应力与主压应力轨迹线相“垂直”，在墙体中间区域附近扩散。斜裂缝在墙体中间形成而向外发展，因此中间的拉应力最大。在压力角附近裂缝几乎不再发展，该处的拉应力被压应力所平衡而抵销。

所以，在考虑填充墙有利作用的同时，应采取措施避免墙体破坏和防止墙体平面外力对框架的剪切破坏。

1. 在计算地震作用时，仅考虑墙体破坏对刚度的不利影响

由调整结构的自振周期来解决（视填充墙的多少对周期乘以小于 1 的折减系数 ψ_T，以考虑填充墙的刚度导致结构自振周期的缩短），调整的幅度与填充墙的数量、填充墙的长度、填充墙是否开洞等因素有关；充分保证其强度，以策安全。

由于结构自振周期缩短，从而结构水平地震作用反应将增大，但框架层间刚度中不计入填充墙的刚度。因此，用这种增大的层间弹性剪力和不增大的框架层间刚度算得的层间位移会偏大。对于此偏大部分，在“小震”变形验算中已在变形允许指标上给予了考虑，即对于采用周期折减系数的钢筋混凝土框架房屋，其变形允许指标比考虑填充墙抗侧力的房屋的指标放松一些，所以不必修正；但在罕遇地震作用下，结构薄弱楼层（部位）弹塑性最大位移 Δu_{p} 的计算是采用简化计算方法，即罕遇地震作用下用弹性分析的层间位移 Δu_{e} 乘以弹塑性位移的增大系数 η 而得到。弹性位移偏大，必然对简化计算得到的层间弹塑性最大位移产生较大的影响，因此，应给出适当的层间弹性位移折减系数 ψ_{u}，以便较好地估计结构层间弹塑性最大位移反应。表 6-3 反映了周期折减系数 ψ_T 与层间弹性位移折减系数 ψ_{u} 之间的关系。

表 6-3　周期折减系数 ψ_T 与层间弹性位移折减系数 ψ_{u} 的关系

ψ_T \ ψ_{u} \ 层数	1	2	3	4	5	6
0.79	0.79	0.69	0.51	0.51	0.38	0.38
0.74	0.70	0.61	0.42	0.42	0.30	0.30
0.64	0.57	0.47	0.29	0.29	0.20	0.20

综合工程实例和大量算例的分析结果，作为简化分析作法，结构底部 1/3 层可取 $\psi_{\mathrm{u}}=\psi_T$，中部 1/3 层可取 $\psi_{\mathrm{u}}=0.8\psi_T$，上部 1/3 层可取 $\psi_{\mathrm{u}}=0.5\psi_T$。

如果只将填充墙作为荷载而不考虑其强度，计算虽较简单，但有时可能不安全。因为填充墙有较大刚度，能吸收较多的地震能量，而其强度有时又不足以承担按刚度分配到的地震作用，因而使墙体发生破坏。

而破坏后的填充墙仍有一定刚度，还能吸收一定的地震作用。但此时它已完全不能承担荷载而必须由框架承受，以致引起框架超载。另外，填充墙破坏时，框架柱中塑性铰位置移动，而提高框架的承载能力（这是因为剪切水平裂缝以下的砌体形成刚域，对框架柱受荷一侧柱的下部起着支撑作用，使框架柱的破坏断面移到柱中下部，距下端 0.34 ～ 0.45 倍框架高度）。

使框架产生超载的是填充墙对框架梁、柱产生的附加剪力。具体计算可参看丁大钧的《钢筋混凝土结构学》一书。

2. 在计算框架水平位移时，一般不考虑填充墙的刚度

主要因为填充墙在框架之间复杂的相互作用性能和相当随机的砖石砌筑质量使框架填充墙结构的精确强度和刚度很难预测，并且填充墙在建筑的使用期内有时会随意移动。即处理时认为框架进入塑性阶段以后，填充墙已经开裂而退出工作。但填充墙支撑对框架的附加作用应该予以考虑，即对水平位移限制值应要求更严，例如在风荷载下的框架顶点位移限值：用轻质隔墙时，为 $\Delta \leqslant H/550$；而用砌体填充墙时，为 $\Delta \leqslant H/650$。

3. 填充墙的构造措施

(1) 宜采用轻质材料。如陶粒混凝土、加气混凝土、石膏板、石棉板、矿棉板或塑料板。

(2) 围护墙采用砖砌时，应嵌砌于柱列中，不宜外包柱。

(3) 砌体填充墙与框架梁柱的连接，宜用柔性接头，使主体结构变形时不会强制墙体产生同样的变形：

a. 沿墙高每 500mm 在柱中预留 2ϕ6 拉筋，每边入墙内不小于 1000mm；

b. 在墙顶水平方向上，每隔 1.5 ～ 2m 与楼板或梁应有可靠拉结；

c. 宜在填充墙门上口高度处增设一道混凝土配筋带；

d. 填充墙的砌筑砂浆不低于 C2.5；

e. 不宜将填充墙的洞口开在柱边或填充墙砌至柱的半高，以防形成短柱。

6-20　框架砌体填充墙与柱柔性连接有什么必要

【答】

因为这是一个很重要的概念设计。砌体填充墙与框架柱之间采用拉接钢筋的连接方案符合规范要求。结构计算时应考虑其对结构的影响，一般可根据实际情况及经验对结构周期进行折减。

6-21　怎么区分和布置框架结构中主梁和连系梁

【答】

框架梁也好，次梁也好，连梁也好，最大的区别体现在水平抗震时从一个竖向抗侧力构件到另一个竖向抗侧力构件的力的传递模式上的区别。

(1) 两端与柱相接的框架梁，两端都是固结，可以在水平地震荷载下传递剪力，框架梁的水平地震荷载下的剪力是两端大，中间为零，所以框架梁有加密区，中间部分则不用加密。

(2) 两端与主梁相接的次梁，两端都是铰接，次梁相接的不是竖向抗侧力构件，因此不传递水平地震荷载下的剪力。所以，次梁不用设置加密箍。

(3) 两端都和剪力墙水平相接时，要分情况：

① 跨高比小于 5，且剪力墙长度能满足梁水平筋锚进剪力墙的水平长度大于 600mm ——连梁。（跨高比不小于 5 是要求连梁有足够的刚度，不光是在联肢墙内部传递剪力，还要平衡两端剪力墙的弯曲应力，连梁的箍筋要求是按同等级的框架梁加密箍的要求全长加密。）

此连梁在外墙窗洞处应用较多，特别是结构体形扭转不规则的情况，为了满足结构抗扭刚度或避免外墙在扭转变位较大时外墙砌体与混凝土梁产生错位裂缝，一般窗下墙也采用混凝土整浇，与楼面以下、窗洞以上部分一起形成一道深梁，按普通住宅层高 2.9m、窗高 1.5m 考虑，此深梁高度有 1.4m，刚度相当大。不按剪力墙洞口输入，误差很大。

② 跨高比大于 5——框架梁。

(4) 一端与竖向抗侧力构件相连，一端与梁相接——次梁。

(5) 一端与框架柱相连，一端与剪力墙平行相连——框架梁。

(6) 一端与框架柱相连，一端与剪力墙垂直相连——框架梁。

剪力墙也有平面外刚度，可以近似看作一个长扁柱。应控制剪力墙的平面外弯矩，至少采用下面的措施之一：

① 沿梁轴线方向设置与梁相连的剪力墙。

② 在梁与墙相交处设置扶壁柱。

③ 不能设置扶壁柱时，应设置暗柱，并按计算配筋。

由于剪力墙厚度一般较小，梁与剪力墙垂直相交，按框架梁的梁端水平锚固长度 $0.4L_{ae}$ 要求时有时候不能满足，这种情况下一般都是减小钢筋直径、加大钢筋根数来满足要求。

（7）一端与剪力墙水平相连，一端与剪力墙垂直相连——框架梁 [构造同（6）]。

（8）两端都和剪力墙垂直相接——框架梁 [构造同（6）]。另一边以柱子为支座时，当柱子为框架（支）柱时应为 KL，当柱子为构造柱时应为 L，LL 是剪力墙间的连梁。

6–22　现浇主次梁与井字梁有何区别

【答】

1. 现浇梁板结构中，主梁高度应大于次梁高度

这一方面是让主梁的刚度大于次梁，以便次梁荷载能有效地传给主梁，使传力路线明确。

刚度的一种度量是挠度（建筑物的整体刚度由其周期来度量）。在决定楼板托梁尺寸方面，经常是由挠度而非强度来控制。有时在楼面系统设计中，仅仅考虑所属面积而不考虑构件刚度如何，这是不能正确地对构件进行荷载分配的。例如大梁的刚度很大时，它挠曲 1cm 就处于高应力状态；小梁却如此柔韧，对于 1cm 的挠曲它才开始受力。很明显，刚性大梁几乎承担了全部荷载，柔性小梁则逐渐增加刚度，它将开始承担越来越多的楼面荷载，然后再传递给大梁。

再例如，墙承担的沿其长度方向的水平荷载与其刚度成正比。将墙的长度加倍就大约使其抗剪强度加倍，但其刚度则不止加倍，因此，其所承担的荷载也不止加倍。假设有两片除长度以外完全相同的混凝土墙，长度分别是 2.4m 和 1.2m，均为 3m 高、0.25m 厚，顶、底端受约束，模量相同。长墙相对于短墙抗剪强度是两倍，但由于刚度是 3 倍以上，它将承受 3 倍以上的荷载，大大超过了它的抗剪强度。因此，当两片抗侧力墙共同工作时，应重点考虑长墙的受力情况。

另一方面是让主次梁钢筋垂直相交互相贯穿时不受影响，保证施工时钢筋位置准确。一般主梁底部为单排钢筋时，主梁底可低于次梁底 50mm 以上；主梁底部为双排钢筋时，主梁底宜低于次梁底 100mm 以上。

2. 井字梁的相交梁断面高度一致，形成梁底标高相同的井格，无主、次梁之分

梁的荷载以等挠度来互相分配。两个方向梁的钢筋垂直相交形成高差，将影响梁的断面有效高度 h_0 的大小。

6–23　边框架与断面接近的大梁相交，若连接按铰接计算，如何处理才安全

【答】

框架结构设计中，凡是边框架与断面接近的大梁相交、半框架梁与框架相交，均采

用铰接，虽增大了大梁跨中的弯矩，使边框梁及框梁的扭矩理论上为“0”，但实际上边框梁及框架的扭矩仍存在。边框架与断面接近的大梁相交，若连接按铰接计算，由于整体浇注，边框架实际仍存在一定的扭转作用，设计时应根据实际情况适当增加抗扭构造钢筋。

6-24　排架结构（混凝土钢梁）中附有混凝土框架结构是否可行？此种结构端部是否可不设屋面梁而采用山墙承重

【答】

排架结构中含有部分框架结构是允许的，结构计算应按实际的结构型式建模计算。此类结构不应采用山墙承重，理由如下：

(1) 山墙和钢筋混凝土排架柱结构材料不同，不仅侧移刚度不同，而且承载力也不同。在地震作用下，山墙和钢筋混凝土排架的受力和位移不协调，不利抗震，由于山墙墙肢较长较高，约束较弱，地震时山尖墙极易掉落甚至倒塌。如以山墙作为屋架承重，势必引起屋盖塌落。

(2) 屋盖系统（屋面板、屋架和支撑）在两个端部不封闭，如以山墙作为承重，山墙受到水平面地震作用，容易破坏并引起屋盖塌落。

6-25　底部三层为混凝土框架结构，上部一层为钢结构，这种结构是否成立，四层是否为加层，有无超规范设计问题？值得注意的地方在何处

【答】

底部三层为混凝土框架结构，上部一层为钢结构，可分为两种情况：

(1)《抗震规范》中不包括下部为钢筋混凝土、上部为钢结构的有关规定，这样两种结构的阻尼比不同，上下两部分刚度存在突变，属超规范。其设计应按国务院《建筑工程勘察设计管理条例》第 29 条执行，且需由省级以上有关部门组织建设工程技术专家委员会审定。

(2) 当仅屋盖部分采用钢结构时，整个结构抗侧移体系的竖向构件仍是钢筋混凝土构件，可按照《抗震规范》第 6 章有关规定进行抗震设计。此时尚应注意因加层带来结构刚度突变等不利影响，进行验算，必要时对原结构采取加固措施。

6-26　多层框架结构中，部分柱仅一个方向（*X* 向或 *Y* 向）上有框架梁，另一方向连续几层均无梁，如何控制

【答】

框架结构的框架梁应双向设置（《抗震规范》第 6.1.5 条），计算分析时应按实际情况计算。

6-27 混凝土框架结构，墙内是否需加构造柱

【答】

钢筋混凝土结构中的砌体填充墙，按《抗震规范》第13.3.4条规定，墙长大于5m时，墙顶与梁宜有拉结；墙长超过8m或层高2倍时，宜设置钢筋混凝土构造柱；墙高超过4m时，墙体半高处宜设置与柱连接且沿墙全长贯通的钢筋混凝土水平系梁。

6-28 后浇带的钢筋应不应断开

【答】

一般情况下是不断开的，且要配置适量的加强钢筋；但也有将后浇带钢筋完全断开的，这种情况下由于在同一连接区段内100%的搭接，应注意其搭接长度 l_{ac} 与后浇带的关系。

(1) 分类。有施工后浇带与沉降后浇带（可能各地叫法不同）。施工后浇带，主要是因为建筑物超长或平面不规则，用于解决混凝土的早期收缩问题；沉降后浇带，主要是因为后浇带两侧的沉降差异较大，用于协调二者的沉降差。

(2) 宽度。800 ～ 1000mm，对柱开间大的，可用大值；如果柱网较密，可用小值。

(3) 布置位置。一般是梁跨的1/3跨处。但布置时应注意，后浇带位置内不要有其他受力构件，如次梁、承台等。整栋建筑物内，后浇带的位置一般从上至下都是在同一位置。

(4) 构造。按要求，后浇带处的钢筋应当加强，对板与梁除正常配筋外，尚应有附加钢筋。其数量与规格等可参见相关构造手册要求。

(5) 浇筑时间。施工后浇带，一般是在混凝土浇筑后42 ～ 60d；沉降后浇带，一般是在二者的沉降趋向稳定时。

第7章

框架结构荷载及效应

7–1　什么是结构上的作用

【答】

结构上的作用，是对施加在结构上的集中或分布荷载以及引起结构外变形或约束变形因素的总称。结构上的常见作用如图 7-1 所示。

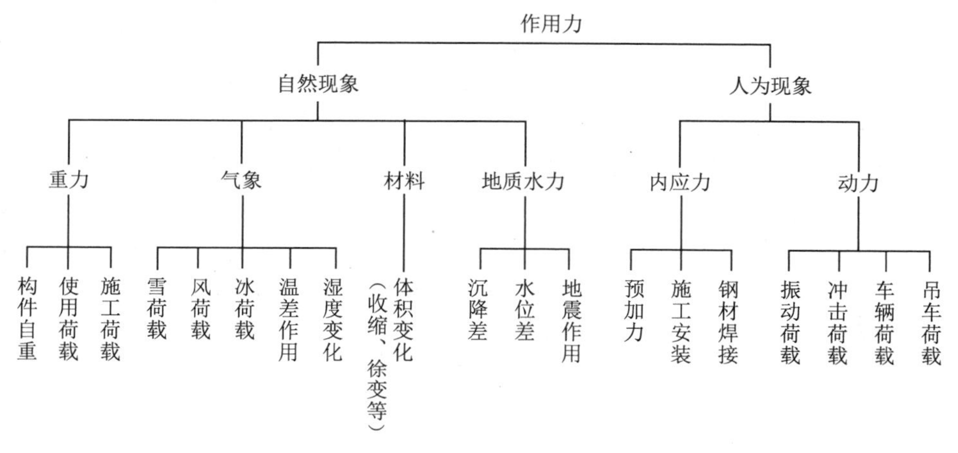

图 7-1　建筑结构上出现的常见作用

结构是建筑物的骨架，支承着这些自然的和人为的作用力，是建筑物能够存在的根本原因。

施加在结构上的集中荷载和分布荷载称为直接作用。地震、地基沉降、混凝土收缩、温度变化、焊接等因素虽然不是荷载，但可以引起结构的变形或约束变形，称为结构上的间接作用。

例如简支梁自重的作用力是荷载，为直接作用，而两跨连续梁中间支座的沉降对梁的作用力是间接作用。

7–2　荷载分类有哪些？它们之间的关系如何

【答】

凡是直接作用在结构或构件上的力集（包括集中力和分布力）并能使结构或构件产生应力、应变、位移、裂缝等效应的直接作用，统称为荷载。

1. 荷载分类

结构上的荷载，可分为三类：永久荷载、可变荷载及偶然荷载。

(1) 永久荷载（恒载）。在结构使用期间，其值不随时间变化或其变化与平均值相比可以忽略不计或其变化是单调的并能趋于限值的荷载。例如结构的自重（材料自身重量产生的重力）、土压力、预应力等。

(2) 可变荷载（活载）。在结构使用期间，其值随时间变化，且其变化与平均值相比不可以忽略不计的荷载。例如楼面活荷载、屋面活荷载和积灰荷载、吊车荷载、风荷载、雪荷载、温度作用等。

(3) 偶然荷载（特殊荷载）。在结构使用期间不一定出现，而一旦出现，其值很大且持续时间很短的荷载。例如爆炸力、撞击力等。

2. 荷载代表值

荷载代表值是设计中用以验算极限状态所采用的荷载量值。

1) 荷载有 4 种代表值：标准值、组合值、频遇值和准永久值

(1) 标准值。是荷载的基本代表值，为设计基准期内最大荷载统计分布的特征值（如均值、众值、中值或某个分位值）；其他代表值都可在标准值的基础上乘以相应的系数后得出。荷载的标准值是由大量的实测数据经统计分析得出的，荷载的组合值、频遇值和准永久值通常由工程实践经验确定。

荷载标准值是结构在 50 年的设计基准期（使用期间）内，正常情况下可能出现的最大荷载值。

(2) 组合值。是针对可变荷载，使组合后的荷载效应在设计基准期内的超越概率，能与该荷载单独出现时的相应概率趋于一致的荷载值；或使组合后的结构具有统一规定的可靠指标的荷载值。计算公式为

荷载组合值 = 荷载标准值 × 组合值系数

当有 2 种或 2 种以上的可变荷载在结构上要求同时考虑时，由于所有可变荷载同时达到其单独出现时可能达到的最大值的概率极小，因此，除主导荷载（产生最大效应的荷载）仍可以用其标准值为代表值外，其他伴随荷载均应以其标准值乘以组合系数予以折减，折减后的荷载代表值称为荷载的组合值。

(3) 频遇值。是对可变荷载，在设计基准期内，其超越的总时间为规定的较小比率，或超越频率为规定频率的荷载值。计算公式为

荷载频遇值 = 荷载标准值 × 频遇值系数

(4) 准永久值。是对可变荷载，在设计基准期内，其超越的总时间约为设计基准期一半的荷载值。计算公式为

荷载准永久值 = 荷载标准值 × 准永久值系数

以上可变荷载组合值系数、频遇值系数、准永久值系数的取值要求见表 7-1 所列。

在一般情况下，风荷载组合系数取 0.6，其他可变荷载组合系数取 0.7。在任何情况下，荷载组合系数不得低于频遇值系数。

表 7-1　可变荷载组合值系数、频遇值系数、准永久值系数的取值

<table>
<tr><th colspan="2">建筑类型及荷载情况</th><th>组合值系数</th><th>频遇值系数</th><th>准永久值系数</th></tr>
<tr><td>民用建筑</td><td>楼面均布活荷载</td><td colspan="3">不应小于《荷载规范》表 5.1.1 的规定</td></tr>
<tr><td rowspan="2">工业建筑</td><td rowspan="2">楼面活荷载</td><td colspan="3">除遵守《荷载规范》附录 D 中规定外，应按实际情况采用</td></tr>
<tr><td>不应小于 0.7</td><td>不应小于 0.7</td><td>不应小于 0.6</td></tr>
<tr><td colspan="2">屋面活荷载</td><td colspan="3">不应小于《荷载规范》表 5.3.1 的规定</td></tr>
<tr><td colspan="2">屋面积灰荷载</td><td colspan="3">应按《荷载规范》表 5.4.1-1 和表 5.4.1-2 采用</td></tr>
<tr><td colspan="2">施工荷载、检修荷载及栏杆荷载</td><td>0.7</td><td>0.5</td><td>0</td></tr>
</table>

2）建筑结构设计时，应对不同荷载采用不同代表值的具体要求

(1) 对永久荷载。在按承载能力极限状态设计时，应采用标准值作为代表值。

对结构自重，可按结构构件设计尺寸与材料单位体积的自重计算确定。对于某些自重变异较大的材料和构件（如现场制作的保温材料、混凝土薄壁构件等），自重的标准值按照对结构的不利状态，取上限值或下限值。

(2) 对可变荷载。应根据设计要求采用标准值、组合值或准永久值作为代表值。

当结构承受 2 种或 2 种以上可变荷载时，作承载能力极限状态设计或正常使用极限状态按短期效应组合设计时，应采用组合值作为可变荷载的代表值。

当结构按正常使用极限状态的要求进行设计时，例如要求控制房屋的变形、裂缝、局部损坏以及引起不舒适的振动时，就应从不同的要求出发来选择荷载的代表值。

正常使用极限状态按频遇组合设计时，应采用可变荷载的频遇值或准永久值作为荷载代表值。例如允许某些极限状态在一个较短的持续时间内被超过或在总体上不长的时间内被超过，此时就可以用计算荷载频遇值来作为荷载的代表值。

正常使用极限状态按准永久组合设计时，应采用可变荷载的准永久值作为荷载代表值。对于与荷载超越次数有关联的正常使用极限状态，例如结构振动时涉及人的舒适性、影响非结构构件的性能和设备使用功能时的极限状态，通常采用准永久值作为荷载代表值。

(3) 对偶然荷载。应根据试验资料、建筑结构使用特点，结合工程经验确定其代表值。

3. 荷载设计值

荷载代表值与荷载分项系数的乘积，称为荷载设计值。计算公式为

$$荷载设计值 = 荷载代表值 \times 荷载分项系数$$

在设计建筑结构时，应根据不同的设计要求，选取不同的荷载代表值来计算荷载的设计值（设计荷载）。

荷载应按《荷载规范》中的有关规定选用；没有规定的，可从有关参考资料中查找，必要时还需要通过实测确定。

计算设计荷载，更不得漏项。漏算设计荷载的后果可能极为严重。

各种荷载值的关系如图 7-2 所示。

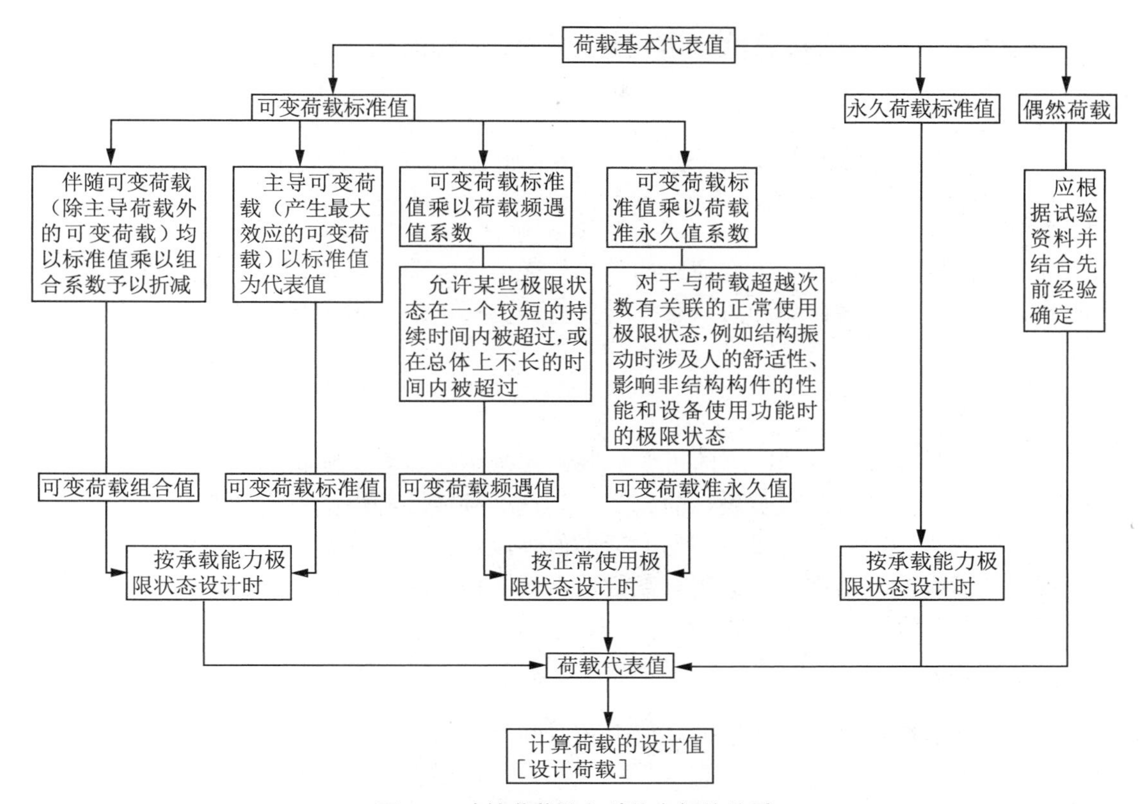

图 7-2 建筑荷载的各种值之间的关系

7–3 什么是永久荷载的代表值

【答】

荷载是随机变量，任何一种荷载的大小都具有程度不同的变异性。因此，进行建筑结构设计时，对于不同的荷载和不同的设计情况，应采用不同的代表值。对于永久荷载而言，只有一个代表值，这就是它的标准值。

荷载的标准值是该荷载在结构设计基准期内可能达到的最大量值。由于荷载是随机变量，其量值的大小在客观上具有某个统计分布，如果这种分布能够确定，可以根据协定的百分数取其分位值作为代表值。如果这种分布难于确定，可以根据已有的工程实践经验，通过分析判断后，规定一个公称值作为其代表值。

永久荷载标准值，对于结构自重，可按结构构件的设计尺寸与材料单位体积的自重计算确定。

对于常用材料和构件，单位体积的自重可由《荷载规范》附录 A 查得。例如几种常见材料，其单位体积的自重为：素混凝土 22 ～ 24kN/m^2、钢筋混凝土 24 ～ 25kN/m^2、水泥砂浆 20kN/m^2、石灰砂浆 17kN/m^2。

对于某些自重变异较大的材料和构件（如现场制作的保温材料、混凝土薄壁构件等），自重的标准值应根据对结构的不利状态，取上限值或下限值。

7-4 可变荷载有哪些代表值？进行结构设计时如何选用这些代表值

【答】

对于可变荷载，应根据设计的要求，分别取如下不同的荷载值作为其代表值。

1. 标准值

可变荷载的标准值，是可变荷载的基本代表值。《荷载规范》中，对于楼面和屋面活荷载、吊车荷载、雪荷载和风荷载等可变荷载的标准值规定了具体数值或计算方法，设计时可以查用。

2. 组合值

当结构承受 2 种或 2 种以上的可变荷载，且按承载能力极限状态设计或按正常使用极限状态的荷载短期效应组合设计时，考虑到这 2 种或 2 种以上可变荷载同时达到最大值的可能性较小，因此，可以将它们的标准值乘以一个小于或等于 1 的荷载组合系数。这种将可变荷载标准值乘以荷载组合系数以后的数值，称为可变荷载的组合值。因此，可变荷载的组合值是当结构承受 2 种或 2 种以上的可变荷载时的代表值。

3. 准永久值

可变荷载虽然在设计基准期内其值会随时间而发生变化，但是研究表明，不同的可变荷载在结构上的变化情况不一样。以住宅楼面的活荷载为例，人群荷载的流动性较大，家具荷载的流动性则相对较小。可变荷载中在整个设计基准期内出现时间较长（其超越的总时间约为设计基准期一半，可理解为总的持续时间不低于 25 年）的那部分荷载值，称为该可变荷载的准永久值。

可变荷载准永久值为可变荷载标准值乘以荷载准永久值系数。由于可变荷载准永久值只是可变荷载标准值的一部分，因此，可变荷载准永久值系数小于或等于 1.0。

正常使用极限状态按长期效应组合设计时，应采用准永久值作为可变荷载的代表值。

4. 偶然荷载

对于偶然荷载，应根据试验资料，结合工程经验确定其代表值。

7-5 荷载设计值与荷载标准值有什么关系

【答】

荷载代表值乘以荷载分项系数后的值，称为荷载设计值。

设计过程中，只是在按承载力极限状态计算荷载效应组合设计值的公式中引用了荷载分项系数。因此，只有在按承载力极限状态设计时才需要考虑荷载分项系数和荷载设计值。在按正常使用极限状态设计中，当考虑荷载短期效应组合时，恒荷载和活荷载都用标准值；当考虑荷载长期效应组合时，恒荷载用标准值，活荷载用准永久值。

7-6 什么是结构的作用效应

【答】

作用引起的结构或构件的内力和变形即称为结构的作用效应。常见的作用效应如下。

(1) 内力:

① 轴向力。即作用引起的结构或构件某一正断面上的法向拉力或压力。

② 剪力。即作用引起的结构或构件某一断面上的切向力。

③ 弯矩。即作用引起的结构或构件某一断面上的内力矩。

④ 扭矩。即作用引起的结构或构件某一断面上的剪力构成的力偶矩。

(2) 应力。如正应力、剪应力、主应力等。

(3) 位移。作用引起的结构或构件中某点位置改变(线位移)或某线段方向的改变(角位移)。

(4) 挠度。构件轴线或中面上某点在弯矩作用平面内垂直于轴线或平面的线位移。

(5) 变形。作用引起的结构或构件中各点间的相对位移。变形分为弹性变形和塑性变形。

(6) 应变。如线应变、剪应变和主应变等。

7-7 荷载规范里的荷载组合中提到的荷载“基本组合”“频遇组合”和“准永久组合”分别表示什么?分别用在什么情况下

【答】

1. 基本组合与偶然组合

1) 基本组合

基本组合属于承载力极限状态设计的荷载效应组合(《荷载规范》第3.2.2条),它包括:

(1) 由可变荷载控制组合的效应设计值(《荷载规范》第3.2.3条)。其计算公式为

$$S_d=\sum_{j=1}^{m}\gamma_{Gj}S_{Gjk}+\gamma_{Q1}\gamma_{L1}S_{Q1k}+\sum_{i=2}^{n}\gamma_{Qi}\gamma_{Li}\psi_{ci}S_{Qik} \tag{7-1}$$

(2) 由永久荷载控制组合的效应设计值(《荷载规范》第3.2.3条)。其计算公式为

$$S_d=\sum_{j=1}^{m}\gamma_{Gj}S_{Gjk}+\sum_{i=2}^{n}\gamma_{Qi}\gamma_{Li}\psi_{ci}S_{Qik} \tag{7-2}$$

荷载效应设计值取上述两者的最不利者。两者中的分项系数取值不同,这是新规范不同老规范的地方,它更加全面地考虑了不同荷载水平下构件的可靠度问题。

在承载力极限状态设计中,除了基本组合外,还针对排架、框架等结构给出了简化组合。

2) 偶然组合(大于基本组合)

(1) 用于承载能力极限状态设计时,效应设计值 = 永久作用 +1 个偶然作用 + 可变作用的组合(《荷载规范》第3.2.6条)。其计算公式为

$$S_d=\sum_{j=1}^{m}S_{Gjk}+S_{Ad}+\psi_{f1}S_{Q1k}+\sum_{i=2}^{n}\psi_{q_i}S_{Qik} \tag{7-3}$$

(2) 用于偶然事件发生后受损结构整体稳固性验算，是效应设计值 = 永久作用 + 可变作用的组合（《荷载规范》第 3.2.6 条）。其计算公式为

$$S_d=\sum_{j=1}^{m}S_{Gjk}+\psi_{f1}S_{Q1k}+\sum_{i=2}^{n}\psi_{qi}S_{Qik} \tag{7-4}$$

2. 标准组合、频遇组合和准永久组合

这些属于正常使用极限状态设计的荷载效应组合。

1) 标准组合

标准组合是指正常使用极限状态设计时，采用标准值或组合值为荷载代表的组合（《荷载规范》第 3.2.8 条）。其计算公式为

$$S_d=\sum_{j=1}^{m}S_{Gjk}+S_{Q1k}+\sum_{i=2}^{n}\psi_{ci}S_{Qik} \tag{7-5}$$

标准组合在某种意义上与过去的短期效应组合相同，主要用来验算一般情况下构件的挠度、裂缝等使用极限状态问题。在组合中，可变荷载采用标准值，即超越概率为 5% 的上分位值，荷载分项系数取为 1.0。可变荷载的组合值系数由《荷载规范》给出。

2) 频遇组合

频遇组合是指正常使用极限状态设计时，对于可变荷载，采用频遇值（或准永久值）为荷载代表的组合，即效应设计值 = 永久组合标准值 + 主导可变荷载频遇值 + 伴随可变荷载的准永久值（《荷载规范》第 3.2.9 条）。其计算公式为

$$S_d=\sum_{j=1}^{m}S_{Gjk}+\psi_{f1}S_{Q1k}+\sum_{i=2}^{n}\psi_{qi}S_{Qik} \tag{7-6}$$

频遇组合是新引进的组合模式，可变荷载的频遇值等于可变荷载标准值乘以频遇值系数（该系数小于组合值系数），其值是这样选取的：考虑了可变荷载在结构设计基准期内超越其值的次数或时间与总的次数或时间相比在 10% 左右。频遇组合目前的应用范围较为窄小，如见于吊车梁的设计等。由于其中的频遇值系数许多还没有合理地统计出来，所以，在其他方面的应用还有一段时间。

3) 准永久组合

准永久组合是指正常使用极限状态设计时，对于可变荷载，采用准永久值为荷载代表的组合（《荷载规范》第 3.2.10 条）。其计算公式为

$$S_d=\sum_{j=1}^{m}S_{Gjk}+\sum_{i=2}^{n}\psi_{qi}S_{Qik} \tag{7-7}$$

准永久组合在某种意义上与过去的长期效应组合相同，其值等于荷载的标准值乘以准永久值系数。它考虑了可变荷载对结构作用的长期性。在设计基准期内，可变荷载超越荷载准永久值的概率在 50% 左右。准永久组合常用于考虑荷载长期效应对结构构件正常使用状态影响的分析中。最为典型的是：对于裂缝控制等级为二级的构件，要求按照标准组合时，构件受拉边缘混凝土的应力不超过混凝土的抗拉强度标准值，在按照准永

久组合时，要求不出现拉应力。

正常使用极限状态要求的设计可靠指标较小（[β] 在 0 ～ 1.5 之间取值），因而设计时对荷载不用分项系数，对材料强度取标准值。由材料的物理力学性能已知，长期持续作用的荷载使混凝土产生徐变变形，并导致钢筋与混凝土之间的黏结滑移增大，从而使构件的变形和裂缝宽度增大。所以，进行正常使用极限状态设计时，应考虑荷载长期效应的影响，即应考虑荷载效应的准永久组合，对构件裂缝宽度、构件刚度的计算，规范采用按荷载效应标准组合并考虑长期作用影响来进行计算，主要是因为目前相应的分析计算方法尚不完善，所以仍然要以过去的经验为基础进行设计。

7–8　如何理解荷载的频遇值与准永久值

【答】

荷载的标准值是在规定的设计基准期内最大荷载的意义上确定的，它没有反映荷载作为随机过程而具有随时间变异的特性。当结构按正常使用极限状态的要求进行设计时，例如要求控制房屋的变形、裂缝、局部损坏以及引起不舒适的振动时，就应从不同的要求出发，来选择荷载的代表值。

在结构使用期内，荷载按作用时间长短分为荷载频遇值和准永久值。

例如允许某些极限状态在一个较短的持续时间内被超过或在总体上不长的时间内被超过，可以采用荷载频遇值作为荷载的代表值，它相当于在结构上时而出现的较大荷载值，但总是小于荷载的标准值。对于在结构上经常作用的可变荷载，应以准永久值为代表值，相当于可变荷载在整个变化过程中的中间值。

普通钢筋混凝土结构在使用荷载下，总是带裂缝工作的，此时内力已经部分进行了内力重分布，不符合弹性理论。准永久值对内力重分布能起有利作用。

因为准永久值的超载比频遇值的超载机会少；同时，从混凝土的强度降低和挠度增加等观点看，准永久值的影响是不利的。

7–9　为什么要引入荷载分项系数？如何选用荷载分项系数值

【答】

结构设计以材料性能标准值、几何参数标准值以及荷载代表值为基本参量。但是，对应于不同的极限状态和不同的设计情况，要求的结构可靠度并不相同。在各类极限状态的表达式中，引入了材料性能分项系数和荷载分项系数等多个分项系数来反映不同情况下的可靠度要求。

因此，分项系数是用极限状态设计时，为了保证所设计的结构或构件具有规定的可靠度，而在计算模式中采用的系数。设计表达式中的各分项系数，可以在荷载代表值以及材料性能和其他基本变量的标准值为既定的前提下，根据规定的可靠指标来确定。荷载分项系数是设计计算中，反映荷载不定性并与结构可靠度相关联的分项系数。

恒荷载和活荷载分项系数是根据下列原则经优选确定的：在各种标准值已给定的前提下，要选取一组分项系数，使所设计的各种结构构件具有的可靠指标，与规定的可靠指标之间在总体上误差最小。

以只有恒荷载 G 和一种活荷载 Q 作用的简单情况作为确定 γ_G 和 γ_Q 的基础。此时，结构构件的极限状态表达式可写为：

$$\gamma_G S_{GK} + \gamma_Q S_{QK} = R_K / \gamma_R \tag{7-8}$$

式中：S_{GK}、S_{QK}、R_K——分别为按《荷载规范》规定的标准值计算的恒荷载效应、活荷载效应和结构抗力；

γ_G、γ_Q、γ_R——分别为恒荷载分项系数、活荷载分项系数和结构抗力分项系数。

根据对 14 种有代表性的民用建筑结构构件在 S_G+S_Q（办公楼）、S_G+S_Q（住宅）和 S_G+S_w 三种简单组合情况下进行的分析，《统一标准》和《荷载规范》规定，荷载分项系数可按下列规定采用：

1）永久荷载的分项系数 γ_G

① 当其效应对结构不利时：由可变荷载效应控制的组合，应取 γ_G=1.2；由永久荷载效应控制的组合，应取 γ_G=1.35。

② 当其效应对结构有利时：一般情况下应不大于 γ_G=1.0。

验算倾覆和滑移时，对抗倾覆和滑移有利的永久荷载，其分项系数取 0.9；对某些特殊情况，应按有关建筑结构设计规范的规定确定。

2）可变荷载的分项系数 γ_Q

① 一般情况下，取 γ_Q=1.4；

② 对工业房屋楼面结构，当活荷载标准值大于 4kN/m^2 时，取 γ_Q=1.3。

注：对于某些特殊情况，可按建筑结构有关设计规范的规定确定。

3）对于吊车荷载，因目前尚缺乏统计资料，设计时需作适当处理

具体点说，一般只有一种活载时（当恒载取 1.35 时，活载前面要乘以 0.7 的组合系数），对由可变荷载效应控制的组合，取 1.2G+1.4Q；由永久荷载效应控制的组合，取 1.35G+0.7×1.4Q。其中 G 为恒载，Q 为活载。

所以，并不一定是“由永久荷载效应控制的组合”大于“由可变荷载效应控制的组合”，应是哪个大就取哪一个。

通常我们考虑分项系数时，按 1.2 恒 +1.4 活或 1.35 恒 +0.7×1.4 活。其中恒载的分项系数抗浮验算时取 0.9，砌体抗浮取 0.8。

如果令 1.35G+0.7×1.4Q ＞ 1.2G+1.4Q，则 G/Q ＞ 2.8。

所以，当恒载与活载的比值大于 2.8 时，取 1.35G+0.7×1.4Q；否则取 1.2G+1.4Q。

4）对一般结构

① 楼板可取 1.2G+1.4Q；

② 屋面楼板可取 1.35G+0.7×1.4Q；

③ 梁柱有墙可取 1.35G+0.7×1.4Q；

④ 梁柱无墙可取 1.2G+1.4Q；

⑤ 基础可取 1.35G+0.7×1.4Q。

7-10 可变荷载考虑设计使用年限的调整系数代表了什么含义？如何取值

【答】

引入可变荷载考虑结构设计使用年限调整系数的目的，是为解决设计使用年限与设计基准期不同时，对可变荷载标准值的调整问题。当设计使用年限与设计基准期不同时，采用调整系数 γ_L 对可变荷载的标准值进行调整。

设计基准期是为统一确定荷载和材料的标准值而规定的年限，它通常是一个固定值。可变荷载是一个随机过程，其标准值是指在结构设计基准期内可能出现的最大值，由设计基准期最大荷载概率分布的某个分位值来确定。

设计使用年限是指设计规定的结构或结构构件不需要进行大修即可按其预定目的使用的时期，它不是一个固定值，与结构的用途和重要性有关。设计使用年限长短对结构设计的影响要从荷载和耐久性两个方面考虑。设计使用年限越长，结构使用中荷载出现“大值”的可能性越大，所以设计中应提高荷载标准值；相反，设计使用年限越短，结构使用中荷载出现“大值”的可能性越小，设计中可降低荷载标准值，以保持结构安全性和经济性的统一。

可变荷载考虑设计使用年限的调整系数 γ_L 的取值应按下列规定采用：

（1）楼面和屋面活荷载。应按表 7-2 采用。

表 7-2 楼面和屋面活荷载考虑设计使用年限的调整系数 γ_L

结构设计使用年限 / 年	5	50	100
γ_L	0.9	1.0	1.1

（2）对雪荷载和风荷载。应取重现期 R 为设计使用年限，确定基本雪压和基本风压（《荷载规范》第 E.3.3 条），或按有关规范的规定采用。

重现期为 R 的最大雪压和最大风压：

$$x_R = u - \frac{1}{\alpha}\ln\left[\ln\left(\frac{R}{R-1}\right)\right] \tag{7-9}$$

式中：u——极值 I 型的概率分布的位置参数，$u = \mu - \dfrac{0.57722}{\alpha}$；

α——极值 II 型的概率分布的尺度参数，$\alpha = \dfrac{1.28255}{\sigma}$；

μ——样本的平均值；

σ——样本的标准差。

7-11 在可变荷载参加组合时，为什么要考虑荷载组合系数

【答】

框架构件的内力，往往在几种不同类别的荷载同时作用时达到最大，设计时就要把它们组合起来考虑综合效应。但参加组合的荷载同时达到各自最大值的可能性几乎不存在，因此，在组合荷载时，我们有必要对某些可变荷载值进行折减，而不变荷载一般始终以不变值作用在结构上，其值就不能折减。

在计算各种荷载引起的结构最不利内力的组合时，可将有风荷载出现的可变荷载值适当降低，即乘以小于 1 的组合系数，从而实现折减的目的。

7-12 办公楼或卧室等（活荷载小于 2.5kN/m²）出挑部位活荷载取值是否必须按阳台取值

【答】

办公楼或卧室挑出部位活荷载可不按阳台取值，但在具体的设计工程中，有可能出现人员密集情况时，应按阳台活荷载取值。

7-13 设计墙、柱、基础和楼面梁时，多层建筑的楼面活荷载为什么要折减；而设计楼板时，活荷载却不应折减

【答】

建筑楼面均布活荷载标准值是根据《荷载规范》查得，折减系数按《荷载规范》第 5.1.2 条取用。

(1) 在设计墙、柱、基础时，考虑到整个建筑物各层均作用有活荷载，但实际上对多层建筑来讲，使用活荷载在所有各层不可能同时满载，所以引入了活荷载折减系数。

层数越多，折减越多；各层同时满载可能性越大，则折减越少。

(2) 在实际楼面梁承重时，由于它与层数无关，只与其本身负担楼面面积有关，因而它满载的机会要大得多，故它的折减系数比设计墙、柱、基础时的小。

但梁所承担荷载面积太小时，将不予折减。

(3) 根据上述思想，设计楼板时，楼板的满载机会更多，为安全起见，此时活荷载不应折减。

7-14 在钢筋混凝土连续次梁和板的内力计算中，为什么要采用折算荷载；而主梁内力计算中却不考虑

【答】

在钢筋混凝土现浇肋形楼盖中，假定次梁和板按支座为不动铰支的连续梁计算。实际上，主梁、次梁和板之间均为整体现浇，且作为支座的主梁或次梁都具有一定的抗扭刚度，这将对连续梁产生约束，次梁或板在支座上不可能自由转动。因此，实际梁中布置活荷载跨的跨中弯矩，比按原假定计算的弯矩有所降低，即存在所谓的卸载影响。

鉴于这种降低值与支座的抗扭刚度有关，计算十分烦琐，而且这种对转动的约束，对满跨布置的恒荷载情况下的弯矩不产生影响，只在按不利原则隔跨布置的活荷载情况下有影响，因此，可以在保证荷载总量不变的前提下，折算活荷载（减少活荷载，并把减少的荷载值加到恒荷载中，这样折减后的活荷载产生的跨中弯矩必然比原活荷载下的小），来考虑这一有利影响。

采用折算荷载分析，连续次梁或板的内力将减小，并且更接近实际情况。这样做后支座弯矩有所增加，但不会超过支座最不利荷载作用下（支座相邻两跨同时作用有活荷载）的弯矩，因此，不会对支座最后弯矩产生影响。

对于主梁，由于柱子或墙对主梁的约束作用较小，其卸载影响一般不予考虑。

7-15　双向板的受力特点有哪些

【答】

在荷载的作用下，在两个方向上弯曲，且不能忽略任一方向弯曲的板称为双向板，如图 7-3 所示。

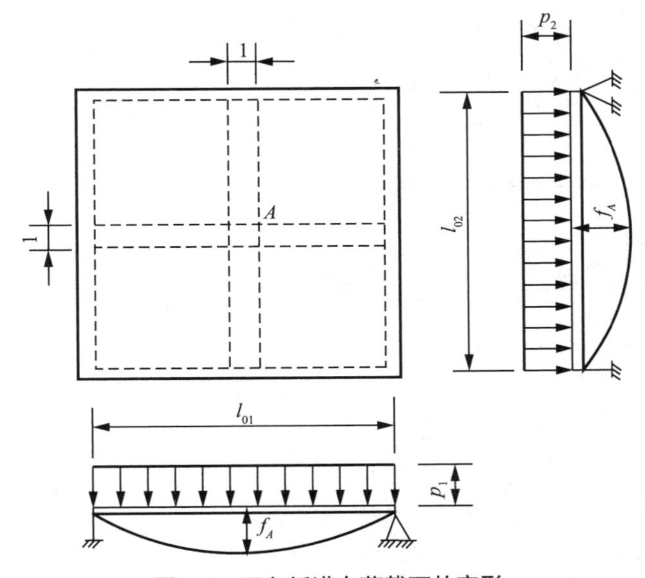

图 7-3　双向板满布荷载下的变形

双向板的受力特点如下：

(1) 双向板受力比单向板好，刚度好，跨度可达 5m，板厚较薄，美观经济。

(2) 双向板破坏、翘曲、裂缝特点：第一批裂缝出现在板底中部，第二批裂缝出现在板顶四角，如图 7-4 所示。

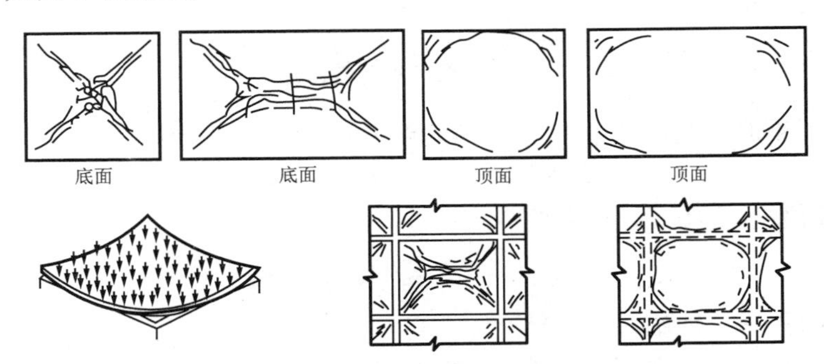

图 7-4　四边搁置无约束肋形楼盖裂缝

(3) 配筋细而密有利于承载；强度等级高的混凝土优于强度等级低的。

7–16　双向板的荷载如何在支承梁上传递

【答】

双向板同时在长边和短边两个方向传递荷载。近似地按如下方法考虑：

自各板角沿板边的 45° 方向作铰线，将板分为四块，每块板上的荷载传给邻近的支承梁上。长边处的梁承担梯形分布荷载，短边处的梁承担三角形分布荷载，如图 7-5 所示。

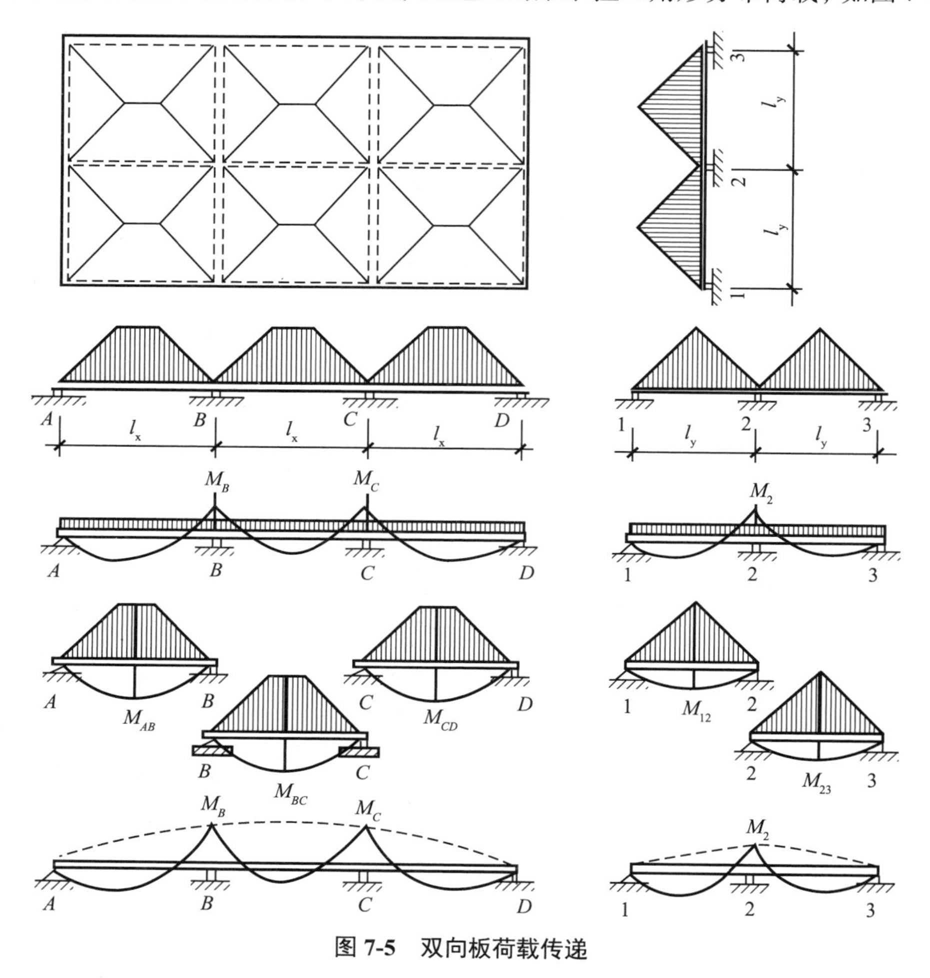

图 7-5　双向板荷载传递

考虑荷载的不利布置，可将梯形或三角形分布荷载化为等效均布荷载；也可直接按实践分布情况计算。

等效均布荷载 q_1 的计算公式如下：

$$q_1=\left(1-2\alpha^2+\alpha^3\right)q\text{ ，}\alpha=a/l_0 \tag{7-10}$$

式中：a、l_0——其含义如图 7-6 所示；

q——梯形或三角形分布荷载的最大值。

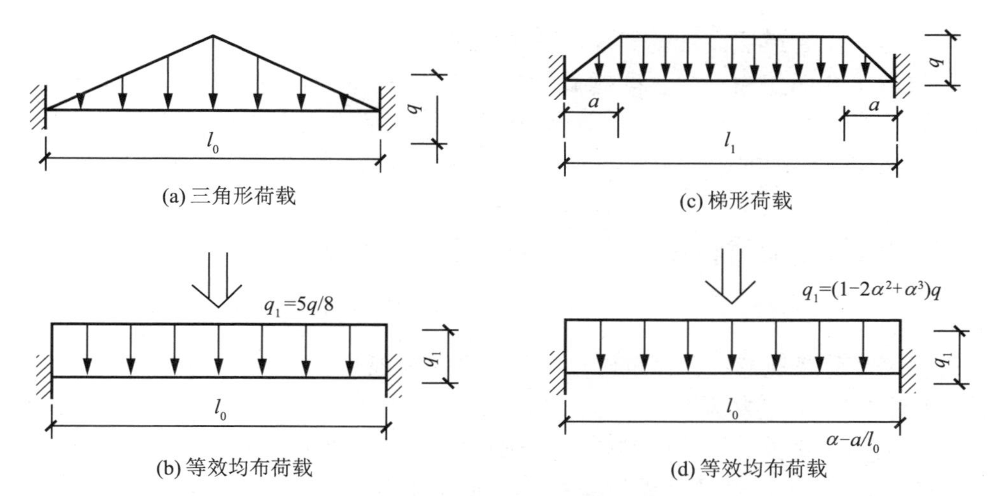

图 7-6 等效均布荷载转换

如果没有梯形荷载和三角形荷载的连续梁系数表，可以先用等效均布荷载计算连续梁的支座弯矩，然后再按实际荷载计算跨中弯矩。用等效均布荷载算出的连续梁支座弯矩与用实际荷载（梯形或三角形）算得的支座弯矩相同，但跨中弯矩并不能反映实际情况，因此，需要还原成荷载的实际分布图形再来计算跨中弯矩。

按等效均布荷载计算支承梁的弯矩时，要考虑活荷载的最不利布置。

(1) 承受梯形荷载简支梁。其计算公式为

$$M=\frac{1}{24}ql^2\left(3-4a^2\right) \tag{7-11}$$

(2) 承受三角形荷载简支梁。其计算公式为

$$M=\frac{ql^2}{12} \tag{7-12}$$

(3) 如果支承梁本身就是框架梁，则可按等效均布荷载计算框架，然后采用同样的方法还原成荷载的实际分布图形再计算跨中弯矩。

7-17 结构计算中梁上附加的荷载计算是只计算填充墙的荷载，还是把窗门洞之类的荷载折减去除

【答】

作计算的时候，并不对门窗进行折减，这多少也为自己留下些安全度。只有遇到构件计算十分紧张的情况下（如梁高不够时）才会考虑折减。还有一种情况就是出了什么问题（如梁有裂缝了），就应当按扣除门窗进行计算。住宅里的墙体就不折减了，当有些公共建筑开的窗较大、柱距也较大时才考虑折减。其实只要梁板的配筋是适筋范围，对总体造价影响是不大的。

至于门窗改动的问题，若用户把窗洞或门洞塞了，在另一处开，荷载承载能力就不

足了。但这样做没有遵照设计的情况，出了问题并不在设计的责任之内。就假设明明是住宅，却改做了仓库使用，出了问题设计当然不负责。这有个前提，就是你在说明中已经强调了这一点。可以做出如下说明：各房间的使用活载为多少；任何墙体的改动，均应事先征得结构工程师的同意。

7-18　如何将楼面荷载转化为框架计算简图中的荷载

【答】

首先根据《荷载规范》和建筑设计资料计算出楼面分布荷载。

然后，根据简支传力原则，在框架的负荷范围内（计算单元），将其传给次梁（或联系梁），次梁（或联系梁）以同样的原则传给框架主梁或楼面荷载直接传给框架梁。

由垂直于框架方向的梁（或为联系梁）传来的集中力，如果作用在框架梁的净跨内时，按梁的跨间荷载考虑；如果作用在框架柱断面形心轴线上时，按轴心压力作用于框架柱上，在框架内不引起弯矩和剪力；如果作用在框架柱断面形心轴线外，且尚在柱断面内时，按一轴心压力和一附加节点弯矩共同作用于框架柱上来处理。

框架结构体系房屋是一个由纵向框架和横向框架组成的空间结构，如图 7-7 所示。

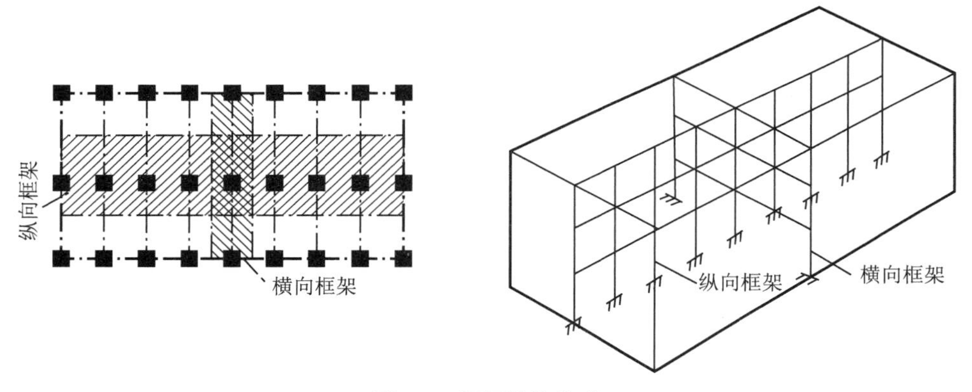

图 7-7　框架结构构成

当采用现浇楼盖时，楼面分布荷载一般可按角平分线传至相应两侧的梁上，水平荷载则简化成节点集中力，如图 7-8 所示。

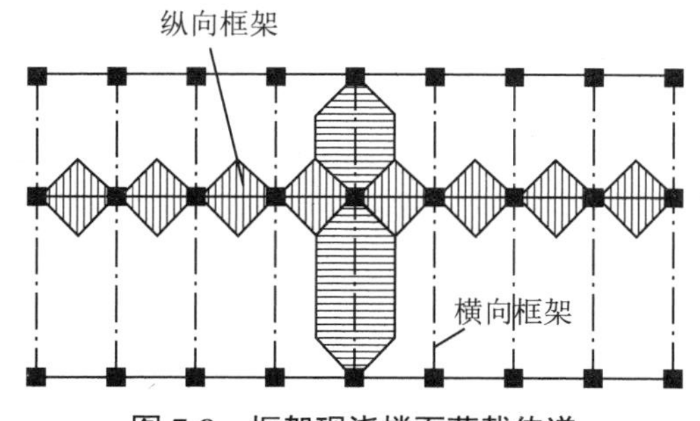

图 7-8　框架现浇楼面荷载传递

在一般情况下，为简化计算，常忽略结构纵向和横向之间的联系，忽略各构件的抗扭作用，将纵向框架和横向框架分别按平面框架进行分析计算，如图 7-9 所示。

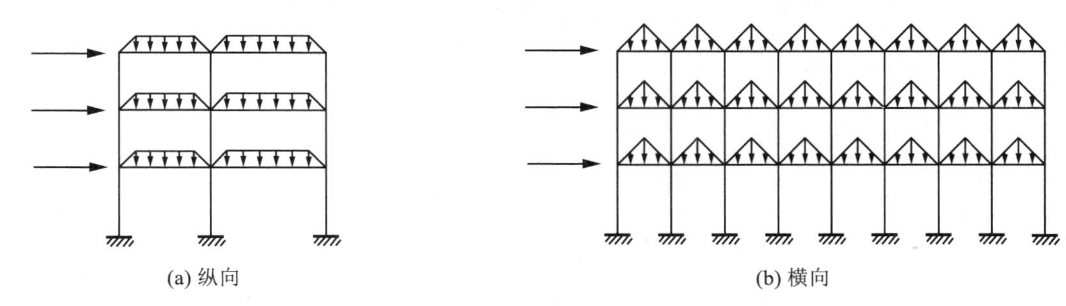

图 7-9　纵、横向平面框架及荷载

7-19　楼板上布置隔墙时，如何考虑楼面荷载

【答】

在设计楼板时，应根据板的边界条件和线荷载在板中的作用位置，按弹性力学原理来计算板的内力。

对于单向简支板，常采用等效均布荷载方法，即按《荷载规范》中附录“楼面等效均布活荷载的确定方法”来计算。

对于双向板，可参考《结构工程师》1990.4 期龚扬林、蒋大骅《双向板在集中荷载下的弯矩计算》和 1991.3 期刘经韬译《线荷载和带形荷载下矩形平板内的弯矩》两篇文章。由于计算比较复杂，这里就不详细介绍了。

双向板的等效均布荷载可按与单向板相同的原则，按四边简支板的绝对最大弯矩等值来确定。将四边简支板 [图 7-10(a)] 划分为 12×12 格 [图 7-10(b)]，用有限元程序 SAP84 计算。根据最大弯矩等值原则，即可得到隔墙荷载在双向板上的等效均布荷载取值。

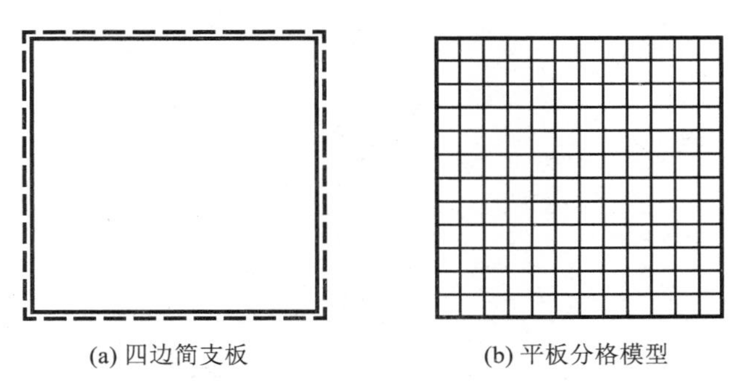

图 7-10　四边简支板及平板分格模型

根据工程实际情况，按九种不同的隔墙布置、隔墙荷载按 5 种不同大小、板面均布活荷载取 2 ～ 6kN/m^2 时，得出隔墙荷载在双向板上的等效荷载取值见表 7-3 所列。

表 7-3　隔墙荷载在双向板上的等效荷载取值

荷载布置形式	区格大小 / (m×m)	不同隔墙大小对应的等效荷载 /(kN•m^{-2})				
		3	5	7	9	11
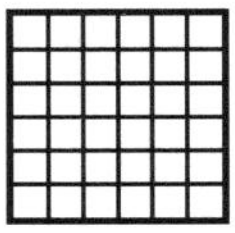	6.0×6.0	1.0	1.0	1.5	1.5	2.0
	7.2×7.2	1.0	1.0	1.5	1.5	1.5
	8.4×8.4	0.5	1.0	1.5	1.5	1.5
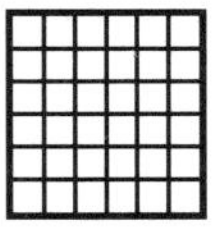	6.0×6.0	1.5	2.0	2.5	3.5	4.5
	7.2×7.2	1.0	2.0	2.5	3.0	3.5
	8.4×8.4	1.0	1.5	2.0	2.5	3.0
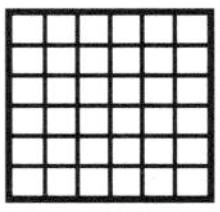	6.0×6.0	2.0	2.5	3.5	4.5	5.0
	7.2×7.2	1.5	2.5	3.0	3.5	4.5
	8.4×8.4	1.0	1.5	2.5	3.0	3.5
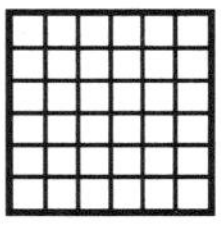	6.0×6.0	2.5	3.5	5.0	6.0	7.5
	7.2×7.2	2.0	3.0	4.0	5.5	6.5
	8.4×8.4	1.5	5.5	3.0	4.0	5.0
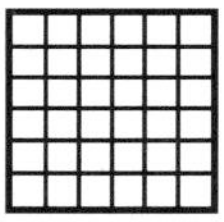	6.0×6.0	2.5	4.0	5.0	6.5	8.0
	7.2×7.2	2.0	3.5	4.5	5.5	6.5
	8.4×8.4	1.5	2.5	3.5	4.0	5.0
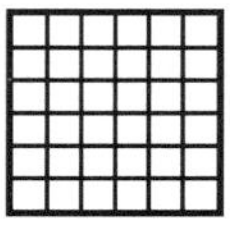	6.0×6.0	2.5	4.0	5.5	7.0	8.5
	7.2×7.2	2.5	3.5	5.0	6.0	7.0
	8.4×8.4	1.5	2.5	3.5	4.5	5.0
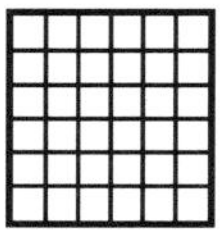	6.0×6.0	2.5	4.0	5.5	7.0	8.5
	7.2×7.2	2.5	3.5	4.5	6.0	7.0
	8.4×8.4	1.5	2.5	3.5	4.5	5.5
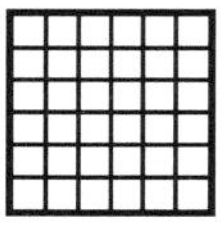	6.0×6.0	3.0	4.5	6.0	8.0	9.5
	7.2×7.2	2.5	4.0	5.5	6.5	8.0
	8.4×8.4	2.0	3.0	4.0	5.0	6.0
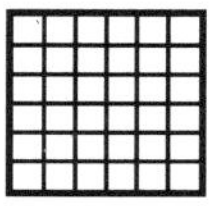	6.0×6.0	3.0	5.0	7.0	9.0	10.5
	7.2×7.2	3.0	4.5	6.0	7.5	9.0
	8.4×8.4	2.0	3.0	4.5	5.5	7.0

表格选用说明：

(1) 双向板的等效均布荷载按四边简支求得。但计算内力或挠度时，仍近似按平板实际支承情况考虑。

(2) 表适用的活荷载范围为 2 ～ 6kN/m^2。

(3) 当板跨度较大时，隔墙的等效荷载取值较小。

所以，当板跨度（区格）大于 8.4m×8.4m 时，可近似采用 8.4m×8.4m 时的取值；当跨度（区格）介于两者之间时，可近似按小跨时的取值采用，也可插值选用；当双向板两边跨度比较接近（15% 以内）时，可近似按短跨或平均跨度取值。

不能简单地将隔墙的总重除以房间的面积或板支座间的面积，来作为等效均布荷载。这样做使板的弯矩偏小很多，不安全。

7-20 计算纵向框架内力时，何时可以不考虑风荷载作用

【答】

(1) 在平面尺寸中，纵向长、横向窄，房屋山墙受风面积较小；纵向框架跨数多（柱多）而刚度大。

(2) 房屋高度低，风荷载较小。

(3) 属于横向承重体系，主要荷载由横向框架承受。

当满足以上条件时，纵向风荷载所产生的框架内力不大，可以略去不计。

7-21 如何进行内力组合

【答】

1. 梁的内力不利组合

(1) 梁的负弯矩。取以下两式的较大值：

$$-M = -\gamma_{RE}\left(1.2M_{Gk} + 1.3M_{Ek}\right) \tag{7-13}$$

$$-M = -\gamma_0\left(1.2M_{Gk} + 1.4M_{Ek}\right) \tag{7-14}$$

(2) 梁端正弯矩。其取值为

$$M = \gamma_{RE}\left(1.3M_{Ek} - 1.0M_{GE}\right) \tag{7-15}$$

(3) 梁端剪力。取以下两式的较大值：

$$V = \gamma_{RE}\left(1.2V_{Gk} + 1.3V_{Ek}\right) \tag{7-16}$$

$$V = \gamma_0\left(1.2V_{Gk} + 1.4V_{Qk}\right) \tag{7-17}$$

(4) 梁跨中正弯矩。取以下式的较大值：

$$M_0 = \gamma_{RE}\left(1.2M_{Gk} + 1.3M_{Ek}\right) \tag{7-18}$$

括号内应为跨中最大组合弯矩设计值，其值可用作图法（按比例）或解析法（取梁为隔离体）求得。

在恒荷载和活荷载作用下，跨间 $M_{\max}$ 可近似取跨中的 M 代替，即

$$M_{\max} \approx \frac{1}{8}ql^2 - \frac{M_{左} + M_{右}}{2} \tag{7-19}$$

式中：$M_{左}$、$M_{右}$——分别为梁左、右端弯矩；

跨中 M 若小于 $\frac{1}{16}ql^2$，应取 $M=\frac{1}{16}ql^2$。

在竖向荷载与地震作用（左震）组合时，跨间最大弯矩 M_{GE} 采用数解法计算，如图 7-11 所示。

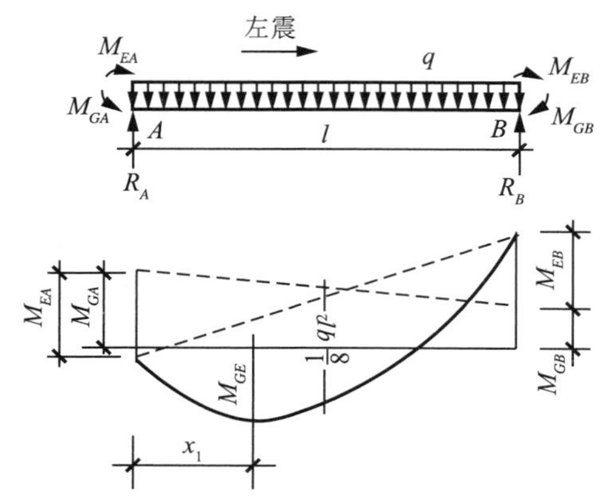

M_{GA}、M_{GB}—重力荷载作用下梁端的弯矩；M_{EA}、M_{EB}—水平地震作用下梁端的弯矩；
R_A、R_B—竖向荷载与地震共同作用下梁端的反力。

图 7-11　跨间最大弯矩计算示意图

对 R_B 作用点取矩值为

$$R_A=\frac{ql}{2}-\frac{M_{GB}-M_{GA}+M_{EA}+M_{EB}}{l} \tag{7-20}$$

x 处断面弯矩为

$$M=R_{Ax}-\frac{qx^2}{2}-M_{GA}+M_{EA} \tag{7-21}$$

由 $\frac{\mathrm{d}M}{\mathrm{d}x}=0$，可求得跨间 $M_{\max}$ 的位置为 $x_1=R_A/q$。将 x_1 代入任一断面 x 处的弯矩表达式中，可得跨间最大弯矩为

$$M_{\max}=M_{GE}=\frac{R_A^2}{2q}-M_{GA}+M_{EA}=\frac{qx^2}{2}-M_{GA}+M_{EA} \tag{7-22}$$

当右震时，M_{EA}、M_{EB} 反号。

2. 柱的内力不利组合

(1) 当地震沿框架结构横向（y 轴方向）作用时，则

$$M_x=\gamma_{RE}\left(1.2M_{GEx}+1.3M_{Ex}\right) \tag{7-23}$$

$$M_y=\gamma_{RE}\left(1.2M_{GEy}\right) \tag{7-24}$$

$$N=\gamma_{RE}\left(1.2N_{GE}+1.3N_{Ex}\right) \tag{7-25}$$

(2) 当地震沿框架结构纵向（x 轴方向）作用时，则

$$M_x = \gamma_{RE}(1.2M_{GEx}) \quad (7\text{-}26)$$

$$M_y = \gamma_{RE}(1.2M_{GEy} + 1.3M_{Ey}) \quad (7\text{-}27)$$

$$N = \gamma_{RE}(1.2N_{GE} + 1.3N_{Ey}) \quad (7\text{-}28)$$

(3) 当无地震作用时，则

$$M_x = \gamma_0(1.2M_{Gkx} + 1.4M_{Qkx}) \quad (7\text{-}29)$$

$$M_y = \gamma_0(1.2M_{Gky} + 1.4M_{Qky}) \quad (7\text{-}30)$$

$$N = \gamma_0(1.2N_{Gk} + 1.4N_{Qk}) \quad (7\text{-}31)$$

7-22 连续梁和多跨连续双向板，最不利活荷载的布置应怎样考虑

【答】

1. 连续梁

(1) 求某跨跨内最大正弯矩时，在该跨布活荷载，并向左右每隔一跨布活荷载。（本跨布，隔跨布）

(2) 求某跨跨内最大负弯矩时，在该跨不布活荷载，而在其相邻两跨布活荷载，并向左右每隔一跨布活荷载。（邻跨布，隔跨布）

(3) 求某支座断面最大剪力时，在支座左、右两跨布活荷载，并向左右每隔一跨布活荷载。（本跨布，隔跨布）

(4) 求某支座最大负弯矩时，布置方法同 (3)。

2. 多跨连续双向板

多跨连续双向板的计算，多采用以单区格板计算为基础的实用计算方法。此法假定：支承梁不产生竖向位移且不受扭。为免计算误差过大，双向板沿同一方向相邻跨度的比值 $l_{min}/l_{max} \geqslant 0.75$。

1) 求跨中最大正弯矩

对荷载进行分解。荷载 $(g+q/2)$ 满布，$\pm q/2$ 间隔布置（g 为均布恒荷载，q 为均布活荷载）。对于满布荷载 $(g+q)/2$，近似认为各区格板都固定支承在中间支座上；对于间隔布置荷载 $\pm q/2$，近似认为各区格板在中间支座处都是简支的。沿板周边按实际支承情况确定。

2) 求支座最大负弯矩

支座最大负弯矩可近似按漫布活荷载时求得。这时近似认为各区格板都固定在中间支座上，沿板周边仍按实际支承情况确定。由相邻区格板分别求得的同一支座负弯矩不相等时，取绝对值较大者作为该支座最大负弯矩。

对连续梁结构，活荷载在不同跨的不同布置，对梁的支座弯矩和跨中弯矩的影响是不同的，即通过活荷载的不利布置，可以得到支座断面或跨中断面的不利设计弯矩和剪力。对高层空间结构而言，同样存在楼面活荷载不利布置问题，只是活荷载不利布置方式比连续梁结构更为复杂，通常以楼面梁围成的平面区域（房间）为单位考虑活荷载的

不利布置，其计算工作量比连续梁成倍增加。高层建筑结构内力计算中，如果活荷载较大，其不利分布对梁弯矩的影响会比较明显，计算时应予考虑，所以《高规》有第5.1.8条的规定（当楼面活荷载大于4kN/m^{2}时，应考虑楼面活荷载不利布置引起的结构内力的增大；当整体计算中未考虑楼面活荷载不利布置时，应适当增大楼面梁的计算弯矩）；对柱、剪力墙的影响相对不明显。

一方面，高层建筑结构层数很多，每层的房间也很多，活荷载在各层间的分布情况极其繁多，难以一一计算。所以，一般考虑楼面活荷载不利布置时，也仅考虑活荷载在同一楼层内的不利布置，而不考虑不同层之间的相互影响，这种做法在国际上也是常用的，其精度可以满足实际工程设计的要求。

另一方面，目前国内混凝土结构高层建筑由永久荷载和活荷载引起的单位面积重力荷载，框架与框架－剪力墙结构为12～14kN/m^2，剪力墙和筒体结构为13～16kN/m^2，而其中活荷载部分为2～3kN/m^2，只占全部重力的15%～20%，活荷载不利分布的影响较小。所以一般情况下，可不考虑楼面活荷载不利布置的影响。

除进行活荷载不利分布的详细计算分析外，也可将未考虑活荷载不利分布计算的框架梁弯矩乘以放大系数予以近似考虑，该放大系数通常可取为1.1～1.3，活载大时可选用较大数值。近似考虑活荷载不利分布影响时，梁正、负弯矩应同时予以放大，而并非只考虑梁跨中正弯矩的增大。这种方法，在我国工程设计中已经广泛应用，实践证明大多数情况下也是切实可行的。

7–23　多层框架活荷载布置为何要考虑最不利位置？如果不考虑有何问题？又应如何处理

【答】

活荷载是可变荷载，它可以单独地作用在某层的某一跨或几跨上，也可能同时作用在整个结构上。

对于构件的不同断面或同一断面的不同种类的最不利内力，往往有各不相同的活荷载最不利位置。

因此，我们要根据断面的位置、最不利内力的种类分别确定最不利位置。

主要方法如下。

1. 逐跨施荷法

将活荷载逐跨单独地作用在各跨上，分别计算各种荷载情况的框架内力，然后再针对各控制断面去组合其可能出现的最大内力（最不利内力）。此法计算量大，一般为计算机计算时采用。

2. 最不利荷载位置法

在框架结构中确定若干控制断面，然后针对这些断面可能形成的最不利内力去布置活荷载，最后再计算出框架内力，即为该断面所求最大内力。此法多数情况下计算量大，也不利于手工计算。

为求某一指定断面的最不利内力，可以根据影响线方法，直接确定产生此最不利内力的活荷载布置。

以图 7-12(a) 所示的四层四跨框架为例，欲求某跨梁 AB 的跨中 C 断面最大正弯矩 M_c 的活荷载最不利布置，可先作 M_c 的影响线，即解除 M_c 相应的约束（将 C 点改为铰），代之以正向约束力，使结构沿约束力的正向产生单位虚位移 $\theta_c=1$，由此可得到整个结构的虚位移图，如图 7-12(b) 所示。根据虚位移原理，为求梁 AB 跨中最大正弯矩，须在图 7-12(b) 中凡产生正向虚位移的跨间均布置活荷载。亦即除该跨必须布置活荷载外，其他各跨应相应布置，同时在竖向亦相间布置，形成棋盘形间隔布置，如图 7-12(c) 所示。

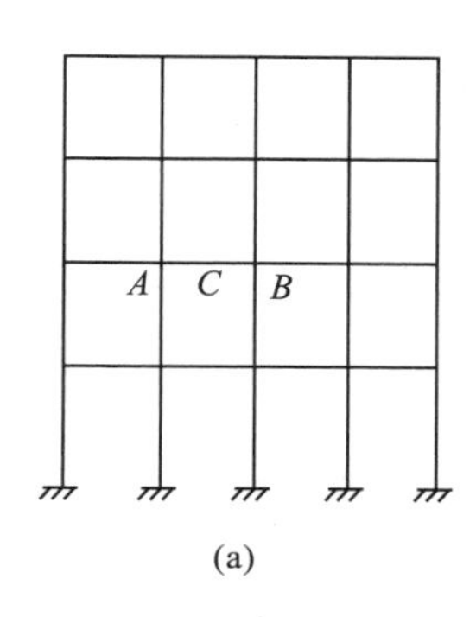

(a)

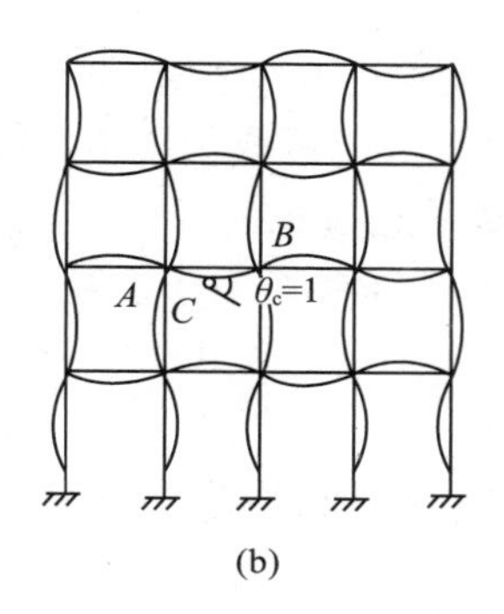

(b)

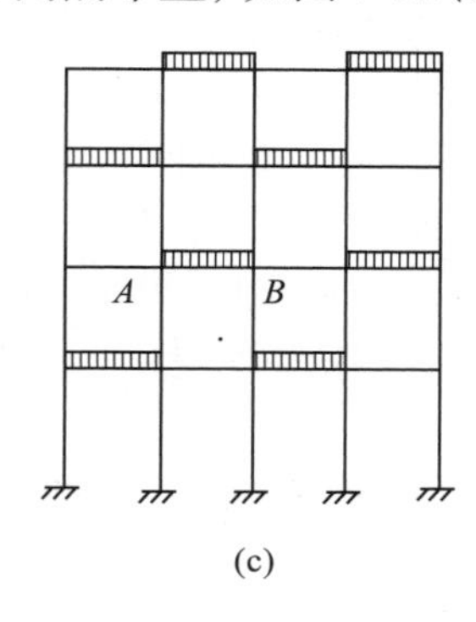

(c)

图 7-12 最不利荷载的布置

可以看出，当 AB 跨达到跨中弯矩最大时的活荷载最不利布置，也正好使其他布置活荷载跨中弯矩达到最大值。因此，只要进行两次棋盘形活荷载布置，便可求得整个框架中所有梁的跨中最大正弯矩。

非棋盘格布置，其影响线比较复杂，会出现反弯点，如图 7-13 所示。

梁端取最大负弯矩或柱端最大弯矩的活荷载最不利布置，亦可用影响线方法得到。但对于各跨各层梁柱线刚度均不一致的多层多跨框架结构，要准确地作出其影响线是十分困难的。

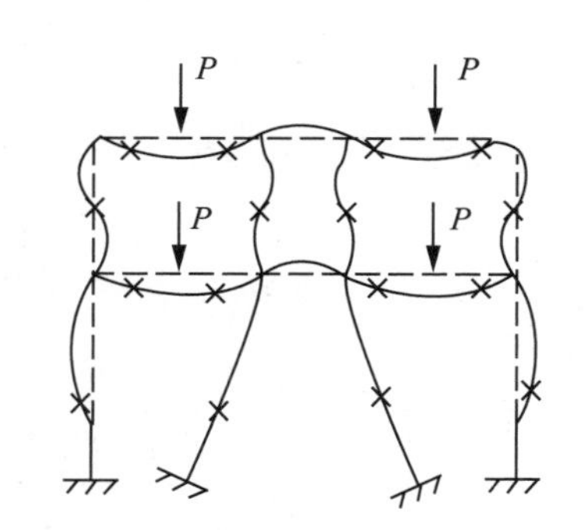

图中的 × 所示位置，就是反弯点位置

图 7-13 荷载非棋盘布置（变形图）

3. 近似活荷载不利布置法

为简化计算，可近似地在上、下、左、右隔跨布置活荷载（棋盘形间隔布置）。这样布置，就仅有两种布置图形，内力分析也只要两次。手工计算多采用这个方法。

4. 活荷载分层或分跨布置法

当活荷载不太大（如活荷载设计值与恒荷载设计值之比不大于 3）时，为了简化计算，可近似地将活荷载一层作一次布置，有多少层便布置多少次；或一跨作一次地布置，有多少跨便布置多少次，分别进行计算，然后进行最不利内力组合。

对于 n 跨的框架，分别取其中某一跨，将该跨的各层满布活荷载，活荷载的布置形

式只有 n 种。从而大大减少了计算工作量。但按这样的布置方法得到的内力组合并非最不利，为弥补由此产生的不利影响，可不考虑活荷载的折减。

5. 满布荷载法

当框架为单跨，或楼面活荷载较小（如小于 5kN/m^2，民用建筑为 1.5 ～ 2.0kN/m^2），或活荷载与恒荷载的比值不大于 1 时，它所产生的内力与恒荷载相比较小，可以不考虑它的不利布置，而按满载一次计算（把活荷载同时作用于所有的框架上），这样求得的框架内力，在支座处与最不利荷载位置法求得的内力极为接近，可直接用于结构设计。

考虑到活荷载在不考虑不利布置情形，而实际它的不利分布可能使梁的跨中弯矩稍大于满载的计算值，所以可以把框架梁的跨中弯矩和支座弯矩乘以放大系数 1.1 ～ 1.2（当活荷载较小时可取偏小值，活荷载较大时可取偏大值，并且此取值主要针对高层框架）。

经验表明，对楼面标准活荷载不超过 5.0kN/m^2 的一般工业与民用多层框架结构，满布荷载法的计算精度可满足工程设计需要。对于高层民用建筑（活荷载相对恒荷载比例较小）可采用这种方法。

7-24 各种条件下，荷载分项系数及荷载效应组合系数如何取值

【答】

表 7-4 给出了多层及高层建筑需要考虑的各种组合情况及相应的系数取值。需要特别指出的是，在进行内力组合计算时，各分项系数用表中所给值；在进行位移效应组合时，各分项系数均取 1.0。

表 7-4 荷载效应组合情况及系数

类型	序号	组合情况	竖向荷载			水平地震作用	竖向地震作用	风荷载		说明
			γ_G	γ_{Q1}	γ_{Q2}	γ_{Eh}	γ_{Ev}	γ_W	ψ_W	
无地震作用	1	只考虑竖向荷载	1.2	1.4	1.4	—	—	0	0	
	2	竖向荷载及风荷载	1.2	1.4	1.4	—	—	1.4	1.0	
有地震作用	3	重力荷载及水平地震	1.20	—	—	1.30	0	—	—	
	4	重力荷载、水平地震及风荷载	1.20	—	—	1.30	0	1.40	0.2	60m 以上高层建筑
	5	重力荷载及竖向地震	1.20	—	—	0	1.30	0	0	9 度设防高层建筑，8、9 度设防的大跨及悬臂构件
	6	重力荷载、水平地震及竖向地震	1.20	—	—	1.30	0.50	0	0	
	7	重力荷载、水平地震、竖向地震及风荷载	1.20	—	—	1.30	0.50	1.40	0.2	上述情况的 60m 以上高层建筑

注：“—”表示不考虑此项荷载作用。

按序号，表中第 1 种组合通常只有在多层建筑中才可能成为不利组合。高层建筑的

基本组合情况是第 2 ～第 4 三种情况，在 9 度设防区才考虑第 5 ～第 7 三种情况。

组合时，尚应注意两点：

(1) 竖向荷载产生的弯矩应先行调幅，再与风荷载产生的弯矩组合。

(2) 跨中弯矩，不是跨中最大弯矩。对于恒荷载、活荷载控制的组合，可偏安全地取两者最大弯矩值叠加；对于恒荷载、活荷载、风荷载控制的组合，宜取脱离体由静力平衡条件求得。

7–25 如何进行荷载效应组合的选择

【答】

为了提高结构可靠度，《荷载规范》在荷载效应方面提高了部分可变荷载的标准值（如风、雪荷载标准值均提高了 10%；最小楼面可变荷载标准值由 1.5kN/m^2 提高到 2kN/m^2，提高约 33%)，增加了以永久荷载控制的荷载效应组合。但新规范对于在何种情况下荷载效应组合设计值由永久荷载效应控制，没有划分出明显的数值范围。因此，在实际设计中，需要谨慎选用设计值的计算公式，若用错公式，将会使计算结果偏小，人为降低结构的可靠度，甚至会出现结构安全事故。

1. 基本公式

建筑结构设计应根据使用过程中在结构上可能同时出现的荷载，按承载能力极限状态和正常使用极限状态分别进行荷载（效应）组合，并应取各自最不利的效应结合进行设计。《荷载规范》规定，对于荷载基本组合，荷载效应组合的设计值应从下列组合值中取最不利值：

(1) 由可变荷载效应控制的组合。计算公式为

$$S_d=\sum_{j=1}^{m}\gamma_{Gj}S_{Gjk}+\gamma_{Q1}\gamma_{L1}S_{Q1k}+\sum_{i=2}^{n}\gamma_{Qi}\gamma_{Li}\psi_{ci}S_{Qik} \tag{7-32}$$

式中：S_d——荷载效应组合的设计值；

γ_{Gj}——第 j 个永久荷载的分项系数。当其效应对结构不利时，由可变荷载效应控制的组合取 1.2，由永久荷载效应控制的组合取 1.35；当其效应对结构有利时，取 1.0；

γ_{Qi}——第 i 个可变荷载的分项系数，其中 γ_{Q1} 为可变荷载 Q_1 的分项系数，一般取 1.4，对标准值大于 4kN/m^2 的工业房屋楼面，可变荷载应取 1.3；

γ_{Li}——第 i 个可变荷载考虑设计使用年限的调整系数，其中 γ_{L1} 为主导可变荷载 Q_1 考虑设计使用年限的调整系数；

S_{Gjk}——按第 j 个永久荷载标准值 G_{jk} 计算的荷载效应值；

S_{Qik}——按第 i 个可变荷载标准值 Q_{ik} 计算的荷载效应值，其中 S_{Q1k} 为诸可变荷载效应中起控制作用者；

ψ_{ci}——第 i 个可变荷载 Q_i 的组合值系数；

m——参与组合的永久荷载数；

n——参与组合的可变荷载数。

(2) 由永久荷载效应控制的组合。计算公式为

$$S_d=\sum_{j=1}^{m}\gamma_{Gj}S_{Gjk}+\sum_{i=1}^{n}\gamma_{Qi}\gamma_{Li}\psi_{ci}S_{Qik} \tag{7-33}$$

两种基本组合中的设计值仅适用于荷载与荷载效应为线性的情况。当考虑以竖向的永久荷载效应控制的组合时，参与组合的可变荷载仅限于竖向荷载。

2. 公式选用推证

为了将 2 种基本组合进行比较，将式 (7-33) 变形为

$$S=\gamma_G S_{Gk}+\gamma_{Q1}\psi_{c1}S_{Q1k}+\sum_{i=2}^{n}\gamma_{Qi}\psi_{ci}S_{Qik} \tag{7-34}$$

式 (7-32) 和式 (7-34) 两式右边第一项为永久荷载效应产生的设计值，第二项为起主导作用的可变荷载效应产生的设计值，第三项为由其他可变荷载效应产生的设计值。经比较可知：荷载效应组合究竟由永久荷载效应控制还是由可变荷载效应控制，只与永久荷载效应及起主导作用的可变荷载效应有关，与其他可变荷载效应的大小及所占比例没有关系。因此，当讨论公式的选用时，就可以不必考虑其他可变荷载的效应，仅考虑只有主导可变荷载参与组合。

结构分析利用线弹性方法时，其内力即荷载效应与荷载成正比。设 S^G 为由永久荷载效应控制的组合设计值，S^Q 为由可变荷载效应控制的组合设计值。取 $\gamma_L=1$，令 $\hat{\lambda}=\frac{S^G}{S^Q}$，当 $\hat{\lambda}\geqslant 1$ 时，应选用由永久荷载效应控制的组合公式进行计算，否则选用由可变荷载效应控制的组合公式进行计算。何时 $\hat{\lambda}\geqslant 1$，由永久荷载效应控制，可分三种情况进行讨论：

(1) 当可变荷载标准值小于或等于 4kN/m^2 时，变荷载分项系数取 1.4，组合值系数 $\psi_{c1}=0.7$。则其计算公式为

$$S^G=1.35S_{Gk}+1.4\times 0.7S_{Q1k} \tag{7-35}$$

$$S^Q=1.2S_{Gk}+1.4\times S_{Q1k} \tag{7-36}$$

$$\hat{\lambda}=\frac{S^G}{S^Q}=\frac{1.35S_{Gk}+0.98S_{Q1k}}{1.2S_{Gk}+1.4S_{Q1k}}=\frac{1.35\alpha S_{Q1k}+0.98S_{Q1k}}{1.2\alpha S_{Q1k}+1.4S_{Q1k}}=\frac{1.35\alpha+0.98}{1.2\alpha+1.4} \tag{7-37}$$

式中：α 为永久荷载效应标准值与起主导作用的可变荷载效应标准值之比，即 $\alpha=\frac{S_{Gk}}{S_{Q1k}}$。当 $\alpha\geqslant 2.8$ 时，$\hat{\lambda}\geqslant 1$，荷载效应设计值由永久荷载效应控制，否则由可变荷载效应控制。

(2) 当可变荷载标准值大于 4kN/m^2 时，可变荷载分项系数取 1.3，组合值系数取 $\psi_{c1}=0.7$（消防车通道及停车库的楼盖）。则其计算公式为

$$S^G=1.35S_{Gk}+1.3\times 0.7S_{Q1k} \tag{7-38}$$

$$S^Q=1.2S_{Gk}+1.3\times S_{Q1k} \tag{7-39}$$

$$\hat{\lambda}=\frac{S^G}{S^Q}=\frac{1.35S_{Gk}+0.91S_{Q1k}}{1.2S_{Gk}+1.3S_{Q1k}}=\frac{1.35\alpha S_{Q1k}+0.91S_{Q1k}}{1.2\alpha S_{Q1k}+1.3S_{Q1k}}=\frac{1.35\alpha+0.91}{1.2\alpha+1.3} \tag{7-40}$$

当$\alpha\geqslant 2.6$时，$\hat{\lambda}\geqslant 1$，荷载效应设计值由永久荷载效应控制，否则由可变荷载效应控制。

(3) 当可变荷载标准值大于$4kN/m^2$时，可变荷载分项系数取1.3，组合值系数取ψ_{c1}=0.9（书库、档案库、储藏室、密集柜书库、通风机房、电梯机房等）。则其计算公式为

$$S^G=1.35S_{Gk}+1.3\times 0.9S_{Q1k} \tag{7-41}$$

$$S^Q=1.2S_{Gk}+1.3\times S_{Q1k} \tag{7-42}$$

$$\hat{\lambda}=\frac{S^G}{S^Q}=\frac{1.35S_{Gk}+1.17S_{Q1k}}{1.2S_{Gk}+1.3S_{Q1k}}=\frac{1.35\alpha S_{Q1k}+1.17S_{Q1k}}{1.2\alpha S_{Q1k}+1.3S_{Q1k}}=\frac{1.35\alpha+1.17}{1.2\alpha+1.3} \tag{7-43}$$

当$\alpha\geqslant 0.87$时，$\hat{\lambda}\geqslant 1$，荷载效应设计值由永久荷载效应控制，否则由可变荷载效应控制。

综上可知：荷载效应组合设计值计算公式的选用只与永久荷载效应及起主导作用的可变荷载效应有关，与其他可变荷载效应的绝对大小及所占比例没有关系；由永久荷载效应控制组合需要永久荷载效应标准值与起主导作用的可变荷载效应标准值间满足一个固定的比例关系，即在情况（1）下当$\alpha\geqslant 2.8$时、在情况（2）下当$\alpha\geqslant 2.6$时、在情况（3）下当$\alpha\geqslant 0.87$时，$\hat{\lambda}\geqslant 1$，荷载效应设计值由永久荷载效应控制组合，否则荷载效应设计值由可变荷载效应控制组合。

7-26 框架梁柱在断面设计中应如何进行内力组合

【答】

框架在恒载、楼面活荷载、屋面活荷载、风荷载以及地震作用下的内力分别求出以后，要计算构件各主要断面可能发生的最不利内力，这种计算各主要断面可能发生的最不利内力的工作，称之为内力组合。

1. 决定基本组合组

内力组合，就是把作用在框架上的各种单项荷载所计算得出的内力，根据各单项荷载各自在建筑物使用过程中同时出现的可能性进行组合；然后在所有组合值中，找出起控制作用的断面最不利内力组合值（设计值）。

组合时，恒荷载在任何情况下均要参加，活荷载、风荷载按最不利且可能的原则参加。

2. 挑选最不利内力组合组

1）选取控制断面

首先要适当选取框架梁柱的控制断面。

(1) 对于梁的控制断面。支座断面处，有最大负弯矩和最大剪力，在水平荷载作用下还可能出现正弯矩；跨中断面处，有最大正弯矩，在水平荷载作用下也可能出现负弯矩。所以一般应选择两个支座断面及跨中断面为梁的跨中断面。

(2) 对于柱的跨中断面。柱两端面弯矩最大，剪力和轴力在同一层内变化不大，所以一般应选择两端面为柱的跨中断面。

2）找出所需内力组合组

然后根据内力组合，每个控制断面均有多组内力，应进行初步判断，预先舍去一部分内力组，来减少设计工作量。

(1) 对梁一般要找出三种最不利内力组合组。梁的支座断面一般需要考虑两个最不利内力：一个是支座断面可能的最不利负弯矩，另一个是支座断面可能的最不利剪力。梁的跨中断面一般只要考虑断面可能的最不利正弯矩，此处剪力一般对配筋不起控制作用。

M_{max}、$-M_{max}$ 配纵筋用，V_{max} 配箍筋用。

对于梁的跨中断面，其剪力一般不必计算。

(2) 柱的内力及破坏比梁复杂。下面主要对柱进行分析。

① 柱的破坏特点。柱的正断面设计不仅与断面上弯矩 M 和轴力 N 的大小有关，还与弯矩与轴力的比值即偏心距有关。在框架柱中，同一层（或两层）柱中，共有六组不利内力组，若一一进行计算，工作十分繁重。为避免某些不必要的计算，在配筋计算之前，应根据 ηM-N 承载力相关曲线的若干特点，从柱上、下断面六组不利内力组中，挑选控制断面配筋的最不利内力组。

a. 对大偏心受压（构件可能发生从受拉区开始的破坏），N（轴力）小者配筋多（减小轴向压力更为不利）。故应选择产生弯矩大、轴力小的相应各项作为最不利内力组合组。

b. 对小偏心受压（构件可能发生从受压区开始的破坏），N 大者配筋多（增加轴向压力更为不利）。故应选择产生弯矩大、轴力也大的相应各项作为最不利内力组合组。

c. 无论是大、小偏心受压，如 N 相等，ηM 大者配筋多（增加弯矩更为不利）。挑选原则如下：

弯矩 ηM 与轴力 N 均较大者为最不利内力组合组。

弯矩 ηM 与轴力 N 一大一小，且均为大偏心受压时，轴力小者为最不利内力组合组。

弯矩 ηM 相等或相近（包括 ηM 稍大）时，在大偏心受压时，轴力小者为最不利内力组合组；在小偏心受压时，轴力大者为最不利内力组合组。

d. 轴力 N 相等或相近时，弯矩 ηM 较大者为最不利内力组合组。

建立上述原则的基础是：当构件可能发生从受压区开始的破坏（小偏心受压破坏）时，增加轴向压力更为不利；当构件可能发生从受拉区开始的破坏（大偏心受压破坏）时，减小轴向压力更为不利；构件无论是“压坏”还是“拉坏”，均以增加弯矩为不利。

② 对柱一般需要找出四种最不利内力组合组。

a. $|M_{max}|$ 及相应的 N 和 V（绝对值是考虑到为了施工简便及避免施工过程可能出现的错误，框架柱通常采用对称配筋）；

b. N_{max} 及相应的 M 和 V；

c. N_{min} 及相应的 M 和 V；

d. e_{0max} 及相应的 M、N 和 V。

对柱的基顶断面，要算出与弯矩 M 或轴力 N 相应的剪力 V，以便设计基础时用。

7-27　在进行框架荷载效应（内力）组合时，应注意哪些问题

【答】

在进行框架荷载效应（内力）组合时，应注意下列几点：

(1) 恒荷载在任何情况下均要考虑，活荷载和风荷载按最不利又是可能的原则考虑。

(2) 梁的支座断面如不出现正弯矩，则对该断面不必组合 M_{max} 及相应的 V 这组内力；梁跨中断面如不出现负弯矩，则可不必组合 M_{min} 及相应的 V 这组内力。

(3) 对于梁的跨中断面，其剪力一般不必计算。

(4) 对于柱的基顶断面，要算出与弯矩 $M(M_s)$ 或轴力 $N(N_s)$ 相应的剪力 $V(V_s)$，以便设计基础。

7-28　框架竖向荷载作用下的内力计算可采用哪些方法？为什么

【答】

计算框架结构在竖向荷载作用下的内力，一般可以采用两种计算方法，即分层法（弯矩二次分配法）、迭代法。这两种方法的适用范围、计算要点、计算结果精度均不相同。

1. 分层法

1) 原理

分析表明，在竖向荷载作用在某一层框架梁上时，其弯矩对本层梁和与其相连的上、下层柱影响较大，而对其他层梁、柱弯矩影响较小，特别是梁的线刚度大于柱的线刚度时，这一特点更明显。因而在简化计算时，竖向荷载作用下的内力近似计算，可采用分层法（用结构力学的弯矩分配法计算梁柱端弯矩，故又称弯矩分配法）。

这种方法就是将框架的各层梁及其上、下柱所组成的框架作为一个独立的计算单元，分层用力矩分配法进行计算。基本过程是：先根据梁、柱的线刚度计算各节点杆件的弯矩分配系数，然后计算各跨梁的固端弯矩及各节点的不平衡弯矩；将各节点的不平衡弯矩同时进行分配，并向远端传递（传递系数均为 1/2)；第一次分配弯矩传递后，再进行第二次弯矩分配，分配的结果不再传递（故又称弯矩二次分配法），计算结果将各杆端的所有杆端弯矩叠加即为各杆端的最后弯矩。

分层计算所得梁弯矩即为梁的最后弯矩。因为每一根柱都同时属于上、下两层，所以每一柱的柱端弯矩需由上、下两层计算所得的弯矩值相加得到。

按叠加原理，多层多跨框架在多层竖向荷载同时作用下的内力，可以看成是各层竖向荷载单独作用下的内力的叠加，如图 7-14 所示。

此法适用于节点梁柱线刚度比不小于 3，且结构与荷载沿高度比较均匀的多层框架。对侧移较大的框架及不规则的框架，不宜采用。

2) 假定

(1) 在竖向荷载作用下，多层多跨框架的侧移和由侧移引起的弯矩忽略不计。这是考虑到在竖向荷载作用下，侧移实际上对内力（尤其对设计起控制作用的内力）影响比较小。

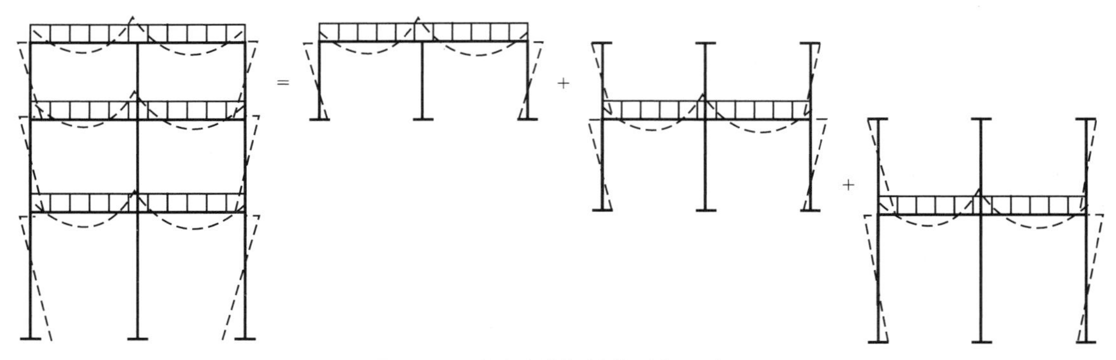

图 7-14　分层法分解结构过程示意图

(2) 不考虑上、下层荷载的相互影响，即每层梁上的竖向荷载对其他各层梁的影响忽略不计。这是因为不考虑侧移后，受荷构件的弯矩通过分配和传递，逐渐向上下左右衰减。在通常的梁线刚度大于柱线刚度的情况下，衰减得更快。因此，每层梁上的荷载只在该层梁及与该层梁相联的柱上分配和传递。

(3) 假定与该层梁相连的上、下柱的远端为固定端。于是，多层框架可分解成若干个彼此互不关联且柱端为固定的简单刚架单元来近似计算。各单元之间的内力不互相传递。

根据上述假定，当各层梁上单独作用竖向荷载时，仅在图 7-15 所示结构的实线部分产生内力，虚线部分中所产生的内力可忽略不计。这样，框架结构在竖向荷载作用下，可分解为图 7-15 所示各个开口刚架计算单元，并用二次分配法进行杆件弯矩计算。分层计算所得出的梁的内力较接近原框架梁的内力，而柱的内力为每个开口框架柱的内力在对应位置叠加后才作为原框架柱的内力。

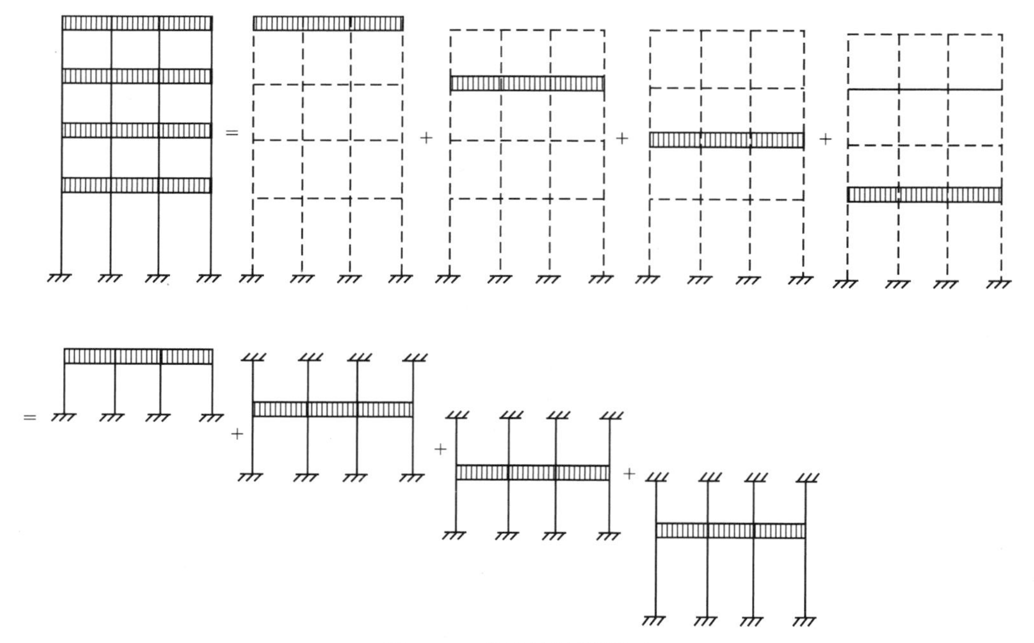

图 7-15　分层法计算简图

3) 计算步骤及注意事项

(1) 画出框架计算简图（标明荷载、轴线尺寸）。

(2) 计算梁柱的线刚度 $i=EI/l$，在计算简图（图 7-15）上可以用相对线刚度表示，更为简单明了。

除底层柱外，其余柱远端均为弹性约束端（有转角），假定上、下杆的远端力固定（转角为零）时与实际情况有出入。为减小计算误差，在计算这些柱的抗弯刚度时进行折减，可取为 $0.9i$（即取固端的 i 与铰支的 $0.75i$ 之平均值），而相应的传递系数也改为 1/3（底层柱仍为 1/2）。梁不折减。框架各杆的线刚度修正系数与传递系数如图 7-16 所示。

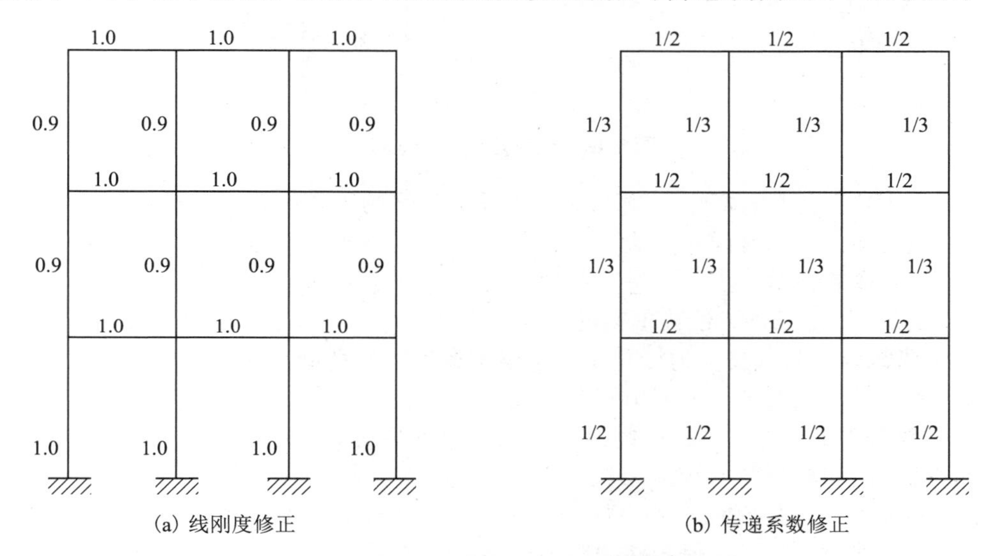

图 7-16 框架各杆的线刚度修正系数与传递系数

(3) 计算各节点处的弯矩分配系数。

第 jk 杆：$\mu_{jk}=i_{jk}/\sum i$（$\sum i$ 为与该节点连接的各杆 i 之和）。

(4) 将框架分层，每层为一计算单元。每个计算单元由本层横梁和相连的上下柱组成。柱远端为固定端，如图 7-17 所示，荷载仅为本层梁上所有的荷载。

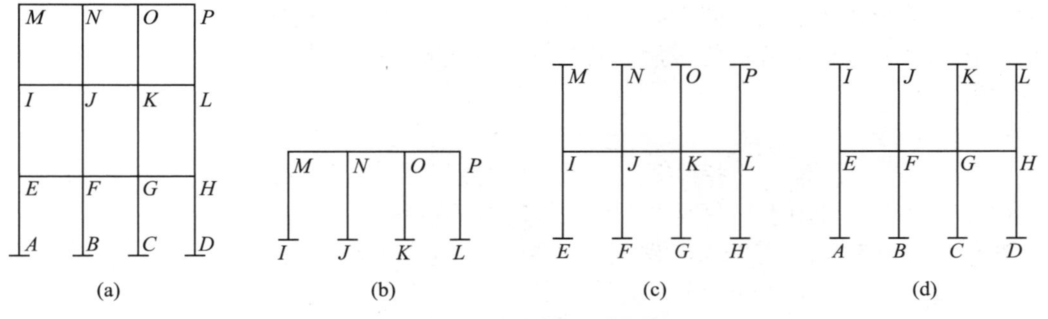

图 7-17 分层法分解后的结构组成

(5) 用弯矩分配法，分别计算从上至下各计算单元的杆端弯矩。

计算可从不平衡弯矩较大的节点开始，分配两轮即可满足计算要求。

(6) 将各计算单元杆端弯矩对应叠加，可得原框架的近似弯矩图。

单元梁弯矩即为框架梁最后弯矩。由于每根柱分别属于上下两个计算单元，所以柱端弯矩要进行叠加。上下两单元的单元柱弯矩，按对应柱端叠加，可求得框架柱弯矩，如图 7-18 所示。

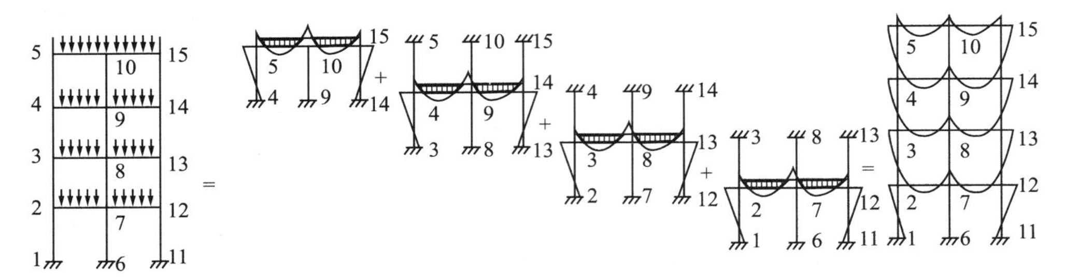

图 7-18　分层法弯矩合成过程

(7) 此时，节点上的弯矩可能不平衡（因为实际的工程结构很难全部满足前述分层法的适用条件），但一般误差不大。如框架节点弯矩不平衡值较大，需要更精确时，可将节点不平衡弯矩在本节点内再进行一次分配，但不传递。

(8) 按静力平衡条件，绘出框架的其他内力图。

① 梁端剪力。截取整梁为计算单元，梁上保持原有荷载，梁端作用有框架弯矩图中的梁端弯矩。对梁端取矩，可列出平衡方程，即可求出梁端剪力。

② 梁跨内弯矩。可根据①中的计算单元，对计算断面取矩，列出平衡方程，即可求出梁内任意断面的弯矩。

③ 柱的轴力。逐层叠加本柱内的竖向荷载、本柱自重、与本柱上端相连各梁端剪力、本柱以上各柱轴力，即可求得各柱的轴力。

2. 迭代法

1) 基本思路

通过对位移法的转角位移方程组反复迭代，在避免解联立方程组的前提下，使结果逐步渐近于方程组的解；当结果满足需要的精度时，迭代过程即可结束。

首先计算各杆端的固端弯矩、各节点的不平衡力矩及各杆端的转角弯矩分配系数，然后用近端转角弯矩迭代公式在各节点反复进行迭代计算，直到各杆端的转角弯矩趋于稳定为止。最后各杆端弯矩为最后一轮近端转角弯矩的 2 倍与最后一轮远端转角弯矩及固端弯矩之和。

2) 适用范围

复杂的有节点线位移的各种框架，当循环次数足够时，可达到理想的精确度，并有“自行消误”的优点。可用于竖向及水平荷载作用下的各种情况。

迭代法的计算假定有四点：框架支座为固定端（刚节点）；框架梁、框架柱正交；框架梁连续且贯通整个楼层；不考虑轴向变形。

迭代法是把线性代数中的高斯－塞德尔迭代法应用于框架计算的一种解法。迭代过程中，完成一轮计算之后，再根据最新一轮所得的值进行下一轮迭代计算，如此迭代下去，直到所需的精度为止。也就是说迭代轮数越多，计算结果越接近于精确解。因此，迭代法的误差很小。

3) 计算过程和注意事项

(1) 各杆的固端弯矩写在杆端处，如图 7-19 所示。梁上作用有均布荷载 q 时，固端弯矩为

$$M_{FA}=-M_{FB}=ql^2/12 \tag{7-44}$$

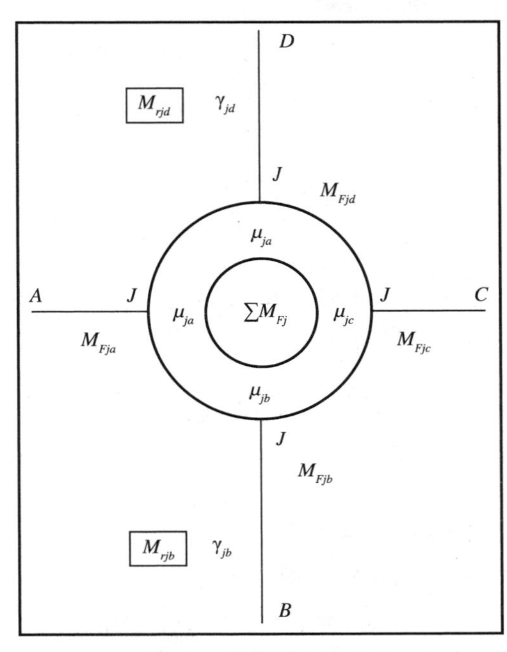

图 7-19 迭代法标注示意

(2) 各杆节点的不平衡力矩，写在内圆内。其计算公式为

$$\sum M_F=M_{F1}+M_{F2}+M_{F3}+M_{F4}$$

（该节点所有构件的固端弯矩的代数和）

(3) 水平力作用时，计算楼层力矩，写在柱侧面。同层中柱高相同时，楼层力矩为

$$M_r=\frac{2}{3}\left(\sum_r^n F_{sr}-\sum_{j=1}^m V_{Frj}\right)h_r \tag{7-45}$$

式中：F_{sr}——第 r 层柱顶以上所有水平外力之和，以向右为正；

V_{Frj}——受 F 荷载的第 r 层第 j 柱柱顶固端剪力，$V_{Frj}=-ql/2$（作用有均布荷载 q 时）；

h_r——第 r 层各柱柱高。

(4) 转角弯矩分配系数 μ_{jk} 和侧移弯矩分配系数 γ_{jk}。其计算公式为

$$\mu_{jk}=\frac{i_{jk}}{\sum\limits_{(j)}i_{jk}}，\quad \gamma_{jk}=\frac{3}{4}\times\frac{i_{jk}}{\sum\limits_{(r)}i_{jk}} \tag{7-46}$$

式中：μ_{jk}——杆 jk 在节点 j 处的转角弯矩分配系数；任一节点 j 都应有 $\sum\limits_{(j)}\mu_{jk}=1$。

i_{jk}——第 j 节点上第 k 杆的线刚度。

γ_{jk}——第 r 楼层第 jk 柱的侧移弯矩分配系数；任一楼层 r 都应有 $\sum\limits_{(r)}\alpha_{jk}\gamma_{jk}=\frac{3}{4}$，考虑

到第 r 层各柱的高度 h_{jk} 可能不同，可取任一高度 h_r 作为第 r 层的标准高度。并令 $\alpha_{jk}=\dfrac{h_r}{h_{jk}}$；第 r 层各柱高相同时，$\alpha_{jk}=1$。

μ_{jk} 注在内、外圆间的相应位置，γ_{jk} 注在相应柱的左边。

(5) 迭代计算各杆的转角弯矩和侧移弯矩。

① 迭代侧移弯矩 M''_{jk} 时。由于 M_r 远大于 $\sum M_{Fjk}$，故应先迭代 M''_{jk} 后迭代 M'_{jk}；若 M_r 小于 $\sum M_{Fjk}$，也可先迭代 M'_{jk}，但在第一轮计算时必须先假定 M'' 为零。注意，如果抗剪无侧移，则 $M''_{jk}\equiv 0$。侧移弯矩计算公式为

$$M''_{jk}=-\gamma_{jk}\left(M_r+\sum M'_{jk}+\sum M'_{kj}\right) \tag{7-47}$$

式中：M_r——第 r 层的楼层弯矩；

$\sum M'_{jk}$、$\sum M'_{kj}$——第 r 层各柱上、下端的转角弯矩。

② 迭代转角弯矩 M'_{jk} 时。计算公式为

$$M'_{jk}=-\mu_{jk}\left(\sum M_{Fjk}+\frac{1}{2}\sum M'_{kj}+\sum M''_{jk}\right) \tag{7-48}$$

式中：$\sum M_{Fjk}$——节点不平衡弯矩；

$\sum M'_{kj}$——第 j 层各杆远端传递来的弯矩；

$\sum M''_{jk}$——第 j 层各柱侧移弯矩，第一轮计算时，假定 M'' 为零。

(6) 各杆的最后杆端弯矩。在迭代结束后的最终 M'_{jk} 和 M''_{jk} 下面画一横线，并将各杆最后的远端弯矩的 1/2 写在其下（即远端弯矩的传递值），再将柱最终 M 写在相应柱的断面下面。最后杆端弯矩计算公式为

$$M_{jk}=M_{Fjk}+M'_{jk}+\frac{1}{2}M'_{kj}+M''_{jk} \tag{7-49}$$

式中：M_{Fjk}——杆端的原固端弯矩；

M'_{jk}、$\frac{1}{2}M'_{kj}$——迭代最后一轮后的最终近端、远端弯矩；

M''_{jk}——柱的最终侧移弯矩。

(7) 按杆件静力平衡条件可求出剪力和轴力。

迭代法的计算结果精度最高，分层法的误差最大（梁的误差较小、柱的误差较大）。对框架标准层较多，各层柱线刚度相同、各层梁的线刚度及受的竖向荷载也相同的多、高层框架结构，建议采用分层法。对称框架、对称荷载作用下，这两种方法的计算结果相差不大。在不对称框架或不对称荷载作用下，对同时受纵、横向荷载作用的框架结构，仅受横向结点荷载作用的多、高层框架结构，建议采用迭代法。

7-29　框架水平荷载作用下的内力计算可采用哪些方法？为什么

【答】

水平荷载作用下的内力近似计算，一般常用反弯点法、改进反弯点法、迭代法等。

1. 反弯点法

适用于各层结构比较均匀，节点梁柱线刚度比不小于5（节点转角可以忽略不计，横梁可以看成线刚度无限大的刚性梁）的多层框架。多用于少层框架结构，因为这时柱的断面较小，易满足梁柱线刚度比的要求。适用于初步设计中用来估算梁和柱在水平荷载及地震力作用下的弯矩值。

框架在水平力作用下，结点将同时产生转角和水平位移［图7-20(a)］。根据分析，当梁的线刚度 $i_b=\dfrac{EI_b}{l}$ 和柱的线刚度 $i_c=\dfrac{EI_c}{h}$ 之比大于3时，结点的转角 θ 将很小，它对框架的内力影响不大。

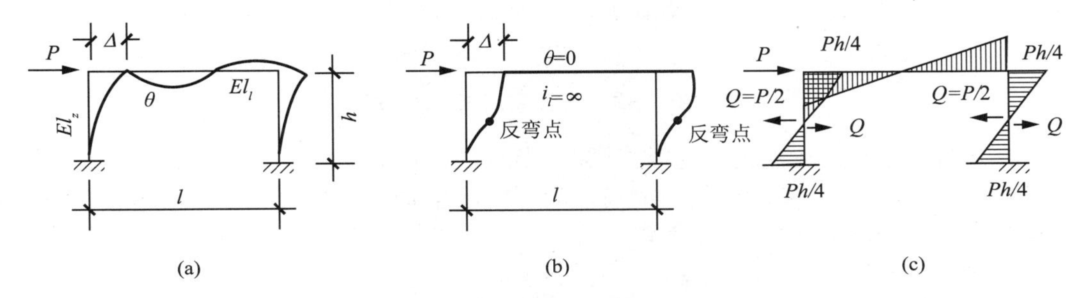

图7-20 水平力作用下框架结点位移

因此，为了计算简便，通常把它忽略不计，即假设 $\theta=0$。实际上，这就等于把框架横梁简化成线刚度 i_b 为无限大的刚性梁［图7-20(b)］。这样处理，可使计算大为简化，而其误差不超过5%。

采用上述假定后，在柱的1/2（或1/3）高度处弯矩等于零［图7-20(c)］。柱的弹性曲线在该点改变凹凸方向，故称为反弯点。反弯点的特点：柱的弹性曲线在该点改变凹凸方向，曲率为零，弯矩在该点等于零。如果设想在结构计算简图的这一断面上加上一个铰，显然不会改变原框架的变形和受力特点。

集中力作用下框架弯矩图的特点是各杆件弯矩均为直线，且杆件都有一个反弯点。如能求出反弯点的位置及反弯点处的剪力，则柱端弯矩由柱的剪力和反弯点位置确定。梁端弯矩由结点力矩平衡条件确定，中间结点两侧的梁端弯矩，按梁的转动刚度分配柱端弯矩求得。

反弯点法适用于少层的各层结构比较均匀的规则框架结构情形，因为这时柱断面尺寸较小，容易满足梁柱线刚度的条件［梁、柱线刚度比 i_b/i_c 较大 $(i_b/i_c>3)$］。否则误差较大。

为简化计算，一般将作用于框架上的水平风荷载化为节点水平集中力，其弯矩如图7-21(a)所示。显然，若能确定各柱反弯点的位置及其剪力 V_{ij}［图7-21(b)］，则框架内力也易求得。

1）假定

(1) 将水平荷载化为节点水平集中荷载。

(2) 在确定各柱的反弯点位置时，认为除底层柱以外的其余各层柱，受力后上下两端的转角相等，且与此柱相邻的各杆杆端转角相同。框架底层各柱的反弯点在距柱底的2/3高度处，上层各柱的反弯点位置在层高的中点。

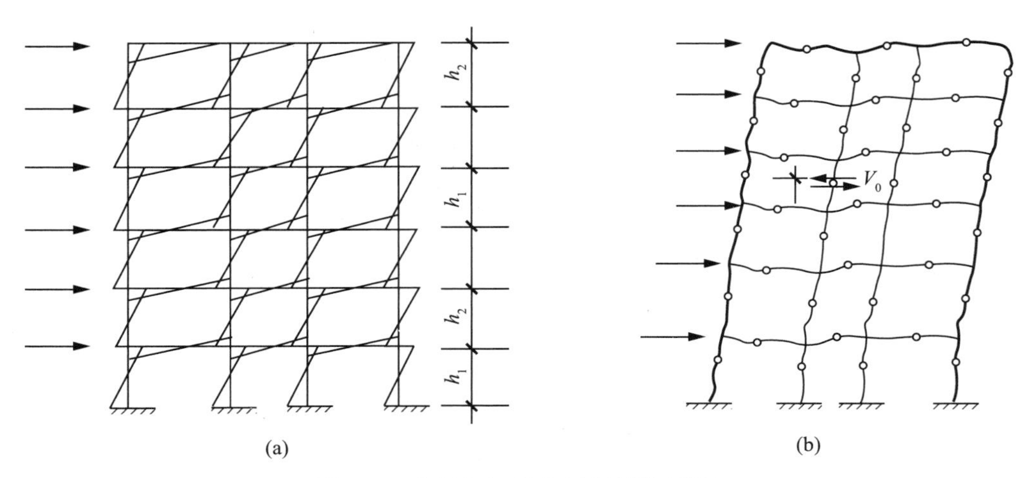

图 7-21　多层框架反弯点法计算示意图

(3) 不考虑框架横梁的轴向变形，不考虑节点的转角（各柱上下端都不发生角位移）。在进行各柱间的剪力分配时，认为梁与柱的线刚度比 i_b/i_c 无限大。柱按两端嵌固考虑，因此各柱的抗剪刚度只与柱本身有关。

(4) 梁端弯矩可由节点平衡条件求出。

2) 计算步骤及注意事项

(1) 求出柱的侧移刚度（又称抗剪刚度、刚度特征值、抗推刚度）D：侧移刚度，就是使柱产生单位水平位移所需施加的水平力。

根据假定 (3)，得：同层各柱顶的侧移相等，则各柱剪力与柱的抗侧移刚度 D_{jk} 成正比。

抗侧移刚度 D_{jk} 表示当柱顶产生单位水平侧移（$\Delta=1$）时，在柱顶所需施加的水平集中力（图 7-22)，由结构力学知：

$$D_{jk}=\frac{12EI_c}{h_{jk}^3}=\frac{12i_{jk}}{h_{jk}^2} \tag{7-50}$$

式中：D_{jk}——第 j 层第 k 根柱的抗侧移刚度；

i_{jk}——第 j 层第 k 根柱的线刚度。

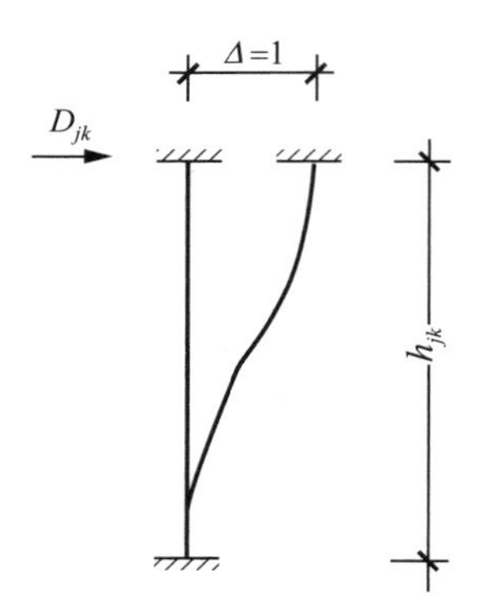

图 7-22　杆抗侧移刚度

(2) 求剪力分配系数。即

$$\eta_{jk}=\frac{D_{jk}}{\sum_{k=1}^{m}D_{jk}} \tag{7-51}$$

式中：η_{jk}——第 j 层第 k 个柱子的剪力分配系数；

$\sum D_{jk}$——第 j 层柱子的分配系数之和。

(3) 将外荷载产生的楼层剪力（即计算层以上所有水平荷载总和）分配到各柱，得到计算层第 k 柱作用于反弯点处的剪力。计算简图如图 7-23 所示。

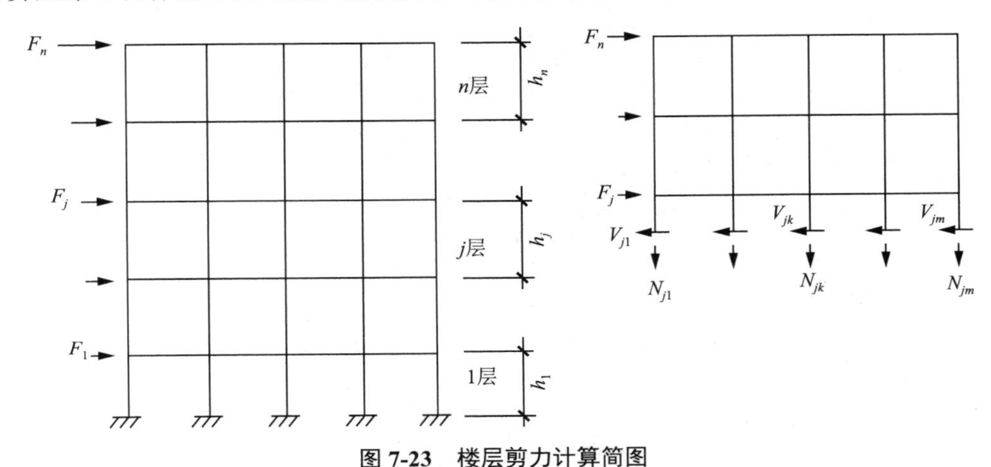

图 7-23 楼层剪力计算简图

设框架有 n 层，每层有 m 个柱，以第 j 层为分析对象，沿柱反弯点切开来，示出其内力（剪力、轴力，弯矩为零），则按水平力的平衡条件得层间总剪力为

$$V_{Fj}=V_{j1}+V_{j2}+\cdots+V_{jk}+\cdots+V_{jm}=\sum_{k=1}^{m}V_{jk} \tag{7-52}$$

式中：V_{Fj}——层间总剪力，$V_{Fj}=F_j+F_{j+1}+\cdots+F_k+\cdots+F_n=\sum_{k=j}^{n}F_k$

第 j 层第 k 柱所分配的剪力为

$$V_{jk}=\frac{D_{jk}}{\sum_{k=1}^{m}D_{jk}}F_j \tag{7-53}$$

式中：F_j——作用第 j 层顶节点的水平集中荷载（楼层剪力）。

当同一层内各柱高度 $h_{jk}=h_k$（等高）时，有

$$V_{jk}=\frac{i_{jk}}{\sum_{k=1}^{m}i_{jk}}V_j \tag{7-54}$$

当同一层内各柱高度、断面均相同（i_{jk} 相同）时，有

$$V_{jk}=\frac{1}{m}V_j \tag{7-55}$$

(4) 求出各层柱的反弯点的高度 $\overline{y}$（柱脚到反弯点的距离）。即：

对底层柱（柱脚固定），$\bar{y}=0.6h$，或 $\bar{y}=\dfrac{2}{3}h$；

对其他层各柱，$\bar{y}=0.5h$。

(5) 求出柱端弯矩。即：

对底层，柱上端，$M_{上}=V_{1j}\times\dfrac{1}{3}h_{1k}$；

对底层，柱下端：$M_{下}=V_{1j}\times\dfrac{2}{3}h_{1k}$；

各楼层，柱上、下端均为 $M=V_{jk}\times\dfrac{1}{2}h_{jk}$。

(6) 由节点平衡条件（节点上、下柱端弯矩之和应等于节点左、右梁端弯矩之和），求得梁端弯矩；再按节点各梁端的刚度比例将该梁端弯矩分配给各梁端（依据节点各杆件转角相等的变形协调条件）。

① 边节点 [图 7-24(a)]。梁端弯矩为

$$M=M_{上}+M_{下}$$

② 中间节点 [图 7-24(b)]。梁端弯矩为

$$M_{左}=\left(M_{上}+M_{下}\right)\frac{i_{左}}{i_{左}+i_{右}},M_{右}=\left(M_{上}+M_{下}\right)\frac{i_{右}}{i_{左}+i_{右}}$$

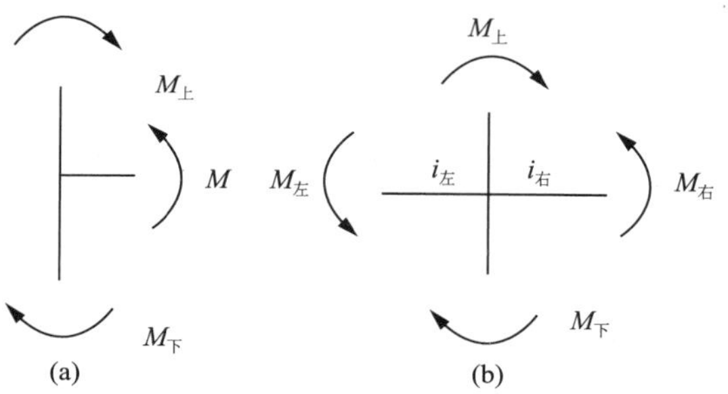

(a)　　(b)

图 7-24　节点弯矩

(7) 将梁左右端弯矩之和除以梁跨，可得梁的剪力。

(8) 从上到下，逐层叠加柱内的竖向荷载、柱自重、梁端剪力，可得各柱的轴力。

框架结构在节点水平力作用下，定性的弯矩图如图 7-25 所示，各杆的弯矩都是直线形。

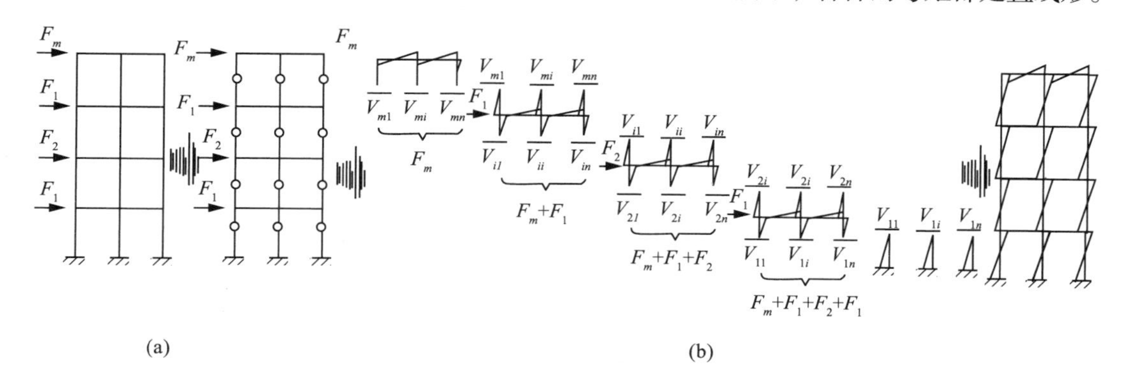

图 7-25　框架在水平力作用下的弯矩形成

2. 改进反弯点法（D 值法）

1）基本假定

反弯点法的基本假定与实际情况是有出入的，表现在下面两点：

(1) 反弯点位置不一定在柱高的中点。因为框架上下层的节点转角不可能相等。

(2) 柱的侧移刚度取 $12i_c/h^2$ 和实际情况不符。因为实际工程中常有 $i_b/i_c < 3$ 的情况，此时节点不仅有侧移，且转角也不能忽略。

改进反弯点法是在分析多层框架受力特点和变形的基础上，提出了修正柱的抗侧移刚度和调整反弯点高度，其余计算与反弯点法完全相同。修正后的抗侧移刚度用 D 表示，故又称 D 值法。

该法适用于用反弯点计算时误差较大的情况（当柱线刚度大、上下层的层高变化大、上下层梁的线刚度变化大时），它考虑了抗剪节点转动的影响和反弯点位置的变化。

2）柱侧移刚度 D

为了简化计算，现作如下假定 [图 7-26(a)]：

(1) 柱 AB 以及与柱 AB 相邻的各杆杆端（即 A、B、C、D、E、F、G、H）的转角皆为 θ。

(2) 柱 AB 以及与柱 AB 相邻的两个柱（即柱 AC 及柱 BD）的线刚度皆为 i_c。

(3) 柱 AB 以及与柱 AB 相邻的两个柱（即柱 AC 及柱 BD）的层间水平位移均为 Δu_j。

(4) 柱 AB 以及与柱 AB 相邻的两个柱（即柱 AC 及柱 BD）的弦转角皆为 Φ。

(5) 与柱 AB 相交的横梁的线刚度分别为 i_1、i_2、i_3、i_4。

这样，框架受力后，柱 AB 及相邻各构件的变形如图 7-26(b) 所示。

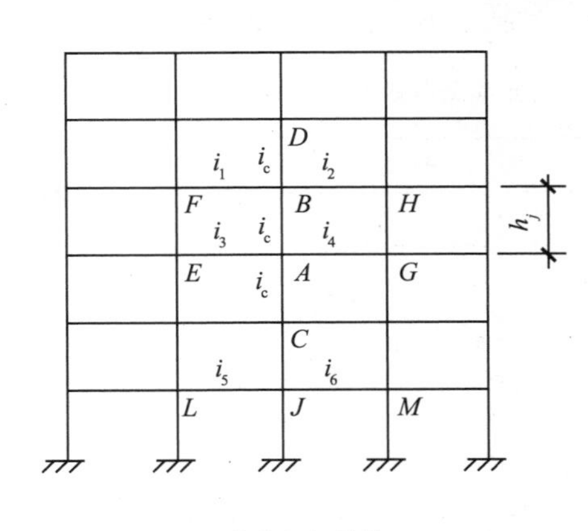

(a) 整体框架结构

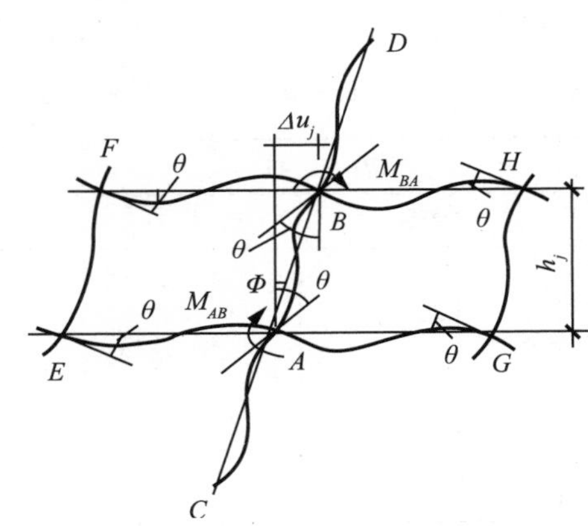

(b) 中间梁柱单元的变形

图 7-26 框架侧移刚度简化计算图

从框架中取一柱 AB（图 7-27），根据转角位移方程，可得

$$V = \frac{12i_c}{h^2}\Delta - \frac{6i_c}{h}(\theta_A - \theta_B) \tag{7-56}$$

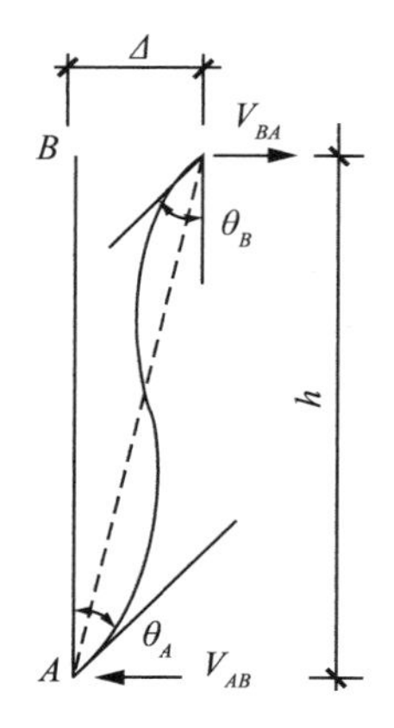

图 7-27　转角位移

产生单位侧移的剪力，即侧移刚度 D 为

$$D=\frac{V}{\Delta}=\frac{12i_c}{h^2}\left[1-\frac{(\theta_A-\theta_B)}{2\Delta}h\right]=\alpha\frac{12i_c}{h^2} \tag{7-57}$$

式中：α 为柱侧移刚度修正系数，它反映了由于节点转动（节点转动取决于梁的约束刚度，梁越刚性，对柱的约束能力越大，节点转角越，α 越接近 1）降低柱抵抗侧移的能力。当框架梁线刚度 $i=\infty$，$\alpha=1$ 时，反弯点法和 D 值法的抗侧移刚度相等。

由式 (7-57) 可知，D 值不仅与柱本身刚度有关，而且与柱上下两端的转角有关，因而影响侧移刚度 D 值的主要因素为柱本身的线刚度、上下层梁线刚度、上下层柱线刚度或柱端其他约束条件。

根据柱所在位置及支承条件，表 7-5 给出了梁柱线刚度比值 K 与 α 值的关系，K 值越大，α 值也越大。当 $K=\infty$ 时，$\alpha=1$，D 即等于反弯点法中采用的侧移刚度 d。

表 7-5　梁柱线刚度比值 K 与柱侧移刚度修正系数 α 的关系

楼层	边柱		中柱		α
	简图	K	简图	K	
一般柱	i_2, i_c, i_4	$K=\frac{i_2+i_4}{2i_c}$	i_1, i_2, i_c, i_3, i_4	$K=\frac{i_1+i_2+i_3+i_4}{2i_c}$	$\alpha=\frac{K}{2+K}$
底层柱	i_2, i_c	$K=\frac{i_2}{i_c}$	i_1, i_2, i_c	$K=\frac{i_1+i_2}{i_c}$	$\alpha=\frac{0.5+K}{2+K}$

注：i_1、i_2、i_3 和 i_4 为梁的线刚度，i_c 为柱的线刚度。

在计算梁的线刚度时，可以考虑楼板对梁刚度的有利影响，例如：现浇钢筋混凝土楼板可考虑作为梁的翼缘参加工作，装配式框架中现浇层及配筋板缝，也可考虑对梁的惯性矩的影响。为了计算方便，梁通常均先按矩形断面计算惯性矩 I_0，然后乘以表 7-6 中的增大系数，以考虑楼板及现浇层等对梁的刚度的影响。

表 7-6　框架梁断面惯性矩增大系数

结构类型	中框架	边框架
现浇整体梁板结构	2.0	1.5
装配整体式叠合梁	1.5	1.2

注：中框架是指梁两侧有楼板的框架，边框架是指梁一侧有楼板的框架。

3) 反弯点位置

各层柱反弯点的位置与该柱上下两端转角大小有关，当两端转角相等时，反弯点在柱的中点；当两端转角不同时，反弯点移向转角较大的一端，即偏向约束刚度小的一端。当上端转角大于下端转角时，反弯点偏于柱下端，反之则偏于柱上端。

(1) 影响转角大小的因素。如下：

① 结构总层数及计算层所在位置；

② 梁柱线刚度比。

③ 侧向荷载形式。

④ 上下层梁线刚度比。

⑤上下层柱高之比。

通过力学分析，对各层横梁、柱线刚度及层高均相同的规则框架，可求得此标准情况下的反弯点高度比 y_0，并考虑各项影响因素的修正，各层柱反弯点的高度为

$$\bar{y} = yh = (y_0 + y_1 + y_2 + y_3)h \tag{7-58}$$

式中：$\bar{y}$——反弯点高度，即反弯点到柱下端的距离，如图 7-28 所示；

h——计算层柱高；

y——反弯点高度比，即反弯点高度与柱高的比值；

y_0——标准反弯点高度比；

y_1——考虑上下层梁刚度不同时的修正值；

y_2、y_3——考虑上下层高度不同时的修正值。

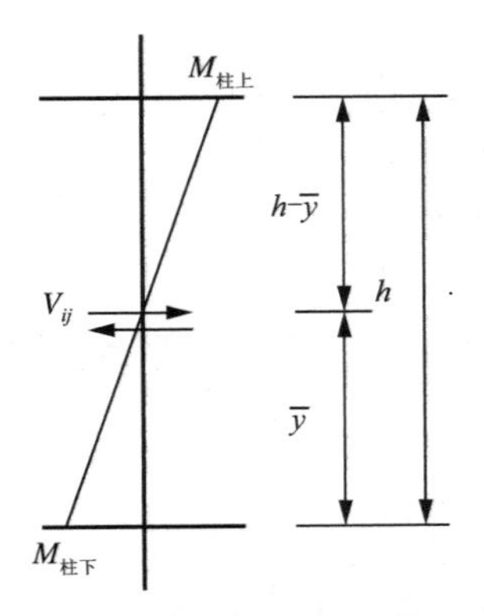

图 7-28　反弯点位置

(2) 对 y_0 ～ y_3 的说明如下：

① 标准反弯点高度比 y_0。是根据各层等高，各跨相等，各层梁柱线刚度也相等的多层框架在水平荷载下求得的反弯点高度比。为方便应用，均布荷载下、倒三角形荷载下的 y_0 已制成表格。可根据梁柱线刚度比 K，框架总层数 n，计算柱所在层数 j，查得 y_0，y_0h 即标准反弯点高度。

② 上下层梁刚度不同时的反弯点高度比修正值 y_1。当某层柱上下层横梁刚度不同时，反弯点位置将有移动，应将标准反弯点高度比 y_0 加以修正，其修正值为 y_1。y_1 可根据上下横梁线刚度比 α_1 及 K 由相应表格查得。

当 $i_1+i_2 < i_3+i_4$ 时，令 $\alpha_1=(i_1+i_2)/(i_3+i_4)$，$y_1$ 取正值，即反弯点上移；

当 $i_3+i_4 < i_1+i_2$ 时，令 $\alpha_1=(i_3+i_4)/(i_1+i_2)$，$y_1$ 取负值，即反弯点下移。

对底层柱不考虑此项修正。

③ 上下层高度不同时的反弯点高度比修正 y_2 和 y_3。

(3) 当某层柱上下楼层高度不同时，反弯点也移动。

① 当上层层高不同时，令上层层高与本层层高之比 $h_u/h=\alpha_2$，由相应表格可查得修正值 y_2。

当 $\alpha_2 > 1$ 时，y_2 为正值，反弯点向上移。

当 $\alpha_2 < 1$ 时，y_2 为负值，反弯点向下移。

② 当下层层高不同时，令下层层高与本层层高之比 $h_l/h=\alpha_3$，由相应表格可查得修正值 y_3。

y_0 ～ y_3 的用表由力学方法计算框架各层弯矩和剪力求得。当查出 $y > 1$ 时，反弯点在本楼层之上；当查出 $y < 0$ 时，反弯点在本层之下。

对顶层柱不考虑 y_2 的修正，对底层柱不考虑 y_3 的修正。

求得各层柱反弯点位置及各柱 D 值后，即可按反弯点法的相同步骤进行内力计算。

3. 迭代法

可用于竖向或水平荷载作用下，具体方法见 7-28。

7-30　以迭代法计算框架内力时，节点顺序应怎样选定

【答】

迭代法的基本思路是通过反复迭代，使结果逐步渐进于位移法的方程解。当结果满足需要的精确度时，迭代过程即可结束。

为了加快迭代过程的收敛速度，一般都从不平衡力矩较大的节点为开始节点。

7-31　结构对称，荷载也对称的框架，如何利用其对称性简化计算

【答】

对称结构在对称荷载作用下，内力和位移都是对称的。在确定计算简图时，应充分利用结构的对称性，以大大减少计算工作量。

(1) 在奇数跨对称框架中，对称轴上的断面的水平位移、转角和剪力都属于反对称的性质。因此，它们在对称荷载作用下都必为零。

基于上述结构特点，框架可简化成以对称轴为界的一半框架。所截断的横梁断面处用定向支座代替原有结构的约束。

此时该横梁的线刚度 i' 为原结构横梁 i 的 2 倍，即 $i'=\dfrac{EI}{l/2}=\dfrac{2EI}{l}=2i$ 。

(2) 在偶数跨对称框架中，对称轴上梁断面的转角只能为零，对称轴上的各柱无弯矩影响。

因此，对称轴上的各柱可代之以固定支座来约束横梁，框架就可简化成以对称轴为界的一半框架。

7-32 框架梁的设计中，如何应对反弯点转移的影响

【答】

对于抗震框架，考虑到在地震和垂直荷载作用下反弯点位置的可能变化，采取以下措施：

(1) 梁端下部钢筋配筋率应不少于上部钢筋配筋率的 50%（为适应节点变号弯矩的需要）。

(2) 梁全长范围内，上、下部钢筋的配筋率均应符合 $\rho=A_s/(bh_0)\geqslant\rho_{\min}$。

(3) 上部钢筋还应不少于两端支座处的上部筋中较大者的 1/4，同时也不应小于 2ϕ14，并应全跨贯通。

(4) 上部及下部筋在任何情况下，至少分别有 2 根钢筋贯通全梁。

7-33 框架梁端弯矩为什么要调幅？梁端和跨中如何调幅

【答】

钢筋混凝土结构由弹塑性材料制成，在局部出现开裂或塑性铰后，会导致塑性内力重分布。出于不同的目的，有一些由弹性静力计算得到的内力需要进行局部调整，然后进行内力组合。

弯矩调幅法是考虑塑性内力重分布的众多结构分析方法中的一种，比较简便且应用最多：首先用线弹性法分析各种荷载状况下的结构内力，获得各控制断面的最不利弯矩后，对构件的支座断面弯矩进行调幅处理，并确定相应的跨中弯矩。这一分析方法已在我国应用多年，取得较好的技术经济效益，且有专门的设计规程（弯矩调幅法的原则、方法和设计参数等参见《钢筋混凝土连续梁和框架考虑内力重分布设计规程》)，可在设计时采用。弯矩调幅法最适宜应用于连续梁、连续单向板和框架等结构。其他类结构如框架－剪力墙、双向板等也可用同样的原理进行内力调幅处理。一些不允许出现裂缝，或直接承受动荷载作用，或处于严重的侵蚀环境等情况下的结构，为了保证其安全，不宜采用此方法。

此类方法是针对结构的承载能力极限状态所建立。为保证结构在极限状态时实现设计内力值，各构件（断面）必须具有足够的塑性转动能力，构件的选材和配筋率等应满

足一定要求。

此外，结构在使用阶段的内力分布显然不同于设计值，一些控制断面附近将提早出现裂缝。一般情况下，对弯矩调幅值加以限制，就可满足结构的正常使用性能，必要时才进行专门的验算，所需结构内力可按线弹性法分析。

框架按“强柱弱梁”的原则进行设计，塑性铰首先在梁端出现，而避免在柱中出现，呈现“梁铰机制”。应对竖向荷载下框架梁弯矩塑性调幅。

(1) 主要原因。框架在抗震设计中为了有意识地使梁端部先出现塑性铰，梁中内力塑性重分布，以减少梁端负弯矩钢筋的数量。

另外，在用位移法计算框架内力时，假定框架变形前后，刚性节点处的各杆间的夹角不变。但对于装配式或装配整体式框架，由于钢筋锚固、焊接和接缝不密实等原因，受力后可能产生节点变形，使节点约束有所放松，从而引起梁端弯矩减小，跨中弯矩增大。

所以，设计中要对梁端弯矩调幅，即对梁端弯矩乘以调幅系数，使其减小。

(2) 调幅系数 β。

① 现浇框架。β=0.8 ～ 0.9，可取 0.8。

② 装配式或装配整体式框架。β=0.7 ～ 0.85，可取 0.8。

对于装配整体式框架，由于钢筋焊接或接缝不密实等原因，节点可能产生变形。根据实测结果可知，节点变形会使梁端弯矩较弹性计算值减小约 10%，再考虑梁端允许出现塑性铰，因此，支座弯矩调幅系数可采用 0.7 ～ 0.8。

(3) 梁端弯矩调整减小后，跨中弯矩应相应增大。其方法为：

① 将调幅后的梁端弯矩叠加简支梁跨中弯矩 M_3，即可得到梁跨中调幅后的弯矩 M'_3，且 M'_3 至少取简支梁跨中弯矩 $M_中$的 50%。这是为保证支座出现塑性铰后，梁跨中断面有足够的安全度。

② 或将跨中弯矩乘以 1.1 ～ 1.2 的调幅系数，即可得到梁跨中调幅后的弯矩 M'_3。

M'_3 尚应满足：

$$\frac{\beta(M_1+M_2)}{2}+M'_3>M_中$$

$$M'_3>\frac{M_中}{2}$$

支座弯矩降低以后，经过塑性内力重分配，跨中弯矩将增大，如图 7-29 所示，跨中弯矩可乘以 1.1 ～ 1.2 增大系数。调幅以后的各弯矩必须满足图中要求。

实际上，由于荷载组合时求出的跨中最大正弯矩和支座最大负弯矩并不是在同一荷载作用下发生的，那么相应于支座最大负弯矩下的跨中弯矩虽经调幅增大，一般也不会超过跨中最大（最不利）正弯矩。因而在使用最不利内力作断面配筋时，支座最大负弯矩经调幅降低后，跨中最大（最不利）正弯矩不必相应增大。

(4) 框架地震作用效应不应调幅；如需调幅时，应考虑内力的极限平衡。

(5) 调幅主要是对竖向荷载作用下的内力进行调整，调整后再与水平荷载作用的内力进行组合。

因为水平荷载作用下，梁端弯矩可正可负。如果为正时调整，直接影响到跨中钢筋的配置（减小了梁下部正弯矩钢筋）；并且梁端正弯矩调小后再与其他荷载下的梁端负弯矩进行组合时，结果反而使组合弯矩增大，从而失去调幅作用。所以，水平荷载下不进行调幅。

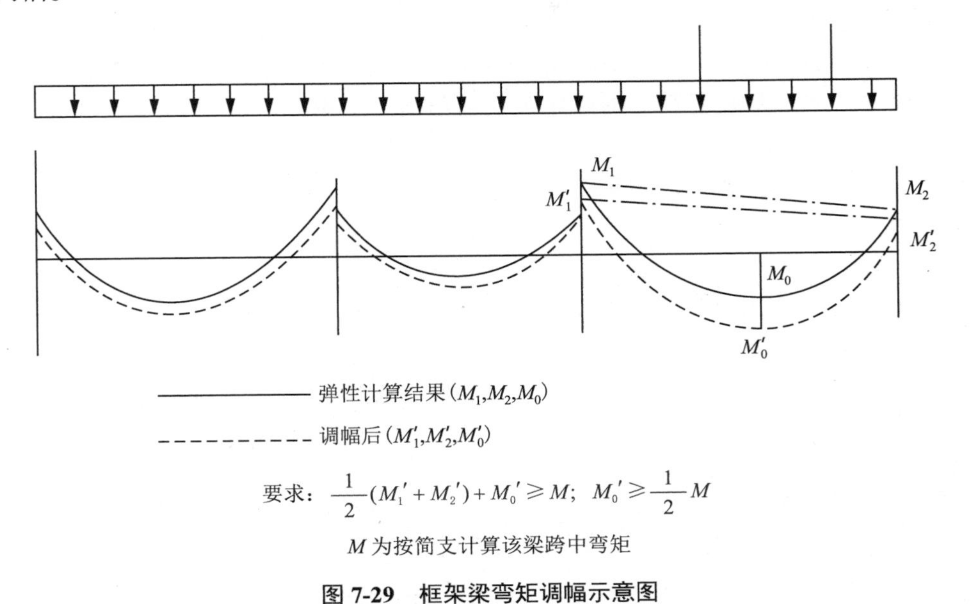

图 7-29 框架梁弯矩调幅示意图

7-34 水荷载在抗浮计算和构件强度计算中，荷载分项系数如何取值

【答】

(1) 整体抗浮稳定与抗浮桩数确定计算，按正常使用极限状态考虑，水浮力取荷载效应标准值，分项系数取 1.0。

(2) 构件强度计算，按承载力极限状态考虑，水浮力取荷载效应基本值，分项系数取 1.2（给水排水工程结构构件强度计算时，地下水作用分项系数取 1.27）。

7-35 如何简便地校核内力图

【答】

正确地绘制剪力图和弯矩图，这是对任何结构工程设计人员的基本要求，否则将导致严重的工程质量事故。荷载图、剪力图、弯矩图之间存在内在的关系，掌握这些联系，我们在绘制和校核内力图时，一眼就可以看出存在的问题，以便设计和计算中处于清醒状态。

(1) 荷载是零，剪力图就是平的，弯矩图是斜线；荷载图是平的（均布），剪力图就是斜的，弯矩图是曲线；荷载图是斜的（三角形分布或梯形分布），剪力图就是二次曲线，弯矩图是三次曲线；荷载图是二次曲线，剪力图就是三次曲线，弯矩图是四次曲线。

可概括为零、平、斜、曲四个字，无论荷载如何变化，都逃不出这个规律。

(2) 均布荷载向上作用时，平图为正值，斜线向上，曲线向上凸；均布荷载向下作用时，平图为负值，斜线向下，曲线向下凹。

(3) 在集中荷载 F 作用点处，剪力图发生突变，F 向下作用时突变值减少一个 F 值，F 向上作用时突变值增加一个 F 值。弯矩图在集中荷载作用点处出现尖角。

(4) 在集中力偶 M_0 作用点处，剪力图无变化；弯矩图发生突变。反时针旋转时弯矩突变值减少一个 M_0；顺时针旋转时弯矩突变值增加一个 M_0。

图 7-30 为表示梁上 q、V、M 关系的例图（在工程设计中为了便于配筋，通常将弯矩图画在梁的受拉面，和本图不同的）。

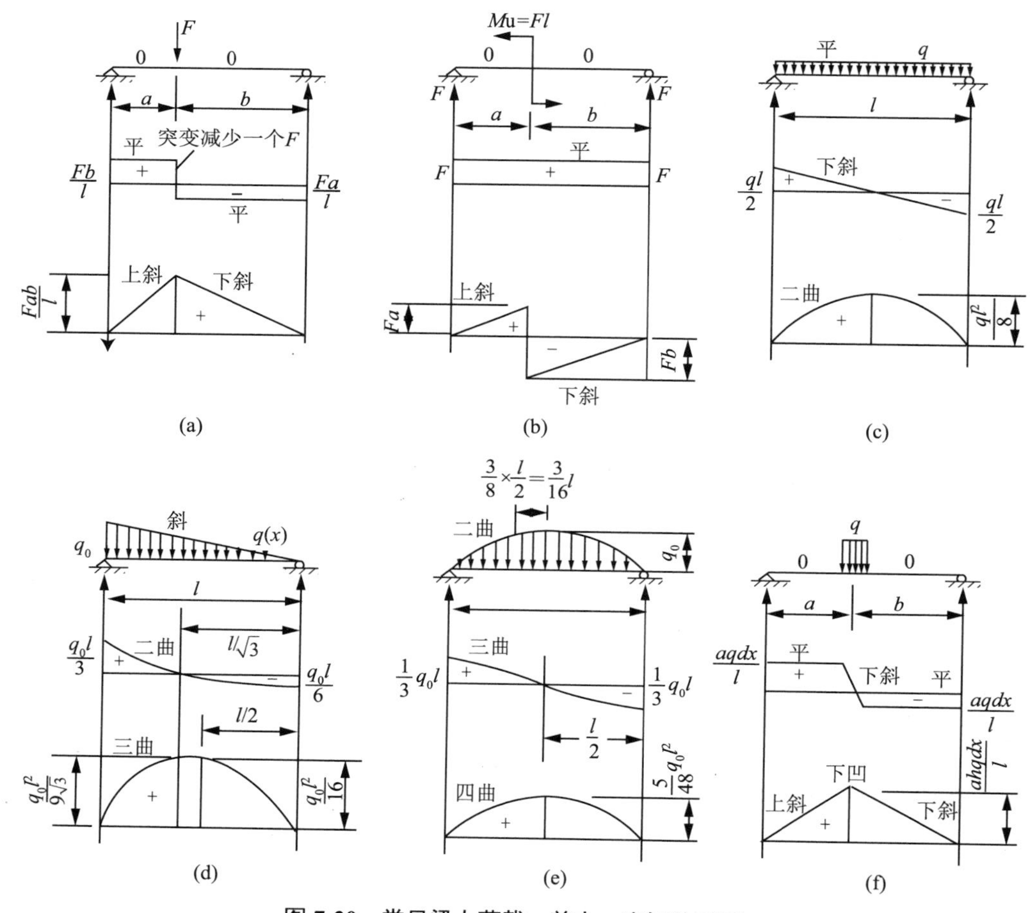

图 7-30　常见梁上荷载、剪力、弯矩关系图

第8章 框架结构抗震

8–1 地震震级和地震烈度有什么不同？基本烈度（设防烈度）和设计烈度有什么不同

【答】

(1) 震级。是衡量一次地震大小的指标，与一次地震释放的能量有关。震级增加一级，地震释放的能量将增加近 32 倍。

里氏震级 M(Richter 于 1935 年给出的定义）是由标准地震仪，在震中距 100km 处记录到的振幅的对数值，即

$$M=\lg A \tag{8-1}$$

式中：A——振幅，以 μm 计（$1\mu m=10^{-6}m$）。

标准地震仪指固有周期为 0.8s、阻尼系数为 0.8、放大倍数为 2800 倍的地震仪。

(2) 地震烈度。是指某一地区的地面和各类建筑物遭受一次地震影响的强弱程度，用 I 表示。

(3) 最常见的地震是构造地震。它是沿地壳断层面错动的结果，而断层面通常远在地表以下。断层最先开始错位和释放能量的地点称为震源，它的正上方的地面点称为震中，如图 8-1 所示。由于断层面不一定正好竖直，并且它还可能沿着一段相当长的距离断裂，因此震中处的震动可能并不是最剧烈的，但几乎肯定是在较强烈的震区内。断层断裂引起各种波，如图 8-2 所示，并将所释放的能量向远处传递，越远影响越小。

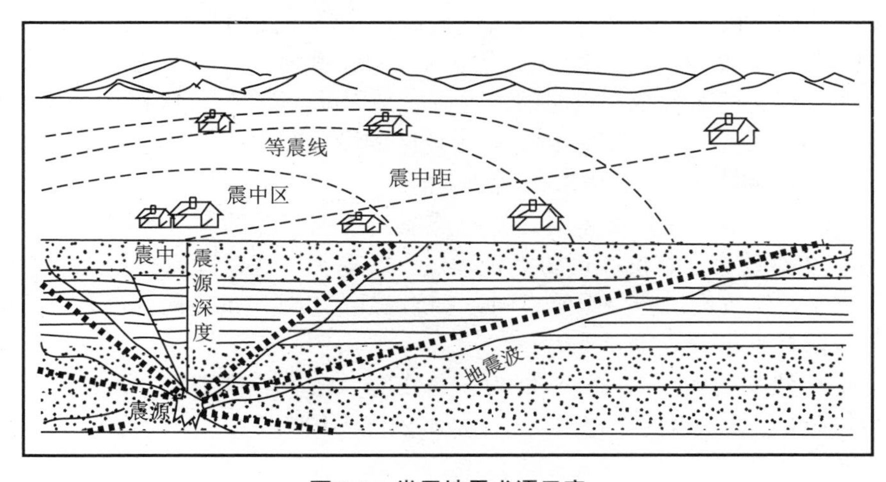

图 8-1　常用地震术语示意

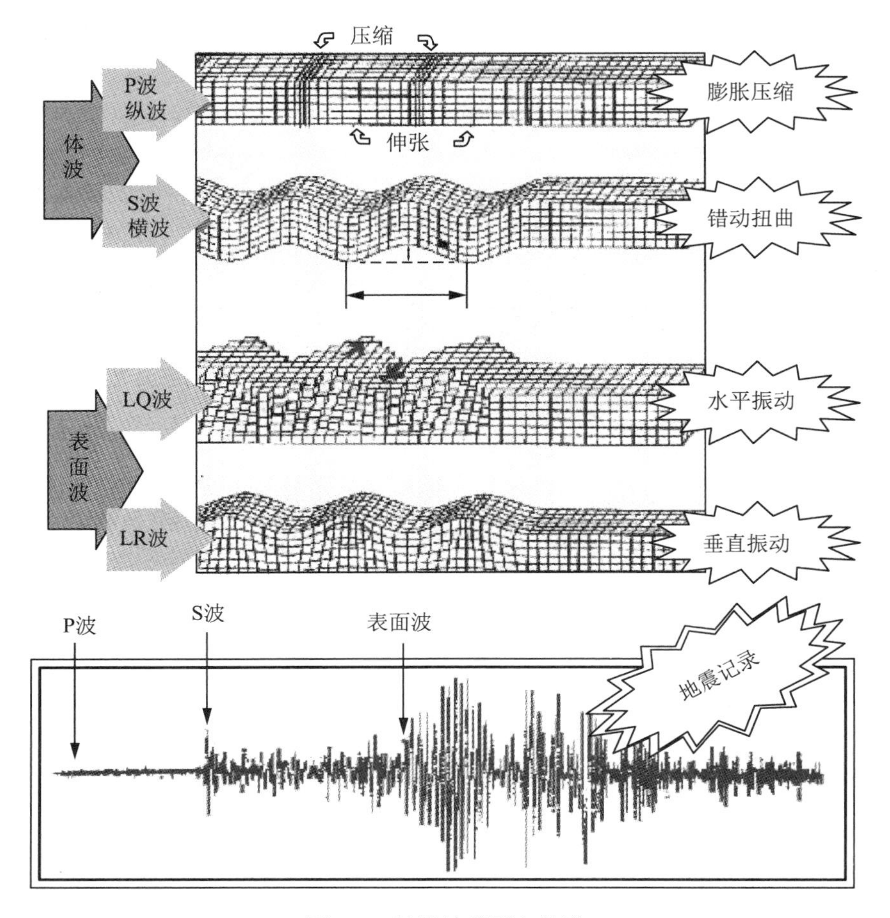

图 8-2　地震波类型和传递

因此对于一次地震，表示地震大小的震级只有一个，但它在不同地点产生的地震烈度是不一样的。

(4) 基本烈度（抗震设防烈度）是指该地区在今后一定时期内，在一般场地条件下可能遭受的最大地震烈度。它是按国家规定的权限，批准作为一个地区抗震设防依据的地震烈度，可以作为建筑规范和设防的依据，故又称设防烈度。它相当于 50 年内超越概率为 10% 的地震烈度。抗震设防烈度是一个地区的设防依据，不能随意提高或降低。

(5) 设计烈度是在结构设计中取用的烈度值。

(6) 抗震设防标准是一种衡量对建筑抗震能力要求高低的综合尺度，由抗震设防烈度或设计地震动参数及建筑抗震设防类别确定。既取决于建设地点预期地震影响强弱的不同，又取决于建筑抗震设防分类的不同。《抗震规范》规定的设防标准是最低的要求，具体工程的设防标准可按业主要求提高。

按多遇地震烈度设计时，设计烈度为多遇烈度，比基本烈度大约低 1.55 度；按罕遇地震烈度设计时，设计烈度为罕遇烈度，比基本烈度大约高 1 度；按设防地震烈度设计时，设计烈度为基本烈度。

8-2 何谓近震和远震（设计地震分组）

【答】

设计近震——当建筑所在地区遭受的地震影响，来自本设防烈度区或比该地区设防烈度大 1 度地区的地震时，抗震设计按近震考虑（或者说，某地区产生的地震烈度，与震中的烈度相同或仅低 1 度时，此地区考虑为近震）。主要考虑到震中离该地区近且烈度相近。

设计远震——当建筑所在地区遭受的地震影响，来自比该地区设防烈度大 2 度或 2 度以上地区的地震时，抗震设计按远震考虑（或者说，某地区产生的地震烈度，与震中的烈度相差 2 度或 2 度以上时，此地区考虑为远震）。主要考虑到震中离该地区远且烈度相差大。

对 7、8 度区的地震影响，当震中距小于或等于 50km 的属于近震；震中距大于 50km 的属于远震。对 9、10 度区，一般震中距不会太小，都属于远震。

旧的抗震规范的近震、远震，在新的《抗震规范》中定义为设计地震分组，可更好体现震级和震中距的影响。建筑工程的设计地震分为三组，按《抗震规范》附录 A 进行选择。

8-3 何谓小震（多遇地震）和大震（罕遇地震）

【答】

地震是结构在服役过程中可能遭遇的一种未来的环境作用，如果进行结构抗震设计，就必须对地震荷载的特性和参数做出估计。按照目前的科学技术水平，人们还不能准确地预测预报未来地震发生的时间、空间、强度等问题。所以，要提高结构的抗震安全性，就须采用多级抗震设防的思想。目前，国际上比较公认的抗震设防目标是“小震不坏，中震可修，大震不倒”。

那么什么是“小震”“中震”和“大震”呢？对结构而言，地震是一种风险，因而宜采用概率方法进行描述。这样，一个区域遭遇强度较小的地震袭击的可能性比较大，而发生强度很大的地震的概率就较小。目前一般采用地震危险性分析的方法（指不确定方法）解决该问题，给出的结果是地震动参数超越概率曲线。

(1) 从概率意义上讲，小震应该是发生频度最大的地震。我国同国际上的通行标准一致。

① 小震烈度为对应于统计“众值”的烈度，宜采用众值烈度，后者为烈度概率密度曲线上的峰值所对应的烈度，比基本烈度约低一度半，故亦称多遇地震。当基准设计期为 50 年时，则 50 年内众值烈度的超越概率为 63.2%，这就是《抗震规范》所取的第一水准烈度。超越概率指在一定时期内，工程场地可能遭遇大于或等于给定的地震烈度值或地震动参数的概率。

② 中震烈度即 1990 年中国地震区划图规定的“地震基本烈度”或中国地震动参数区划图规定的峰值加速度所对应的烈度，将 50 年内超越概率为 10% 的地震烈度定义为基本烈度，其对应的地震即为“中震”，《抗震规范》取为第二水准烈度并称为“设防烈度”（我国是按照基本烈度对工程结构进行抗震设防的）。

③ 大震应是发生频度极小的地震，即为罕遇的小概率事件，故亦称罕遇地震。指 50

年内超越概率为 2% ～ 3% 的烈度，也即是第三水准所对应的烈度（最大预估烈度）。大震烈度比基本烈度高 1 度左右。

上述关系可归纳如下：

地震烈度
- 基本烈度（设防烈度）
- 设计烈度
  - 小震烈度（多遇地震）（众值烈度）（第一水准烈度）
  - 中震烈度（设防地震）（基本烈度）（第二水准烈度）
  - 大震烈度（罕遇地震）（第三水准烈度）

(2) 烈度概率密度函数。如图 8-3 所示，$f_x(I)$ 为地震烈度概率密度分布函数，I 为地震烈度。

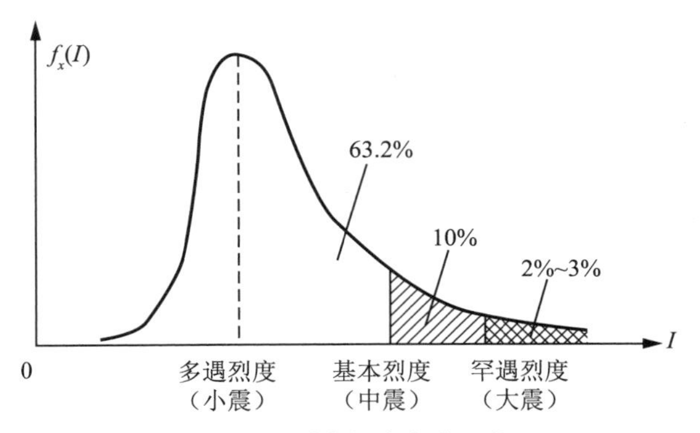

图 8-3　烈度概率密度函数

图 8-3 中多遇烈度为众值烈度，由各地震地区在设计基准期内统计确定，也即概率密度为峰值（极值分布的众值为其概率密度函数上的峰值）时的烈度。换句话说，就是发震频度最大的地震烈度。设防烈度为基本烈度。各种烈度相关值见表 8-1 所列。

表 8-1　不同烈度相关参数

烈　度	在设计基准期 50 年内的超越概率	重现期 / 年	α_{max}		
			7 度	8 度	9 度
小震	0.632	50	0.08	0.16	0.32
设防烈度地震	0.10	475	0.23	0.45	0.90
大震	0.03 ～ 0.02	约 2000	0.50	0.90	1.40

8–4　“三水准、二阶段”的抗震设计思想的内容及方法是什么

【答】

1. 三水准要求

(1) 第一水准。当遭受到低于本地区设防烈度的多遇地震（小震）影响时，要使得建筑处于正常使用状态，一般不受损坏或不需修理仍可继续使用。结构从抗震分析角度，可以视为弹性体系，采用弹性反应谱进行弹性分析。

(2) 第二水准。当遭受到本地区设防烈度的地震（中震）影响时，建筑物可能受损坏，

但应使其不需修理或经一般修理后仍可继续使用。结构进入非弹性工作阶段，但非弹性变形或结构体系的损坏控制在可修复的范围内。

(3) 第三水准。当遭受到高于本地区设防烈度的罕遇地震（大震）影响时，要使得建筑物不致倒塌或发生危及生命的严重破坏。结构有较大的非弹性变形，但应控制在规定的范围内，以免倒塌。

但是按照基本烈度设防的结构震后是否就一定能被修复呢？这要取决于以下几个问题：

1) 基本烈度的定义是否恰当，需要进一步研究

对结构抗震设防标准的决策是一件非常复杂和困难的工作，不仅取决于结构的经济指标（需要进行投入－产出分析），更与人们对风险的心理承受能力密切相关，还同科学技术的发展水平、经济发展状况、国家的技术政策等众多因素有关。我国对基本烈度的定义采纳了国际通行做法，但是否符合我国国情还需要仔细研究。

2) 设防烈度地震发生的可能性问题

对基本烈度地震的确定依据了地震危险性分析的结果，但按照目前的技术水平还不能做到准确，而且分析结果与实际发生地震间的误差还比较大。因此，未来基本烈度地震实际发生的可能性并不一定恰好是 10% 的超越概率。

3) “中震”与“可修”的关系

即使结构场地确实遭遇了期望的基本烈度地震（中震）的袭击，结构也不一定就“可修”。“可修”实质上是指结构震后的结果，或者说是结构在“中震”作用下的一种表现。结构的地震安全性不仅与地震强度有关，而且与地震频谱和持续时间有关，与结构自身的振动特性和地基基础的关系更大。举个例子：一个结构按照 8 度设防，如果概念设计不好，存在诸如平、立面不规整，质量、刚度分布不均匀且突变，结构场地跨越断层等问题，则遭遇 7 度地震就有可能不再“可修”了。

总之，结构的抗震设防是一个十分复杂的问题，涉及的因素很多，不能一概而论，需要具体问题具体分析。就好比“刚柔”之争一样，以现代的观点来看，双方都只答对了问题的一个方面。

2. 两阶段设计法

1) 第一阶段设计

取第一水准（多遇地震）的地震动参数计算结构的弹性地震作用标准值和相应的地震作用效应，和其他荷载效应的基本组合（采用《建筑结构可靠度设计统一标准》规定的分项系数设计表达式），验算构件断面抗震承载力及结构的弹性变形。

这时体系处于弹性状态，可按弹性结构进行地震分析，以满足第一水准的要求。所有结构都要进行此阶段的弹性内力分析，弹性内力分析后还要作一些增大和调整（强柱根、强剪弱弯、强柱弱梁等）。

2) 第二阶段设计

在罕遇地震作用下，结构进入弹塑性阶段，刚度急剧降低，塑性铰普遍出现，这时已无法准确进行内力与位移计算，只需控制其延性，验算弹塑性变形。验算结构薄弱层的弹塑性变形，并采取必要的抗震构造措施，以满足第三水准的设防目标。

如果第一水准的抗震计算已满足要求，并采用了相应的构造措施，则第二水准设防

目标即可满足要求，不必单独作为一个阶段来进行专门计算。但在设防烈度（第二水准烈度）作用下，结构进入弹塑性工作阶段，应控制不易修复变形的产生。

对于大多数结构，可只进行第一阶段设计，而通过概念设计抗震构造措施来满足第三水准的设计要求；对少数有特殊要求的建筑或结构刚度、质量明显不均匀，有明显薄弱层的不规则结构和地震时易倒塌的结构，则应进行第二阶段的抗震设计。

8–5 结构基本周期、结构自振周期与设计特征周期、卓越周期是什么概念

【答】

行业标准 JGJ/T 97—2011《工程抗震术语标准》阐述了这些概念。

1）设计特征周期（T_g）

T_g 是建筑物场地的地震动参数，它在抗震设计用的地震影响系数曲线中，反映地震震级、震中距和场地类别等因素的下降段起始点对应的周期值。它属于建筑场地自身的周期，由场地的地质条件决定，抗震规范中是通过地震分组和地震烈度查表确定的。

2）卓越周期（T_s）

T_s 是随机振动中出现概率最多的周期，表示地震动或场地最主要的振动特性。该周期可根据覆盖层厚度 H 和土层剪切波速 V 按公式 $T_s=4H/V$ 计算。场地脉动（卓越）周期（T_m）是在微小震动下场地出现的周期，也可以说是微震时的卓越周期；地震动卓越周期是在受到地震作用下场地出现的周期，一般情况下它大于脉动周期（一般为 1.2 ～ 2.0 倍）。场地卓越周期反应场地特征，地震动卓越周期不但反应场地特征，而且反应地震特征。

3）自振周期（T）

T 是结构按某一振型完成一次自由振动所需的时间，是结构本身的固有动力特性，与结构的高度 H、宽度 B、结构的质量及刚度有关。对单自由度，只有一个周期，而对于多自由度就有同模型中所采用的自由度相同的周期个数，周期最大的作为基本周期，是设计用的主要参考数据。可用结构力学方法求解（主要指第一振型的主振周期）。

4）基本周期（T_1）

T_1 是指结构按基本振型完成一次自由振动所需的时间。通常需要考虑两个主轴方向和扭转方向的基本周期。

结构在地震作用下的反应与建筑物的动力特性密切相关，建筑物的自振周期是主要的动力特性，与结构的质量和刚度相关。国外的震害经验表明，当建筑物的自振周期与场地的卓越周期相等或接近时，建筑物的震害较严重。研究表明，由于土在地震时的应力–应变关系为非线性的，在同一地点，地震时地面运动的周期并不是不变的，而将因震源机制、震中距的变化而不同。

《抗震规范》对结构的基本周期与场地的卓越周期之间的关系不做具体要求。

8–6 卓越周期代表什么？考虑它有何意义

【答】

卓越周期就是结构所在地的场地自振周期。

结构的自振周期如果与场地的卓越周期相一致，则结构的动力反应会急剧增大，甚至会产生类似于结构在动力荷载作用下的共振现象。

《抗震规范》给出了各种场地土的特征周期（反应谱曲线下降段与上平台交接点对应的周期）T_g，如图 8-4 所示，它表示规范反应谱值随周期变化的突变特征，是平均意义上的参数，综合反映了场地和地震环境的影响。

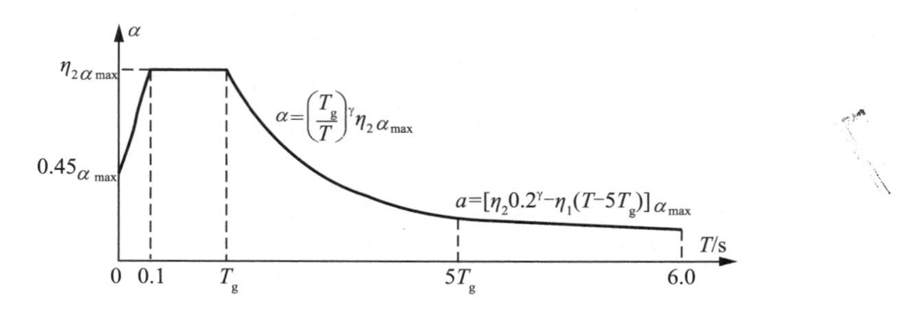

α—地震影响系数；α_{max}—地震影响系数最大值；η_1—直线下降段的下降斜率调整系数；γ—衰减指数；T_g—特征周期；η_2—阻尼调整系数；T—结构自振周期

图 8-4　地震影响系数曲线

土壤的固有周期，通常为 0.5 ～ 1s。而结构的固有周期，一般牢靠锚固的设备约为 0.05s，单层简单框架约为 0.1s，4 层以下的低层结构约为 0.5s，10 ～ 20 层的高层建筑约为 1 ～ 2s，单支座的水箱可能有 4s。

这样一来，建筑与地面可能具有相同的固有周期，建筑很可能接近局部共振的状态（准共振），致使它上面的地震作用有所增加。

因此，设计中期望能估计出建筑和场地的固有周期，比较它们是否存在准共振的可能性。如果有，则宜改变建筑的共振特性（由于场地的特性是既定的），使其自振周期越出场地卓越周期的范围，并使共振产生强迫振幅的可能性减少或消失。

所以结构设计中应使结构自振周期远离场地卓越周期。

a. 场地土松软时，β 谱曲线主峰偏于较长的周期，且峰值处于偏平形态。此时结构物应做得刚度较大。

b. 场地土坚硬时，β 谱曲线主峰偏于较短的周期，且峰值处于立陡形态。此时结构物应做得刚度较小。

8–7　基本振型指的是什么振型

【答】

对于质量比较分散的结构，为了能比较如实地反映其动力性能，可以将其简化为多质点体系。例如，多层房屋刚性楼盖，可以把质量集中在每层楼面；多跨不等高的单层厂房，可以把质量集中到各个屋盖；烟囱可以根据计算需要将其分为若干段，然后将各段折算成质点。如图 8-5 所示。

在振动过程中的任意时刻，两个质点的位移比值始终保持不变，这种振动形式通常称为主振型，或简称振型。当体系按最小自振圆频率振动时，称为第一振型或基本振型。

基本振型一般指每个主轴方向以平动为主的第一振型，如图 8-6 所示。

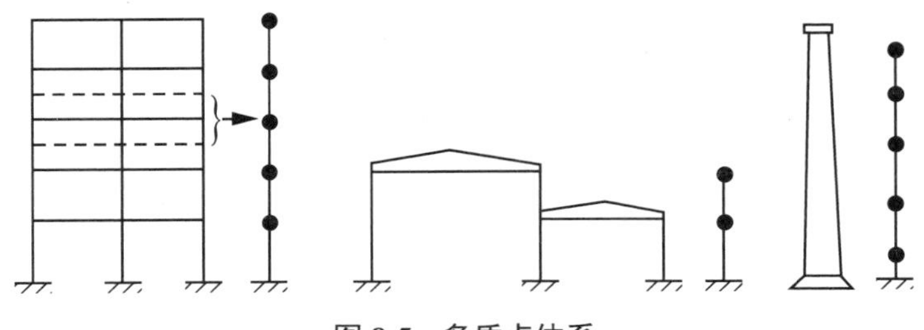

图 8-5　多质点体系

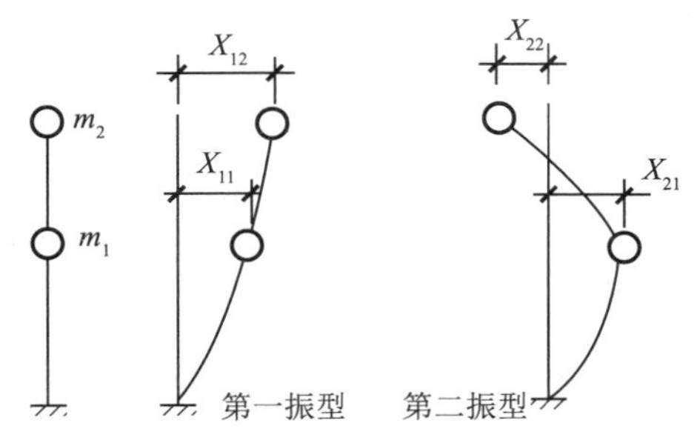

图 8-6　两质点体系振型曲线

一般地，体系有多少个自由度就有多少个频率，相应就有多少个主振型，它们是体系的固有特性。

结构在任一瞬时的位移等于惯性力所产生的静力位移。主振型的变形曲线，可以看作体系按某一频率振动时，其上相应惯性荷载所引起的静力变形曲线。

各个振型在地震总反应中的贡献一般随着频率的增加而迅速减少，故频率最低的几个振型往往控制着最大反应，在实际计算中一般采用前 2 ～ 3 个振型即可。考虑到周期较长的结构的各个自振频率较接近，故《抗震规范》规定，当基本周期大于 1.5s 或房屋高宽比大于 5 时，可适当增加参与组合的振型个数。

8-8　用反应谱理论计算地震作用时，与哪些因素有关？结构整体刚度变化会引起地震作用产生什么变化

【答】

作用在结构上的地震作用，是质量体系受到地面加速度而引起的内部惯性力。它的效果取决于几方面的因素：受震源及其向建筑物传播情况所决定的地面运动之强度和特性，诸如振型、振动周期及阻尼特性等的建筑物的动力特性，建筑物整体的质量或构件的质量。

1）何谓反应谱

在同一地震动参数输入下，具有相同阻尼比的一系列单自由度体系反应（加速度、速度、位移）的绝对最大值，与单自由度体系自振周期或频率的关系，称为反应谱。可根据大量的强震记录，求出结构在不同自振周期或频率时的地震最大反应，取这些反应的包线。以反应谱为依据进行抗震设计，则结构在这些地震记录为基础的地震作用下通

常是安全的，这种方法称为反应谱法。利用反应谱，可很快求出各种地震干扰下的反应最大值，因而此法被广泛应用。

2）以反应谱为基础的两种实用方法

（1）振型分解反应谱法。此法是把结构作为多自由度体系，利用反应谱进行计算。对于任何工程结构，均可用此法进行地震反应分析。

（2）底部剪力法。对于多自由度体系，若计算地震反应时主要考虑基本振型的影响，则计算可以大大简化，此法称为底部剪力法，是一种近似方法。它适用于高度不超过40m、以剪切变形为主且质量和刚度沿高度分布比较均匀的结构，以及近似于单质点体系的结构。

用反应谱法计算地震反应，应解决两个主要问题：计算建筑的重力荷载代表值，根据结构的自振周期确定相应的地震影响系数。

3）影响反应谱曲线的因素

根据弹性力学分析，找出单质点结构体系在地震作用下最大的动力反应（如最大的位移、最大速度、最大加速度）与结构体系自振周期的函数关系。

以阻尼比（阻尼与临界阻尼之比 C/C_{cr}）ξ 为参数，在任意给定的地震波下，作出自振周期 T 与最大反应的关系曲线族，即为地震反应谱。取最有代表性的平均曲线作为设计的依据，称为标准反应谱。

影响反应谱曲线的因素很多，主要有场地条件、震级及离震中的距离。

结构阻尼主要与结构形式、材料性能和节点刚度有关。一般结构的阻尼比 ξ 为 0.01 ～ 0.1。标准加速度反应谱取 ξ=0.05 后得到设计反应谱，也即地震影响系数 α 值曲线。

（1）地震影响系数 α。其数值应根据烈度、场地类别、设计地震分组、结构自振周期和阻尼比确定。其中设计特征周期 T_g 的值应根据建筑物所在地区的地震环境确定。所谓地震环境，是指建筑物所在地区及周围可能发生地震的震源机制、震级大小、震中距以及建筑物所在地区的场地条件等。《中国地震动反应谱特征周期区划图 B1》给出了我国主要城镇Ⅱ类场地设计特征周期值，考虑到规范的延续性，《抗震规范》在它的基础上进行了调整，补充了Ⅰ类、Ⅲ类和Ⅳ类场地的设计特征周期值，并给出我国部分省市地震动反应谱特征周期区划图。为了表达方便起见，根据我国主要城镇设计特征周期数值大小将设计地震分为三组（《抗震规范》附录 A 列出了我国主要城镇的设计地震分组）。这样，就可根据不同地区所属设计地震分组和场地类别确定设计特征周期，见表 8-2 所列。

表 8-2　特征周期 T_g 值　　单位：s

设计地震分组	场地类别			
	Ⅰ	Ⅱ	Ⅲ	Ⅳ
第一组	0.25	0.35	0.45	0.65
第二组	0.30	0.40	0.55	0.75
第三组	0.35	0.45	0.65	0.90

注：为了避免处于不同场地分界附近的特征周期突变，《抗震规范》规定，当有可靠剪切波速和覆盖层厚度时，可采用插入法确定边界附近（指 15% 范围）的特征周期值。

地震影响系数最大值 α_{max} 见表 8-3 所列。

表 8-3　地震影响系数最大值 α_{max}

设防烈度 I	6	7	8	9
中震	0.113	0.23(0.338)	0.45(0.675)	0.90
多遇地震（小震）	0.04	0.08(0.12)	0.16(0.24)	0.32
罕遇地震（大震）	—	0.50(0.72)	0.90(1.20)	1.40

注：表中括号内的数字分别用于《抗震规范》附录 A 中设计基本地震加速度 0.15g 和 0.30g 地区的建筑。

(2) 结构刚度 ($1/\delta$)。如其增大，则结构自振周期（$T=2\pi\sqrt{m\delta}$）减小，地震影响系数 α 增大。结构刚度较大 ($T_g \leqslant T \leqslant 3.0s$) 时，刚度越大（$T\downarrow$）、土越软（$T_g\uparrow$），则 $\alpha=(T_g/T)^{0.9}\alpha_{max}\uparrow$；结构刚度较小 ($0 \leqslant T \leqslant 0.1s$) 时，刚度越小（$T\uparrow$）、土越不产生影响，则 $\alpha=(0.45+5.5T)\alpha_{max}\uparrow$；导致 $F=\alpha G\uparrow$。

8–9　结构进行抗震设计时，若计算出的第一振型为扭转振型应如何处理

【答】

国内外历次大地震的震害表明，平面不规则、质量与刚度偏心的结构，在地震中受到严重的破坏。振动台模型试验结果也表明，扭转效应会导致结构的严重破坏。

结构进行抗震设计时，若计算出的第一振型为扭转振型，说明结构的抗侧力构件布置不合理或数量不足，导致整体抗扭刚度偏小。应对结构方案进行调整，加强抗扭刚度，减小结构平面布置的不规则性，避免产生过大的偏心而导致结构产生较大的扭转效应，必要时设置抗震缝，也可按《抗震规范》第 3.4.4 条的有关要求进行抗震作用分析并采取加强延性的构造措施。

8–10　如何根据建筑抗震设防分类和场地类别二者的不同，在设计基本地震加速度下确定抗震措施和抗震构造措施？建筑类别不同时，计算时设计基本地震加速度如何取值

【答】

抗震措施指除地震作用计算和抗力计算以外的抗震设计内容，包括抗震构造措施。

抗震构造措施指根据抗震概念设计原则，一般不需计算而对结构和非结构各部分必须采取的各种细部要求。

根据相应的《抗震规范》条文规定，一般建筑（隔震建筑和消能减振部位除外）在不同的建筑抗震设防分类和场地类别下，当设计基本地震加速度不同时，抗震措施和抗震构造措施分别如表 8-4 和表 8-5 所列。建筑类别不同时，计算时设计基本地震加速度取值见表 8-6 所列。

表 8-4 抗震措施应依照的按建筑类别和场地类别调整后的地震烈度表

建筑类别	场地类别	设计基本地震加速度 /g					
		0.05	0.10	0.15	0.20	0.30	0.40
甲、乙类	Ⅰ～Ⅳ	7	8	8	9	9	9+
丙类	Ⅰ～Ⅳ	6	7	7	8	8	9
丁类	Ⅰ～Ⅳ	6	7−	7−	8−	8−	9−

注：(1) 对较小的乙类建筑，如工矿企业的变电所、空压站、水泵房及城市供水水源的泵房等，当其结构改用抗震性能较好的结构类型，如钢筋混凝土结构或钢结构时，可仍按本地区设防烈度的规定采取抗震措施，不需提高。

(2) 8+、9+ 表示提高幅度需要专门研究。

(3) 7−、8−、9− 表示可以比本地区设防烈度的要求适当降低。例如对于现浇钢筋混凝土房屋，可将部分构造措施按降低一个等级考虑；对于多层砌体结构房屋，按减少一层二层（视具体要求）在《抗震规范》表 7.3.1 或表 7.4.1 中查构造柱或芯柱的设置要求。

(4) g 为重力加速度。

表 8-5 抗震构造措施应依照的按建筑类别和场地类别调整后的地震烈度表

建筑类别	场地类别	设计基本地震加速度 /g					
		0.05	0.10	0.15	0.20	0.30	0.40
甲、乙类	Ⅰ	6	7	7	8	8	9
	Ⅱ	7	8	8	9	9	9+
	Ⅲ、Ⅳ	7	8	8+	9	9+	9+
丙类	Ⅰ	6	6	6	7	7	8
	Ⅱ	6	7	7	8	8	9
	Ⅲ、Ⅳ	6	7	8	8	9	9
丁类	Ⅰ	6	6	6	7	7	8
	Ⅱ	6	7−	7−	8−	8−	9−
	Ⅲ、Ⅳ	6	7−	7	8−	8	9−

表 8-6 根据建筑类别调整后的计算用设计基本地震加速度

建筑类别	抗震设防烈度					
	6	7		8		9
乙类、丙类、丁类	0.05g	0.10g	0.15g	0.20g	0.30g	0.40g
甲类	高于本地区设计基本地震加速度，具体数值按批准的地震安全评价结果确定					

8-11 建筑体型与抗震有关系吗

【答】

有人把建筑的功能归纳为 4 种：能给使用者提供特殊小气候的气候调节作用；通过它的存在来改善经济的经济调节作用；影响人们居住、工作及娱乐方式的行为调节功能；

感动建筑占有者、使用者和观察者的形象象征功能。

成本方面通常是4种功能的关键性的调节器。简单、规则、重复的建筑形式，往往既是最经济的又是本质上最可靠的抗震体型。

(1) 不对称性几乎不可避免地会引起扭转，同时扭转也可由非几何学的原因引起（即对称结构中的重力分配的变化）。因此，不能把对称建筑将不承受扭转效应作为一个规律，它仅仅是一种趋向。只有当建筑内的惯性力作用于质心，结构的刚度所产生的平衡内力作用于刚度中心，并且质心和刚度中心相重合时，扭转效应才得以消除。

不对称性还会导致应力集中，如凹角处、槽口处等。即使是对称的建筑，如果它是不规则的，仍将会产生应力集中。只有既是对称的又是简单的（即“凸形”的，也就是用一条穿越平面图形界限的直线来连接图形内的任意两点是不可能的），这种体型才会消除应力集中。

(2) 对于水平荷载来说，广泛地分担荷载是一个有效的原则。一个结构中如果有很多构件，当一个构件开始破坏时，将有许多其他构件来提供必需的抗力。而构件集中的结构，数目渐减的构件将受到急剧增加的作用力。

(3) 随着使用方面的要求，以及现代建筑技术的发展，结构的平面密度（所有竖向结构构件如立柱、墙、支撑，它们的总面积除以楼层总面积）越来越小。在这种情况下，不管是直接抵抗侧向力还是抵抗扭转效应，只要有可能，总是尽可能将抗力构件设置在建筑的周边上。因为材料布置得距平面中心越远，它的作用力臂、产生的抵抗矩也越大，材料性能可得以充分发挥。

但是，如果沿周边布置的强度与刚度很不均匀，质量中心与抗力中心就不重合，势必增加扭转力，导致建筑绕抗力中心转动。

(4) 有些建筑，某一层（一般是第一层）明显地高于其他层，也可能为了增加地面层的开敞抽去了部分地面层的竖向构件。这样做一方面造成刚度沿高度方向产生突然变化，另一方面使荷载传递途径间断。多数地震能量及其结构变形，往往就集中于这些较弱的楼层或出现不连续的地方，而不是较均匀地分配于所有楼层之间。因而这一层将受到更多的应力和损坏。

(5) 建筑中一处结构的不连续性，正如金属杆中的一个槽口变成应力集中区一样，会是一个结构损坏的潜在区。这种情况往往是由于建筑学上的理由需要收进或存在建筑刚度上的其他突变。另外，相邻建筑物也可能引起结构不连续性的效应。

在震害中发现，相邻近的一高一低两栋建筑，在较低建筑的屋盖高度处加劲，刚度突变的效应导致高的建筑在此处损坏。因此，相邻结构应有足够的隔离，这样还可以避免由于作用于任意方向的地震作用所引起的碰撞。

结构应该是简明、对称的，在平面或立面中不是过分细长的；应使墙、框架等贯穿结构的高度，使这些构件具有竖向的连续性；避免刚性和柔性部分结合而引起不协调的挠度问题；考虑填充使框架增加刚度而导致的负作用；拐角应当用墙围住使之尽可能的坚固（此处是平面图中的极点，扭转屈服几乎肯定会在此处出现，并且使结构的对称性受到损害且引起进一步的偏心矩，因此，应当给扭转屈服提供比其他形式屈服为多的抗力保证）；平面图的形状应是封闭的；应具有均匀与连续的强度分布，让水平构件在竖向构件以前形成铰；让结构的刚度与下层土的性质有所关联。

8-12　在6度区的建筑是否都不需要进行地震作用计算

【答】

《抗震规范》第3.1.2条和第5.1.6条规定部分建筑在6度时可不进行地震作用计算和断面抗震验算，但应符合有关抗震措施要求。

对于较高的高层建筑，诸如40m的钢筋混凝土框架房屋，高于60m的其他钢筋混凝土民用房屋和类似的工业厂房，以及高层钢结构房屋，其基本周期可能大于Ⅳ类场地的特征周期 T_g，则6度的地震作用值可能大于同一建筑在7度Ⅱ类场地的取值，此时仍需进行抗震验算。

例如，6度区的丙类钢筋混凝土房屋的抗震等级，框支层柱为二级，其他结构中有部分柱为三级，部分抗震墙为三级甚至二级，抗震措施中有许多部件需进行内力调整计算。

目前计算机辅助设计的计算程序已提供了6度的抗震计算，必要时也可通过相应的程序计算来决定对应的技术措施。

所以并非所有的建筑在6度时都不需进行地震作用计算。

8-13　结构的薄弱层、软弱层、转换层、框支层的概念是什么

【答】

1）薄弱层

该楼层的层间受剪承载力小于相邻上一楼层的80%。

2）软弱层

该楼层的侧向刚度小于相邻上一层的70%，或小于其上三个楼层侧向刚度平均值的80%；除顶层外，局部收进的水平向尺寸大于相邻下一层的25%。

3）转换层

该楼层水平转换构件（梁、桁架等）将上一层的竖向抗侧力构件（柱、抗震墙、抗震支撑）的内力由本层向下传递。

4）框支层

如果结构同一位置转换层以上为剪力墙，转换层以下为框架，那么转换层以下的楼层为框支层。

8-14　计算薄弱层变形的方法有几种？各自适用范围如何

【答】

计算薄弱层变形的主要方法，包括规范简化方法、静力弹塑性分析方法（push-over法）、弹塑性时程分析法等。它们的适用范围如下：

(1) 12层以下且层刚度无突变的框架结构和框排架结构、单层钢筋混凝土柱厂房可采用《抗震规范》第5.5.4条的简化方法；

(2) 除(1)之外的结构可以采用静力弹塑性分析方法或弹塑性时程分析法。

1. 静力弹塑性分析方法的确切含义及特点

结构弹塑性变形分析方法有动力非线性分析（动力时程分析）和静力非线性分析两大类。动力非线性分析能正确而完整地得出结构在罕遇地震下的反应全过程，但数值计算过程中需要反复迭代，数据量大，分析工作烦琐，且数值结果受到所选用地震波的影响较大，一般只在设计重要结构或高层建筑结构时采用。

我国抗震规范提出“弹塑性变形分析，可根据结构特点采用静力非线性分析（推覆分析）或动力的非线性分析（弹塑性时程分析）。”这里的静力非线性分析，主要是指push-over分析方法。

静力弹塑性分析方法是对结构在罕遇地震作用下进行弹塑性变形分析的一种简化方法，从本质上讲它是一种静力分析方法。具体地说，就是在结构分析模型上施加按某种规定的分布方式模拟地震水平作用惯性力的侧向力，单调加载并逐级放大，一旦构件开裂或屈服即修改其刚度，直到结构达到预定的状态（成为塑性机构、位移超限或达到目标位移），从而判断结构分析模型是否满足相应的抗震能力要求。

2. 静力弹塑性分析方法基本工作步骤

该方法分为两个部分，首先建立结构荷载－位移曲线，然后评估结构的抗震能力。

(1) 准备结构数据：包括建立结构模型、构件的物理参数和恢复力模型等。

(2) 计算结构在竖向荷载作用下的内力。

(3) 在结构每层的质心处，沿高度施加按某种分布的水平力，确定其大小的原则是：水平力产生的内力与前一步计算的内力叠加后，恰好使一个或一批杆件开裂或屈服；在加载中随结构动力特性的改变而不断调整的加载模式是比较合理有效的模式。

(4) 对于开裂或屈服的杆件，对其刚度进行修改后，再增加一级荷载，又使得一个或一批杆件开裂或屈服。

不断重复(3)～(4)步，直到结构达到某一目标位移（对于普通push-over方法）或结构发生破坏（对于能力谱设计方法）。push-over方法确定结构目标位移时，都要将多自由度结构体系等效为单自由度体系。

对于结构振动以第一振型为主、基本周期在2s以内的结构，push-over方法能够很好地估计结构的整体和局部弹塑性变形，同时也能揭示弹性设计中存在的隐患（包括层屈服机制、过大变形以及强度、刚度突变等）。研究成果和工程应用表明，在一定适用范围内push-over方法能够较为准确地反映结构的非线性地震反应特征，对于层数不太多或者自振周期不太长的结构，不失为一种可行的弹塑性简化分析方法。

3. 静力弹塑性分析方法的特点

(1) 由于在计算时考虑了结构的塑性，可以估计结构的非线性变形和出现塑性铰的部位。

(2) 较弹塑性时程分析法，其输入数据简单，工作量小、计算时间短。

对于二维push-over方法，随着加载模式、目标位移以及需求谱等方面的日趋完善，应用于规则结构的抗震性能评估，能够较好地满足工程设计要求。但是，随着建筑造型和结构体型复杂化，某些结构平面和竖向质量、刚度不均匀，因此将结构简化为二维模型分析将不能正确模拟结构的反应，尤其是对于远离结构刚度中心的边缘构件更是如此。因此，push-over 方法向三维发展是必然趋势。

对于长周期结构和高柔的超高层建筑，push-over 方法不再适用。

8–15 抗震设计中，为什么承载力 *R* 要除以地震调整系数 γ_{RE}

【答】

《抗震规范》第 5.4.2 条规定，结构构件的断面抗震验算，应采用以下设计表达式：

$$S \leqslant \frac{R}{\gamma_{\mathrm{RE}}} \tag{8-2}$$

式中：γ_{RE} 是承载力抗震调整系数。考虑到地震作用是一种短暂的偶然作用，材料性能较静荷载作用下应予以提高，调整系数必然不大于 1，以体现材料动静强度和抗震设计与非抗震设计可靠指标的不同。当仅计算竖向地震作用时，各类结构构件承载力抗震调整系数均应采用 1.0。

现阶段大部分结构构件作断面抗震验算时，采用了各有关规范的承载力设计值 R_{d}，因此，抗震设计的抗力分项系数，就相应地变为非抗震设计的构件承载力设计值的抗震调整系数 γ_{RE}，即 $R_{\mathrm{dE}}=\dfrac{R_{\mathrm{d}}}{\gamma_{\mathrm{RE}}}$。

8–16 对钢筋混凝土框架柱进行轴压比和结构层间位移控制，这两者之间有无关系

【答】

《抗震规范》中对钢筋混凝土框架柱进行轴压比控制，是为了保证混凝土构件的延性，防止构件脆性破坏；对结构层间位移是进行控制，是为了保证结构整体刚度和整体安全。

控制轴压比和控制层间位移是两个不同的方面，两者无显著的关联关系。层间位移限值主要根据对非结构和结构构件破坏程度的控制标准和结构的延性来确定。

8–17 抗震规范中对钢筋混凝土框架结构的角柱有一些特殊要求，转角处的框架柱是否均应按角柱对待

【答】

考虑到角柱承受双向地震作用，扭转效应对内力影响较大且受力复杂等因素，抗震设计中对其抗震措施和抗震构造措施有一些专门的要求。

《抗震规范》中的角柱是指与建筑角部、柱的正交两个方向各只有一根框架梁与之相连接的框架柱。因此，位于建筑平面凸角处的框架柱一般均为角柱，而位于建筑平面凹角处的框架柱，若柱的四边各有一根框架梁与之相连，则可不按角柱对待。

8-18 为什么《抗震规范》第6.3.8条三款规定框架柱的总配筋率不应大于5%

【答】

《抗震规范》第6.3.8条三款规定框架柱的总配筋率不应大于5%，主要基于以下原因：

(1) 对于荷载较大的框架柱，在长期荷载作用下，如果框架柱的总配筋率过大，能引起混凝土的徐变使混凝土应力降低，如出现荷载突然减少的情况，由于混凝土的徐变大部分不可恢复，钢筋的回弹会使混凝土出现拉应力甚至开裂，影响结构的安全。

(2) 从经济和施工方面考虑，框架柱若纵筋配置过多将使钢筋过于拥挤，而相应的箍筋配置不够而引起纵筋压屈，降低结构延性。

(3) 为了避免框架柱断面过小而轴压比太大，过分依赖钢筋的抗力承载而造成结构延性不良。

8-19 对屋顶间、女儿墙、烟囱等突出屋面的结构进行抗震设计及验算时，应注意哪些问题

【答】

《抗震规范》在第3章关于概念设计的规定中，明确要求结构选型应防止刚度和强度的突变。突出屋面结构明显存在刚度突变，其抗震设计尤应注意采取可靠的措施。

例如第5.2.4条规定采用底部剪力法时，突出屋面的屋顶间、女儿墙、烟囱等的地震作用效应，宜乘以增大系数3，此增大部分不应往下传递，但与该突出部分相连的构件应予计入；采用振型分解法时，突出屋面部分可作为一个质点进行计算。同时还要根据计算结果采取加强构造措施。

但第5.2.1条规定采用底部剪力法时，计算结构的水平地震作用标准值应考虑顶部附加水平地震作用 ΔF_n。此条并不是基于突出屋面结构的影响，而是因为地震作用沿高度倒三角形分布，在周期较长时顶部误差可达25%，故引入依赖于结构周期和场地类别的顶点附加集中地震力予以调整。单层厂房沿高度分布在《抗震规范》第9章中已另有规定，故本条不重复调整（取 $\delta_n=0$）。

8-20 突出屋面的屋顶房间，何时可按突出屋面的屋顶计算而不算做一层

【答】

根据《抗震规范》第5.2.4规定，采用底部剪力法时，出屋面的屋顶间、女儿墙、烟囱等构筑物的地震作用效应，宜乘以增大系数3，此时相对应的屋顶房间总面积不超过楼层总面积30%。因此，一般认为当出屋面的屋顶房间面积小于楼层总面积的30%时，该部分可按突出屋面的屋顶间计算，而不算做一层。

8-21　楼梯及电梯的结构布置对结构抗震有何影响

【答】

楼梯的影响主要在于：一方面它是结构的一个固定构件，并且它的局部刚性大，在这种情况下，它将受到与其承受能力不相称的地震作用，这与其在安全疏散设计中的主要或重要地位不相适应。同时，它的出现使得结构平面刚度中心偏移，很多情况下可能引起结构的扭转。另一方面，楼梯也可能在楼板上造成中断或开洞，削弱楼板的整体性和刚度。

电梯的影响主要在于：在楼板中开洞，只不过是造成楼板的中断。而由围墙筑成的竖井，一般不必做成建筑的竖向和（或）侧向结构的一部分，因为对于电梯本身，不需要这样一个竖向结构。电梯桥厢是支承在顶部的，侧边只需要安置导轨。

8-22　“抗震措施”与“抗震构造措施”概念一样吗

【答】

(1)“抗震措施”是指除地震作用计算和抗力计算以外的抗震设计内容，包括建筑总体布置、结构选型、地基抗液化措施、考虑概念设计要求对地震作用效应（内力及变形）的调整，以及各种构造措施。

(2)“抗震构造措施”是指根据抗震概念的设计原则，一般不需计算而对结构和非结构各部分所采取的细部构造，如钢筋锚固、搭接、混凝土保护层、最小配筋率等。

“抗震措施”涵盖了“抗震构造措施”。

8-23　多层建筑上下层侧刚度之比小于1时，应如何处理

【答】

《抗震规范》第3.4.2条对上、下层刚度比并无明确规定，但刚度比不满足相邻上层的70%或相邻3个楼层侧向刚度平均值的80%时即定义为侧向刚度不规则，需要按第3.4.4条的要求进行计算和调整，并应对薄弱部位采取有效的抗震构造措施。

8-24　底框结构中砖墙作为抗震墙，施工图中是否应注明施工方式

【答】

底框结构的抗震砖墙底层为嵌砌于框架内的，必须注明施工方式。《抗震规范》第7.5.4条有明确的构造要求。

8-25　框排架结构在计算地震作用下的楼层最大位移时，对上层排架位移如何要求

【答】

下部为钢筋混凝土框架，顶层为排架的结构，仍可按框架结构的有关要求进行抗震

设计。上层排架柱的位移应符合《抗震规范》表 5.5.1 的规定。

8-26 在底框结构中框梁柱、托墙梁和混凝土墙的混凝土强度不应低于 C30，楼板的混凝土强度等级应如何处理

【答】

《抗震规范》第 7.5.9 条对楼板的混凝土强度等级作出规定。通常板需要的混凝土等级比较低，梁、板混凝土等级不同，施工上是可行的，只是不方便施工。可要求绘制施工大样，明确不同混凝土的交接范围。

8-27 如何验算建筑结构基础的抗震承载力

【答】

由于从理论上说，地基基础在地震作用下的状态属于非弹性半空间的动力学范畴，其理论分析、模拟和实物试验比较困难，对基础的抗震性能了解远不如对上部结构的了解，故基础的抗震设计采用经验方法。

《抗震规范》第 4 章规定建筑天然地基基础抗震验算采用“拟静力法”，即假定地震作用如同静力，然后在这种条件下验算基础的承载力，基底压力的计算采用地震作用效应标准组合，即各作用分项系数均取 1.0 的组合。验算时一般只考虑水平的地震作用，只有个别情况下才计算竖向地震作用。

规范考虑了地基土在有限次循环动力作用下强度一般较静强度提高和在地震作用下结构可靠度容许有一定程度降低这两个因素，在天然地基抗震验算中，用地基抗震承载力调整系数对地基抗震承载力进行调整。近似认为动、静强度比等于动、静承载力之比，即可确定调整系数，规范中直接采用表格的形式给出了调整系数值。

针对不同的结构类型，具体到某一结构类型的基础抗震承载力验算，可按其他国家或行业标准的规定执行。

第9章 框架结构构件

9-1 钢筋混凝土材料和一般弹性材料的受弯变形性能有何不同

【答】

1. 弹性材料

匀质弹性材料在材料确定后，断面抗弯刚度为常数，不随荷载及其持续作用时间而变化。该刚度用 EI 来表示。

2. 钢筋混凝土材料

这种材料断面抗弯刚度不为常数，随配筋率、荷载（弯矩）及其持续作用时间而变化。该刚度通常用 B 来表示，并分为短期刚度（B_s）和长期刚度（B_l）。

短期刚度随荷载（弯矩）增加而减少（用裂缝间纵向受拉普通钢筋应变不均匀系数 ψ 表示），因为受拉区裂缝的出现和开展等非弹性现象使断面受到削弱，并且使裂缝之间的混凝土协助混凝土的抗拉作用有所降低。

长期刚度随荷载作用时间增加而降低（用考虑长期作用对挠度增大的影响系数 θ 表示），因为受压区混凝土产生徐变以及受拉区裂缝会进一步开展（应对措施有：提高断面尺寸和混凝土强度等级，或在断面受压区配筋）。

9-2 框架混凝土强度等级如何选定

【答】

框架混凝土强度等级一般应不低于 C25（留有余地），柱梁宜同，变柱断面处不改变混凝土强度等级，以免刚度突变。楼板、屋面板采用普通混凝土时，其强度等级不宜高于 C30，基础底板、地下室外墙不宜高于 C35，其原因是为了控制水泥用量，混凝土强度等级越高，水泥用量也越多，就越容易开裂。

1. 抗震构造措施

抗震构造措施对混凝土强度的要求，见表 9-1 所列。

表 9-1 抗震构造措施与混凝土强度的关系

材料	使用部位	抗震构造措施等级		
		Ⅰ	Ⅱ	Ⅲ
混凝土	梁柱节点	＞C30	＞C20	＞C20
	剪力墙	＞C20	＞C20	＞C20

2. 高层框架梁柱

混凝土强度等级不宜低于 C25；柱的混凝土一般用 C30 级以上，层数多、荷载大时可用至 C40。

主要为避免钢筋没达到屈服以前，混凝土先达到极限应变而被压碎，致使钢筋不能充分发挥强度；另外，混凝土强度等级过低，钢筋与混凝土之间的黏结强度较差，钢筋受力后容易发生滑移。

3. 节点区

混凝土强度等级应不低于柱的混凝土强度等级，一般可与柱一致。故柱的施工缝最好留在梁上皮标高处，以便柱与节点的混凝土同时浇筑。

4. 梁、柱之间的混凝土强度等级

应控制两者的混凝土强度相差不超过 C5。目前，施工中常将柱的施工缝留在梁下皮标高处，节点混凝土与梁一起浇筑。此时，如果梁混凝土强度等级低于柱的太多，就会形成节点区的薄弱点，对抗震非常不利。除非施工中采取专门措施进行节点区混凝土浇筑。

9-3 框架梁和柱的混凝土强度等级不同时，节点混凝土应如何处理

【答】

在工程设计中，为满足框架柱轴压比，其混凝土强度等级远比框架梁的高。试验研究表明，当梁柱节点混凝土强度等级比柱低 30% ～ 40% 时，与节点相交梁的扩散作用能满足柱相应轴压比，但此成果目前规范、规程尚未采用。因此，当框架梁与柱的混凝土强度等级不同时，相差不宜大于 5MPa，如超过时，梁、柱节点区施工时应做专门处理，使节点区混凝土强度等级与柱相同。

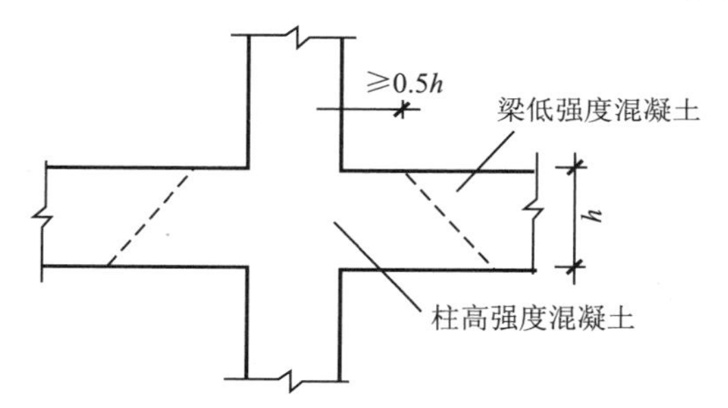

图 9-1 梁柱节点与梁的混凝土强度等级不同时的处理

当梁柱的混凝土强度等级不同时，应先浇灌梁柱节点高等级的混凝土，并在梁上留坡槎，如图 9-1 所示。梁的混凝土强度等级不宜大于 C40。

9-4 普通钢筋混凝土框架结构能用高强钢筋吗

【答】

在普通钢筋混凝土构件设计中，钢材用量与钢材强度之间存在反比例关系。选用高强度等级钢筋，可以大幅度减少钢筋用量而具有经济意义。

但是，由于高强度钢筋强度虽然很高，弹性模量却与低强度钢筋相近，甚至还略低一些。对混凝土受弯构件和受拉构件，混凝土的抗拉强度较低，如果要充分利用钢筋高的强度，则钢筋应力过高，构件中的钢筋必然产生很大的拉应变，从而导致构件受拉部

分出现较大的变形和裂缝开展（钢筋强度提高，钢筋用量就减少，使得最大裂缝宽度加大、构件短期刚度下降），这可从裂缝宽度计算公式中反映出来。而裂缝宽度过大，容易造成钢筋锈蚀，影响结构的耐久性，以致很难满足或根本不满足规范对变形和裂缝开展的要求。

对混凝土受压构件，混凝土均匀受压时的极限压应变约为 $\varepsilon_c=2\times10^{-3}$，此时钢筋压应力只能达到 $\sigma_s=E_s\times\varepsilon_s=E_s\times\varepsilon_c=2\times10^5\times2\times10^{-3}=400$（N/mm^2），钢筋如果超过此应力，混凝土将被压碎而破坏。因此，对于受压构件来说，钢筋受压强度最大只能取到 400N/mm^2。普通钢筋混凝土结构不得采用高强钢筋，一般宜用 HRB400/HRB500 钢筋。

另外，混凝土受压构件不宜使用冷拉钢筋。因为冷拉钢筋强度的提高是在受拉状态下得到的，此强度是不能用于构件的受压状态中的。如果要使用，钢筋的强度应仍取未冷拉前的强度值。

9-5　结构构件中的钢筋选用和代换原则是什么

【答】

结构构件中的普通纵向受力钢筋宜选用 HRB400、HRB335 级钢筋；箍筋宜选用 HRB335、HRB400、HPB300 钢筋。在施工中，当需要以强度等级较高的钢筋代替原设计中的纵向受力钢筋时，应按钢筋受拉承载力设计值相等的原则进行代换，并应满足正常使用极限状态和抗震构造措施的要求。

出于抗震结构对钢筋强度和延性的要求，不选用 HPB235 级光面钢筋是因为其强度太低，锚固性能差，需在末端加弯钩，施工不便。不选用冷加工（冷拉、冷拔、冷轧、冷扭）钢筋的原因是其延性太差。

箍筋宜选用 HRB335、HRB400 及 HPB300 级热轧钢筋，理由同上。但作为箍筋，更多的考虑是出于延性和易加工（弯折等）性能的要求。目前 HRB335 及 HRB400 级钢筋已有了直径小于 12mm 的细直径规格，适宜选作抗震箍筋。

在施工中，由于规格短缺可能涉及钢筋代换。代换应满足以下原则并满足抗震构造措施的要求。

1. 等承载力代换方法

当构件配筋受强度控制，需要以强度等级较高的钢筋替代原设计中的纵向受力钢筋时，可按代换前后承载力相等的原则代换，称为“等承载力代换”。并应满足最小配筋率要求。

如设计图中所用的钢筋设计强度为 f_{y1}，钢筋总面积为 A_{s1}，代换后的钢筋设计强度为 f_{y2}，钢筋总面积为 A_{s2}，则应满足：

$$A_{s1}\cdot f_{y1}=A_{s2}\cdot f_{y2} \tag{9-1}$$

2. 等面积代换方法

当构件按最小配筋率配筋时，可按代换前后面积相等的原则进行代换，称为“等面积代换”。

3. 等弯矩代换方法

当构件配筋受裂缝宽度或挠度控制时，代换后应进行裂缝宽度或挠度验算。

钢筋代换时，应办理设计变更文件，并应注意以下问题：

(1) 代换后的承载力设计值不宜超过原设计值太多。因为这可能会造成薄弱部位转移，以及构件在受影响的部位容易发生因超筋而引起的混凝土脆性破坏（混凝土压碎、剪切破坏等）。

(2) 钢筋代换引起工作应力（强度）和直径的变化，会影响正常使用阶段的挠度和裂缝宽度计算，以及最小配筋率及钢筋间距等构造数据，应对此进行复核计算。

(3) 重要受力构件（如吊车梁、薄腹梁、桁架下弦等）不宜用 HPB235 钢筋代换变形钢筋，以免裂缝开展过大。

(4) 钢筋代换后，应满足构造要求：如钢筋间距、锚固长度、最小钢筋直径、根数、对称性等配筋要求。

(5) 梁的纵向受力钢筋与弯起钢筋应分别代换，以保证正断面与斜断面强度。

(6) 有抗震延性要求的梁、柱和框架，不宜以强度等级较高的钢筋代换原设计中的钢筋；如必须代换时，其代换的钢筋检验所得的实际强度，应符合抗震钢筋的要求。

(7) 预制构件的吊环，必须采用未经冷拉的 HPB235 钢筋制作，严禁以其他钢筋代换。

9-6 如何选定框架梁柱的断面尺寸

【答】

设计人员可根据教科书建议的梁、柱断面尺寸的取值范围，结合自己的经验先对所有构件的大小初步确定一个尺寸。

此时需注意，尽可能使柱的线刚度与梁的线刚度二者的比值大于 1。这是为了实现在罕遇地震作用下，让梁端形成塑性铰时，柱端仍可处于非弹性工作状态而没有屈服，但节点还处于弹性工作阶段的目的，即实现“强柱弱梁，强节点”。将初步确定的尺寸输入计算机进行试算，一般可得到下述三种结果：

(1) 部分梁柱仅为构造配筋。此时可根据电算显示的梁的裂缝宽度和柱的轴压比大小，适当减小梁、柱的断面尺寸再试算。

(2) 部分梁显示超筋或裂缝宽度＞ 0.3mm，部分柱的轴压比超限或配筋过大（试算时可控制柱的配筋率不大于 3%）。此时可适当放大这部分梁、柱的断面尺寸再试算。

(3) 梁、柱的断面尺寸均合适，无需调整，此时要进一步观察梁、柱的配筋率是否合适。

柱、梁断面应合理：由位移、轴压比、配筋率等控制，梁大跨取大断面，小跨取小断面，连续跨梁断面宽度宜相同。柱断面应每隔三层左右收小一次，以节约投资，每次收小时应每侧不小于 50mm，以方便支模，也不宜大于 200mm，以免刚度突变，最上段（顶上几层）可用 300mm×300mm（应满足计算要求）。收小柱断面，也可相应增加使用面积。

在进行钢筋混凝土框架设计时，一般要先估算梁柱断面尺寸再进行框架计算，但由于估算方法不同，估算结果相差较大而造成重复计算，降低工作效率。

1. 梁

梁尺寸可初步确定如下（L 为梁的跨度）：

主梁：高 h 为（1/18 ～ 1/10）L，宽 b 为（1/3 ～ 1/2）h。

连系梁：高 h 为（1/15 ～ 1/10）L，宽 b 为（1/3 ～ 1/2）h。

次梁：高 h 为（1/18 ～ 1/12）L，宽 b 为（1/3 ～ 1/2）h。

1）梁宽

① 不宜小于 250mm，且宜控制 $b/h \geqslant 1/4$，一般 b=（1/3 ～ 1/2）h，因为 b/h 较小时，混凝土承剪能力有较大降低。h 太大时，梁的刚度增加较快，地震时就会使柱内轴向力增大。

② 梁宽不宜小于柱宽的 1/2。

2）梁高

① 梁净跨与梁高之比不宜小于 4。

a. 一般情况。h=（1/18 ～ 1/10）L，不宜小于（1/15）L；

b. 楼板上有机床时。h=（1/10 ～ 1/7）L。

单跨时用较大值，多跨时用较小值；采用预应力混凝土梁时，h 可乘以 0.8 的系数。

在选用时，上限适用于荷载很大的情况，对于一般民用建筑的荷载，不应采用此数值，而以选用接近下限为宜。同时，在一般民用建筑中，如柱网尺寸为 8m 左右，梁高为 450 ～ 500mm 时，梁宽一般 400mm 左右即可满足要求，不必做成“宽扁梁”。

② 横向框架承重方案中的纵梁，在高烈度区一般取 $h \geqslant L/12$，且不小于 500mm，以免在墙体荷载和地震作用下出现超筋梁。

③ 取纵梁与横梁顶部平齐。布置钢筋时，次要梁的钢筋在下，主要梁的钢筋在上，板内负筋在最上。

梁底部高差至少要 50mm，因为纵横梁的底部钢筋都较多，在同一高度同时伸入节点，会使节点区钢筋过密，不利于混凝土施工和受力。

2. 柱

1）框架柱估算方法

① 参考同类建筑。如果能找到抗震等级、设防烈度、场地土类别相同以及跨度、层高、层数、作用荷载等差别不大的已建或已设计完的建筑，可参照它的框架柱断面尺寸来确定柱断面大小。

② 常以柱断面高度 h=（1/20 ～ 1/15）H（H 为该层柱高）及柱断面宽度 b=（1/15 ～ 1）h 来估算柱断面尺寸。这种方法虽然简明，但估算结果受层高影响较大。如果式中 H 为框架高度，其前的系数再作一调整的话，估算的柱断面尺寸可能会更准确。

③ 可先假定一断面尺寸，然后根据程序算出的轴力按轴压比公式 $\lambda_N=N/(f_cA_c)$ 推算出柱断面尺寸 A_c，但工作效率低。

④ 可按表 9-2 中相应公式对柱断面 A_c 进行粗略估计。

表 9-2　对框架柱断面面积 A_c 进行粗略估计的计算公式

抗震等级	边　　柱	中　　柱
一级	$1.4N/(0.7f_c)$	$1.3N/(0.7f_c)$
二级	$1.3N/(0.8f_c)$	$1.2N/(0.8f_c)$
三级	$1.2N/(0.9f_c)$	$1.1N/(0.9f_c)$

注：N 为根据所支承的楼层重力荷载得到的轴向压力设计值（荷载分项系数可取 1.25）；f_c 为混凝土轴心抗压强度设计值。

⑤ 也可按下式计算框架柱断面面积：

$$A_c = \frac{Gn \cdot F}{f_c(\lambda_N - 0.1) \times 10^3}\varphi \tag{9-2}$$

式中：G——结构单位面积的重量（竖向荷载），估算时按 12 ～ 15kN/m^2；

n——验算断面楼层数；

F——验算柱的负荷面积；

φ——地震及中边柱的相关调整系数。中柱在 7 度时取 1，8 度时取 1.1；边柱在 7 度时取 1.1，8 度时取 1.2；

f_c——混凝土轴心抗压强度设计值；

λ_N——柱轴压比的限值。

2）框架柱估算后应满足的条件

① 断面尺寸不宜小于 300mm（或 350mm），矩形柱边长之比不宜超过 1：1.5（以免短边方向稳定性过低）。

② 柱净高与柱断面长边之比不宜小于 4，以免出现短柱，使得柱的延性变差、刚度过大，而过早产生剪切破坏。

③ bh 按轴压比确定。轴压比太大时，会使混凝土产生脆性性质的压碎破坏。

④ 柱端断面处的平均剪应力 τ_h 应小于 3N/mm^2。τ_h 太大时，会使柱产生脆性性质的剪切破坏。τ_h 计算公式为

$$\tau_h = \frac{Q_z}{b_z h_z} \tag{9-3}$$

式中：b_z、h_z——分别为柱断面的宽、高；

Q_z——柱端剪力［对于内柱，$Q_z = (A_s h_{1a} + A_s' h_{2a})\alpha f_y/H_0$；对于边、角柱，$Q_z = A_s h_{1a}\alpha f_y/H_0$］；

α——超应力系数。α=1.25；

A_s——梁上部钢筋断面面积；

A_s'——梁下部钢筋断面面积；

h_{1a}、h_{2a}——梁端断面处压力重心与拉力重心之间距离（可近似取上、下纵筋之间的中心距离）；

H_0——上、下柱反弯点之间的距离（楼层柱反弯点近似取为柱高的中点，底层柱反弯点近似取为离柱底 2/3 柱高处）；

f_y——钢筋抗拉强度设计值。

3. 验算

在框架内力分析之前，应对初定的梁柱断面尺寸进行验算。

1）对于框架梁要求的验算

① 弯矩条件。

$$M_{max} \leqslant \alpha_{smax} f_{cm} b h_0^2 \tag{9-4}$$

式中：$\alpha_{smax}=\xi_b(1-0.5\xi_b)$。

α_{smax}——断面抵抗矩系数的最大值。

f_{cm}——混凝土弯曲抗压强度。当混凝土强度等级不超过 C50 时，取 f_c（混凝土轴心抗压强度设计值）；当混凝土强度等级为 C90 时，取 $0.94f_c$；其间用线性内插法确定。

Ⅰ级钢筋：$\xi_b=0.614$，$\alpha_{smax}=0.426$。

Ⅱ级钢筋：$\xi_b=0.544$，$\alpha_{smax}=0.396$。

M_{max}——梁中最大弯矩。不加腋 $M_{max}=(0.6\sim0.8)M_0$；加腋 $M_{max}=(0.4\sim0.6)M_0$。

M_0——在恒荷载和活荷载设计值共同作用下按简支梁计算的跨中弯矩。

② 剪力条件。$H_0/b<4$ 的矩形断面要求为

$$V_{max} \leqslant 0.25 f_c b h_0 \tag{9-5}$$

式中：V_{max}——梁支座最大剪力，加腋或不加腋 $V_{max}=V_0$；

V_0——在恒荷载和活荷载设计值共同作用下按简支梁计算的支座剪力。

2）对于框架柱要求的验算

$$A_c = bh \leqslant (1.25\sim1.45)\frac{N_{max}}{f_c + 0.03 f_y} \tag{9-6}$$

式中：1.25 ～ 1.45——系数，对边柱取较大值，对中柱取较小值；对矩形柱取较大值，对方柱取较小值；

N_{max}——按受荷范围（面积）计算的作用在基顶的最大轴向力设计值。

当风荷载影响较大时，还应考虑风荷载的作用，由风荷载引起的弯矩可近似按下式估算：

$$M = \frac{\sum W/n}{H_1/2} \tag{9-7}$$

式中：$\sum W$——作用在框架上风荷载设计值（包括风压力和风吸力）的总和；

H_1——底层柱的柱高；

n——底层柱的根数。

用上式计算出的弯矩 M，并取 $N=N_{max}$，按偏心受压构件对初定断面尺寸进行验算。

根据上述验算，检查断面配筋率是过大还是过小，以决定是否修改初定的断面尺寸。

为减少构件类型，简化施工，多层房屋中柱断面沿房屋高度不宜改变。高层建筑中柱断面沿房屋高度可根据房屋层数、高度、荷载等情况保持不变或作 1 ～ 2 次改变。当

柱断面沿房屋高度变化时，中间柱宜上下柱对齐竖向轴线，均匀内收，避免上下偏心，否则在计算中应考虑偏心的附加作用；边柱和角柱宜使断面外边线重合。

9-7 如何使得初步确定的框架梁柱断面尺寸尽可能接近实际需要

【答】

首先，各断面尺寸应根据构造要求进行初选。

初选断面尺寸后，可按下列方法进行初步验算：

1）梁断面尺寸

可按 $M=(0.6\sim0.8)M_0$ 初步验算。其中 M_0 为简支梁的跨中最大弯矩设计值。

2）柱断面尺寸

① 受轴力为主的框架柱，可按轴心受压柱验算。但考虑到弯矩的影响，轴向力设计值乘以 1.2 ～ 1.4 的放大系数。

② 当风荷载影响较大时，由风荷载引起的弯矩，可粗略地按如下方式计算：

$$M=\frac{\sum F}{n}\cdot\frac{h}{2} \tag{9-8}$$

式中：$\sum F$——风荷载的总和；

n——同一层中柱子根数；

h——柱子高度。

然后与 1.2 倍轴向力一起，按偏心受压构件验算。

梁、柱断面尺寸（特别是柱子），最终应根据房屋的侧移验算是否满足规范要求来确定。

9-8 高层建筑中的底部楼层柱断面如何估算

【答】

1. 柱断面面积

该面积 A_c 可根据轴压比进行估算

$$A_c\geqslant\frac{N_c}{a\cdot f_c} \tag{9-9}$$

式中：a——轴压比，一级 0.7、二级 0.8、三级 0.9，短柱减 0.05。框架柱轴压比的限值宜满足下列规定：抗震等级为一级时，轴压比限值 0.7；抗震等级为二级时，轴压比限值 0.8；抗震等级为三级时，轴压比限值 0.9；抗震等级为四级及非抗震时，轴压比限值 1.0；Ⅳ类场地上较高的高层建筑框架柱，其轴压比限值应适当加严，柱净高与断面长边尺寸之比小于 4 时，其轴压比限值按上述相应数值减小 0.05。

f_c——混凝土轴心抗压强度设计值。

N_c——估算柱轴力设计值。

此外，高层建筑框架柱的最小尺寸 h_c 不宜小于 400mm，柱断面宽度 b_c 不宜小于

350mm，柱净高与断面长边尺寸之比宜大于 4。

2. 柱轴力设计值

该设计值 N_c 可按下式进行估算：

$$N_c = 1.25C \cdot \beta \cdot N \tag{9-10}$$

式中：N——竖向荷载作用下柱轴力标准值（已包含活载）；

β——水平力作用对柱轴力的放大系数，风荷载或四级抗震时 β 取 1.05，三～一级抗震时 β 取 1.05 ～ 1.15；

C——边角柱轴向力增大系数，中柱取 1、边柱取 1.1、角柱取 1.2。

3. 竖向荷载作用下柱轴力标准值

该标准值 N 可按下式进行估算：

$$N = n \cdot A \cdot q \tag{9-11}$$

式中：n——柱承受楼层数。

A——柱子从属的荷载面积。

q——竖向荷载标准值（已包含活荷载），kN/m^2；框架结构取 10 ～ 12（轻质砖）、12 ～ 14（机制砖），框剪结构取 12 ～ 14（轻质砖）、14 ～ 16（机制砖），筒体、剪力墙结构取 15 ～ 18。

4. 适用范围

轴压比控制小偏心受压或轴心受压柱的破坏，因此，适用于高层建筑中的底部楼层柱断面的估算。

柱子的从属面积可以大致估为柱子周围 1/2 纵横向跨度的面积。即从属面积对于边柱取跨度的一半计算，对于中柱四个方向都取一半进行计算。

9-9 框架梁、柱设计时，一般控制断面在何处

【答】

1）框架梁的控制断面是支座和跨内断面

① 支座断面处，一般产生最大负弯矩和最大剪力。水平荷载作用下此处还有可能产生正弯矩，因此也要注意组合可能出现的正弯矩（一般框架梁底受拉钢筋不截断，也不宜弯起）。

梁支座断面最不利位置应是柱边处，而内力分析结果是柱直轴线位置处的内力，因此应将其按下式换算到柱边处：

$$M' = M - V\frac{b}{2} \tag{9-12}$$

$$V' = V - \tan\alpha \cdot \frac{b}{2} \tag{9-13}$$

式中：α——剪力与水平线的夹角，$\tan\alpha = \Delta V / \Delta l$；

ΔV——在长度 Δl 范围内的剪力改变值；

M'，V'——柱边处的梁弯矩值、剪力值；

M，V——计算简图梁端处的梁弯矩值、剪力值；

b——柱横截面沿梁方向的截面边长。

② 跨内断面，可能是最大正弯矩作用处。也要注意组合可能出现的负弯矩。

2）框架柱的控制断面是柱的上、下端

弯矩最大值在柱的两端，剪力和轴力通常在一层内无变化或变化很小。

9-10 梁、柱设计中应重点注意哪些问题

【答】

（1）布置方面：

① 抗震验算时，不同的楼盖及布置（整体性）决定了采用刚性、刚柔、柔性理论何者来计算。

② 抗震验算时，应特别注意场地土类别。

③ 8 度超过 5 层有条件时，尽量加剪力墙，可大大改善结构的抗震性能。

④ 框架结构应设计成双向梁柱刚接体系，但也允许部分的框架梁搭在另一框架梁上。

⑤ 应加强垂直地震作用的设计，从震害分析来看，规范给出的垂直地震作用明显不足。

（2）构件方面：

① 雨篷不得从填充墙内出挑。

② 大跨度雨篷、阳台等处梁应考虑抗扭。

③ 考虑抗扭时，扭矩为梁中心线处板的负弯距乘以跨度的一半。

（3）框架梁、柱的混凝土等级宜相差一级。

（4）由于某些原因造成梁或过梁等断面较大时，应验算构件的最小配筋率。

（5）出屋面的楼电梯间不得采用砖混结构。

（6）附属构件：

① 框架结构中的电梯井壁宜采用黏土砖砌筑，但不能采用砖墙承重。

② 应采用每层的梁承托每层的墙体重量。

③ 梯井四角加构造柱，层高较高时宜在门洞上方位置加圈梁。

④ 因楼电梯间位置较偏，梯井采用混凝土墙时刚度很大，其他地方不加剪力墙，对梯井和整体结构都十分不利。

（7）建筑长度宜满足伸缩缝要求，否则应采取措施，如增大配筋率、通长配筋、改善保温、铺设架空层、加后浇带等。

（8）柱子轴压比宜满足规范要求。

（9）当采用井字梁时，梁的自重大于板自重，梁自重不可忽略不计。周边一般加大断面的边梁。

（10）过街楼处的梁上筋应通长，按偏拉构件设计。

（11）电线管集中穿板处，板应验算抗剪强度或开洞形成管井。电线管竖向穿梁处应验算梁的抗剪强度。

（12）构件不得向电梯井内伸出，否则应验算是否能装下。电梯井处柱可外移或做成

L 形柱。

(13) 要验算水箱下、电梯机房及设备下结构强度。水箱不得与主体结构做在一起。

(14) 当地下水位很高时，暖沟应做防水。一般可做 U 形混凝土暖沟，暖气管通过防水套管进入室内暖沟。有地下室时，混凝土应抗渗，等级 S6 或 S8，混凝土等级应不低于 C25，混凝土内应掺入膨胀剂。混凝土外墙应注明水平施工缝做法，一般加金属止水片，较薄的混凝土墙做企口较难。

(15) 采用扁梁时，应注意验算变形。

(16) 突出屋面的楼电梯间的柱为梁托柱时，应向下延伸一层，不宜直接锚入顶层梁内，并且托梁上铁应适当拉通。错层部位应采取加强措施。女儿墙内加构造柱，顶部加压顶。出入口处的女儿墙不管多高，均应加构造柱，并应加密。错层处可加一大断面梁，上下层板均锚入此梁。

(17) 等基底附加压力时，基础沉降并不同。

(18) 应避免将大梁穿过较大房间，在住宅中严禁梁穿房间。

(19) 当建筑布局很不规则时，结构设计应根据建筑布局做出合理的结构布置，并采取相应的构造措施。如建筑方案为两端较大体量的建筑，中间用很小的结构相连（哑铃状）时，此时中间结构的板应按偏拉和偏压考虑。板厚应加厚，并双层配筋。

(20) 较大跨度的挑梁下，柱子内跨梁传来的荷载将大于梁荷载的一半。挑板道理相同。

9-11 梁设计有哪些经验

【答】

(1) 梁上有次梁处（包括挑梁端部）应附加箍筋和吊筋，宜优先采用“附加箍筋”。

梁上小柱和水箱下，架在板上的梁，不必加附加筋。可在结构设计总说明处画一节点，有次梁处两侧各加 3 根主梁箍筋，荷载较大处详施工图。

(2) 当外部梁跨度相差不大时，梁高宜等高，尤其是外部的框架梁。

当梁底距外窗顶尺寸较小时，宜加大梁高做至窗顶。外部框架梁尽量做成梁外皮与柱外皮齐平。当建筑有要求时，梁也可偏出柱边一较小尺寸。梁与柱的偏心可大于 1/4 柱宽，并宜小于 1/3 柱宽。

(3) 折梁阴角在下时纵筋应断开，并锚入受压区内 L_a，还应加附加箍筋。

(4) 梁上有次梁时，应避免次梁搭接在主梁的支座附近，否则应考虑由次梁引起的主梁抗扭，或增加构造抗扭纵筋和箍筋（此条是从弹性计算角度出发）。当采用现浇板时，抗扭问题并不严重。

(5) 原则上梁纵筋宜小直径、小间距，有利于抗裂。但应注意钢筋间距要满足要求，并与梁的断面相应。箍筋按规定在梁端头加密。布筋时应将纵筋等距，箍筋肢距可不等。小断面的连续梁或框架梁，上、下部纵筋均应采用同直径的，尽量不在支座搭接。

(6) 端部与框架梁相交或弹性支承在墙体上的次梁，梁端支座可按简支考虑，但梁端箍筋应加密。

(7) 考虑抗扭的梁，纵筋间距不应大于 300mm 和梁宽，即要求加腰筋，并且纵筋和腰筋锚入支座内 L_a。箍筋要求同抗震设防时的要求。

(8) 反梁的板吊在梁底下，板荷载宜由箍筋承受，或适当增大箍筋。梁支承偏心布置的墙时宜做下挑沿。

(9) 挑梁宜作成等断面（大挑梁外露者除外）。与挑板不同，挑梁的自重占总荷载的比例很小，作成变断面不能有效减轻自重。变断面挑梁的箍筋，每个都不一样，难以施工。变断面梁的挠度也大于等断面梁。挑梁端部有次梁时，注意要附加箍筋或吊筋。一般挑梁根部不必附加斜筋，除非受剪承载力不足。对于大挑梁，梁的下部宜配置受压钢筋以减小挠度。挑梁配筋应留有余地。

(10) 梁上开洞时，不但要计算洞口加筋，更应验算梁洞口下偏拉部分的裂缝宽度。梁从构造上应保证不发生冲切破坏和斜断面受弯破坏。

(11) 梁净高大于 450mm 时，宜加腰筋，间距 200mm，否则易出现垂直裂缝。

(12) 挑梁出挑长度小于梁高时，应按牛腿计算或按深梁构造配筋。

(13) 尽量避免长高比小于 4 的短梁，采用时箍筋应全梁加密，梁上筋通长，梁纵筋不宜过大。

(14) 扁梁宽度不必过大，只要钢筋能正常摆下及受剪满足要求即可。因为在挠度计算时，梁宽对刚度影响不大，加宽一倍，挠度减小 20% 左右。相对来讲，增大钢筋更经济，钢筋加大一倍，挠度减小 60% 左右，同时梁的上筋应大部分通长布置，以减小混凝土徐变对挠度的增大，如果上筋不小于下筋，挠度减小 20%。

(15) 框架梁高取 1/15 ～ 1/10 跨度，扁梁宽可取到柱宽的两倍。扁梁的箍筋应延伸至另一方向的梁边。

(16) 当一宽框架梁托两排间距较小的柱时，可加一刚性挑梁，两个柱支承在刚性挑梁的端头。

(17) 梁宽大于 350mm 时，应采用 4 肢箍。

9-12　梁怎样设计最经济

【答】

梁断面尺寸是受梁上荷载和梁跨度决定的。但梁的钢筋和混凝土强度等级并不是越高越经济，关键是三者要协调。在梁设计中，要充分利用梁支座的塑性铰功能，进行弯矩调幅。另外，对大跨度的梁应该采用合理的形式，比如在 9m 跨左右的楼板，采用井字梁是比较经济的，更大一些的采用新兴的发泡楼板、空心楼板等也可以降低梁的造价。

有时候，经济并不体现在梁上，可以从降低层高来获益。所以说设计梁并不一定要让梁节省。

如果单说梁，除了结构布置占重要因素外，可以用配筋率来控制：0.8% ～ 1.6% 都是属于节省的区域。

1）需注意的问题

(1) 避免宽扁梁（对于宽扁梁，许多高层都采用了它，这样也非常经济还能提高净空）。

(2) 注意弯矩调幅。

(3) 适当位置梁加腋。

(4) 采用井字区格，避免荷载传至梁中部。

(5) 采用空心楼板降低梁上荷载。

(6) 矩形断面通用最佳配筋率。

(7) 梁宽还与抗震等级有关。7度区，采用300mm梁宽，3级框架梁，箍筋肢距限制，所以肢数增多不经济，最好用250mm梁宽；6度区就可常用300mm宽，尽量一排布下，节省。

(8) 挑梁还是不变断面最好，省不了多少，还难于施工。

(9) 梁宽250mm，其他次梁可小于250mm，跨度大于8m可用300mm；梁高(1/12～1/8)L。断面尺寸控制办法，看计算结果配筋率图，要求全断面配筋率控制在1.5%～1.7%之间。

2) 综合考虑，寻找规律

把思路都集中在钢筋的节约上，并不值得提倡。毕竟梁的受力主要是受拉，钢筋起决定作用，所以不要一味地减少钢筋而忽视了应该放在第一位的安全。

(1) 梁断面可以做成其他断面形式，不要只是矩形断面的，T形、梯形（俗称花篮）可以节约100～180mm的高度，这样房间的净空也增加了。

(2) 在满足计算及构造要求的前提下，尽量用较小梁顶通长筋的直径。比如支座计算配筋15，采用如下方案：方案一为梁顶通长筋2Φ20，支座配5Φ20；方案二为梁顶通长筋2Φ18，支座配6Φ18。显然，方案二较方案一经济一些。不要小看这一点，一栋楼下来可以节省不少造价。

设计是否经济，应从两个方面来考虑：①本身材料的设计（设计方面）；②考虑施工复杂程度，因为直接影响工期，工期长的话也会影响投资的。

(3) 如果不考虑净空的话，当然梁的计算高度越高越经济。理由有四点：梁的高度越高刚度越大，框架的框架性越高，可以有效减少地震时层间位移；梁的高度越高，受拉钢筋的力臂越大，配筋越小；梁的高度越高，地震力作用时，梁分配的弯矩越大，更容易满足强柱弱梁的概念要求；梁的高度越高刚度越大，可以有效减小不均匀沉降的影响。

(4) 还要考虑到对柱的设计的影响。首先柱断面的配筋控制条件不是轴力，而是弯矩（水平力的弯矩和梁转来的弯矩），边柱设计成长方形自然比正方形经济。其次是轴压比的控制，当轴压比为E_b时最经济，此时柱的抗弯承载力最大，当然最经济。还有是否考虑双向偏心的影响，如果考虑，配筋量会大幅度的增加。最后是概念设计上强柱弱梁的设计，有人不按照规范去考虑（觉得规范的算法不合理），如果按规范的方法考虑的话，配筋会大幅度的增长。

我们研究一个问题时，一定要有假设和限定条件，才能找出规律。如果考虑太多因素的话，问题会过分复杂化，将很难总结它的规律。就梁的设计考虑净空：采用宽扁梁(20层大约可以节约出一层的空间)，而这20层中多出的费用大于还是小于这多出一层的价值？地势越好的地方越经济；反之，地势不好的地方可能赔钱。而多层呢？宽扁梁可以肯定是不经济的。

9-13　框架梁配筋如何调整

【答】

框架梁显示的配筋是梁按强度计算的配筋量，调整的目的是解决梁的裂缝宽度超限和“强剪弱弯”的问题。

1) 缝宽度超限问题

在配筋率一定时，选用小直径的钢筋可以增加混凝土的握裹面积、减少梁的裂缝宽度。

增大配筋率是减小梁裂缝宽度的直接方法。提高混凝土的强度等级，亦可减小梁的裂缝宽度，但影响较小。设计者如不注意框架梁的裂缝宽度是否超限即出施工图，这样的图纸存在有不符合规范的缺陷。应仔细检查梁的裂缝宽度，如果改用小直径的钢筋后梁的裂缝宽度仍然超限，就要增加梁的配筋或加大梁的断面尺寸，调整至满足规范的要求。

2）强剪弱弯问题

框架结构设计中，应力求做到在地震作用下框架梁的梁端斜断面受剪承载力高于正断面受弯承载力，即符合“强剪弱弯”原则。

具体在调整梁的配筋时，可做以下几项调整：

① 梁端负弯矩钢筋可不放大（系数采用 1）；

② 梁的跨中受拉钢筋可放大 1.1 ～ 1.3 倍；

③ 梁端箍筋的直径可增加 2mm；

④ 按构造要求，对于跨度大于 6m 的框架梁设弯起钢筋。

3）弹性支撑的情况并不是只和线刚度比有关，还与跨度本身有关

① $i_{主}/i_{次}$越大，主梁变形越小，越接近不动铰支；

② $L_{主}/L_{次}$比值越小，主梁变形越小，越接近不动铰支，所以支座情况不只是与线刚度比有关，还与跨度有关。

为此给出以下建议：

① 不动铰支点条件：

a. $L_{主}/L_{次} \leqslant 1$ 时，$i_{主}/i_{次} \geqslant 4$；

b. $1 < L_{主}/L_{次} < 2$ 时，$i_{主}/i_{次} \geqslant 8$；

c. $L_{主}/L_{次} \geqslant 2$ 时，$i_{主}/i_{次} \geqslant 16$。

② 其他情况。本应该归结为弹性支撑，但是计算时为了方便，可以去铰。注意以下两点：

a. 去铰以后，对于次梁（板），支座弯矩偏小，跨中弯矩偏大，所以支座要适当加强负筋；

b. 对于主梁，跨中计算值却偏小，需要注意加强。

9-14　底层柱与顶层柱配筋相差较大，为什么

【答】

一般情况下，在大跨度的框架中很容易出现底层柱与顶层柱配筋相差较大的情况。简单来说，下层梁柱节点弯矩平衡的时候，柱所受的弯矩很小，基本都是受压为主，所以配筋很小；顶层柱梁柱节点弯矩平衡时，柱顶弯矩很大，柱的配筋由弯矩控制，所以就出现上层柱比下层柱配筋大。在某些柱 x 轴方向跨度很大，y 轴方向跨度很小，在 x 轴方向就容易出现这样的情况。有时也与每层的结构布置或者每层的荷载分布的不同有关。

9-15　在钢筋混凝土框架梁支座处的配筋量计算中，易出现什么问题

【答】

当框架梁和楼板均为现浇时，一般框架梁按 T 形断面进行运算（楼板开洞过大者除外），设计者在求算框架梁跨中配筋量时，跨中断面应按 T 形考虑，这无疑是正确的。

但是在计算框架梁支座处的配筋量时，却常发生梁断面仍按T形考虑，这是不对的。因梁支座的最不利组合弯矩一般为负弯矩，梁翼缘位于受拉区，梁底属受压区，恰恰与梁跨中断面相反，谓之倒T形断面，所以支座处梁断面只能按矩形断面考虑。这种误算势必导致梁支座主钢筋配筋量不足，给整个框架带来隐患或事故。

9–16　多层框架底层纵向梁两端梁的配筋特大，是按计算配筋还是可以人工调整

【答】

(1) 核查计算数据是否有误。

(2) 调整框架梁的刚度。

(3) 按 GB 50010—2010 表 11.1.6 调整 γ_{RE}，并可按规定进行调幅。

9–17　柱设计有哪些经验

【答】

(1) 地上为圆柱时，地下部分应改为方柱，方便施工。圆柱纵筋根数最少为8根，箍筋用螺旋箍，并注明端部应有一圈半的水平段。方柱箍筋应使用井字箍，并按规范加密。角柱、楼梯间柱应增大纵筋并全柱高加密箍筋。幼儿园不宜用方柱。

(2) 原则上柱的纵筋宜大直径、大间距，但间距不宜大于200mm。

(3) 柱内埋管，由于梁的纵筋锚入柱内，一般情况下仅在柱的四角才有条件埋设较粗的管。管断面面积占柱断面4%以下时，可不必验算。柱内不得穿暖气管。

(4) 柱断面不宜小于450mm×450mm，混凝土不宜低于C25，否则梁纵筋锚入柱内的水平段不容易满足 $0.45L_a$ 的要求，不满足时应加横筋。异型柱结构，梁纵筋一排根数不宜过多，柱端部纵筋不宜过密，否则节点混凝土浇筑困难。当有部分矩形柱、部分异型柱时，应注意异型柱的刚度要和矩形柱接近，不要相差太大。

(5) 柱应尽量采用高强度混凝土来满足轴压比的限制，减小断面尺寸。

(6) 尽量避免短柱，短柱箍筋应全高加密，短柱纵筋不宜过大。

(7) 考虑到竖向地震作用，柱子的轴压比及配筋宜留有余地。

(8) 独立柱上或柱的中部（半层处）有挑梁时，挑梁长度应有限制。

在用PKPM软件计算梁柱时，应尽量采用TAT或SATWE三维软件。相对平面框架的比较上来讲，这样做的好处如下：

① 计算结果更接近实际受力状态，如地震力或风力是按抗侧移刚度分配，而不是按框架的楼面从属面积分配；再如从框架柱出挑的梁和从次梁出挑的梁，因次梁的支座（框架梁）发生下沉变形，内力重分布，从框架柱出挑的挑梁配筋将较大。

② 快速方便，三维软件整体计算，不必生成单榀框架，再人工归并，可整楼归并。

③ TAT或SATWE还可以进行井式梁的计算，由于PKPM软件计算梁时仅按矩形计算，而井式梁的断面较小，有可能超筋，此时可取出弯矩再按T形梁补充计算，不必直接加大梁高。在绘制施工图时，较大直径的钢筋连接宜用机械连接取代焊接，造价相差不大，但机械连接可靠并易于检查。机械连接接头位置可任意，但一次截断的钢筋不大

于 50%，接头位置应错开 $70d$。

(9) 注意柱设计过程中的一些小环节。包括：

① 一个断面宜一种直径，宜对称配筋，方便施工，自己设计也简单；钢筋直径不宜上大下小。

② 强柱弱梁，纵筋不要太细。除一、二层框架可用 Φ16、Φ18 外，最好用 Φ20 以上的。

③ 箍筋肢距。一般设计上都认为是两根箍筋在水平方向之间的距离。箍筋肢距不要太小，如 600mm×600mm 柱用 6 肢箍、500mm×500mm 柱用 5 肢箍、400mm×400mm 柱用 4 肢箍，太密无必要，也影响混凝土浇筑，可对主筋隔一拉一，节约钢筋。

9-18　框架结构设计中，若有许多框架柱在平面中不对齐，设计中应注意哪些事项

【答】

为了保证框架结构的抗震安全性，框架结构应保证结构具有必要的承载力、刚度、稳定性、延性及耗能等方面的性能，设计中应合理地布置抗侧力构件，减少地震作用下的扭转效应，结构刚度、承载力沿房屋高度宜均匀、连续分布及保持完整，不宜抽柱或抽梁，使传力途径发生变化。

震害表明，若设计中许多框架不对齐，形不成一榀完整的框架，地震中因扭转效应等原因易造成结构的较大损坏。设计时应视抽柱或柱子错位的情况，依照《抗震规范》第 3.4.3 条判断，并按第 3.4.4 条要求进行不规则结构验算。

9-19　如何在设计中考虑框架柱的失稳影响

【答】

当柱的长细比（构件的计算长度 l_0 与构件断面回转半径 i 之比）很大时，由于偏心荷载或轴向压力之可能具有的初始偏心影响，使柱产生纵向弯曲失去平衡而引起失稳破坏，或被偏心压坏。这对失稳破坏来讲，材料强度未充分发挥；对偏心压坏来讲，承载力也总有不同程度的降低。

所以，我们对轴心受压柱，在设计中考虑了“钢筋混凝土构件的稳定系数 ϕ”，它反映了构件承载力随长细比增大而降低的现象；对偏心受压柱，考虑了“偏心受压构件考虑二阶弯矩影响的弯矩增大系数 η_{ns}”，来反映纵向弯曲的影响。

在确定 ϕ 或 η_{ns} 时，要用到柱的计算长度 $l_c=\mu l$，其中 μ 称为计算长度系数。在框架计算中，μ 是根据框架的计算简图和荷载的分布情况，对整个框架从稳定到失稳时的临界平衡状态作稳定分析求得的。

一般多层房屋中梁柱为刚接的框架结构，各层柱的计算长度 l_c 实用上采取近似假定，可按表 9-3 取用（表中 H 为柱的高度）。

表 9-3 框架结构各层柱的计算长度

楼盖类型	柱的类别	l_c
现浇楼盖	底层柱	$1.0H$
	其余各层柱	$1.25H$
装配式楼盖	底层柱	$1.25H$
	其余各层柱	$1.5H$

当水平荷载产生的弯矩设计值占总弯矩设计值的 75% 以上时，框架柱的计算长度 l_c 可按以下两式计算，并取其中的较小值：

$$l_c = \left[1 + 0.15\left(\psi_u + \psi_l\right)\right]H \tag{9-14}$$

$$l_c = \left(2 = 0.2\psi_{min}\right)H \tag{9-15}$$

式中：ψ_u、ψ_l——柱的上端、下端节点处交汇的各柱线刚度之和与交汇的各梁线刚度之和的比值；

ψ_{min}——ψ_u、ψ_l 中的较小值；

H——柱的高度。

9-20 如何调整框架柱配筋

【答】

框架柱的配筋率一般都很低，电算结果往往是取构造配筋即可。按柱的构造配筋率 0.8% 配筋，只相当于定额指标的 1/3 ～ 1/2，有经验的设计者是不会采用的。因为受地震作用的框架柱，尤其是角柱和大开间、大进深的边柱，一般均处于双向偏心受压状态，而电算程序则是按两个方向分别为单向偏心受压的平面框架来计算配筋，结果往往导致配筋不足。

框架柱的配筋可做以下几项调整：

(1) 应选择最不利的方向进行框架计算，也可对两个方向均进行计算后比较各柱的配筋，取其较大值，并采用对称配筋。

(2) 调整柱单边钢筋的最小根数。柱宽 $b \leqslant 450$mm 时，3 根；450mm $< b \leqslant$ 750mm 时，4 根；750mm $< b \leqslant$ 900mm 时，5 根（注意：柱单边配筋率不小于 0.2%）。

(3) 将框架柱的配筋放大 1.2 ～ 1.6 倍。其中角柱放大较多（不小于 1.4 倍），边柱次之，中柱放大较少（1.2 倍）。

(4) 由于多层框架时电算常不考虑温度应力和基础不均匀沉降问题，当多层框架水平尺寸和垂直尺寸较大以及地基软弱土层较厚或地基土层不均匀时，再适当放大一点框架柱的配筋也是可以理解的。具体放大多少，就要由设计人员的经验决定了。

(5) 框架柱的箍筋形式应选菱形或井字形，以增强箍筋对混凝土的约束。柱箍筋直径宜增加 2mm。

9-21 框架梁、柱配筋时，如何处理纵、横框架计算结果

【答】

框架结构分别按平面框架计算，柱按双向偏压计算（特别是角柱），风荷载或地震作用只能分别作用于一个方向，不能同时两个方向都考虑。

为简化计算，一般横向、纵向分别计算。

a. 对于梁就是分别计算的结果。

b. 对于柱断面，则是两个方向分别计算后分别配筋，然后将结果同时布置在柱断面的两个方向上。即柱断面中横向框架方向的钢筋，按横向框架计算的结果配筋；纵向框架方向的钢筋，按纵向框架计算的结果配筋。

9-22 梁、柱的适宜配筋率是如何考虑的

【答】

1. 原则

掌握配筋率“适中”为宜。这个“适中”指在规范所规定的区域内取中间段，其值约相当于定额含钢量。

《混凝土规范》规定框架梁的纵向受拉钢筋最小配筋率为 0.2% 和 $45f_t/f_y$ 中的较大值，最大配筋率为 2.5%；框架柱的纵向钢筋配筋率区间为 0.50% ～ 5%。

2. 建议

对于框架梁，其纵向受拉钢筋的配筋率取 0.4% ～ 1.5% 较适宜；对于框架柱，其全部纵向受力钢筋的配筋率取 1% ～ 3% 较适宜。

梁、柱配筋率的上限在试算阶段宜留有一定余地，因为下一步梁、柱配筋的调整还需要一定空间。

9-23 现浇框架结构中的构造措施在施工中有什么重要性

【答】

在施工管理中，发现不少有抗震设防要求的现浇框架工程，在其钢筋制作与绑扎过程中，未能严格遵循规范所规定的各项构造措施。有些施工人员认为这些构造措施无关紧要，只要受力钢筋的施工满足设计要求即可，却不知对有抗震设防要求的房屋，保证其具有足够的延性和保证其具有足够的强度同等重要。规范所规定的各项构造措施就是为了使结构具有足够的延性，是保证结构具有较强抗震能力的重要手段。所以，保障了结构的构造措施，即保证了结构具有足够的延性。在有地震力作用时，房屋结构可通过各构件的塑性变形吸收大量地震能量，使房屋结构承受的地震力随结构刚度的降低而减小，房屋可免于破坏或减轻震害。

施工中常出现的问题如下：

(1) 节点核心区及梁柱箍筋加密区域的箍筋弯钩呈 90° ，弯钩直线部分的长度不够。

规范要求这些箍筋的弯钩需弯成135°，其直线部分的长度应为：梁不小于$6d$，并不小于60mm；柱不小于$10d$。

(2) 节点核心区的箍筋间距过疏。结构在地震力或其他荷载作用时，梁柱节点核心区的混凝土处于剪压复合应力状态，当其主拉应力超过混凝土抗拉强度时，将在核心区出现斜裂缝，从而影响结构的使用寿命。所以，节点核心区的箍筋间距应严格按照规范中的规定设置。

(3) 梁内钢筋伸入柱内（节点）的锚固长度不够，且梁端负筋伸出柱边的长度不够。结构在地震荷载作用时，由于地震荷载的反复作用，使钢筋与混凝土之间的黏结强度逐渐减弱，加上梁端的剪力较大，容易产生斜裂缝，所以，规范规定了负筋断点距柱边的值和梁内受力钢筋的锚固长度。

(4) 框架柱与填充墙之间的拉结筋少放、漏放等。在地震力作用下，房屋会产生不同程度的、方向不定的摇动，如果填充墙与框架柱之间连接不牢，将造成填充墙的倒塌破坏。所以，框架柱与填充墙之间的小小拉结筋是不容轻视的。

9-24 钢筋保护层有什么作用？怎样控制

【答】

现代建筑已离不开钢筋混凝土构件，无论是单层工业厂房还是一般民用建筑或高达数百米的摩天大楼，要是离开了钢筋混凝土，很难想象能够建成。

1) 钢筋需有保护层

钢筋保护层究竟有什么作用呢？保护层多厚才合适？钢筋怎样才能发挥出它固有的力学特性呢？

从材料的物理力学性能来分析，钢筋具有较强的抗拉、抗压强度，而混凝土只具有较高的抗压强度，抗拉强度很低。但两者的弹性模量较接近，还有较好的黏结力，这样结合起来既发挥了各自的受力性能，又能很好地协调工作，共同承担结构构件所承受的外部荷载。

钢筋与混凝土之间存在着很强的黏结力。在计算时，钢筋混凝土构件是作为一个整体承受着外力。同时，由于混凝土的抗拉强度很低，故只考虑混凝土所承受的受压应力，而拉应力则全部由钢筋来承担。对于受力构件断面设计来讲，受拉的钢筋离受压区越远，其单位面积的钢筋所能承受的外部弯矩也越大，这样钢筋发挥效率也就越高。所以一般来讲，无论是梁还是板，受拉钢筋总是应尽量靠近受拉一侧混凝土构件的边缘。如挑梁的受力筋应设在构件上部受拉区。如果放置错误或者钢筋保护层过大，轻者降低了梁的承载能力，重者会发生重大事故。

那么，受拉的钢筋是否越靠边越好呢？答案是否定的。这是因为钢筋的主要成分是铁，铁在常温下很容易氧化，更别说在高温或潮湿的环境中。钢筋被包裹在混凝土构件中形成钝化保护膜，不与外界接触相对还比较安全。但如果钢筋保护层厚度过小，也就是钢筋过分靠近受拉区一侧，一方面容易造成钢筋露筋或钢筋受力时表面混凝土剥落；另一方面随着时间的推移，表面的混凝土将逐渐碳化，用不了多久，钢筋外混凝土就失去了保护作用，从而导致钢筋锈蚀，断面减小，强度降低，钢筋与混凝土之间失去黏结力，构件整体性受到破坏，严重时还会导致整个结构体系破坏。通常除基础外，梁的保护层厚度一般为2.5cm。

在工程实际中，钢筋保护层厚度未按规范要求所导致的质量问题不胜枚举。比较突出的如商品住宅楼工程建设中，楼板负弯矩钢筋保护层偏大及现浇框架结构中主次梁交界处主梁的上部负弯矩钢筋保护层偏大的问题。

某单位建设的跨度达 5.7m 的楼板，厚度为 15cm，设计是双层双向钢筋网。从结构的力学计算来讲，支座处的负弯矩不比跨中板底正弯矩小多少，但由于施工时施工单位对支座负弯矩钢筋未引起足够重视，结果工程刚竣工还未使用就发现楼板上表面四周墙根处出现了许多裂缝。后经权威检测部门检查测试后发现，支座处负筋的保护层普遍超过规范 2 ～ 4cm，最大的甚至超过了 7cm，使楼板上部的负弯矩钢筋的作用大大降低，有些甚至完全失去作用，最后在迫不得已的情况下经设计者同意采取局部加固补强措施，尽管这样还是给施工单位本身造成了很大的经济损失。据有关资料统计，目前住宅楼开裂原因的 70% 左右是由钢筋保护层位置不正确引起的。

2）钢筋保护层应该如何控制

重点应从两方面着手，一是抓施工前技术交底；二是抓过程中要素控制。在施工前，应针对不同的工程部位，根据设计图纸及施工验收规范，确定正确的保护层。保护层的厚度并非千篇一律，一般来说，现浇楼板的保护层厚度为 1.5cm，而基础的保护层厚度通常为 5cm，有时甚至达到 10cm。因此，在对操作者的技术交底中必须明确此厚度，否则很容易造成返工。施工过程中，重点要做到规范操作，特别是在混凝土现浇板浇捣过程中尤其需要重视。往往钢筋绑扎时位置很正确，但一到浇捣时情况就变了样，不是人踩就是工器具压在上面，由此造成的结果是支撑钢筋的马墩被踩倒，混凝土上层钢筋弯曲变形，保护层的厚度也就得不到保证。所以在施工过程中，应做到规范操作，严禁操作人员在钢筋上随意行走；对上层钢筋应作有效的固定；浇捣中还应经常检查，发现问题及时解决。

钢筋保护层厚度对单项工程质量并不是起决定作用的，但如果不重视它，所产生的危害也是不容忽视的。我们要在正确了解钢筋及混凝土的受力机理的前提下，充分认识到合理的钢筋保护层对工程结构的重要性。

9–25 框架梁的配筋率如何保证梁端首先出现塑性铰并具有足够的延性？如何防止受压区混凝土脆性破坏

【答】

（1）为保证梁端首先出现塑性铰并具有足够的延性，梁端上部受拉钢筋的配筋率不得过高。

① 可在梁中考虑塑性内力重分布，通常是在垂直荷载作用下，考虑支座调幅，以降低支座弯矩值，减少支座弯矩。

② 另外，一般规定梁端上部受拉钢筋的最大配筋率（μ_{smax}）不能超过形成平衡条件时的配筋率的一半（此处的平衡条件，指梁的受拉钢筋刚好达到屈服强度，同时最大受压边缘混凝土的压应变也刚好达到极限应变，即 ε_h=0.003）。

（2）为防止受压区混凝土脆性破坏，梁端必须配足够的受压筋。梁端下部钢筋的配筋率应不小于上部钢筋配筋率的 50%。另外，在梁全长范围内，上、下部钢筋的配筋率均应符合 $\mu_{min} \geqslant 0.15\%$。

9–26 框架柱的最小配筋率 ρ_{min} 如何确定？为什么

【答】

框架柱是偏心受拉或偏心受压构件，其配筋由断面承受的轴力 N 和弯矩 M 计算确定。

a. 当计算不需配筋或配筋量很小时，为了保证柱有足够的延性，纵向钢筋可按柱的纵向钢筋最小配筋率［式 (9-16) 和表 9-4］进行构造配筋，同时每一侧配筋率不应小于 0.2%；对于建造于Ⅳ类场地且较高的高层建筑，最小总配筋率应增加 0.1%。

$$\rho_{min}=\frac{\text{柱断面中全部纵向钢筋面积之和}}{\text{柱断面积}} \tag{9-16}$$

表 9-4 柱的纵向钢筋最小总配筋率 ρ_{min}

柱类型	不同抗震等级时的 ρ_{min}/(%)			
	一级	二级	三级	四级
框架中柱、边柱	1.0	0.8	0.7	0.6
框架角柱、框支柱	1.1	0.9	0.8	0.7

注：柱全部纵向受力钢筋最小配筋百分率，当采用 HRB400 级钢筋时，应按表中数值增加 0.05，小于 HRB400 级钢筋时，应按表中数值增加 0.1；当混凝土强度等级为 C60 及以上时，应按表中数值增加 0.1。

b. 框架柱纵向钢筋总配筋率。有设防要求时，不宜大于 3%，不得大于 5%；无设防要求时，不宜大于 5%。

9–27 框架梁、柱的箍筋设置有何要求

【答】

1. 一般构造要求

① 当梁宽 $b>400\text{mm}$ 且一层内的纵向受压钢筋多于 3 根时，应设置复合箍筋，如图 9-2 所示。

② 当集中力较小时，一般在次梁每侧配置 2 ～ 3 根附加箍筋，集中力较大时，可同时设置附加箍筋和附加吊筋，如图 9-3 和图 9-4 所示。附加横向钢筋总断面积为 $A_{sv}\geqslant\dfrac{F}{f_y\sin\alpha}$。

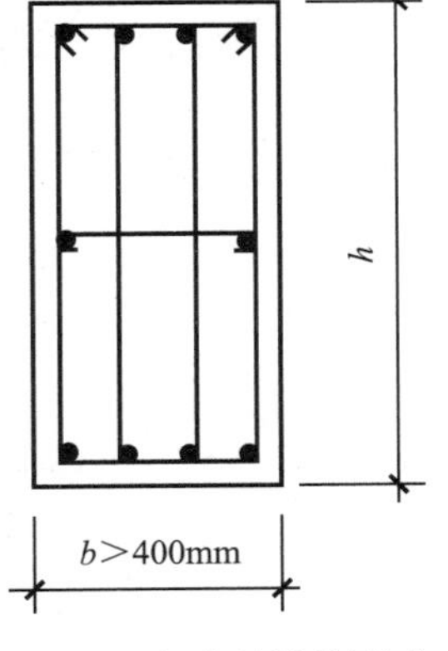

图 9-2 复合箍筋的形式

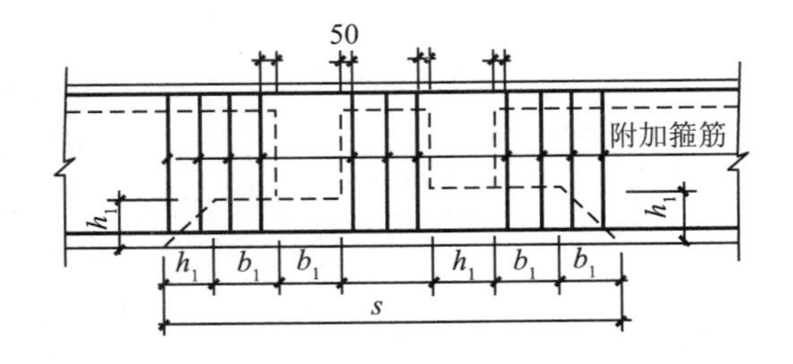

图 9-3 附加箍筋构造（单位：mm）

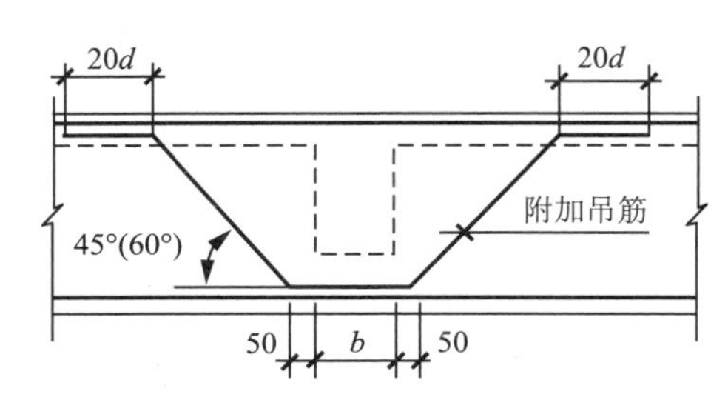

图 9-4　附加吊筋构造（单位：mm）

③ 节点核心区箍筋，可按表 9-5 的要求布置。

表 9-5　节点核心区箍筋布置　　单位：mm

设计烈度	边、角柱	中　柱	最小箍筋直径
无设防要求	Φ6 @ 150	Φ6 @ 200	—
三级	Φ8 @ 100	Φ8 @ 150	6
二级	Φ8 @ 100	Φ8 @ 100	8
一级	Φ10 @ 100	Φ10 @ 100	10

2. 有抗震设防要求

1）梁中箍筋

① 梁端及可能发生纵向筋屈服的区段，可按表 9-6 的要求布置箍筋。

表 9-6　梁中箍筋布置要求

抗震措施等级	箍筋加密长度	最大箍筋间距（各取三者中的最小值）	最小箍筋直径
一	$2h_0$ 或 500mm 两者中较大值	$6d$，$h/4$，100mm	Φ12
二	$1.5h_0$ 或 500mm 两者中较大值	$8d$，$h/4$，100mm	Φ10
三		$8d$，$h/4$，150mm	Φ10
四			Φ8

注：加密长度不应小于 500mm；h_0 为梁断面计算高度，d 为纵向筋直径。

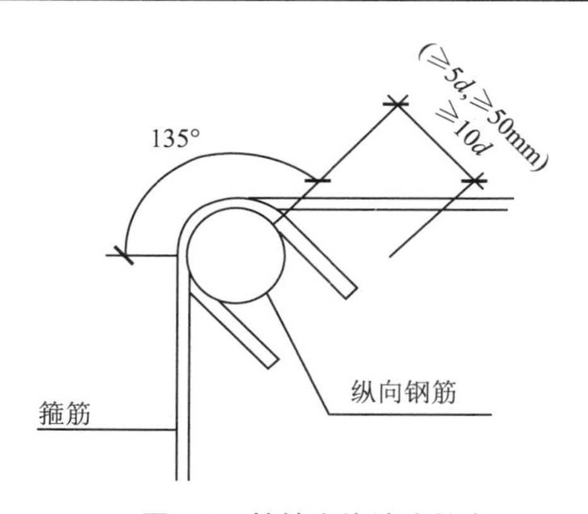

图 9-5　箍筋弯钩端头长度

② 箍筋应有 135° 弯钩，用于抗震结构时的弯钩端头直线长度 l 不得小于箍筋直径的 10 倍，如图 9-5 所示。

③ 在箍筋加密区内，梁中纵向钢筋宜每隔一根用箍筋加以固定，箍筋肢距不超过 400mm。

④ 梁中箍筋的配筋率 ρ_{sv}，不应小于下列规定:

一级抗震等级，$\rho_{sv} \geq 0.035f_c/f_{yv}$；

二级抗震等级，$\rho_{sv} \geq 0.03f_c/f_{yv}$；

三级抗震等级，$\rho_{sv} \geq 0.025f_c/f_{yv}$。

2）柱中箍筋

① 柱箍筋加密区的位置，如图 9-6 所示，长度、最大间距和最小直径参照表 9-7 取用。

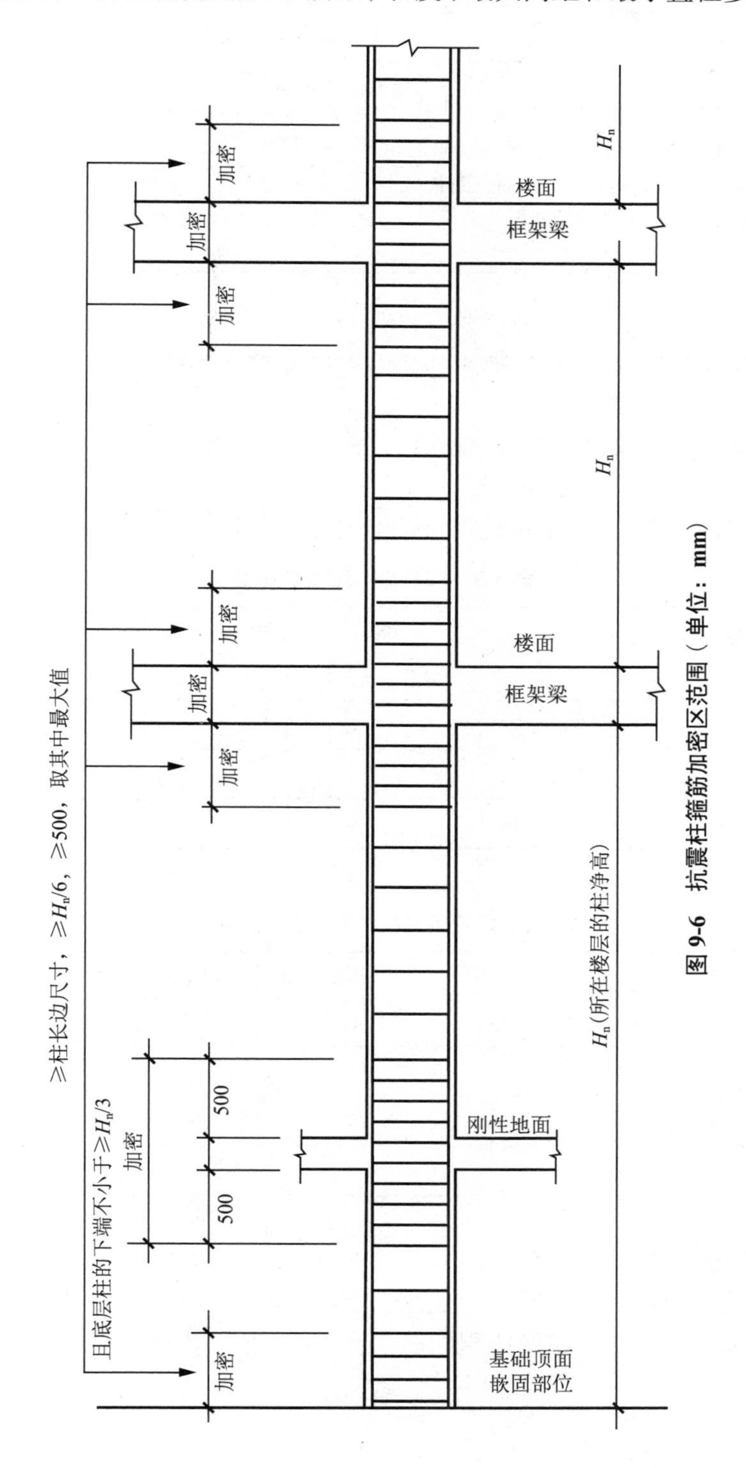

图 9-6 抗震柱箍筋加密区范围（单位：mm）

表 9-7 柱箍筋加密区箍筋构造尺寸

抗震等级	箍筋加密区长度	最大箍筋间距（各取两者中的最小值）	最小箍筋直径/mm
一	柱端取矩形断面长边尺寸、柱层间高度（柱净高）的 1/6 和 450mm 三者中的最大值；底层柱取刚性地面上下各 500mm	6d，100mm	Φ10
二		8d，100mm	Φ8
三		8d，150mm（柱根 100mm）	Φ8
四			Φ6（柱根 Φ8）

注：d 为柱纵向筋最小直径。

柱中箍筋应为封闭式，当全部纵向受力钢筋配筋率大于 3% 时，箍筋应焊成封闭环式。

② 层高 H 和柱断面高 h 的比值（H/h）小于 4 时，应沿柱全长加密箍筋，间距不应大于 100mm。

③ 在箍筋加密区内，箍筋的配筋率不应小于表 9-8 和表 9-9 的规定。

表 9-8 箍筋最小体积配筋率

抗震等级 \ 柱的轴压比 $N/(bhf_c)$	不同轴压比时的最小体积配筋率 /(%)		
	0.1 ～ 0.3	0.3 ～ 0.5	＞ 0.5
一级	0.8	1.0	1.2
二级	0.6	0.75	0.9
三～四级	0.4	0.5	0.6

表 9-9 复合箍短柱的最小体积配筋率

抗震等级	箍筋形式	不同柱轴压比时的最小体积配筋率 /(%)		
		＜ 0.4	0.4 ～ 0.6	＞ 0.6
一级	复合箍	1.0	1.4	2.0
二级	复合箍	0.8	1.2	1.8
三级	复合箍	0.6	1.0	1.4

④ 在箍筋加密区内，箍筋的支承长度不宜大于 200mm，且每隔一根纵筋都应有两个方向的约束。箍筋应有 135° 弯钩，弯钩端头直线长度不小于 10d（d 为箍筋直径）。

⑤ 在箍筋加密区以外，箍筋体积配筋率 ρ_{sv} 的要求与梁的一样，且不宜小于加密区的 50%。

⑥ 箍筋肢距可参照表 9-10 取用。

表 9-10 箍筋肢距取值

抗震等级	箍筋肢距 /mm
一级	≤ 200
二、三级	≤ 250
四级	≤ 300
非抗震设计时	≤ 350

3）框架节点

① 箍筋直径不应小于柱箍筋的要求，间距不大于 100mm。

② 应采用封闭形式的箍筋，应有 135° 弯钩，弯钩端头直线长度不小于 10d。

9-28 为何角柱比中柱配筋率要大

【答】

(1) 当整个建筑的刚度中心与水平合力中心不一致时，结构在地震或强风作用下发生扭转，角柱受扭转的影响较大。

(2) 角柱只在两个方向有梁的约束。

(3) 框架结构中沿两个主轴方向，梁柱一般均为刚接，则对于柱来说是承受双向弯矩。楼板荷载作用下的框架，其垂直荷载产生的弯矩是很小的，而水平荷载（尤其水平地震作用）产生的弯矩通常比垂直荷载产生的弯矩大得多。故只需在垂直荷载作用平面或地震作用方向进行单向弯曲设计。

但对边柱尤其是角柱，由于垂直荷载产生的弯矩占相当分量，且每个轴线上只有一个方向的弯矩，它无法被相抵而减小，因此必须考虑双向弯曲。

要按照双向和单向弯曲进行计算比较，取其内力大者进行配筋，且应将安全度提高30%。对一、二级抗震时的设计内力，宜乘以增大系数 1.3。

9-29 当钢筋混凝土框架梁宽度小于框架柱宽度的 1/2 时，设计中应注意哪些问题

【答】

当钢筋混凝土框架梁宽度小于框架柱宽度的 1/2 时，除需要按抗震验算的有关条款进行框架梁柱节点核芯区断面抗震验算外，应再采取相应的抗震构造措施，保证梁对框架节点核芯区的约束作用。

9-30 钢筋混凝土框架结构中设置了非结构的填充墙，在结构计算时应如何考虑其对主体结构的影响

【答】

钢筋混凝土框架结构中设计了非结构的砌体填充墙，在结构计算时应考虑其对主体

结构的影响，一般可根据实际情况及经验对结构基本周期进行折减。

周期折减系数值可参考表 9-11 取用。

表 9-11　填充墙为实心砖时周期折减系数 Ψ_T 取值表

Ψ_c		0.8 ～ 1.0	0.6 ～ 0.7	0.4 ～ 0.5	0.2 ～ 0.3
Ψ_T	无门窗洞	0.5(0.55)	0.55(0.60)	0.60(0.65)	0.70(0.75)
	有门窗洞	0.65(0.70)	0.70(0.75)	0.75(0.80)	0.85(0.90)

注：① Ψ_c 为有填充墙的框架数与框架总榀数之比。

② 无括号的数值用于一片填充墙长 6m 左右时；括号内的数值用于一片填充墙长 5m 左右时。

③ 填充墙为轻质材料或外挂墙板时，周期折减系数 Ψ_T 取 0.80 ～ 0.90。特别要注意填充墙嵌砌与框架刚性连接时其强度和刚度对框架结构的影响，尤其要考虑填充墙不满砌时，由于墙体约束使框架柱有效长度减小，可能出现短柱，造成剪切破坏。

9–31　框架结构中填充墙的构造柱与多层砌体房屋的构造柱有何不同？如何处理

【答】

填充墙设构造柱（GZ），属于非结构构件的连接，与多层砌体房屋设置的钢筋混凝土构造柱有一定差异，应结合具体情况分析确定。如挑梁端部设置填充墙构造柱，挑梁在计算时，应考虑构造柱传递来的荷载。

(1) 上端与梁板应弱连接。不连应当是可以的，也可用 1Φ12 连接，GZ 上端应与梁板离开 20 ～ 30mm，否则会改变上端梁板的受力状况。

(2) GZ 的箍筋可不加密。因其不是抗震构件（有些标准图集有加密的）。

(3) GZ 必须先砌填充墙（留马牙槎）后浇。一方面可以使得混凝土与侧边砌体充分黏合，另一方面也可以借助它们作为侧模，节省模板及其工作量。施工单位有先浇的，这极为不妥。

9–32　楼梯平台梁如何搁置在框架砌块填充墙上

【答】

钢筋混凝土结构中的楼梯应注意：

(1) 不可用砌体支承。

(2) 梯间平台梁用“小柱”支承。如图 9-7 所示，可以利用主框架梁作为它的支座。梁柱宜符合三级抗震要求（箍筋≥ φ6 @ 150）。

框架结构、楼梯休息平台梁的支承构件为柱，此柱不是框架柱，也不是构造柱，一般情况下该柱高度为层高的 1/2 左右，是一个单独构件，其配筋应比构造柱强，断面不小于 250mm×250mm。

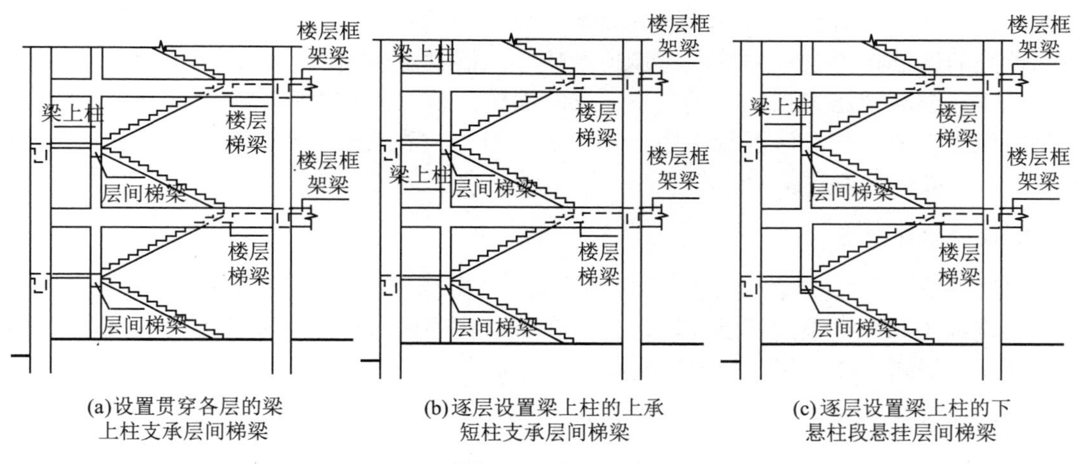

(a)设置贯穿各层的梁上柱支承层间梯梁　(b)逐层设置梁上柱的上承短柱支承层间梯梁　(c)逐层设置梁上柱的下悬柱段悬挂层间梯梁

图 9-7　梯间平台梁的支承方式

9–33　边框架顶节点有何特别要求

【答】

1. 受力特点

框架顶层端节点的受力特点，与其他部位的节点如中间各层的中间节点、中间各层的端节点以及顶层中间节点的主要区别在于，由顶层端节点连在一起的框架梁、柱相当于一根折角为 90° 的折梁。

在实际工程中的常见情况下，即当梁跨度内作用有一定大小的竖向荷载，且框架所受的水平荷载不是过大时，这一折梁临近端节点的区段均在负弯矩作用下，如图 9-8(a) 所示。

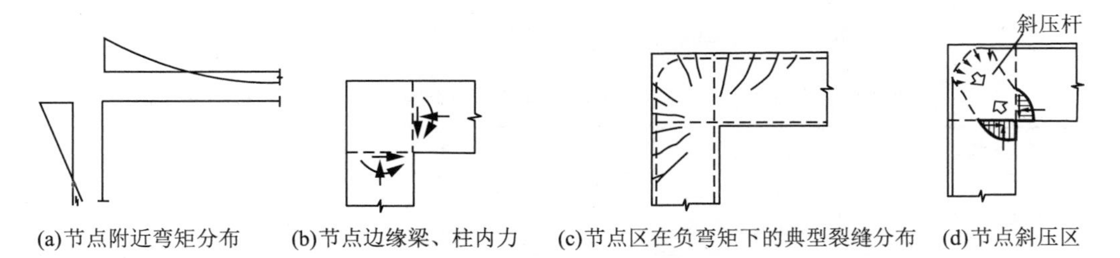

(a)节点附近弯矩分布　(b)节点边缘梁、柱内力　(c)节点区在负弯矩下的典型裂缝分布　(d)节点斜压区

图 9-8　边框架顶节点受力状态

这时由梁、柱端作用给节点的内力如图 9-8(b) 所示。

当端节点在负弯矩作用下充分开裂后，如图 9-8(c) 所示，根据节点斜裂缝和梁、柱端垂直裂缝中的弯矩平衡条件，由斜裂缝穿过的负弯矩筋弯弧两端点附近的钢筋拉应力将接近梁、柱端负弯矩筋中的拉应力。这表明由弯弧段以外的节点负弯矩筋水平和竖直段经黏结效应传入节点核心区的边缘剪力很小。

与此同时，由梁、柱端断面受压区伸入节点的受压钢筋，其压力在分别抵消了柱断面和梁断面传入节点的剪力后，已经所剩不多，故由受压钢筋黏结效应传入节点核心区的边缘剪力也很小。这意味着在这类节点的核心区中，当混凝土开裂后，桁架机构是很弱的，起主导作用的是图 9-8(d) 所示的斜压杆传力机构。在这个机构中，由负弯矩钢筋两端点处的钢筋拉力合成的并由弯弧传给核心区混凝土的斜向压力，与由梁、柱端断面中的受压区混凝土压力在抵消了经柱、梁断面传入节点的剪力中的相应部分之后所合成的斜向压力在节点核心区混凝土中相互平衡。因此，节点中即使设有水平箍筋，箍筋应力直至节点破坏均离屈服尚远。

2. 最终破坏形态

顶层端节点梁、柱接头区的最终破坏形态，在梁、柱端不首先发生剪切破坏的前提下，除去梁端或（和）柱端的正断面破坏外，在节点核心区可能发生两种形态的破坏，即核心区混凝土的斜压破坏和弯弧内侧混凝土的局部受压破坏。

3. 构造措施

《混凝土规范》第 11.6.7 条给出了抗震框架顶层端节点处框架梁上部纵筋与框架柱外侧纵筋搭接的两种构造措施，如图 9-9 所示，两种方案的对比见表 9-12。

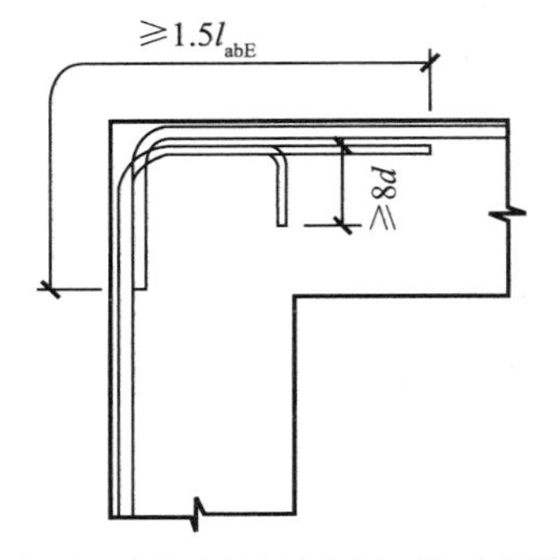

(a) 钢筋在顶层端节点外侧和梁端顶部弯折搭接

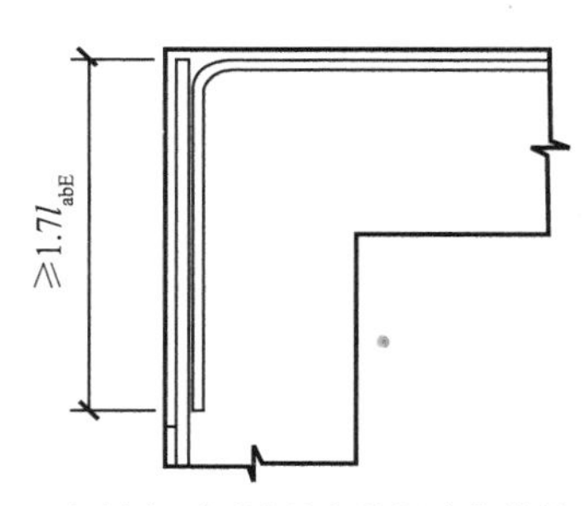

(b) 钢筋在顶层端节点外侧直接搭接

图 9-9　抗震框架梁、柱纵向钢筋在顶层端节点区的搭接

表 9-12　抗震框架梁、柱纵向钢筋在顶层端节点区的搭接方式对比

方案类别	方案 (a)	方案 (b)
塑性铰位置	正弯矩塑性铰：柱上端 负弯矩塑性铰：梁端	正弯矩塑性铰：梁端 负弯矩塑性铰：梁端
搭接接头长度	≥ 1.5l_{abE}	≥ 1.7l_{abE}
优点	梁上部钢筋不伸入柱内，便于施工	柱顶水平纵筋数量少（只有梁筋），便于自上而下浇筑混凝土
缺点	当梁、柱负弯矩筋配筋量较大时会在节点顶部造成钢筋拥挤，不利于自上而下浇筑混凝土	梁上部钢筋需伸入柱内，当柱混凝土施工缝设在梁底标高时，梁上筋上半段需暂时悬出，不易定位，施工不便
适用范围	一般民用建筑抗震框架，适用于各个抗震等级	优先用于荷载大、跨度大、梁柱配筋率高的框架，适用于各个抗震等级
抗震性能	实验表明，方案 (b) 的抗震性能优于方案 (a)	

图和表中 $l_{abE}=\zeta_{aE}l_{ab}$，ζ_{aE} 为纵向受拉钢筋锚固长度修正系数，l_{ab} 为纵向受拉钢筋的基本锚固长度。

在实际工程设计中，应结合工程实际情况，采用合理的搭接方式。一般情况下，框架柱的施工缝设在梁底标高，采用方案（a）就方便得多。所以，对于一般的抗震框架，可优先选用方案（a）。当屋面荷载较大如屋顶设有屋顶花园，若计算所得梁柱配筋率较高时，可采用方案（b）。

9-34 框架结构带楼电梯小井筒时如何处理

【答】

框架结构应尽量避免设置钢筋混凝土楼电梯小井筒，因为井筒的存在会吸收较大的地震剪力，相应地减少框架结构承担的地震剪力，而且井筒下基础设计也比较困难。故这些井筒多采用砌体材料做填充墙形成隔墙。

当必须设计钢筋混凝土井筒时，井筒墙壁厚度应当减薄，并通过开竖缝、开结构洞等办法进行刚度弱化；配筋也只宜配置少量单排钢筋，以减小井筒的作用。设计计算时，除按框架确定抗震等级并计算外，还应按带井筒的框架（当平面不规则时，宜考虑耦联）复核，并加强与井墙体相连的柱子的配筋。

此外，还要特别指出，对框架结构出屋顶的楼电梯间和水箱间等，应采用框架承重，不得采用砌体墙承重，而且应当考虑鞭梢效应乘以增大系数；雨篷等构件应从承重梁上挑出，不得从填充墙上挑出；楼梯梁和夹层梁等应承重柱上，不得支承在填充墙上。

9-35 框架结构电梯井四角混凝土柱是否必须参加框架整体计算

【答】

当电梯井四周布置梁承受竖向荷载，电梯井四角混凝土柱仅是构造设置时，该柱不参加框架整体计算。当电梯井角柱作为框架梁的支承柱，应参加整体计算，此时该角柱断面尺寸与构造须满足规范对框架柱的有关规定。

9-36 框架结构（多层）的地坪是刚性地坪，底层计算高度未从基础顶面算起是否妥当

【答】

刚性地坪一般指有一定厚度的钢筋混凝土地坪。框架结构底层的计算高度不能简单以层高代替。

底层柱计算长度取基础顶面至一层楼盖顶面的距离，当柱间设有地梁时，可取地梁顶面至一层楼盖顶面的距离。

《抗震规范》第 7.1.3 条对底框房屋的底层层高作了限制。此处底层层高是指地面一层标高至二层楼面标高之间的高度，但层高与计算高度对于底层是不同的。

9-37 梁上抬框架柱而形成转换结构，对该梁及柱有什么设计要求

【答】

一般不将其作为框支结构考虑，但须采取构造措施。对高层建筑的底层柱和底部框支柱应予加强。

9-38 井式梁板结构的布置方式有几种

【答】

这些布置方式有如下数种：

(1) 正式网格梁：网格梁的方向与屋盖或楼板矩形平面两边相平行。正向网格梁宜用于长边与短边之比不大于 1.5 的平面，且长边与短边尺寸越接近越好。

(2) 斜向网格梁：当屋盖或楼盖矩形平面长边与短边之比大于 1.5 时，为提高各项梁承受荷载的效率，应将井式梁斜向布置。该布置的结构平面中部双向梁均为等长度等效率，与矩形平面的长度无关。斜向网格梁用于长边与短边尺寸较接近的情况，平面四角的梁短而刚度大，对长梁起到弹性支承的作用，有利于长边受力。为构造及计算方便，斜向梁的布置应与矩形平面的纵横轴对称，两向梁的交角可以是正交也可以是斜交。此外斜向矩形网格对不规则平面也有较大的适应性。

(3) 三向网格梁：当楼盖或屋盖的平面为三角形或六边形时，可采用三向网格梁。这种布置方式具有空间作用好、刚度大、受力合理、可减小结构高度等优点。

(4) 设内柱的网格梁：当楼盖或屋盖采用设内柱的井式梁时，一般情况沿柱网双向布置主梁，再在主梁网格内布置次梁，主次梁高度可以相等也可以不等。

(5) 有外伸悬挑的网格梁：单跨简支或多跨连续的井式梁板有时可采用有外伸悬挑的网格梁。这种布置方式可减少网格梁的跨中弯矩和挠度。

9-39 井字梁如何计算及进行施工图处理

【答】

(1) 井字梁与柱子采取“避”的方式，调整井字梁间距以避开柱位；避免在井字梁与柱子相连处井字梁的支座配筋计算结果容易出现的超限情况；减少梁柱节点，在荷载作用下，由于两者刚度相差悬殊而成为受力薄弱点以致首先破坏，由于井字梁避开了柱位，靠近柱位的区格板需另作加强处理。

(2) 井字梁与柱子采取“抗”的方法，把与柱子相连的井字梁设计成大井字梁，其余小井字梁套在其中，形成大小井字梁相嵌的结构形式，使楼面荷载从小井字梁传递至大井字梁，再到柱子。

(3) 井字梁断面高度的取值以刚度控制为主，除考虑楼盖的短向跨度和计算荷载大小外，还应考虑其周边支承梁抗扭刚度的影响。

(4) 由于井字梁楼盖的受力及变形性质与双向板相似，井字梁本身有受扭成分，故宜将梁距控制在 3m 以内。

(5) 井字梁一般可按简支端计算。

(6) 当井字梁周边有柱位时，可调整井字梁间距以避开柱位，靠近柱位的区格板需作加强处理，若无法避开，则可设计成大小井字梁相嵌的结构形式。

(7) 钢筋混凝土井字梁是从钢筋混凝土双向板演变而来的一种结构形式。双向板是受弯构件，当其跨度增加时，相应板厚也随之加大。但板的下部受拉区的混凝土一般都不考虑它起作用，受拉主要靠下部钢筋承担，因此，在双向板的跨度较大时，为了减轻板的自重，可以把板的下部受拉区的混凝土挖掉一部分，让受拉钢筋适当集中在几条线上，使钢筋与混凝土更加经济、合理地共同工作。这样双向板就在两个方向形成井字式的区格梁，这两个方向的梁通常是等高的，不分主次梁，一般称这种双向梁为井字梁（或网格梁）。

(8) 井字梁的支承井字梁楼盖四周可以是墙体支承，也可以是主梁支承。墙体支承的情况是符合计算图表的假定条件：井字梁四边均为简支。当只有主梁支承时，主梁应有一定的刚度，以保证其绝对不变形。

(9) 井字梁楼盖两个方向的跨度如果不等，则一般需控制其长短跨度比不能过大。长跨跨度 L_1 与短跨跨度 L_2 之比 L_1/L_2 最好不大于 1.5，如大于 1.5、小于等于 2，宜在长向跨度中部设大梁，形成两个井字梁体系或采用斜向布置的井字梁，井字梁可按 45° 对角线斜向布置。

(10) 两个方向井字梁的间距可以相等，也可以不相等。如果不相等，则要求两个方向的梁间距之比 a/b=1.0 ～ 2.0。实际设计中应尽量使 a/b 在 1.0 ～ 1.5 之间，最好按井字梁计算图表中的比值来确定。应综合考虑建筑和结构受力的要求，上述间距一般取值在 1.2 ～ 3 m较为经济，但不宜超过 3.5 m。

(11) 两个方向井字梁的高度 h 应相等，可根据楼盖荷载的大小，取 $h=L_2/20$，但 h 不得小于短跨跨度的 1/30。

(12) 梁宽取梁高 1/3(h 较小时）或 1/4(h 较大时），但不宜小于 120mm。

(13) 对井字梁的挠度 f 一般要求 $f \leqslant 1/250$，要求较高时 $f \leqslant 1/400$。

(14) 井字梁现浇楼板按双向板计算，不考虑井字梁的变形，即假定双向板支承在不动支座上。双向板的最小板厚为 80mm，且应大于等于板较小边长的 1/40。

(15) 井字梁的配筋和一般梁的配筋基本上要求相同。但在设计中必须注意以下几点：

① 在两个方向梁交点的格点处，短跨度方向梁下面的纵向受拉钢筋应放在长跨度方向梁下面的纵向受拉钢筋的下面，这与双向板的配筋方向相同。

② 在两个方向梁交点的格点处不能看成是梁的一般支座，而应看成是梁的弹性支座，梁只有在两端支承处的两个支座。因此，两个方向的梁在布筋时，梁下面的纵向受拉钢筋不能在格点处断开，而应直通两端支座。钢筋不够长时，必须采用焊接，其焊接质量必须符合有关规范的要求。

③ 由于两个方向的梁并非主、次梁结构，所以两个方向的梁在格点处不必设附加横向钢筋。但是在格点处，两个方向的梁在其上部应配置适量的构造负钢筋，不宜少于 2 根 ϕ12，以防在荷载不均匀分布时可能产生的负弯矩，这种负钢筋一般相当于其下部纵向受拉钢筋的 1/3。

(16) 井字梁楼盖的混凝土强度等级不应低于 C20。为了避免和减小楼盖混凝土的收缩裂缝，混凝土的强度等级也不宜太高。

(17) 井字梁和边梁的节点宜采用铰接节点，但边梁的刚度仍要足够大，并采取相应的构造措施。若采用刚接节点，边梁需进行抗扭强度和刚度计算。边梁的断面高度应大于或等于井字梁的断面高度，并最好大于井字梁高度的 20% ～ 30%。

(18) 与柱连接的井字梁或边梁按框架梁考虑，必须满足抗震受力（抗弯、抗剪及抗扭）要求和有关构造要求。梁断面尺寸不够时，梁高不变，可适当加大梁宽。

(19) 对于边梁断面高度的选取，应按单跨梁的规定执行，一般可取 $h=L/8 \sim L/12$（L 为边梁跨度）。梁柱断面及区格尺寸确定后可进行计算，根据计算情况，对断面再作适当调整。

(20) 在边梁内应按计算配置附加的抗扭纵筋和箍筋，以满足边梁的延性和裂缝宽度限制要求。

(21) 在节点两边，边梁要增设附加吊筋或吊箍，将交叉梁的全部支座反力传到边梁的受压区；在楼面梁端部（一倍梁高的范围）需加密箍筋，且不少于 Φ8@100。

(22) 关于井字梁最大扭矩的位置，一般情况下四角处梁端扭矩较大，其范围为跨度的 1/5 ～ 1/4。建议在此范围内适当加强抗扭措施。

9-40　将现浇混凝土屋顶的梁设置在板的上方有什么问题

【答】

为了使室内顶棚平整，而把现浇钢筋混凝土屋面梁设在板上方的结构方案不太合理。

1) 这样做的不利因素

(1) 从受力角度看。由结构计算理论可知，在现浇钢筋混凝土梁板中，梁上翻成为倒 T 形梁。计算正弯矩钢筋时，倒 T 形梁只能按矩形梁断面进行计算。而梁放于板下方，却可按 T 形梁断面来计算。在梁的宽度、高度、跨度及荷载都相同的条件下，二者相比，前者的配筋量显然大于后者。特别是梁的根数多时，就很不经济了。

从板的传力来看，板的正弯矩钢筋必须搁在梁的正弯矩钢筋之上，而在现浇钢筋混凝土倒 T 形梁板结构中，梁受力钢筋的混凝土保护层厚度为 25mm，板中受力钢筋的混凝土保护层厚度只有 10mm（指板的厚度小于等于 100mm 时）。为了保证板的正确传力（板的荷载要传递给梁），就得将板的正弯矩钢筋伸进梁内后向上弯起在梁内正弯矩钢筋之上，才能避免发生事故。但这样做势必增加板的钢筋用量，钢筋上弯也增加了钢筋加工工序，既费料又费工。

(2) 从屋面保温角度看。由于梁上翻，保温材料就无法在屋面上连续铺设（即使有时梁不太高，梁顶还能铺一点，但屋面保温层也已厚薄不均）。另外，梁和保温材料的导热系数是不一样的，这就会影响到整个屋面的保温效果。屋面上有梁处和无梁处的保温差异，必将导致温差应力的加大，这对屋面承重结构是很不利的。

(3) 从屋面排水角度看。梁上翻，如果屋面顶面标高低于梁顶标高，那么一方面屋面排水有被梁分段阻隔的现象，无法畅通无阻；另一方面铺设油毡因弯折过多，使用中也易胀裂渗漏。一旦保温层有渗水，水分又无法及时排出，屋面保温性能就会恶化，天长日久，易发生屋面局部霉烂，使屋面保温层提前报废。同时，屋面的一高一低，致使油毡无论在用量上还是在粘贴质量上都不如平整屋面。

(4) 从其他角度看。屋面弯角过多，会给以后屋面的维修带来不少困难。梁上翻又会使梁常年经受风吹、雨淋、日晒、冰冻，这对屋面梁的正常受力是很不利的。

由此可见，这种屋面用料费、用工多，保温、防水性能差，使用寿命短，维修困难，故此类做法极少采用。

在设计工作中，有时出于恒温、卫生、音响或洁净美观等原因，往往采用吊顶的办法，把梁板构件遮蔽起来，使室内顶棚形成一个清洁、平整、光滑的平面，这样既能获得一个整齐清洁的房间，又能增强光线反射，增加室内照度（吊顶除直线形外还有折线形、曲线形等多种）。

2) 由于某些原因而需将现浇钢筋混凝土屋面梁设置在板的上方时，应注意的问题

(1) 板的正弯矩钢筋必须遵照上面第 (1) 条的设置配置。

(2) 当屋面是设有保温层的卷材屋面时，梁板结构布置应尽量设法使梁高小于屋面最终高度，以求屋面排水的顺利。若无法避免梁高出屋面，那么就要力求屋面排水向与梁跨度向平行，使水流无须穿越屋面梁，统一排入外天沟，并要注意在梁顶及梁两侧阴角处加铺卷材一层（卷材出阴角不得小于 500mm）。

(3) 如屋面系刚性防水屋面，当梁高出屋面影响了屋面正常排水时，应在贴屋面处的梁内预埋排水钢管或镀锌铁管（使雨水穿过屋面梁），如梁跨度向与排水向平行，梁内可不埋管。同时，在梁的结构计算中，一定要考虑梁顶留孔处因梁断面削弱导致承载力下降的问题。

(4) 为了房屋的美观整齐，屋面四周应设置垂直的钢筋混凝土檐口或檐沟挡板，挡板高度以在室外地面上的人的视线看不见屋面上翻梁为宜。条件允许时，也可用砌筑女儿墙的办法来解决。

(5) 有倒 T 形梁的刚性屋面，梁板常年暴露于大气中，钢筋混凝土在干湿交替作用下，会加速混凝土碳化和钢筋锈蚀，这对屋面承重结构是有一定破坏作用的。要减缓混凝土的碳化速度和钢筋的锈蚀，就要提高混凝土的强度等级和密实性。混凝土越密实，孔隙就越少，强度就越高，抗渗性就越好，这也就增强了抗裂性。除此而外，在屋顶表面涂刷涂料，可以起到减少干湿交替作用的效果。

(6) 对于把现浇钢筋混凝土屋顶梁设在板上方的房屋，要加强屋面的监护和维修工作。

9-41　悬挑板转角处的配筋有何特点？悬挑板与雨篷板的配筋有何不同

【答】

(1) 悬挑板的配筋是按单向受力配筋。而悬挑板转角处受力较复杂，单向受力配筋对转角处的负弯矩及扭矩未予计算，它们的计算也较复杂。为简化计算，根据实践经验可在转角处配置放射状构造负筋予以处理，如图 9-10 所示。

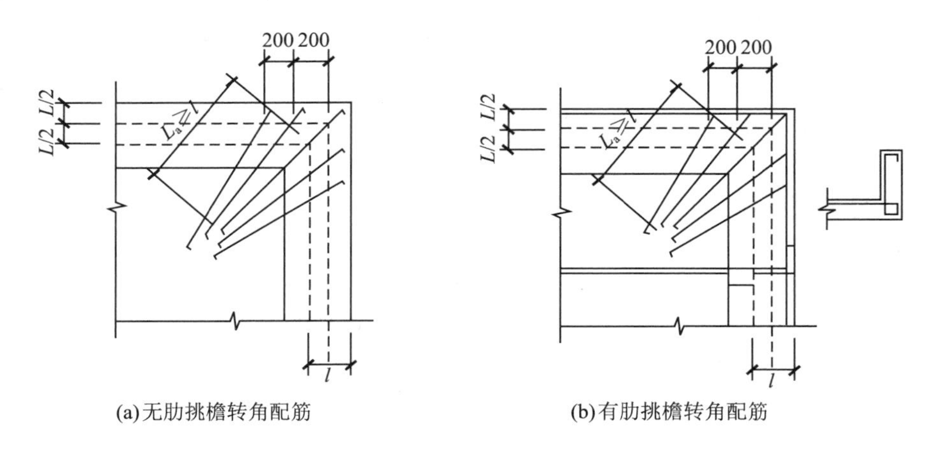

图 9-10　悬挑板转角处负筋构造（单位：mm）

(2) 雨篷板当建筑立面处理要求端部上翻时，则端部配筋构造与悬挑板有所不同，即受力钢筋也应随之上翻。如上翻高度超过 1m，风力可能通过迎风的翻板使雨篷板产生反向弯矩，因此，雨篷板上下均应双向配筋。雨篷板长超过 30m 时，露天构件受温度影响，应按规定设置伸缩缝。

9-42　双向板开裂状态怎样？连续双向板的弯矩计算应注意哪些问题

【答】

1. 双向板的受力与裂缝

双向板的受力，是沿纵横两个方向的；两个方向同时弯曲，将荷载传递到两个方向的支承边上。

四边支承的板，当 $l_{02}/l_{01}>2$ 时，板上 94% 以上的均布荷载沿短跨 l_{01} 方向传递，使板主要在短跨度方向弯曲，沿长跨 l_{02} 方向传递的荷载及板在长跨方向的弯曲都比较小，可以忽略不计，故称为单向板；当 $l_{02}/l_{01}\leqslant 2$ 时，沿长跨方向传递的荷载及板在长跨方向的弯曲都已比较大，不能忽略，故称为双向板。这是按弹性理论判别四边支承板属于单向板还是双向板的理论根据。

两个相邻板带的竖向位移是不相等的，靠近双向板边缘的板带，其竖向位移比与它相邻而靠近中央的板带的竖向位移小，因此可知，在相邻板带之间必存在着竖向剪力，这种竖向剪力就构成了扭矩。

由于对称，板的对角线上没有扭矩，故对角线断面就是主弯矩平面，图 9-11 所示为均布荷载 q 作用下，四边简支正方形板对角线上主弯矩的变化图形以及板中心线上弯矩 $M_{\rm I}(=M_{\rm II})$ 的变化图形（泊松比 $\nu=0$）。图中主弯矩 $M_{\rm I}$ 当用矢量表示时是与对角线垂直的，且都是数值较大的正弯矩，双向板底沿 45° 方向开裂就是由这一主弯矩 $M_{\rm I}$ 产生的。主弯矩 $M_{\rm II}$ 的矢量是与对角线平行的，并在角部为负值，数值也较大，双向板的角部顶面垂直于对角线的裂缝就是由主弯矩 $M_{\rm II}$ 产生的。

(1) 加载过程中，在混凝土开裂之前，双向板基本上处于弹性工作阶段。

(2) 当荷载作用时，板的四周有翘起的趋势，因此，板传给四边支座的压力沿边长是不均匀分布的，中部大，两端小，大致呈正弦曲线分布。

(3) 板的竖向位移曲面呈碟形，矩形双向板沿短跨方向的最大正弯矩出现在跨中断面上，而沿长跨方向的最大正弯矩偏离跨中断面。

(4) 两个方向配筋相同的四边简支正方形板，由于跨中的正弯矩最大，首先在板底中间部分出现第一批裂缝，平行于长边方向，如图 9-12(a) 所示。这是由于短跨跨中的正弯矩 M_{I} 大于长跨跨中的正弯矩 M_{II} 所致。随后由于主弯矩 M_{I} 的作用，这些板底的跨中裂缝逐渐延长，沿着对角线方向向四角扩展，如图 9-12(b) 所示。随着荷载不断增加，板底裂缝继续向四角扩展，直至板的底部钢筋屈服而破坏。当接近破坏时，由于主弯矩 M_{II} 的作用，板顶面靠近四角附近出现垂直于对角线方向、大体上呈圆形的裂缝，如图 9-12(c) 所示。这些裂缝的出现，又促进了板底对角线方向裂缝的进一步扩展，最终因板底裂缝处受力钢筋屈服而破坏。

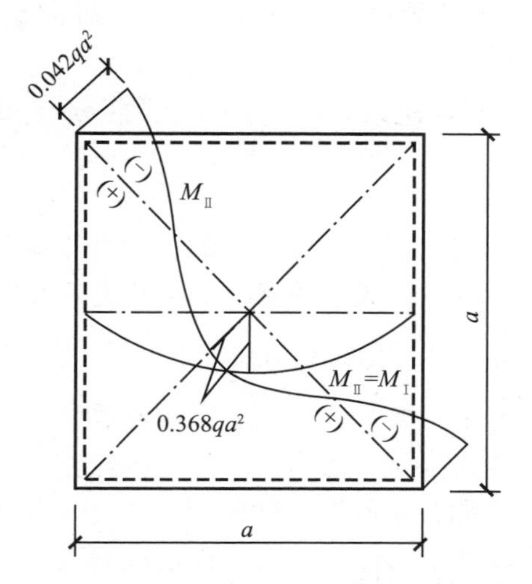

图 9-11 均布荷载下四边简支正方形板的主弯矩变化

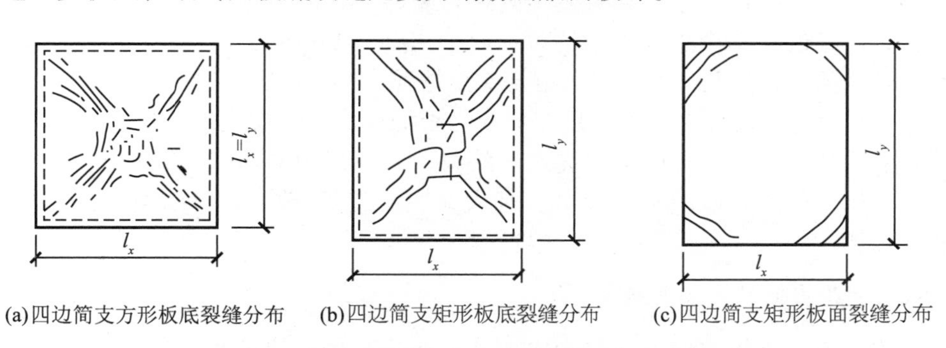

(a)四边简支方形板底裂缝分布　(b)四边简支矩形板底裂缝分布　(c)四边简支矩形板面裂缝分布

图 9-12 均布荷载下四边简支双向板的裂缝分布

2. 弯矩计算时注意事项

(1) 不能将双向连续板作为单向连续板计算。即一个方向作为单向连续板，另一个方向仅按构造配筋，这样做与实际受力不符，使一个方向配筋过大，另一个方向则因配筋不足而产生裂缝。

(2) 按均布荷载作用下弹性薄板理论计算。查用双向板弯矩系数表时，钢筋混凝土板适用于泊松比 $\nu=1/6$ 的各系数，否则会使得跨中计算弯矩偏小。

(3) 对内部区格的板。求跨内最大弯矩时，可按四边固定的单块板计算；求支座弯矩时，先按四边固定的单块板求得支座弯矩，然后与相邻板的支座弯矩平均，即可求得支座弯矩。

(4) 对边界区格的板，在外边界处的支座计算应按实际的支座情况决定。

9-43　如何在设计中预防钢筋混凝土肋形板面产生裂缝

【答】

钢筋混凝土肋形板，虽然在设计中满足了规范的承载力和挠度构造的要求，但是仍然会产生沿主、次梁两侧的板面裂缝，及板长向跨中间的板面裂缝。

1. 沿次梁两侧的板面裂缝

其产生主要是因为：施工时板面负钢筋一般是放在次梁纵筋上，次梁纵筋到板面的净厚一般又大于 25mm，加上施工操作不当等原因使板面负筋计算时的有效高度大于制作成的实际有效高度，板的厚度本来又较小，所以钢筋发挥不了抗拉的作用，使得板面混凝土承受很大拉力。当应变超过混凝土极限拉应变时，必然导致混凝土产生拉裂缝。

因此，在设计中应适当加大板的厚度，以减弱有效高度的小变化对混凝土应力的影响（板厚了，但梁间距就可加大，且板内埋管等施工也较方便）。必要时，设计中应考虑施工的实际情况来选用板的有效高度。

2. 沿主梁两侧的板面裂缝

其产生主要是因为：当按单向板计算时，主梁上板的负钢筋不考虑受力，仅按构造布置钢筋。实际上，这种板在靠近主梁附近是要将一部分荷载传给主梁的，由于主梁的刚度较大，对板的转动产生较大的约束，使得主梁上的板的负弯矩实际较大，所配构造钢筋不足以承担。另外在钢筋放置上有与次梁情况一样的原因。

因此，在设计中宜优先考虑采用双向板，否则应充分考虑此负弯矩的不利影响。

针对上述情况，有条件时应优先选用块材、卷材作为地面和板底平顶的面材；避免用水磨石、抹灰等湿作业材料，以防人为加大保护层厚度，改变设计断面的应力分配状态，造成面层开裂。

3. 板长向跨中间的板面裂缝

对于单向板，裂缝方向不在受力方向，因而只有少量的板底分布钢筋。而板面此处可能无钢筋，这时混凝土收缩，就会产生收缩裂缝。

因此，必要时应配置构造钢筋，同时应注意混凝土的选材、级配和施工操作、养护等方面。

4. 沿预埋管件走向的板面裂缝

其产生主要是因为：设计中未考虑埋管的因素，致使线管埋入后混凝土的保护层太薄，引起裂缝出现；或发现保护层太薄而临时增加板厚，导致增加板重量，引起额外的裂缝。

因此，板的最小厚度，除从承载力、刚度、抗裂和裂缝宽度几方面考虑外，还要按下列几项相加来选择：

(1) 梁主筋的保护层厚度（包含了板上部负筋直径），一般为 25mm。

(2) 次梁上排纵向主筋的直径。
(3) 埋管的外径（主梁的主筋与其处于相同的标高，故包含了主筋直径）。
(4) 板中的分布筋直径。
(5) 板下部正弯矩钢筋的直径。
(6) 板下部钢筋的保护层厚度（一般为 15mm）。

9-44 对混凝土保护层，当给排水规范、地下工程规范与人防地下室规范不同时应如何确定

【答】

一般按《混凝土规范》第 9.2 节规定，但对于有防火要求的建筑物，处于四、五类环境中的建筑物，及有专业性建筑物的保护层厚度，应符合国家现行有关标准及相应的专业规定。

9-45 计算受扭框架梁的侧向抗扭筋间距时，梁高是否应扣除板厚

【答】

受扭纵向钢筋除在框架梁断面四角设置外，其余受扭纵向钢筋宜沿断面四周边均匀对称布置。沿断面四周布置的抗扭筋间距，按规定扣除板厚，从板下开始设置，间距不应大于 200mm 及梁断面短边长度。

9-46 保证预制装配楼面整体性的措施有哪些

【答】

多高层的混凝土楼、屋盖宜优先采用现浇混凝土板。当采用预制装配式混凝土楼、屋盖时，应从楼盖体系和构造上采取以下措施，确保各预制板之间连接的整体性。

1. 板间灌缝

一般采用细石混凝土密实灌缝。混凝土强度等级不低于预制板的混凝土强度等级，一般用 C20 细石混凝土；缝隙上口一般以 5mm 为宜；楼板边做成凹槽，与后浇混凝土互相咬合，增加抗剪能力。

2. 板缝加筋

多用于抗震设防区或楼面上有较大振动设备时。

在板缝中放置钢筋网片、跨过横梁，对加强楼盖的抗震性能（板间混凝土的抗震能力和使预制板具有连续性）有很大作用。

3. 板面做现浇层

现浇层的混凝土等级不低于 C20，厚度不低于 50mm，双向钢筋网 Φ4 ～ Φ6，间距

不大于250mm。它通过黏结力与空心板、板缝、梁共同工作，同时它的双向钢筋应与板缝、梁、周边框架的纵横梁等抗侧力构件有效锚固，以保证楼板有效地传递水平荷载。

工业厂房一般均做现浇层。民用房屋则要求分情况：

(1) 有抗震要求，但刚度分布不均时：①设计烈度为9度时，每层均做现浇层；②设计烈度为8度时，每隔一层做现浇层；③设计烈度为7度时每隔二层做现浇层。

(2) 有抗震要求、刚度分布均匀且抗侧力结构间距不超过6m，或无抗震要求且刚度分布不均匀时，可每隔三层做现浇层。

9-47 当采用框架剪力墙结构体系时，剪力墙数量不足（高度没有超过框架限制高度时），是否按框架计算配筋

【答】

(1) 框剪结构在基本振型地震作用下，若框架部分承受的地震倾覆力矩大于结构总倾覆力矩的50%，其框架部分的抗震等级按框架结构确定，计算按实际布置的框架剪力墙建模计算，结构总信息按框剪结构，最大适用高度可比单纯框架结构适当提高。

“当剪力墙部分承受的地震倾覆力矩小于总倾覆力矩的40%时尚应按不设剪力墙的框架结构进行补充计算，并按不利情况取值。”此条文来自《结构措施》，施工图审查不作为强制性条文，可按一般要求提。设计人员应执行该条规定。

(2) 框剪结构应按基本振型下的底部地震总倾覆力矩比例进行判定。框架剪力墙结构，剪力墙在上部承担地震作用减少符合框剪结构工作特点。上部楼层承受总弯矩少于50%，框架抗震等级按框剪结构中的框架考虑。

9-48 底框结构中，横向剪力墙间距有要求，纵向剪力墙间距是否也有要求

【答】

底层框架对横向剪力墙间距有明确规定，从概念设计出发，纵向剪力墙间距也应有此要求，由于底框房屋进深一般不大，纵墙对称布置都能满足间距要求。对纵向剪力墙间距，规范没有规定，设计、审查中需要控制的是：

(1) 纵墙布置应对称。

(2) 纵墙数量应满足抗震验算所需要的刚度要求。

9-49 抗震墙偏少的框-剪高层，对刚度与质量严重不对称的高层应如何处理

【答】

(1) 对抗震墙（结构抗侧力体系中的钢筋混凝土剪力墙），根据《抗震规范》第6.1.3条，在基本振型地震作用下，抗震墙承受地震倾覆力矩应大于结构总地震倾覆力矩的50%，否则抗震墙的抗震等级可与其框架的抗震等级相同。

(2) 剪力墙（抗震墙）平面布置按《高规》第7.1.1条，还宜遵守《抗震规范》第6.1.8

条的要求。《抗震规范》第 6.1.5 条指出：框架和抗震墙均应双向设置，柱中线与抗震墙中线、梁中线与柱中线之间偏心距大于柱宽的 1/4 时，应计入偏心的影响，在地震作用下可能导致核芯区受剪面积不足，对柱带来不利的扭转效应。当偏心距超过 1/4 柱宽时，需进行具体分析并采取有效措施，如采用水平加腋梁及加强柱的箍筋等。

(3) 房屋结构刚度和结构体系应满足《抗震规范》第 3.5.1 条～第 3.5.3 条要求。

(4) 不规则的设计方案，按《抗震规范》第 3.4.3 条的要求进行调整和采取有效的抗震构造措施。

9–50 设计软件中，对偶然偏心与双向地震、刚性楼板与非刚性楼板及弹性楼板、梁刚度放大系数、楼层最大水平位移和层间位移与平均值的比值等问题应如何控制

【答】

用软件计算时，结构总信息需确定下述一些问题：

(1)《高规》第 4.3.2 条 2 款规定“质量与刚度分布明显不对称、不均匀的结构，应计算双向水平地震作用下的扭转影响；其他情况，应计算单向水平地震作用下的扭转影响。”第 4.3.3 条规定“计算单向地震作用时应考虑偶然偏心的影响。”

(2) 高层建筑进行内力与位移计算时，可假定楼板在其自身平面内为无限刚性。当楼面开大洞口或楼面形状变化复杂，使得楼板面内刚度有较大削弱且不均匀时，楼板面内变形会使楼层内抗侧刚度较小的构件的位移和受力加大，计算时应考虑楼板面内变形的影响。对这类情况，在考虑楼层竖向构件的最大水平位移和层间水平位移与楼层水平位移平均值的比值时，可按楼板刚性假定，计算构件内力则按弹性楼板计算。

(3) 对于现浇梁板结构，考虑到板对梁的刚度贡献，梁刚度放大系数可取 1.5 ～ 2.0。

(4) 楼层水平位移按《抗震规范》表 5.5.1 进行控制。

(5) 楼层竖向构件最大的弹性水平位移和层间位移与层间位移平均值的比值，按《高规》第 3.4.5 条：对于 A 级高度高层建筑，不宜大于 1.2，不应大于 1.5；对于 B 级高度高层建筑、混合结构高层建筑以及复杂高层建筑，不宜大于 1.2，不应大于 1.4。

第10章 框架结构的基础

10-1　岩土工程勘察报告及土工试验报告表有何用处

【答】

当拿起一张土工试验报告表时，看到那么多数据、指标，似曾相识但又不知道有何用途。阅读岩土工程勘察报告，可以了解拟建场地的地层全貌，正确选择持力层，了解下卧层，确定基础的埋置深度，决定基础选型甚至上部结构的选型。

1. 持力层及基础形式的选择

对不存在可能威胁场地稳定性的不良地质现象的地段，地基基础设计应在满足地基承载力和沉降这两个方面基本要求的前提下，尽量采用比较经济的天然地基上浅基础。这时，地基持力层的选择应该从地基、基础和上部结构的整体性出发，综合考虑场地的上层分布情况和上层的物理力学性质，以及建筑物的体型、结构类型、荷载的性质与大小等情况。

通过阅读勘察报告，在熟悉场地各上层的分布和性质（层次、状态、压缩性和抗剪强度、土层厚度、埋深及其均匀程度等）的基础上，初步选择适合上部结构特点和要求的上层作为持力层，经过试算或方案比较后做出最后的决定。

2. 场地稳定性评价

地质条件复杂的地区，综合分析的首要任务是评价场地的稳定性，其次才是地质的强度和变形问题。

场地的地质构造（断层、褶皱）、不良地质现象（泥石流、滑坡、崩塌、熔岩、塌陷等）、地层成层条件和地震等都会影响场地的稳定性。在勘察中必须查明其分布规律、具体条件及危害程度。

10-2　场地类型如何判断

【答】

关于场地类型问题，有三本规范涉及，它们的依据是不同的。

(1)《抗震规范》第4.1节，主要是根据岩土对地震作用的反映大小来划分场地的类别，主要是等效剪切波速和覆盖层厚度两个参数。

(2)《岩土工程勘察规范》第3.1.2条，是根据各类工程对岩土勘查的不同要求来划分场地等级，主要依据是抗震设防的烈度、工程性质和岩土差异。

(3)《基规》第3.0.1条和第4章，则是根据场地的复杂程度及设计技术难度来划分地基基础设计等级和岩土分类。

因此各种规范有自己的系统和使用范围，不能混为一谈。

10-3 地基基础设计等级的甲级与乙级在设计方面有何区别

【答】

《基规》第 3.0.1 条规定，大多数工程地基基础设计等级应为乙级，甲级和丙级相对较少。甲、乙级地基基础设计等级在设计方面的区别有三处：

(1)《基规》第 8.5.10 条（强制性条文）要求，所有的设计等级为甲级的建筑物桩基均应进行沉降验算，而设计等级为乙级的建筑物桩基只在体形复杂、荷载不均匀或桩尖下存在软弱土层时才进行沉降验算。

(2)《基规》第 8.6.3 条要求，设计等级为甲级的建筑物岩石锚杆基础，单根锚杆抗拔承载力计算值应通过现场试验确定；对其他等级（乙级和丙级）的建筑物，应按规定公式 $R_t \leqslant 0.8\pi d_1 lf$ 计算。

(3)《基规》第 10.2.9 条（强制性条文）要求，建筑物在施工期间和使用期间进行变形观测要求不同。甲级设计建筑物全部观测，乙级设计的建筑物只对软弱地基的情况下进行观测，其他乙类建筑是否观测，由设计人员按当地规定执行。

此外，地基基础设计等级为甲、乙级的设计，在承载力和变形计算、构造和检验测试等方面基本相同。

10-4 复合地基处理后地基基础设计等级如何定？打桩后地基设计等级是乙级还是丙级

【答】

地基基础设计等级的划分是按照地基基础设计的复杂性和技术难度确定的，划分时考虑了建筑物的性质、规模、高度和体形，对地基变形的要求，场地和地基条件的复杂程度，以及由于地基问题对建筑物的安全和正常使用可能造成影响的严重程度等因素来综合确定。设计的复杂性，包括采用多种地基和基础类型；技术难度包括设计计算中涉及上部结构的体形复杂性，高度、层数、荷载分布差异，结构刚度和构造的变化复杂性，地基的不均匀性和复杂性。采用地基基础和上部结构共同作用的受力分析、变形分析和稳定分析。

采用复合地基和桩基，说明了原地基的承载力和变形不能满足工程需要而需采取处理措施，本身就增加了地基基础设计难度。但确定地基基础设计等级仍应依据《基规》第 3.0.1 条综合考虑。

10-5 复合地基（局部）和天然地基共存于同一单元结构中，是否可行

【答】

应该可行。因为复合地基不管用何种工艺处理，仍然是地基（人工地基），不能将复合地基视为桩基。当然，同一结构单元之中，处理后的复合地基的性能（承载力及变形参数）应尽量与未处理的地基相等或相近，如差别太大，应采取控制不均匀变形的措施。

10-6 地基基础设计中应注意哪些问题

【答】

(1) 正确使用地勘报告，基础选型由自己定，不能地勘报告建议什么型式就用什么型式。总的来说，结构设计人员对地基基础设计比地勘人员内行。

(2) 冲击振动沉管灌注桩慎用，因其缩颈现象较普遍。

(3) 人工挖孔桩若在砂夹卵石层内施工（特别是扩孔），跨孔的可能性较大，施工有危险。桩太短（如小于 6m) 时不能按桩算，应按墩算。

(4) 地基处理方法的换填、振冲、水泥粉煤灰碎石桩 (CFG 桩）等，应计算沉降（《基规》第 9.1.3 条）。

(5) 地下室底板不按筏板设计，而采用所谓“抗水板”，其厚度不应小于 250mm，除地下水浮力，还有地基反力，应计算其配筋及裂缝宽度不应大于 0.2mm(GB 50108—2008《地下工程防水技术规范》第 4.1.7 条）。

(6) 伸缩缝、抗震缝处可不必设沉降缝。若设有抗震缝兼沉降缝，抗震缝两边的条形基础为大偏心基础，极为不妥。

(7) 地下室底板下的垫层应采用 C15 混凝土 (《地下工程防水技术规范》第 4.1.5 条）。

(8) 地下室墙竖筋及水平筋应注意最小配筋率 $\rho_{\min}$。

(9) 地下室墙应有水平施工缝。

(10) 超长地下室只留后浇带不能解决使用期间的温度及混凝土收缩问题，应采取加强配筋、加防裂剂、采用预应力混凝土等措施。地下室外墙、底板、顶板的钢筋间距不宜大于 150mm。

(11) 沉降观测点应布置并给出观测点大样，观测方法应有说明，不能只说按某某规范。

(12) 地基软弱下卧层验算。可用《基规》第 5.2.7 条简化公式（应力扩散角 θ)，但 $E_{s1}/E_{s2}<3$ 时查不到 θ，也可用基底应力公式计算。

(13) 桩基（包括桩身质量、单桩承载力）检测，应有检测方法、检测数量等说明，不能只说按某某规范。

(14) 无上部结构的纯地下室在地震区应不应该进行抗震设计？这个问题其实规范已有明确说法，如《抗震规范》第 6.1.3 条 3 款规定“地下室中无上部结构的部分，抗震构造措施可根据具体情况采用三级或四级”，《高规》第 3.9.5 条也规定“地下室中超出上部主楼范围且无上部结构的部分，其抗震等级可根据具体情况采用三级或四级。”

地震发生时，地震作用（能量）是以地震波的形式由地面传播的，而不是由空气传播的，地表以下也都会出现破坏现象，如滑坡、崩塌、液化（喷砂）、震陷和地表撕裂等，即地表以下仍然存在地震的破坏作用，所以基础工程也会受到破坏。

10-7 沉降缝处基础如何处理

【答】

沉降缝的设置，主要与房屋承受的上部荷载及地基差异有关。当上部荷载差异较大或地基土的物理力学指标相差较大时，应设沉降缝。房屋自基础直达屋顶，应由沉降缝将整个房屋的各部分分开，使结构不致引起过大内力而开裂。

沉降缝可利用挑梁或构设顶制板、预制梁等办法做成。沉降缝处应设双柱各自独立承担相邻两个结构单元的荷载，它们的基础断开后，基础关系可有几种处理形式，如图 10-1 所示。

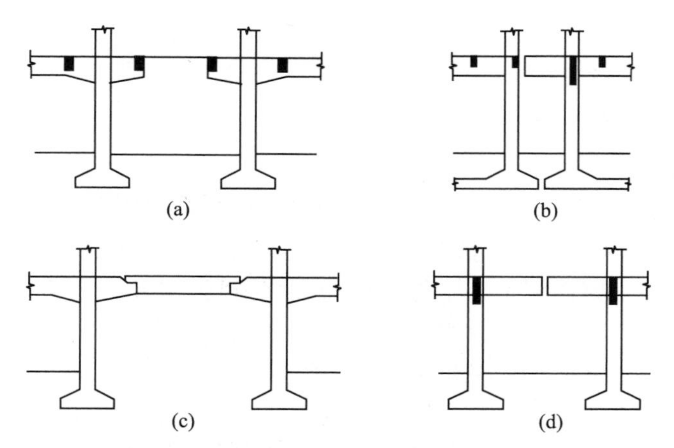

图 10-1　沉降缝两侧基础及上部结构的关系

基础沉降缝应避免由不均匀沉降造成的相互干扰。常见的砖墙条形基础处理方法，有双墙偏心基础、挑梁基础和交叉式基础三种方案。

(1) 双墙偏心基础方案。整体刚度大，但基础偏心受力，并在沉降时产生一定的挤压力，如图 10-2(a) 所示。

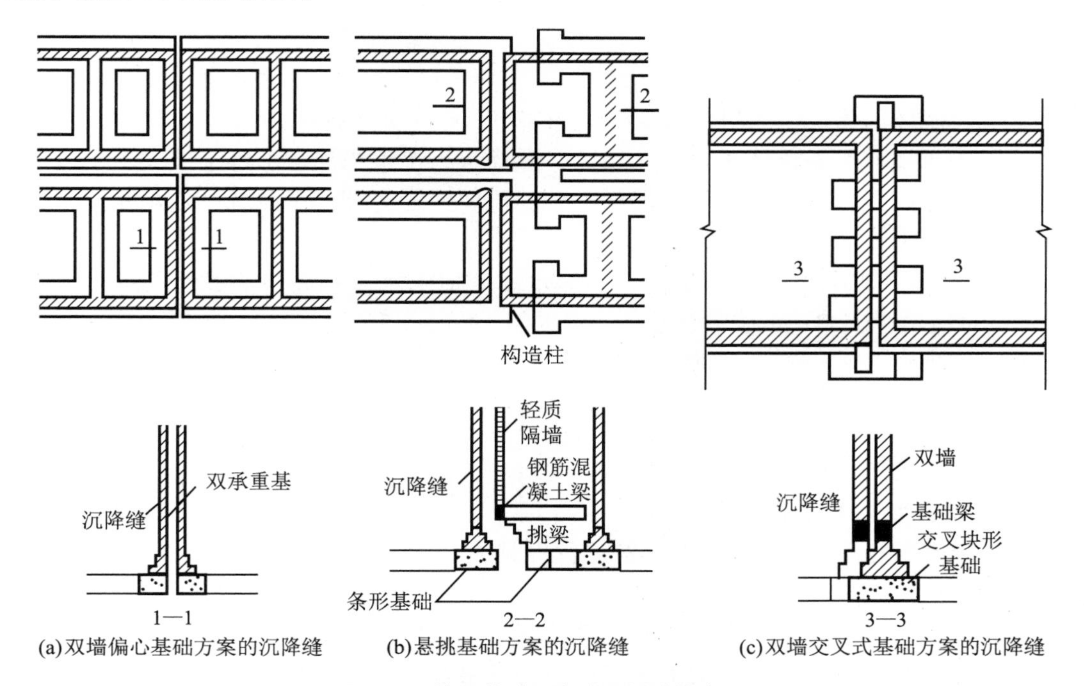

图 10-2　墙下基础沉降缝两侧结构布置

(2) 挑梁基础方案。能使沉降缝两侧基础分开较大距离，相互影响较小。当沉降缝两侧基础埋深相差较大或新建筑与原有建筑毗近时，宜采用挑梁方案，如图 10-2(b) 所示。

(3) 双墙交叉式基础方案。地基受力特性有所改善，如图 10-2(c) 所示。

10-8 基础埋深应如何计取

【答】

1. 土层情况和地下水对埋深和影响

1）土层情况的影响

① 地面以下是承载力高、压缩性较低的土时：可按构造要求取最小的基础埋深。

② 地面以下相当深度范围内都是较软弱的土时：对层数少、荷载不大的民用建筑，当上部结构与地基能共同作用（整体刚度好）时，仍可采用天然土层作持力层；对高大、重型建筑，可采取提高地基承载力（换土、打桩等人工处理），或改变上部结构型式，或采用片筏、箱形基础（以加强整体刚度，减少作用于地基上的附加应力）等措施。

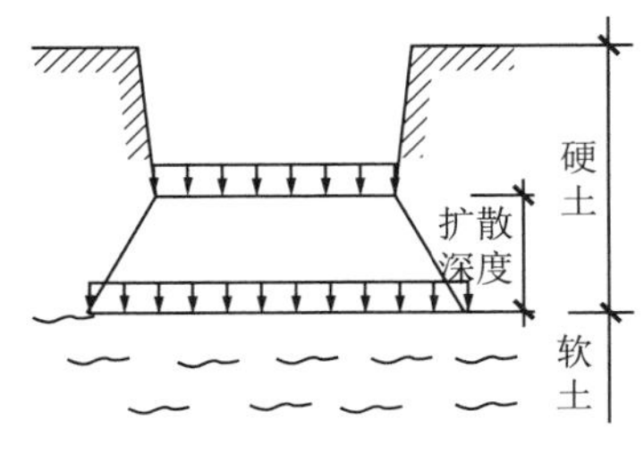

图 10-3 硬土层应力扩散

③ 硬土和软土分层间隔时：表面是一层不厚（1～2m）的软土，下为硬土时，尽量挖去软土，将基础埋在硬土上；表面软土较厚，可加固软土地基（人工处理）或将荷载传到下层硬土上（打桩）；表面是一层硬土，下面是相当厚的软土时（图 10-3），应尽可能浅埋，使基础下有足够厚度的硬土，借以起到压力扩散的作用，减小传给软土层表面的压力。

2）地下水的影响

基础一般应尽可能埋在地下水位以上。

① 非黏性土（粉砂、粉土、亚砂土）在施工中，有时会产生严重的流砂现象。地下水渗流对土骨架产生单位体积内的作用力，此动水力（水头梯度）等于或大于土体浮重度时，土粒之间压力消失，处于悬浮状，土的抗剪强度为零，土粒就可随水流动，这种现象称为流砂。

② 非经常的季节性地下水涨落（如建水库使地下水位升高，抽汲地下水使水位下降），也对地基有影响：水位上升后，新浸水的土强度下降，压缩性增加；水位下降后，土粒间的接触压力增加，从而使建筑物产生附加沉降。

③ 还要考虑地下水对基础材料是否有侵蚀性。

2. 土冻结时的冻胀对埋深的影响

1）冻结深度指土冻结的最大深度

气温越低、低温持续时间越长，冻结深度越大。

2）冻胀

土冻结时，土中自由水先结冰晶，随温度的继续降低，结合水外层也开始冻结，水膜变薄，土粒剩余电荷能吸引周围未冻区中的自由水和部分结合水。未冻结区土粒外的较厚水膜的水向冻结区转移，在该处形成水分积聚并参与冻结，冰晶体越结越多、越大，使土体剧烈膨胀。当其产生的上抬力大于竖向压力时，由于冻胀的不均匀性，建筑物将开裂、破坏。

3）冻胀存在的环境

① 涉及地下水补给的可能性，土中含水量的多少。地下水位接近冻结深度，则土中含水较多（水源多）。土粒细（粉砂、粉土）、结合水含量大（粒比表面积大、薄膜水多）时冻胀严重，此时埋深度必须在冻结深度以下。一般地下水在冻结深度以下超过1.5 ～ 2.0m 时（视土的毛细管升高情况而定），可不考虑地下水的补给作用。

② 土粒径。粗粒土（碎石、中砂、粗砂等）没有冻胀，因为土中孔隙较大，水的毛细管作用不显著，故冻而不胀。此时可不考虑冻胀的影响。

4）融陷

指冻胀土土层解冻时，冰融化，此时含水量较未冻胀前增加，致使土体软化、强度降低，从而产生附加沉降。季节性冻土的冻胀与融陷相关联，交替出现。

5）基础在冻土中最小埋深

计算公式为

$$d_{min}=z_0\cdot\varphi_{zs}\cdot\varphi_{zw}\cdot\varphi_{ze}-d_{max} \tag{10-1}$$

式中：z_0——标准冻深（m）；见《基规》附录 F，中国季节性冻土标准冻结深度线图。

φ_{zs}、φ_{zw}、φ_{ze}——分别为土的类别、冻胀性、环境对冻结深度的影响系数；见《基规》表 5.1.7-1 ～表 5.1.7-3。

d_{max}——基础底面下允许残留冻土层的最大厚度（m）；根据《基规》附录 G.0.2 查取或用下列公式计算：

弱冻胀土 $d_{fr}=0.17\psi_t+0.26$

冻胀土 $d_{fr}=0.15\psi_t$

强冻胀土 $d_{fr}=0$

6）防冻害措施

① 避开。慎重选择建筑场地。尽量选择地势高、地下水位低、地表排水良好、土冻胀性小的场地。

② 保护。对低洼场地。宜在建筑物四周向外一倍冻深范围内，使室外地面高出自然地面 30 ～ 50cm，如图 10-4 所示。

③ 换基础。在冻结深度和土冻胀性均较大的地基上，宜加大基底应力，反抗上抬力，采用独立基础、桩基或砂垫层（非冻胀性）等。或在冻土层下设自锚式基础，以抵抗上抬力（如扩大板、扩底短桩），如图 10-5 所示。

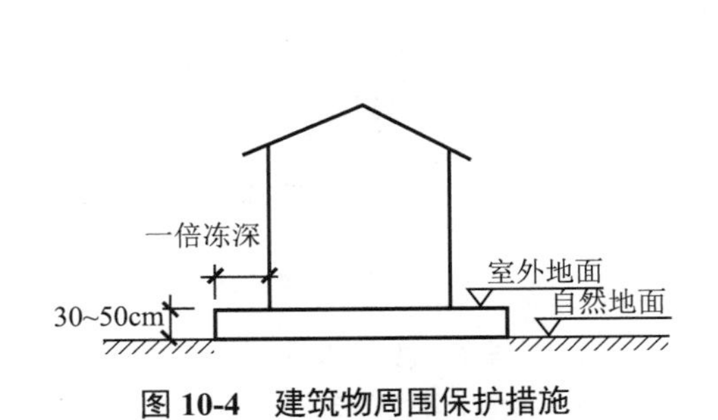

图 10-4　建筑物周围保护措施

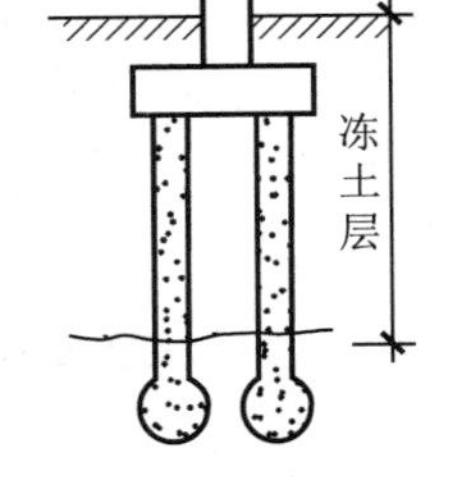

图 10-5　扩底桩锚固作用

④ 排开。施工和使用期间，采取必要的排水设施。（两水、地表水、生产、生活废水）

山区必须做好截水沟，或在房屋和构筑物下设置暗沟，以排走地表水和潜水流，避免因基础堵水而造成冻害。

⑤ 缓和。包括：

a. 对 $z_0 > 2$m，基底以上为强冻胀土上的采暖建筑，或 $z_0 > 1.5$m，基底以上为冻胀及强冻胀土上的非采暖建筑等，为防止室外温度差造成冻切力（水平力）对基础侧面的破坏作用，在基础侧面回填粗砂、中砂、蜡渣、炉渣等非冻胀性材料，或采取其他有效措施。

b. 缓和。基础梁下有冻胀土时，应在梁下填以炉渣等松散材料，并留 5 ～ 15cm 空隙，以防止因土冻胀将梁拱裂（梁反弯）。

⑥ 上部结构。在冻胀和强冻胀性土上的建筑中，宜设钢筋混凝土或钢筋砖圈梁，以增强房屋的整体刚度，并控制建筑物的长高比不超过 5 为好（即不宜太长）。

⑦ 适应。包括：

a. 外门斗、室外台阶和散水坡等（它们重量较小，抗胀性差），宜与主体结构断开。散水坡分段不宜过长，坡度不宜过小，其下宜填以非冻胀性材料。

b. 适应。按采暖设计的房屋和构筑物，如冻前不能交付正常使用，或使用中因故冬季不能采暖时，应对地基采取相应的过冬保温措施。

⑧ 施工保护。对非采暖建筑的跨年度工程，入冬前基坑应及时回填，以防冻深加大冻坏基础。

3. 房屋的结构形式、使用要求、荷载大小和相邻基础对埋深的影响

1）结构形式的影响

① 对不均匀沉降敏感性较低时，基础可埋得较浅，可造在不甚密实的土上，如砖石承重结构、各部分布置有隔墙的房屋、层与层之间有钢筋混凝土楼板的房屋。

② 对不均匀沉降敏感时，应将基础埋在较坚实的土层上，否则应采取加固软弱地基的措施，如多层框架结构、超静定杆系。

2）使用要求的影响

① 拟建房屋和原有房屋的地下室或基础有高差时，应根据载荷大小、土层条件，使它们之间的净距 l 为两基础底差 ΔH 的 1 ～ 2 倍（图 10-6）；若它们之间相距很近时，应做成踏步，把基础做成台阶过渡，台阶高宽比为 1 ： 2（图 10-7）。

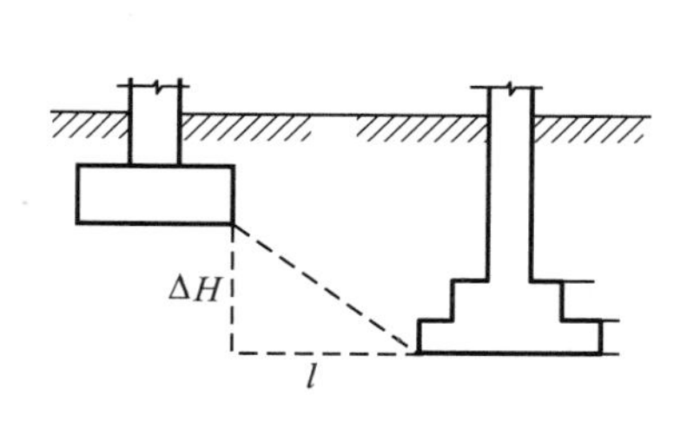

图 10-6　两相邻基础位置关系

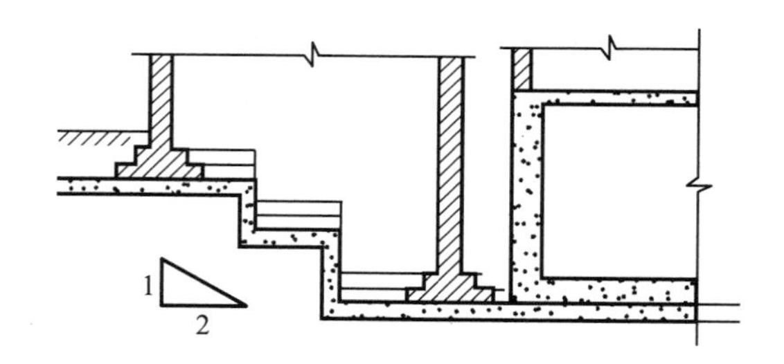

图 10-7　相邻基础过渡做法

② 有地下管道等设施时。一般应将基础埋在地下管道以下（以免管道在基础下穿过影响管道的安全和维修）。若管道通过基础时，基础所留孔洞应有足够的间隙（10 ～ 15cm），以备基础有不均匀沉降时，不至于影响管道的使用。

3）荷载大小和性质

① 上部结构荷载过大。应采取措施取得较大的地基容许承载力（如加深基础、人工加固地基）。

② 较大的水平荷载。要求有一定埋深，以保证有足够的稳定性。

③ 有上拔力时。要有足够的埋深，才能保证必要的抗拔阻力，如输电塔、电视塔基础（图10-8）。

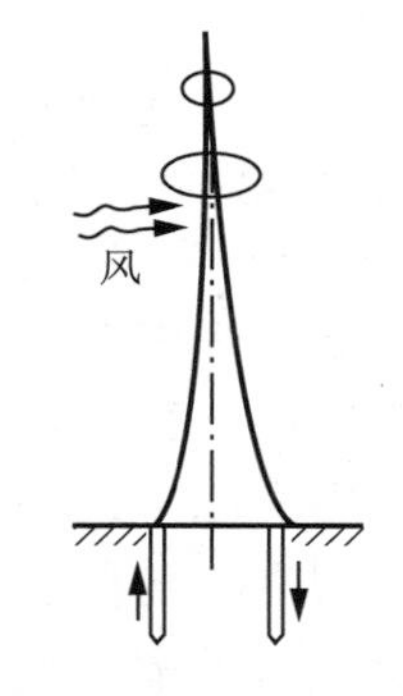

图 10-8 对基础产生上拔力的高耸构筑物

④ 有振动荷载时。选择埋深时，要注意土的类别，并注意振动对周围基础的影响。如含水饱和的粉砂、细砂在振动作用下，产生附加沉降，并且如果振动密实后孔隙压力增高过大及部分孔隙水来不及排出，就可能使土颗粒处于悬浮状态，形成土的液化，这在地震荷载作用下尤容易发生。孔隙水压力能抵消粒间有效应力。

⑤ 同一建筑物中荷载各部分不同时，或土层厚薄不同时：除可采用大小不同的基底面积之外，还可采用不同埋深，以调整不均匀沉降。

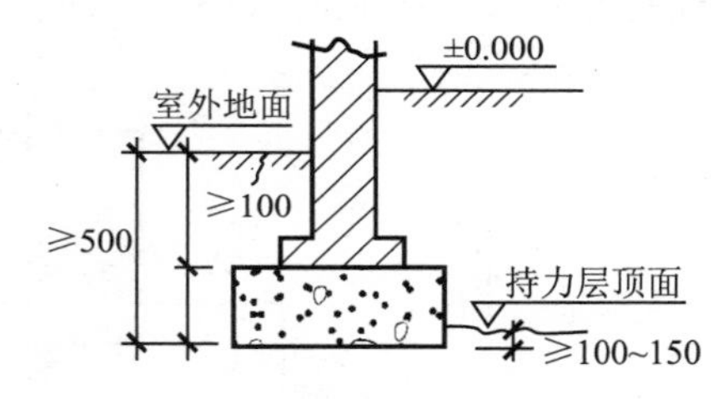

图 10-9 浅基础和埋深有关的构造要求（单位：mm）

4. 埋深构造要求

基础埋深构造要求如图 10-9 所示。

10–9 柱下单独基础要进行哪些方面的设计

【答】

扩展基础系指柱下钢筋混凝土独立基础和墙下钢筋混凝土条形基础。这种基础的台阶（扩大部分）的宽高比可以不受刚性角的限制，在基础高度满足抗冲切及构造要求的条件下，可将基底面积扩展到满足地基承载力的要求，故有扩展基础之称。这种基础宽高比较大，在地基承载力相同的情况下，基础高度较小，可减小基础埋深，但基础底板需要足够的配筋。

1）柱下独立基础设计主要包括的内容

(1) 根据地基承载力和荷载的大小确定基础底面尺寸；

(2) 根据混凝土抗冲切和抗剪承载力确定基础高度和变阶高度；

(3) 根据基础的受弯承载力计算底板所需钢筋面积；

(4) 检查基础的材料、外形尺寸及配筋是否符合构造要求，并绘制施工图。

2）施工中的注意事项

(1) 基础底板的钢筋如需代换时，应符合下列要求：最小直径不宜小于 8mm，间距不宜大于 200mm，也不宜小于 70mm。基底钢筋对于柱下独立基础，一般长向钢筋在下方，短向钢筋在上方；对于墙下条形基础，短向（横向）钢筋在下方，长向（纵向）钢筋在上方。

(2) 对于现浇柱下基础，如与柱不同时浇灌，其插筋的数目及直径应与柱内纵向受力钢筋相同。插筋在基础中的锚固长度及与柱的纵向受力钢筋的搭接长度应符合国家现行规范的规定。对此在图纸会审及施工中都应予以足够重视。

(3) 对于预制柱的基础，柱子插入杯口部分的表面应凿毛，柱子与杯口之间的空隙，应用比基础混凝土强度等级高一级的细石混凝土充填密实，当达到材料设计强度的 70% 以上时，方能进行上部吊装。

(4) 钢筋混凝土扩展基础应一次连续浇灌，不得在基础台阶交接处留水平施工缝。

为什么不得在基础台阶交接处留水平施工缝呢？因为基础扩展部分在将上部结构的力传到地基上的过程中，除承受由地基净反力引起的弯矩外，还要承受相当大的剪力。在扩展基础中只配纵向抗弯钢筋，而未配置横向箍筋，全靠台阶交接处混凝土的黏结力传递剪力。如在该处留施工缝，将使混凝土的黏结力大为削弱，黏结一旦受到破坏，基础台阶上下不能整体受力，柱边断面抗弯的有效高度将由 h 减小为 h_2（图 10-10），由于断面抗弯的有效高度大为减小，可能导致下阶发生弯曲破坏。

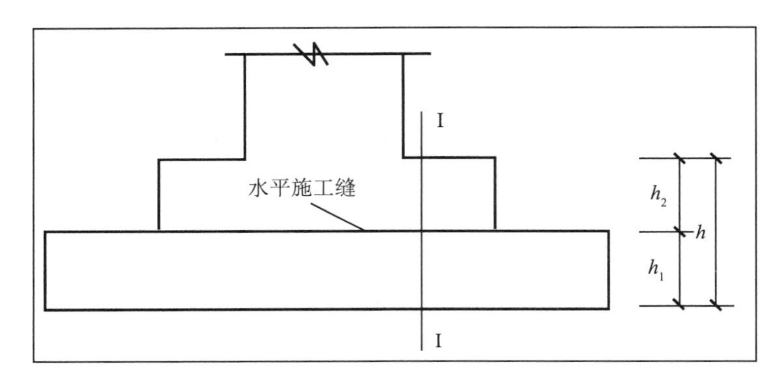

图 10-10　水平施工缝把整体基础分层

在独立基础（假设分两阶，从底往上分别是 1、2 阶，其厚度分别是 h_1、h_2）设计计算时，依据有关计算理论确定每阶的计算高度时是这样考虑的：最上阶厚度为 h_2、最下阶厚度为 h_1+h_2。

设计受力计算、冲切验算、独立基础底板的配筋计算都是依据这个方法确定的厚度（高度）去进行。如果施工时，每阶之间留水平施工缝，则它们相互之间就不是一个相对匀质的结构体，形不成一个整体，结构抵御荷载的能力就会大打折扣，甚至由于各阶互相分离，很早就被破坏而退出工作，受力达不到设计要求，最终形成结构安全事故。

因此，在独立柱基础施工时，三阶要连续施工，安装柱基模板时最下阶模板直接放置在混凝土垫层上、其他两阶采用吊模，浇筑混凝土时必须同时三阶一次性连续施工，保证混凝土初凝前浇筑并振动完毕，禁止各阶之间留水平施工缝。

若已在基础台阶交接处留有水平施工缝（图 10-10），而未浇捣上部台阶的混凝土时，按有效高度 h_1 验算 Ⅰ—Ⅰ 断面的抗弯承载力。

① 如果满足要求，则可按下列方法处理：

a. 将与上部台阶交接处上表面凿毛，凹凸不小于 4mm，并清洗干净；

b. 浇上阶混凝土之前，用纯水泥浆涂刷已凿毛的混凝土表面；

c. 用比原基础设计高一个强度等级的混凝土浇捣上部台阶，并注意及时养护。

② 如果不满足要求，则除按上述要求方法外，尚应按下列方法处理：

a. 计算基础台阶每边需要的抗剪插筋的根数；

b. 在与上部台阶交接的范围内钻孔，可沿上阶的中间布置成一排，当抗剪插筋根数较多时，可呈梅花形布置，孔径为 d+4mm，孔深为 40d（Ⅱ级钢筋）或 30d（Ⅰ级钢筋），d 为抗剪插筋直径；

c. 抗剪插筋在上阶的锚固长度也应符合上述钻孔深度的要求；

d. 压力灌注微膨胀水泥浆，并及时养护。

10-10 地基基础设计与荷载效应最不利组合是如何处理的

【答】

地基基础设计时，荷载效应最不利组合与相应的抗力限值应按下列规定采用。

1. 地基承载力计算

按地基承载力确定基础底面积和埋深，按单桩承载力确定桩数或桩径时，传至基础或承台底面上的荷载效应，应采用正常使用极限状态下荷载效应的标准组合。相应的抗力应采用地基承载力特征值或单桩承载力特征值。

地基承载力计算采用正常使用极限状态下荷载效应的最不利标准组合：

$$S_k = S_{Gk} + \psi_{c1} S_{Q1k} + \psi_{c2} S_{Q2k} + \cdots \psi_{ci} S_{Qik} + \cdots \psi_{cn} S_{Qnk} \tag{10-2}$$

式中：S_{Gk}——按永久荷载标准值 G_k 计算的荷载效应值；

S_{Qik}——按可变荷载标准值 Q_i 计算的荷载效应值；

ψ_{ci}——可变荷载 Q_i 的组合值系数，按《荷载规范》的规定取值。

地基承载力特征值可由荷载试验或其他原位测试、公式计算并结合工程实践经验等方法综合确定。

2. 地基变形计算

地基的最终沉降量计算或按地基变形确定基础底面积和埋深时，传至基础底面上的荷载效应，应采用正常使用极限状态下荷载效应的准永久组合。

地基变形计算的正常使用极限状态下荷载效应的最不利准永久组合为

$$S_k = S_{Gk} + \varphi_{q1} S_{Q1k} + \varphi_{q2} S_{Q2k} + \cdots + \varphi_{qi} S_{Qik} + \cdots + \varphi_{qn} S_{Qnk} \tag{10-3}$$

式中：S_{Gk}——按永久荷载标准值 G_k 计算的荷载效应值；

S_{Qik}——按可变荷载标准值 Q_{ik} 计算的荷载效应值；

φ_{qi}——准永久值系数，按《荷载规范》的规定取值。

传至基础底面上的荷载效应，不应计入风荷载和地震作用。相应的限值应为地基变形允许值。

3. 基础断面及配筋计算

确定基础断面尺寸、配筋和验算材料强度时，上部结构传来的荷载效应组合和相应的基底反力，应采用承载力极限状态下荷载效应的基本组合。

在确定基础台阶高度、桩基承台厚度或挡土墙断面尺寸，计算基础结构内力、确定配筋以及验算基础底板受冲切承载力等时，上部结构传来的荷载效应组合和相应的基底反力，应按承载力极限状态下荷载效应的基本组合，采用相应的分项系数。

4. 斜坡稳定计算

斜坡坡体的稳定计算，应采用承载力极限状态下荷载效应的基本组合。

计算挡土墙土压力、地基或斜坡稳定及滑坡推力时，应按承载力极限状态下荷载效应的基本组合，但其分项系数均为 1.0。

总之，除了基础结构构件自身的计算或验算需采用基本组合外，结构构件自身以外的计算或验算应采用标准组合或准永久组合。

房屋建筑的施工是从地基基础开始的，然而结构计算却是从上到下。计算上部结构时辛辛苦苦求得的承载力极限状态下的基本组合值，在计算地基时却不能直接引用，计算地基承载力时需要采用正常使用极限状态下的标准组合值；计算地基变形又需要采用准永久组合值，还不计入风荷载和地震作用；算完地基算基础时又不能直接引用，基础设计又需要采用承载力极限状态下的基本组合值，从上到下不能一气呵成，规范的规定虽然合理但不合用。这样一变再变，不仅工作量增大，颠来倒去也极易搞错。

1）解决这些问题可供选择的出路

(1) 摒弃在计算上部结构时求得的荷载效应组合值，计算地基基础时按不同的计算或验算对象重算；

(2) 采用一个单一的系数换算。

2）上部结构荷载是基础设计计算的依据，新规范增加了标准组合值及用途

(1) 荷载效应的准永久组合值，公式详见相应规范，用于计算地基变形时。不应计入风荷载和地震作用。

(2) 荷载效应的标准组合值，公式详见相应规范，用于按地基承载力确定基础底面积及埋深，或按单桩承载力确定桩数。

(3) 荷载效应的基本组合设计值，公式详见相应规范，用于确定基础或桩台高度，支挡结构断面，计算基础或支挡结构内力，确定配筋和验算材料强度。

但在实际的应用中，肯定存在不少矛盾，特别是第 (2) 和第 (3) 项。

“不同的情况选用不同的组合”是更合理了，但用起来确实还不习惯，容易搞错。这回用不着再琢磨验算地基时，土和基础的设计值是否要乘以 1.2 了。

5. 有关地基

地基基础荷载效应还有一条，即允许采用简化规则 $S=1.35S_k$，这样一来，就可以用标准组合求得基础平面大小后，将标准组合乘以 1.35 去计算基础断面和配筋了！

验算项目关系到地基土和基础间相互关系（确定基础底面积、确定桩数、验算地基承载力等）时，荷载采用标准组合；而凡验算基础构件本身极限承载力（基础配筋、抗剪、

抗冲切）时，荷载采用基本组合值；正常使用极限状态的设计（地基变形），一般都采用荷载的准永久组合值。

根据《基规》第 3.0.4-1 条及第 3.0.5-1 条公式，风载是一种可变荷载工况，计算地基承载力时一般应考虑风载组合。是否应考虑地震作用下组合，应根据《抗震规范》第 4.2.1 ～第 4.2.4 条，对于需要进行天然地基和基础抗震验算，应考虑地震作用组合。对于基底净反力，规范指基本组合下扣除基础自重及上土重的值，并没有强调是恒载加活载。

《基规》第 3.0.4 条所指的荷载组合中，可变荷载包括一般活荷载以及风、地震作用等，即在计算基础内力及配筋等时，应以基础结构最不利内力来控制，仅仅用恒载加活载作为基础强度计算的荷载是不正确的。这一解释在老规范中并未明确。

有人提出基础计算时的荷载可仅取恒载加活载，理由是因为若考虑地震作用组合，则要乘以相应的调整系数，对基础底板来说其效应不比恒载加活载大，而且基础在地下，地震作用影响小，这种做法在新规范发布后是否可靠？因为确实有不少工程是按恒载加活载设计的。

软弱地基在地震作用下可能存在破坏，《抗震规范》第 4.2.1 条说得很清楚，所以进行天然地基和基础抗震验算应考虑地震作用效应标准组合。

上面各条所说的主要针对地基，这容易理解，即对于考虑上部结构抗震设计的结构，其在进行地基承载力验算的时候应同时验算地震作用下的地基承载力，这时候应取地震作用组合下的基底压力。

6. 有关基础

那么对于基础呢，计算基础内力和配筋时，是否有必要用地震作用组合后的内力呢？

当不符合第 4.2.1 条所列出的情况时，自然要进行基础的抗震承载力验算，这一点很明确；只考虑恒载加活载，是没有道理的做法，基础的计算其实类似于上部构件的计算。总之，要按最不利的原则来掌握；是否考虑抗震组合，与采用什么计算方法无关。

《抗震规范》第 4.2.2 条，对上部结构进行抗震验算的建筑应对其地基基础进行抗震验算，验算地基应采用抗震承载力，即按规范将修正后的地基承载力特征值乘以一个地基抗震承载力调整系数 ζ_a；验算基础时，应采用地震作用效应的标准组合，而不是基本组合，也就是说在最终作为设计依据的，应是取恒荷载加活荷载、地震作用标准组合两者之大值。那么这样算下来，一般的建筑结构恒荷载加活荷载组合是控制性的了，仅对基础来说。

关于基础的抗震调整系数，规范没规定。既然已采用地震作用效应的标准组合来演算基础，就可以不考虑抗震承载力调整系数；实际基础计算采用的是基本组合，绝大多数情况下抗震验算不会起控制作用，如果再考虑调整系数，这条规定真就没有意义了。

根据《抗震规范》解释，基础结构应有足够的承载力，以保证上部结构的良好的嵌固、抗倾覆能力。当上部结构在地震作用下进入弹塑性阶段时，基础应保持弹性工作，也就是基础应有超强能力；所以抗震验算无须考虑抗震承载力调整，基础结构也可按非抗震构造要求。

地基承载力应分两部分进行验算：不考虑地震作用效应以及考虑地震作用效应。对于不考虑地震作用的验算，采用的是正常使用极限状态下荷载效应的标准组合。标准组合采用的可变荷载包括风荷载，并不只是是恒载加活载。只考虑恒荷载加活荷载组合的验算是不安全的，尤以高层建筑为甚。考虑地震作用效应时，地基抗震承载力根据公式 $f_{aE}=\zeta_a \times f_a$ 验算。值得注意的是并不是所有抗震验算都不起控制作用的，当一些建筑的地震反应较大，而其所在的持力层不太理想，ζ_a 的取值较低（1.0 或 1.1）时，相信这时抗震验算将起控制作用。

根据《基规》第 3.0.4 条，应取上部结构传来的荷载效应组合和相应的地基反力。计算涉及地基时，应按正常使用极限状态下荷载效应的标准组合或准永久组合进行设计；计算仅涉及结构（基础、支挡结构）挡土墙土压力、地基或斜坡稳定及滑坡推力时，应按承载力极限状态下荷载效应的基本组合进行设计。这里的荷载效应组合应是结构内力最不利组合，应包括地震作用。但计算地基变形时，不应计入风荷载和地震作用。

10-11　独立基础设计荷载取值不当是什么情况

【答】

《抗震规范》第 4.2.1 条指出，当地基主要受力层范围内不存在软弱黏性土层时，不超过 8 层且高度在 24m 以下的一般民用框架房屋或荷载相当的多层框架厂房，可不必进行地基和基础的抗震承载力验算。

这就是说，大多数钢筋混凝土多层框架房屋可不必进行地基和基础的抗震承载力验算。但这些房屋在基础设计时应考虑风荷载的影响。因此，在钢筋混凝土多层框架房屋的整体计算分析中，必须计算风荷载，不能因为在地震区对高层建筑以外的一般建筑风荷载不起控制作用就不计算。

另一种情况是，钢筋混凝土多层框架房屋多采用柱下独立基础，在设计独立基础时，作用在基础顶面上的外荷载（柱脚内力设计值）只取轴力设计值和弯矩设计值，无剪力设计值，或者甚至只取轴力设计值。以上两种情况都会导致基础设计尺寸偏小，配筋偏少，影响基础本身和上部结构的安全。

10-12　基础设计中，风荷载是否要参与组合

【答】

基础设计内容广泛，根据《基规》第 3.0.4 条规定，当按地基承载力以确定基础底面积和埋深，以及地基变形计算、验算基础裂缝宽度时，应采用正常使用极限状态，相应的荷载效应组合为标准组合或准永久组合，风荷载和地震作用一般不参与组合。

在地基基础和挡土墙等稳定计算（涉及倾覆、滑移力等）时，应采用承载力极限状态荷载效应的基本组合，风荷载和地震作用可参与组合，其各项荷载分项系数取为 1.0；计算地基基础结构构件内力配筋时，则应采用相应的荷载分项系数。

10-13　联合基础与单独基础受力有何不同

【答】

单独基础，基础受力如同倒置的四周悬臂板，支座为基础上的柱子或墙体。柱子的

荷载传递到全部基础底面上，所形成的基底反力在悬臂板中产生弯矩和剪力（在计算基础的弯矩和冲切时，不计基础的自重。因为基础的重量直接由其所产生的地基压力来平衡，即基底反力在基础悬臂板中产生的内力，与基础自重在基础内产生的内力相反，实际内力应是两者之代数和），使基础产生板底受拉的弯曲破坏和断面突变处（基础变阶处及柱边处）受剪的冲切破坏。因此，这类基础主要在它的两个主轴方向上进行抗弯和抗冲切的控制。

联合基础，是由于某些原因一个基础要同时支承几根柱子，为使地基压力尽可能均匀分布，应使基础上所有荷载的合力尽量和联合基础的重心重合。一般可采取调整基础平面形状、尺寸等来达到此要求。这种基础的受力如同多跨连续悬臂板，因此除考虑与单独基础同样的控制要求外，在两根柱子之间的基础板顶面有可能产生负弯矩，造成板顶受拉的弯曲破坏，必要时应按反弯板计算，在板顶面配置受拉钢筋。

10-14　两柱联合基础设计中应注意哪些问题

【答】

此类联合基础具有较大的刚度，底面形状有矩形、梯形、系梁形等几种，其目的是使两柱的联合基础底面形心尽可能接近柱荷载合力作用点，使基底压力分布比较均匀。

1. 矩形联合基础

双柱联合基础主要指同列相邻二柱的公共的钢筋混凝土基础，如图 10-11 所示。当两柱中的一柱荷载较小且场地受限，或两柱柱距较小，因而出现基底面积不足或荷载偏心过大等情况时使用；有时也用于调整相邻两柱的沉降差，或防止两者之间的相向倾斜等。要求柱荷载不使基础产生向受荷载小的柱偏转的现象。

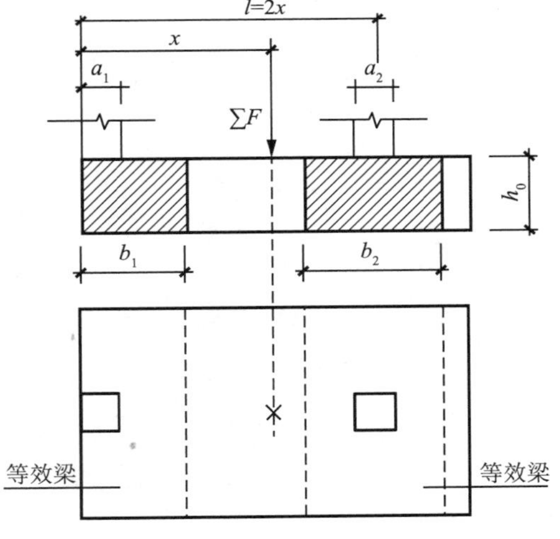

图 10-11　双柱联合基础

其设计方法与单独基础大致相同，不同之处如下：

1）基础内力计算

通常采用静力平衡法，把基础视为纵向两端悬臂梁，按梁上的柱荷载和梁下的地基净反力，求几种控制断面的弯矩和剪力。

2）基础配筋

① 纵向钢筋（基础长度方向）。用基础纵向的控制正、负弯矩，用与单独基础同样的方法配置基础板底（负弯矩）钢筋和板顶（正弯矩）钢筋。

② 横向钢筋（基础宽度方向）。将基础纵向划分为柱区段和非柱区段。

柱区段视为一个假想的“等效梁”，宽度取 l_0+h_0（受荷载较小的那根柱子，l_0 为柱的长边、h_0 为基础有效高度）和 l_0+2h_0（另一根柱子）。把与其对应的柱荷载（轴力）化为“等效梁”上的均布荷载（柱荷载 / 基础宽度，即线荷载），然后按悬臂梁计算弯矩并配筋。这样做可以有效地提高该区段的抗弯能力，因为此处的反力很大。

非柱区段，反力分布较小，横向钢筋不能有效地发挥抗弯能力，所以只按规定的最小配筋率（可取 0.2%）进行配筋。

2. 梯形联合基础

矩形联合基础底面形心不可能与荷载合力（$\sum F$）作用点靠近。两柱中的一柱荷载较大且场地受限，但如果该点与较大荷载柱外侧的距离满足条件 $\frac{l'}{3}<x<\frac{l}{2}$（$l'$ 为较大荷载柱外侧至另一柱中心的距离，l 为基础全长，x 为柱荷载合力作用线至荷载较大柱外边的距离，参图 10-12），则可以考虑采用梯形联合基础。如柱距较大，则可在大小两个基础间架设不着地的刚性连系梁，形成连梁式联合基础（图 10-13），使之达到阻止其中两个扩展基础的转动、调整各自底面的压力趋于均匀的目的。

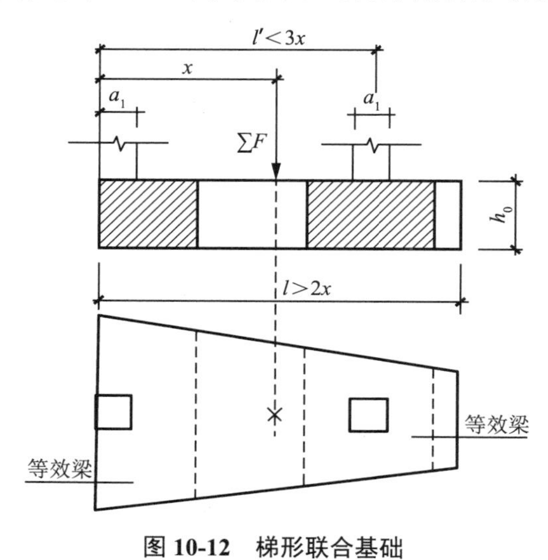

图 10-12　梯形联合基础

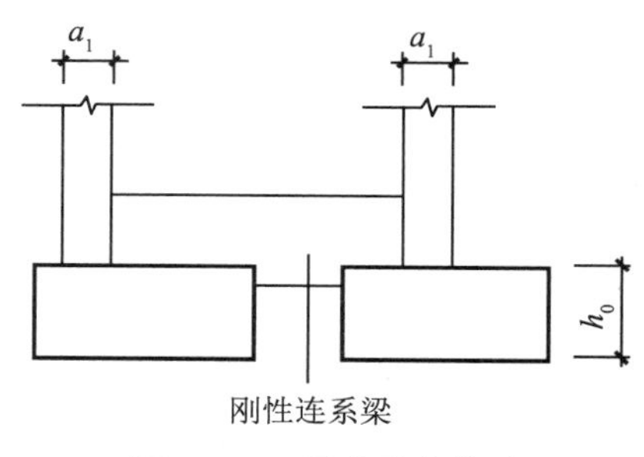

图 10-13　梁式联合基础

梯形或连梁式联合基础的施工都比较复杂，后者连系梁的刚度要有充分保证，且应与柱及基础牢固连成整体，因而较少采用。

梯形联合基础设计方法与矩形联合基础基本相同，不同之处如下：

1）基底尺寸

假定基础长度为 l，列方程组求出基础宽度 a 和 b（梯形平面上底 b 和下底 a，$a<b$）：

$$\begin{cases} a+b=2A/l \\ 3(a+b)(x_0+l_a)-l(a+2b)=0 \end{cases}$$

式中：A——基底面面积，$A=(\sum F)/(f-20d)$；

x_0——柱荷载合力作用线到荷载较大柱中心的距离；

l_a——荷载较大柱轴线至基础边的距离。

2）基础内力计算

由于基础的宽度沿纵向变化，因此纵向地基净反力是不均匀分布的，其值为

$$p_j=\frac{\sum F}{A}$$

沿纵向的线反力分布为

$$q_{max}=p_j a,\ q_{min}=p_j b$$

按最大弯矩处的剪力等于零的条件，截取此处以左或右部分为隔离体，列静力平衡方程。按竖向力（截到的柱的轴力、地基反力）平衡，可求出断面到隔离体端部的距离；按对隔离体形心的力矩（地基反力通过此形心，不产生力矩）平衡，可求出断面上的弯矩（最大值）。

10-15 柱下条形基础简化计算及其设计步骤有哪些

【答】

1.适用范围

柱下条形基础通常在下列情况下采用：

(1) 多层与高层房屋无地下室或有地下室但无防水要求，当上部结构传下的荷载较大，地基的承载力较低，采用各种形式的单独基础不能满足设计要求时。

(2) 当采用单独基础所需底面积由于邻近建筑物或构筑物基础的限制而无法扩展时。

(3) 地基土质变化较大或局部有不均匀的软弱地基，需作地基处理时。

(4) 各柱荷载差异过大，采用单独基础会引起基础之间较大的相对沉降差异时。

(5) 需要增加基础的刚度以减少地基变形，防止过大的不均匀沉降量时。

其简化计算有静力平衡法和倒梁法两种，它们是一种不考虑地基与上部结构变形协调条件的实用简化法，也即当柱荷载比较均匀、柱距相差不大、基础与地基相对刚度较大以致可忽略柱下不均匀沉降时，假定基底反力按线性分布，仅进行满足静力平衡条件下梁的计算。

2.计算图式

(1) 上部结构荷载和基础的关系，如图 10-14 所示；

(2) 静力平衡法计算，计算简图如图 10-15 所示；

(3) 倒梁法计算，计算简图如图 10-16 所示。

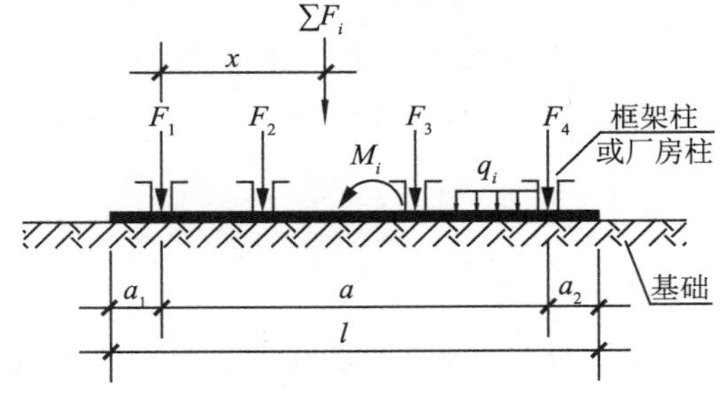

图 10-14 柱下条形基础荷载

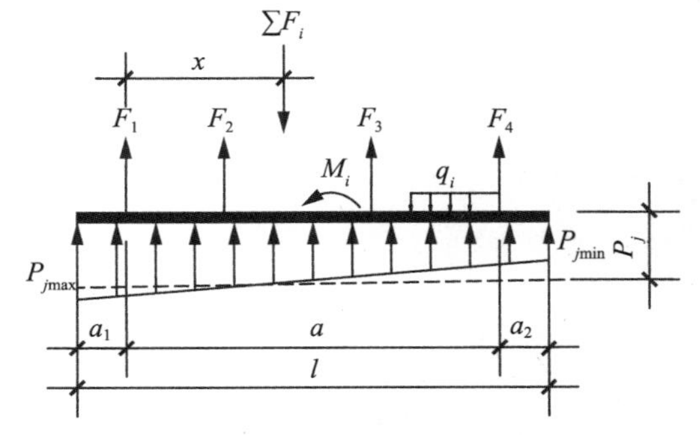

图 10-15 静力平衡法计算简图

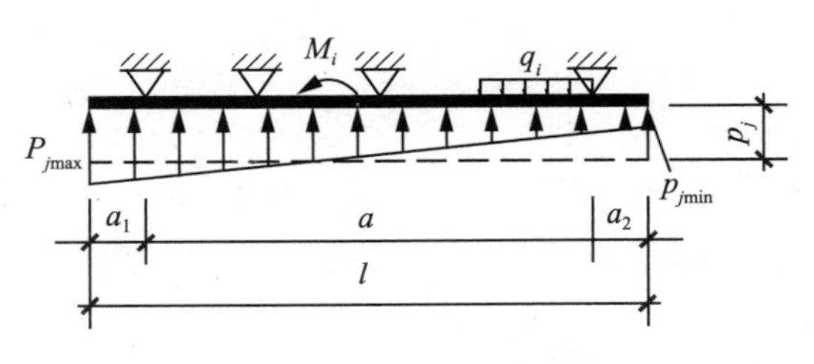

图 10-16 倒梁法计算简图

3. 设计前的准备工作

在采用上述两种方法计算基础梁之前，需要做好如下工作。

1）确定合理的基础长度

为使计算方便，并使各柱下弯矩和跨中弯矩趋于平衡，以利于节约配筋，一般将偏心地基净反力（即梯形分布净反力）化成均布，需要求得一个合理的基础长度。当然也可直接根据梯形分布的净反力和任意定的基础长度计算基础。基础的纵向地基净反力为

$$p_{j\max,j\min}=\frac{\sum F_i}{bl}\pm\frac{6\sum M}{bl^2} \tag{10-4}$$

式中：$p_{j\max,j\min}$——基础纵向边缘处最大和最小净反力设计值；

$\sum F_i$——作用于基础上各竖向荷载合力设计值（不包括基础自重和其上覆土重，但包括其他局部均布荷载 q_i）；

$\sum M$——作用于基础上各竖向荷载（F_i，q_i）、纵向弯矩（M_i）对基础底板纵向中点产生的总弯矩设计值；

l——基础长度；

b——基础底板宽度，先假定一个值，然后按第（2）条验算。

当 $p_{j\max}$ 与 $p_{j\min}$ 相差不大于 10% 时，可近似地取其平均值作为均布地基反力，直接定出基础悬臂长度 $a_1=a_2$（按构造要求为第一跨距的 1/4 ～ 1/3），很方便就确定了合理的基础长度 l。如果 $p_{j\max}$ 与 $p_{j\min}$ 相差较大，常通过调整一端悬臂长度 a_1 或 a_2，使合力 $\sum F_i$ 的重心恰为基础的形心（工程中允许两者误差不大于基础长度的 3%），从而使 $\sum M$ 为零，反力从梯形分布变为均布。求 a_1 和 a_2 的过程如下：

先按式（10-4）求合力的作用点距左起第一柱的距离：

$$x=\frac{\sum F_i x_i+\sum M_i}{\sum F_i} \tag{10-5}$$

式中：$\sum M_i$——作用于基础上各纵向弯矩设计值之和；

x_i——各竖向荷载 F_i 距 F_1 的距离。

当 $x \geqslant a/2$ 时，基础长度 $l=2(x+a_1)$，$a_2=l-a-a_1$；

当 $x < a/2$ 时，基础长度 $l=2(a-x+a_2)$，$a_1=l-a-a_2$。

按上述方法确定 a_1 和 a_2 后，使偏心地基净反力变为均布地基净反力，其值为

$$p_{\mathrm{j}}=\frac{\sum F_i}{bl} \tag{10-6}$$

式中：p_{j}——均布地基净反力设计值。

由此也可得到一个合理的基础长度 l。

2）确定基础底板宽度 b

由确定的基础长度 l 和假定的底板宽度 b，根据地基承载力设计值 f，一般可按两个方向分别进行如下验算，以确定基础底板宽度 b。

基础底板纵向边缘最大和最小地基反力：

$$p_{\max,\min}=\frac{\sum F_i+G}{bl}\pm\frac{6\sum M}{bl^2} \tag{10-7}$$

应满足

$$p_{\max,\min}\leqslant 1.2f \quad 及 \quad \frac{p_{\max}+p_{\min}}{2}\leqslant f \tag{10-8}$$

基础底板横向边缘最大和最小地基反力：

$$p'_{\max,\min}=\frac{\sum F_i+G}{bl}\pm\frac{6\sum M'}{bl^2} \tag{10-9}$$

应满足

$$p'_{\max,\min}\leqslant 1.2f 及 \frac{p'_{\max}+p'_{\min}}{2}\leqslant f \tag{10-10}$$

式中：$p_{\max,\min}$——基础底板纵向边缘处最大和最小地基反力设计值；

$p'_{\max,\min}$——基础底板横向边缘处最大和最小地基反力设计值；

G——基础自重设计值和其上覆土重标准值之和，可近似取 $G=20blD$，D 为基础埋深，但在地下水位以下部分应扣去浮力；

$\sum M'$——作用于基础上各竖向荷载、横向弯矩对基础底板横向中点产生的总弯矩设计值；

其余符号含义同前。

a. 当 $\sum M'=0$ 时，只需验算基础底板纵向边缘地基反力。

b. 当 $\sum M=0$ 时，只需验算基础底板横向边缘地基反力。

c. 当 $\sum M=0$ 且 $\sum M'=0$ 时（即地基反力为均布时），则按下式验算，很快就可确定基础底板宽度 b：

$$p=\frac{\sum F_i+G}{bl}\leqslant f \qquad \Rightarrow \qquad b\geqslant\frac{\sum F_i}{l(f-20D)} \tag{10-11}$$

式中：p——均布地基反力设计值。

3）求基础梁处翼板高度并计算其配筋

先计算基础底板横向边缘最大地基净反力 $p_{\max}$ 和最小地基净反力 $p_{\min}$，求出基础梁边处翼板的地基净反力 p_{j1}，如图 10-17 所示，再计算基础梁边处翼板的断面弯矩和剪力，确定其厚度 h_1 和抗弯钢筋面积。

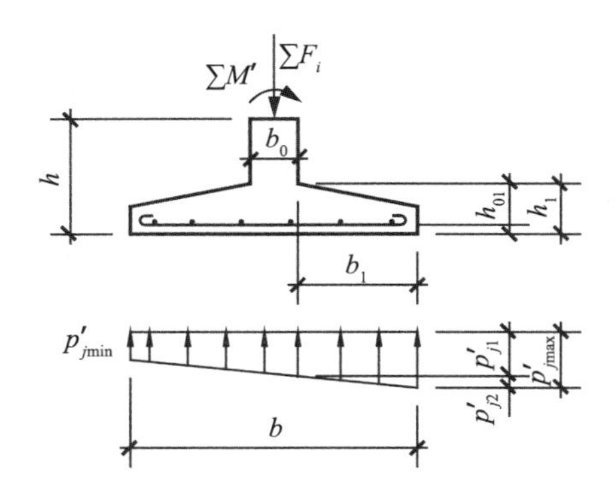

b—翼板悬挑长度，$b_1=(b-b_0)/2$；h_1—基础梁边翼板高度；b_0、h—基础梁宽和梁高

图 10-17　基础梁翼板尺寸

基础底板横向边缘处最大和最小地基净反力为

$$p'_{j\max,j\min}=\left[p_{j\max}-\frac{S}{l}\left(p_{j\max}-p_{j\min}\right)\right]\pm\frac{6\sum M'}{bl^2} \tag{10-12}$$

式中：S——从基础纵向边缘最大地基反力处开始到任一断面的距离；其余符号同前。

基础梁边处翼板地基净反力为

$$p'_{j1}=p'_{j\max}-\frac{b_1}{b}\left(p'_{j\max}-p'_{j\min}\right) \tag{10-13}$$

基础梁边处翼板每米宽弯矩和剪力分别为

$$M=\frac{1}{2}\left[p_{j\max}-\frac{S}{l}\left(p_{j\max}-p_{j\min}\right)\right]b_1^2,\quad V=\left[p_{j\max}-\frac{S}{l}\left(p_{j\max}-p_{j\min}\right)\right]b_1 \tag{10-14}$$

基础梁边处翼板有效高度（mm）为

$$h_{01}\geqslant\frac{V}{0.07\times1000\times f_c} \tag{10-15}$$

基础梁边处翼板断面（mm^2）配筋为

$$A_s=\frac{M}{0.9h_{01}f_y} \tag{10-16}$$

式中：f_c——混凝土轴心抗压强度设计值；

f_y——钢筋抗拉强度设计值；其余符号同前。

4）抗扭计算

当上述$\sum M'\neq0$时，对于带有翼板的基础梁，一般可以不考虑抗扭计算，仅从构造上将梁的箍筋做成闭合式；反之，则应进行抗扭承载力计算。

4. 静力平衡法和倒梁法的应用

在采用净力平衡法和倒梁法分析基础梁内力时，应注意以下问题：

（1）由于基础自重和其上覆土重将与它产生的地基反力直接抵消，不会引起基础梁内力，故基础梁的内力分析用的是地基净反力。

(2) 对 a_1 和 a_2 悬臂段的断面弯矩，可按以下两种方法处理：①考虑悬臂段的弯矩对各连续跨的影响，然后两者叠加得到最后弯矩；②倒梁法中，可将悬臂段在地基净反力作用下的弯矩全由悬臂段承受，不传给其他跨。

(3) 两种简化方法与实际均有出入，有时出入很大，并且这两种方法同时计算的结果也不相同。建议对于介于中等刚度之间且对基础不均匀沉降的反应很灵敏的结构，应根据具体情况采用一种方法计算，同时采用另一种方法复核比较，并在配筋时作适当调整。

(4) 由于实际建筑物多半发生盆形沉降，导致柱荷载和地基反力重新分布，研究表明端柱和端部地基反力均会加大，为此宜在边跨增加受力纵筋面积，并上下均匀配置。

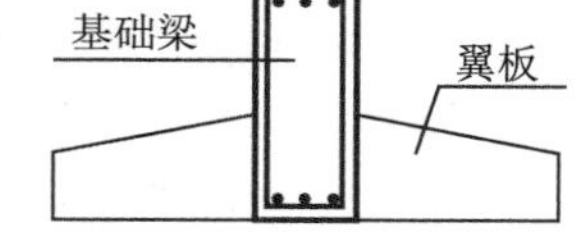

图 10-18　不考虑翼缘板的基础

(5) 为增大底面积及调整其形心位置使基底反力分布合理，基础的端部应向外伸出，即应有悬臂段。

(6) 一般计算基础梁时，可不考虑翼板作用，如图 10-18 所示。

5. 静力平衡法

静力平衡法是假定地基反力按直线分布，不考虑上部结构刚度的影响，根据基础上所有的作用力，按静定梁来计算基础梁内力的简化计算方法。

1) 静力平衡法具体步骤

① 先确定基础梁纵向每米长度上地基净反力设计值，其最大值为 $p_{j\max}\times b$，最小值为 $p_{j\min}\times b$，若地基净反力为均布则为 $p_j\times b$，如图 10-19 中虚线所示。

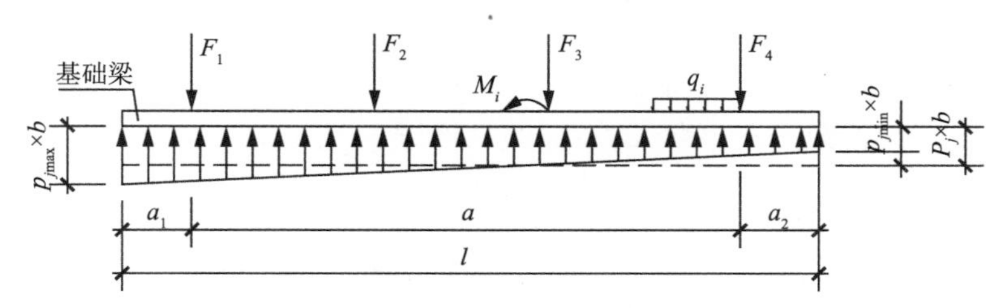

图 10-19　基础梁底面地基净反力

② 对基础梁从左至右取分离体，列出分离体上竖向力平衡方程和弯矩平衡方程，求解梁纵向任意断面处的弯矩 M_S 和剪力 V_S，如图 10-20 所示。一般设计只求出梁各跨最大弯矩和各支座弯矩及剪力即可。

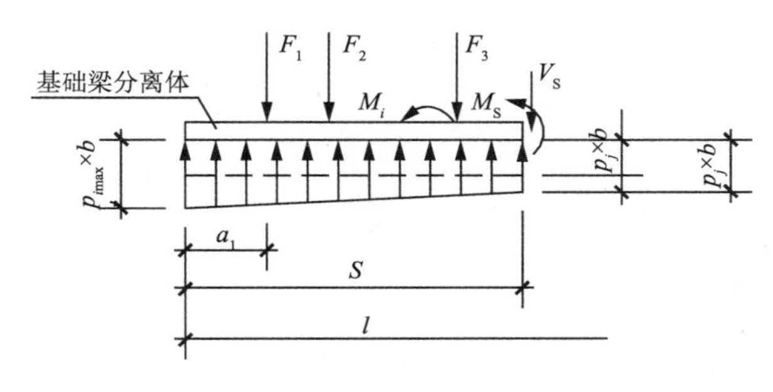

图 10-20　基础梁分离体

2）静力平衡法适用条件

地基压缩性和基础荷载分布都比较均匀，基础高度大于柱距的 1/6 或平均柱距满足 $l_m \leqslant 1.75/\lambda$[$\lambda$ 值按式（10-17）计算]，且上部结构为柔性结构时的柱下条形基础和联合基础，用此法计算比较接近实际。

$$\lambda = \sqrt[4]{\frac{k_s b_0}{4E_c I}} \tag{10-17}$$

式中：l_m——基础梁上的平均柱距；

k_s——基床系数，可按 $k_s=p_0/S_0$ 计算（p_0 为基础底面平均附加压力标准值，S_0 为以 p_0 计算的基础平均沉降量），也可参照各地区性规范按土类名称及状态已给出的经验值；

b_0、I——基础梁的宽度和断面惯性矩；

E_c——混凝土的弹性模量。

3）对静力平衡法的说明

① 由于静力平衡法不考虑基础与上部结构的相互作用，因而在荷载和直线分布的基底反力作用下可能产生整体弯曲。与其他方法比较，这样计算所得的基础梁不利断面的弯矩绝对值一般还是偏大。

② 上述适用条件中要求上部结构为柔性结构。如何判断上部结构为柔性结构？从绝大多数建筑的实际刚度来看均介于绝对刚性和完全柔性之间，目前还难以定量计算。在实践中往往只能定性地判断其比较接近哪一种极端情况，例如，剪力墙体系的高层建筑是接近绝对刚性的，而以屋架 - 柱 - 基础为承重体系的排架结构和木结构以及一般静定结构，是接近完全柔性的。具体应用上，对中等刚度偏下的建筑物也可视为柔性结构，如中、低层轻钢结构，柱距偏大而柱断面不大且楼板开洞又较多的中、低层框架结构，以及体型简单、长高比偏大（一般大于 5）的结构等。

6. 倒梁法

倒梁法是假定上部结构完全刚性，各柱间无沉降差异，将柱下条形基础视为以柱脚作为固定支座的倒置连续梁，以线性分布的基础净反力作为荷载，按多跨连续梁计算法求解内力的计算方法。

1）倒梁法具体步骤

① 先用弯矩分配法或弯矩系数法计算出梁各跨的初始弯矩和剪力。弯矩系数法比弯矩分配法简便，但它只适用于梁各跨度相等且其上作用均布荷载的情况，它的计算内力表达式为：M= 弯矩系数 $\times p_j \times b \times l^2$；$V$= 剪力系数 $\times p_j \times b \times l$。

如前所述，$p_j \times b$ 即是基础梁纵向每米长度上地基净反力设计值。其中弯矩系数和剪力系数按所计算的梁跨数和其上作用的均布荷载形式，直接从建筑结构静力计算手册中查得，l 为梁跨长度，其余符号同前。

② 调整不平衡力。由于倒梁法中的假设不能满足支座处静力平衡条件，因此应通过逐次调整消除不平衡力。

a. 由支座处柱荷载 F_i（图 10-21）和求得的支座反力 R_i（图 10-22）计算不平衡力 ΔR_i：

$$\Delta R_i = F_i - R_i;\ R_i = V_{左i} - V_{右i} \tag{10-18}$$

式中：ΔR_i——支座 i 处不平衡力；

$V_{左i}$、$V_{右i}$——支座 i 处梁断面左、右边剪力。

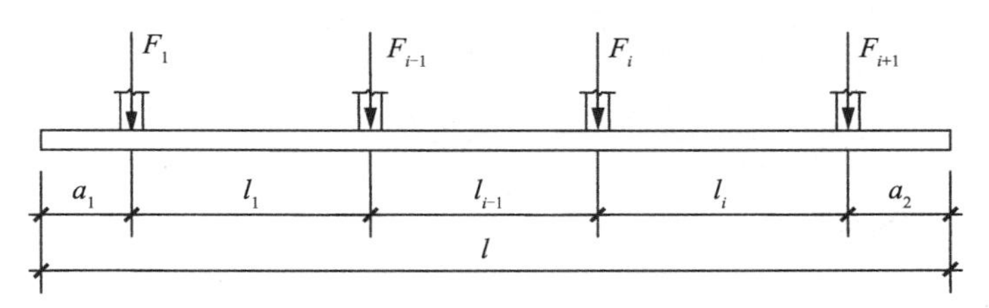

图 10-21　柱荷载 F_i 和柱距

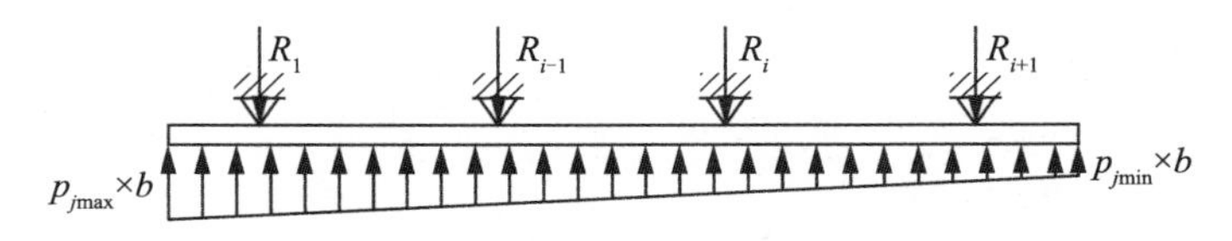

图 10-22　计算简图和支座反力 R_i

b. 将各支座不平衡力均匀分布在相邻两跨的各 1/3 跨度范围内，如图 10-23 所示（实际上是调整地基反力使其成阶梯形分布，更趋于实际情况，这样各支座上的不平衡力自然也就得到了消除），Δq_i 计算如下：

对于边跨支座，有

$$\Delta q_i = \frac{\Delta R_1}{a_1 + l_1/3} \tag{10-19}$$

对于中间支座，有

$$\Delta q_i = \frac{\Delta R_i}{l_{i-1}/3 + l_i/3} \tag{10-20}$$

式中：Δq_i——支座 i 处不平衡均布力；

l_{i-1}、l_i——支座 i 左、右跨长度。

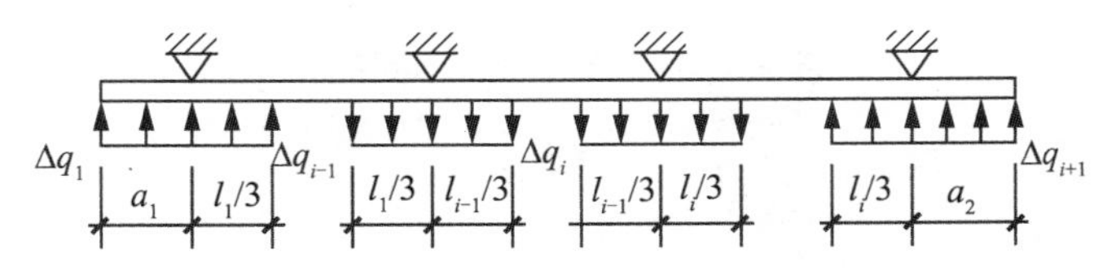

图 10-23　调整不平衡力荷载 Δq_i

继续用弯矩分配法或弯矩系数法计算出此情况下的弯矩和剪力，并求出其支座反力，与原支座反力叠加，得到新的支座反力。

③ 重复步骤②，直至不平衡力在计算容许精度范围内。一般经过一次调整就基本上能满足所需精度要求了（不平衡力控制在不超过 20%）。

④ 将逐次计算结果叠加，即可得到最终弯矩和剪力。

2）倒梁法适用条件

① 地基压缩性和基础荷载分布都比较均匀，基础高度大于柱距的 1/6 或平均柱距满足 $l_m \leqslant 1.75/l$（同静力平衡法所述），且上部结构刚度较好时的柱下条形基础，可按倒梁法计算。

② 基础梁的线刚度大于柱子线刚度的 3 倍，即

$$\frac{E_c I_L}{L} > 3\frac{E_c I_z}{H} \tag{10-21}$$

式中：E_c——混凝土弹性模量；

I_L——基础梁断面惯性矩；

H、I_z——上部结构首层柱子的计算高度和断面惯性矩。

各柱的荷载及各柱柱距相差不多时，也可按倒梁法计算。

3）对倒梁法的说明

① 满足上述适用条件之一的条形基础一般都能迫使地基产生比较均匀的下沉，与假定的地基反力按直线分布基本吻合。

② 由于假定中忽略了各支座的竖向位移差且反力按直线分布，因此在采用该法时，相邻柱荷载差值不应超过 20%，柱距也不宜过大，尽量等间距。另外，当基础与地基相对刚度较小时，柱荷载作用点下反力会过于集中成“钟形”，与假定的线性反力不符；相反，如软弱地基上基础的刚度较大或上部结构刚度较大，由于地基塑性变形，反力重分布成“马鞍形”，趋于均匀，此时用倒梁法计算内力比较接近实际。

③ 实际工程中，有一些不需要算得很精很细，有时往往粗略地将第一步用弯矩分配法或弯矩系数法计算出的弯矩和剪力直接作为最终值，不再调整不平衡力，这对于中间支座和中间跨（图 10-24）来说是偏于安全的，而对于边跨及其支座则偏于不安全。

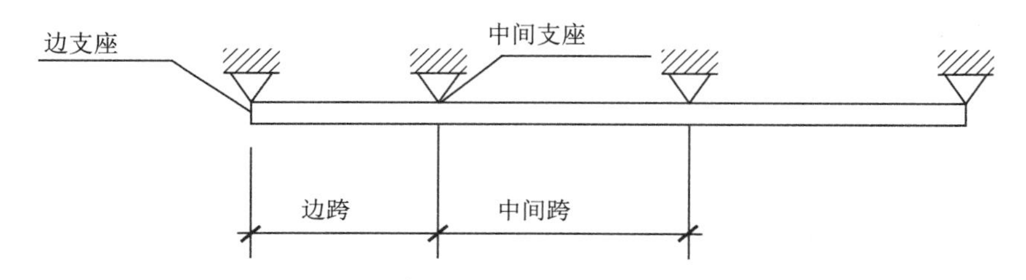

图 10-24　中间支座和中间跨

一般等跨梁情况下，多次调整不平衡力（此项较烦琐），将使中间支座的内力（弯矩、剪力）及其跨中弯矩有所减小，边跨支座剪力及其跨中弯矩有所增加，但增减幅度都不大。因此，若不进行平衡力调整，建议根据地区设计经验适当增大边跨纵向抗弯钢筋，其幅度为 5% 左右，这在某些精度范围内一般可以满足设计要求。另外，由于各支座剪力值相差不大（除边支座外），也可取各支座最大剪力值设计抗剪横向钢筋，当然每跨的中间可以放宽。

7. 条形基础有关构造

条形基础几点重要的构造，参见表 10-1、表 10-2 及图 10-25。

表 10-1 基础梁的高跨比选用值

梁底平均反力标准值 q/(kN/m)	高跨比
＜ 150	1/6
150 ～ 250	1/5 ～ 1/7
250 ～ 400	1/4 ～ 1/6
＞ 400	1/3 ～ 1/5

注：1. 选用时应注意梁高不至于过大，同时应综合考虑地基与上部结构对基础抗弯刚度的要求；
2. 反力大时取上限。

表 10-2 柱下条形基础构造

项　目	构造说明
断面和分类	断面采用倒 T 形断面，由梁和翼板组成； 分类分单向条形基础（沿柱列单向平行配置）和交叉条形基础（沿纵横柱列分别平行配置）两种
悬臂长度	条形基础的端部应向外伸出，其长度宜为第一跨长的 1/4 ～ 1/3
梁高 h 及梁宽 b	梁高 h 宜为柱距的 1/8 ～ 1/4，当柱荷载大且柱距较大时，可在柱两侧局部加腋。 梁宽 b 比该方向柱每侧宽出 50mm 以上，且 $b \geqslant b_f/4$（b_f 为基础截面为倒 T 形截面时，翼板截面的翼宽），但不宜过大；当小于该方向柱宽时，梁与柱交接应符合有关要求
翼板厚度 h_f	① 不宜小于 200mm。 ② 当 h_f=200 ～ 250mm 时，宜用等厚度翼板；当 h_f ＞ 250mm 时，宜用 1：3 坡度的变厚度翼板，且其边缘高度不小于 150mm
翼板钢筋	① 横向受力钢筋直径不应小于 10mm，间距不应大于 200mm，宜优先选用 HRB335； ② 纵向分布筋直径为 8 ～ 10mm，间距不大于 250mm
基础梁钢筋	① 纵向受力钢筋为上下双筋，其直径不应小于 10mm，配筋率不应小于 0.2%，梁底和梁顶应各有 2 ～ 4 根通长配筋，且其面积不得小于纵向钢筋面积的 1/3。 ② 当梁高 h ＞ 700mm 时，两侧沿高度每隔 300 ～ 400mm 设一根直径不小于 14mm 的纵向构造筋。 ③ 箍筋采用封闭式，直径不应小于 8mm，间距不大于 15d 及 400mm（d 为纵向受力钢筋直径），在距支座轴线 0.25 ～ 0.3 倍柱距范围内，宜加密配置；当梁宽 $b \leqslant$ 350mm 时为双肢箍筋，当 350mm ＜ $b \leqslant$ 800mm 时为四肢箍筋，当 b ＞ 800mm 时为六肢箍筋
现浇柱插筋或预制柱插入深度	现浇柱在基础中的插筋和预制柱在杯口中的插入深度的构造要求，均可按扩展式独立基础的要求。插筋与柱内钢筋宜采用焊接或机械连接
连系梁	当单向条形基础底面积已足够时，为减少基础间的沉降差，可在另一方向设连系梁。连系梁断面为矩形，可不着地，但要有一定的刚度和强度，否则作用不大。通常，连系梁配置是带经验性的，可参考扩展式独立基础拉梁的要求，但其断面高度比基础梁不宜相差太多

注：1. 翼板根部厚度及其横向受力钢筋、梁高及其纵向受力钢筋，还需满足计算要求；
2. 其他要求见图例。

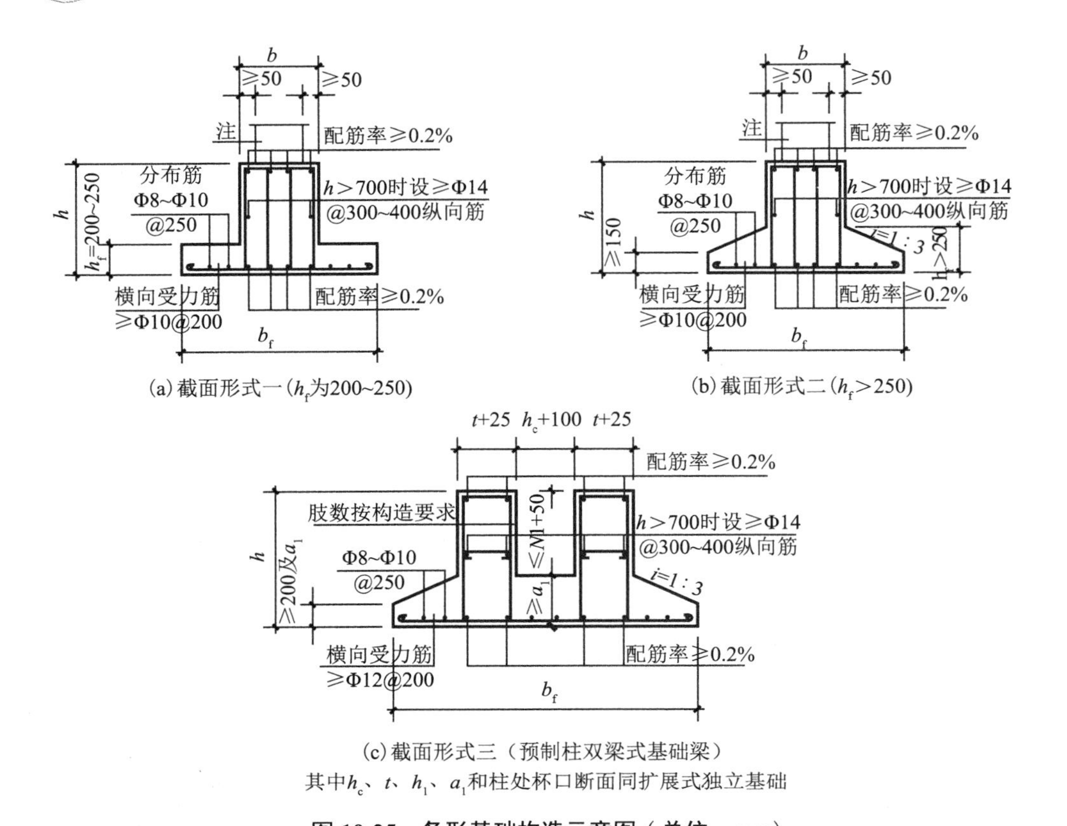

(a) 截面形式一（h_f为200~250）

(b) 截面形式二（h_f>250）

(c) 截面形式三（预制柱双梁式基础梁）

其中h_c、t、h_1、a_1和柱处杯口断面同扩展式独立基础

图 10-25　条形基础构造示意图（单位：mm）

10-16　用“倒梁法”计算柱下条形基础时，有哪些基本假定

【答】

倒梁法将条形基础看作连续梁，柱子作为梁的支座，地基净反力假定按直线分布及将柱底弯矩当作梁上的荷载，将梁视作倒置的多跨连续梁，用弯矩分配法或弯矩系数法来计算内力。

这种方法只考虑出现于柱间的局部弯曲，忽略了基础的整体弯曲，计算出的柱位处弯矩与柱间最大弯矩较均衡，因此所得的不利断面上的弯矩绝对值一般较小。此时，连续梁边跨的跨中弯矩及第一支座的弯矩宜乘以 1.2 的系数。

该法适用于上部结构刚度很大，各柱之间沉降差异很小的情况。即在比较均匀的地基上，荷载分布较均匀，且基础的高度不小于 1/6 柱距。

10-17　十字形基础交叉处，计算基础时如何计取基础所受荷载

【答】

1. 框架柱下交叉基础

一般分别计算纵向、横向框架内力。

对于同一根柱子的柱底轴力而言，在恒、活荷载作用下，纵、横向框架计算的两个结果应该相等（实际上就是同一个轴力），所以在计算纵、横向基础时，只要取其中一个轴力即可。不能将两个方向算得的轴力加起来再去计算基础。

而在风荷载、地震荷载的作用下，纵、横框架计算出的同一根柱的柱底轴力是不相同的，因为两个方向的受风面积、框架梁柱刚度等都不相同。所以应将各自的轴力分别用于计算对应方向的基础。

2. 混合结构墙下交叉基础

纵、横墙墙下条形基础一般按各自所承墙的荷载进行计算。

在纵、横基础交叉处，纵、横墙相交，各自的基础也必然重叠。因此相对说来总的基础面积就减少了，有可能引起交叉处的基础产生附加沉降，进而使墙体开裂，造成结构的不安全。所以，此处基础应根据应力的叠加程度，适当增加基础的宽度。

10-18 柱下（墙下）条形基础中，对基础板（根部）厚度有何要求

【答】

按《基规》第 2.1.11 条，扩展基础为扩散上部结构传来的荷载，使作用在基底的压应力满足地基承载力的设计要求，且基础内部的应力满足材料强度的设计要求，通过向侧边扩展一定底面积的基础。包括无筋和配筋基础，也包括柱下独立基础和墙下条形基础。

按《基规》第 8.3.1 条，柱下条形基础翼板厚度不应小于 200mm。按《基规》第 8.2.7 条，扩展基础底板的配筋，应按抗弯计算确定。按《基规》第 8.2.1 条，在轴心和单向偏心荷载作用下，底板受弯可按下列简化方法计算：对矩形基础，当台阶宽高比≤ 2.5 且偏心距≤ 1/6 基础宽度时，柱下独立基础任意断面板底弯矩按《基规》中 8.2.11-1、2 式计算。

上述内容说明墙下条形基础要满足矩形基础的相关规定：即翼板宽高比≤ 2.5 和偏心矩≤ 1/6 基础宽度，与矩形基础不同之处在于沿长度方向尺寸取 $L=a'=1\text{m}$。

至于柱下条形基础，情况比较复杂。横向为了有效传递应力，翼板仍应有适当刚度，纵向地基梁符合《基规》第 8.3.2 条的第 1 款条件时，条形基础梁内力可按连续梁计算；不满足上述要求时，应按弹性地基梁计算。

当然对于墙下条形基础板，可以按悬臂板计算，但应严格控制挠度和裂缝宽度。

10-19 基础在进行软弱下卧层验算中，当 $E_{S1}/E_{S2}<3$ 时，地基压力扩散角 θ 应如何选取

【答】

关于软弱下卧层以上地基土层的压力扩散角的确定，一般有两种方法：一是取承载力比值倒计值，二是采用实测压力比值，然后按扩散角公式求取。

《基规》表 5.2.7 的扩散角，是根据天津建筑科学研究所实验数据而推荐的，是采用实测压力值的方法计算出值。但由于试验的局限，对 $E_{S1}/E_{S2}<3$ 的情况试验结果不是很充分。对此只好借助于双层地基压力扩散的理论解来求取，但计算比较复杂。

10-20 《基规》第 3.0.2 条中，所有设计等级为乙级的建筑物均应计算地基变形；而在第 8.5.13 条中，仅体形复杂、荷载不均匀或桩端以下存在软弱土层的乙级建筑物桩基应进行沉降计算。两者是否矛盾

【答】

并不矛盾。因为《基规》第 3.0.2 条是对天然地基或复合地基而言的，主要控制地基变形造成对上部结构的破坏，所以控制地基变形成为地基基础设计的主要原则。

而《基规》第 8.5.13 条是对桩基而言的，由于采用了桩基，对控制变形有一定作用，情况好于天然地基或复合地基，因此对一般乙级建筑物的桩基可不进行变形计算。但对一些特殊情况下的乙类地基基础设计等级的桩基应进行沉降计算，因为在这些情况下即使采用了桩基也仍然存在较大的沉降量和沉降差，故要求计算，以定量控制变形。

10-21 柱下基础顶面局部受压承载力的验算应按何公式验算

【答】

按《基规》第 8.2.7-4 条，扩展基础当基础的混凝土等级低于柱或桩时，要求进行柱下基础顶面的局部受压承载力验算；按《基规》第 8.5.22 条，当承台的混凝土强度等级低于柱或桩的混凝土强度等级时，应验算柱下或桩上承台的局部受压承载力。两者均为强制性条款。

应按《混凝土规范》给出的局部受压承载力计算公式来验算，在《基规》第 6.6 节已讲得很清楚。对于扩展基础，当基础内配置有间接钢筋时，按《基规》第 6.6.1 ～第 6.6.3 条计算；没有配置间接钢筋时，则按《基规》附录 A.5.1 条计算。

10-22 抗浮计算中，如何确定抗浮水位

【答】

抗浮水位应由岩土工程勘察报告提供。如果建筑场地地势比较低，甚或低于最高洪水位较多，这种场地并不适合建设。如要建设，应由当地政府首先解决场地区域的水利（防洪、排涝）问题，为场地建设提供保证。如南京河西地区，场地标高均低于长江最高洪水位 3 ～ 5m，如按最高洪水位对建筑物地下室进行抗洪计算，结果实难以预料。

10-23 基础拉梁层的计算模型不符合实际情况是怎么回事

【答】

基础拉梁层无楼板，用 TAT 或 SATWE 等电算程序进行框架整体计算时，楼板厚度应取零，并定义弹性节点，用总刚分析方法进行分析计算。有时虽然楼板厚度取零，也定义了弹性节点，但未采用总刚分析，程序分析时自动按刚性楼面假定进行计算，因而与实际情况不符。房屋平面不规则时，要特别注意这一点。

层框架房屋基础埋深值大时，为了减小底层柱的计算长度和底层的位移，可在 ±0.000 以下适当位置设置基础拉梁，但不宜按构造要求设置，宜按框架梁进行设计，并按规范规定设置箍筋加密区。但就抗震而言，应采用短柱基础方案。

一般来说，当独立基础埋置不深，或过去埋置虽深但采用了短柱基础时，由于地基不良或柱子荷载差别较大，或根据抗震要求，可沿两个主轴方向设置构造基础拉梁。基础拉梁断面宽度可取柱中心距的 1/30 ～ 1/20，高度可取柱中心距的 1/18 ～ 1/12。构造基础拉梁的断面可取上述限值范围的下限，纵向受力钢筋可取所连接柱子的最大轴力设计值的 10% 作为拉力或压力来计算，当为构造配筋时，除满足最小配筋率外，也不得小于上下各 2Φ14，配筋不得小于 Φ8@200。当拉梁上作用有填充墙或楼梯柱等传来的荷载时，拉梁断面应适当加大，算出的配筋应和上述构造配筋叠加。构造基础拉梁顶标高通常与基础高或短柱顶标高相同。在这种情况下，基础可按偏心有受压的基础设计。

当框架底层层高不大或者基础过去埋置不深时，有时要把基础拉梁设计得比较强大，以便用拉梁来平衡柱底弯矩。这时，拉梁正弯矩钢筋应全跨拉通，负弯矩钢筋至少应在 1/2 跨拉通。拉梁正负弯矩钢筋在框架柱内的锚固、拉梁箍筋的加密及有关抗震构造要求，与上部框架梁完全相同。

此时拉梁宜设置在基础顶部，不宜设置在基础顶面之上，基础则可按中心受压设计。

10–24 基础拉梁设计时应注意哪些问题

【答】

1）框架单独柱基有下列情况之一时，宜沿两个主轴方向设置基础拉梁

① 抗震等级为一级的框架和Ⅳ类场地的二级框架；

② 各柱基础承受的重力荷载代表值差别较大；

③ 基础埋置较深，或各基础埋置深度差别较大；

④ 地基主要受力层范围内存在软弱黏性土层、液化土层和严重不均匀土层。

2）拉梁根据其位置及作用不同，应采取不同的计算方法

① 拉梁断面的高度取（1/20 ～ 1/15）L，宽度取（1/30 ～ 1/25）L，其中 L 为柱间距。

② 当多层框架结构无地下室，柱下独立基础埋置深度又较深时，为了减小底层柱的计算长度和底层位移，在 ±0.00 以下适当位置所设置的基础拉梁，从基础顶面至拉梁顶面为一层，从拉梁顶面至首层顶面为二层，即将原结构增加一层进行分析。所以，框架梁（含拉梁）和柱的最终配筋宜取上述两次计算结果的较大值。

③ 当多层框架结构无地下室，柱下独立基础埋置深度较浅而设置拉梁，一般应设置在基础顶面，此时拉梁的配筋计算，可采用下列方法之一：

a. 取拉梁所拉结的柱子中轴力较大者的 1/10 作为拉梁的轴心拉（压）力，拉梁按轴心受拉（压）构件计算。此时柱基础按偏心受压考虑。基础土质较好时，采用此法较为经济。

b. 以拉梁平衡柱底弯矩，抗震等级为一、二级的框架结构，柱底组合弯矩设计值应

分别乘以 1.5 和 1.25 的增大系数；柱基础按轴心受压考虑。如拉梁承托隔墙或其他竖向荷载，则应将竖向荷载所产生的弯矩与上述两种方法之一计算出的内力进行组合，按拉（压）弯构件或受弯构件计算拉梁纵向受力钢筋。

c. 箍筋不少于 Φ8@200，拉梁断面配筋应上下相同。

④ 拉梁的配筋构造。拉梁纵向受力钢筋除满足计算要求外，正弯矩钢筋应全部拉通，负弯矩钢筋 50% 拉通。

10–25　如何设置地基梁

【答】

根据《抗震规范》第 6.1.11 条，框架单独柱基有下列情况之一时，宜沿两个主轴方向设置基础系梁：

(1) 一级框架和Ⅳ类场地的二级框架；

(2) 各柱基承受的重力荷载代表值作用下的压应力差别较大；

(3) 基础埋置较深，或各基础埋置深度差别较大；

(4) 地基主要受力层范围内存在软弱黏土层、液化土层和严重不均匀土层；

(5) 桩基承台之间。

其作用简单来说，主要是为传递、分配柱底剪力、弯矩，增强整个建筑物的协同工作能力，也符合内力分析时柱底假定为固端的计算模型。当然，还兼有承受底层填充墙重的作用。连系梁一般以柱底剪力作用于梁端，按受压确定其断面尺寸，根据受拉确定配筋。连系梁最小尺寸规定为宽度不小于 200mm，高度不小于梁跨的 1/15 ～ 1/10，以保证其出平面外的刚度，最小配筋量不小于 4Φ12。

也有粗略的算法：在抗震设防区，取柱轴力的 1/10 为梁端拉、压力，由此确定断面尺寸和配筋。

10–26　基础埋深较深时未设拉梁，底层计算长度算至何处？它应否作为刚性地坪考虑？如果设了拉梁但无楼板，也未设刚性地坪，是否可算一层

【答】

首先考虑采用深埋基础是否必要。其次，《抗震规范》第 6.1.11 条规定，框架独立柱基如果基础埋置较深或用桩基，宜在二主轴方向设置基础系梁（拉梁）。

因此，无论深埋基础或桩基，在 ±0.000 以下适当部位设置有约束的基础系梁，建模可以从基础梁顶面起算。

刚性地坪是指有一定厚度和刚度的钢筋混凝土地坪，对框架柱有一定的约束作用。地梁不作为刚性地坪考虑。

10-27 框架结构和框剪结构的高层建筑沉降计算，除需满足整体倾斜限值外，是否应同时满足框架局部相对沉降差的要求

【答】

高层建筑尤其带地下室的高层建筑整体刚度较好，在计算地基竖向变形时，视为一个刚体，以控制整体倾斜为主要目标，对于框架结构应由相邻柱基的沉降差控制（《基规》第 5.3.3 条），其变形允许值按《基规》第 5.3.4 条控制。如果计算单元带裙房且裙房分布不均匀，柱间或剪力墙间距离较大，这时仍应控制相邻柱间或剪力墙间的沉降差。

10-28 有些小区地面上为庭院绿化，地下为停车库，未设变形缝，形成上部多幢建筑物的复杂工程，计算应如何处理

【答】

多栋塔楼建于同一地下室上部，若在塔楼有效范围内，地下室的抗侧刚度与其上一层的抗侧刚度比大于 2，并且地下室顶板按规范要求加强后，可将地下室顶板作为上部塔楼的嵌固部位，此时各塔楼抗震计算，可按单栋分别计算，但基础设计需要按包括地下室在内的整体进行计算；若地下室顶板不作为上部嵌固部位，则需要包括地下室与上部各栋塔楼整体建模，按大底盘多塔楼计算。

第三篇

钢筋混凝土框架设计过程

第11章 钢筋混凝土框架设计过程框图

11-1 结构设计与其他工种的关系

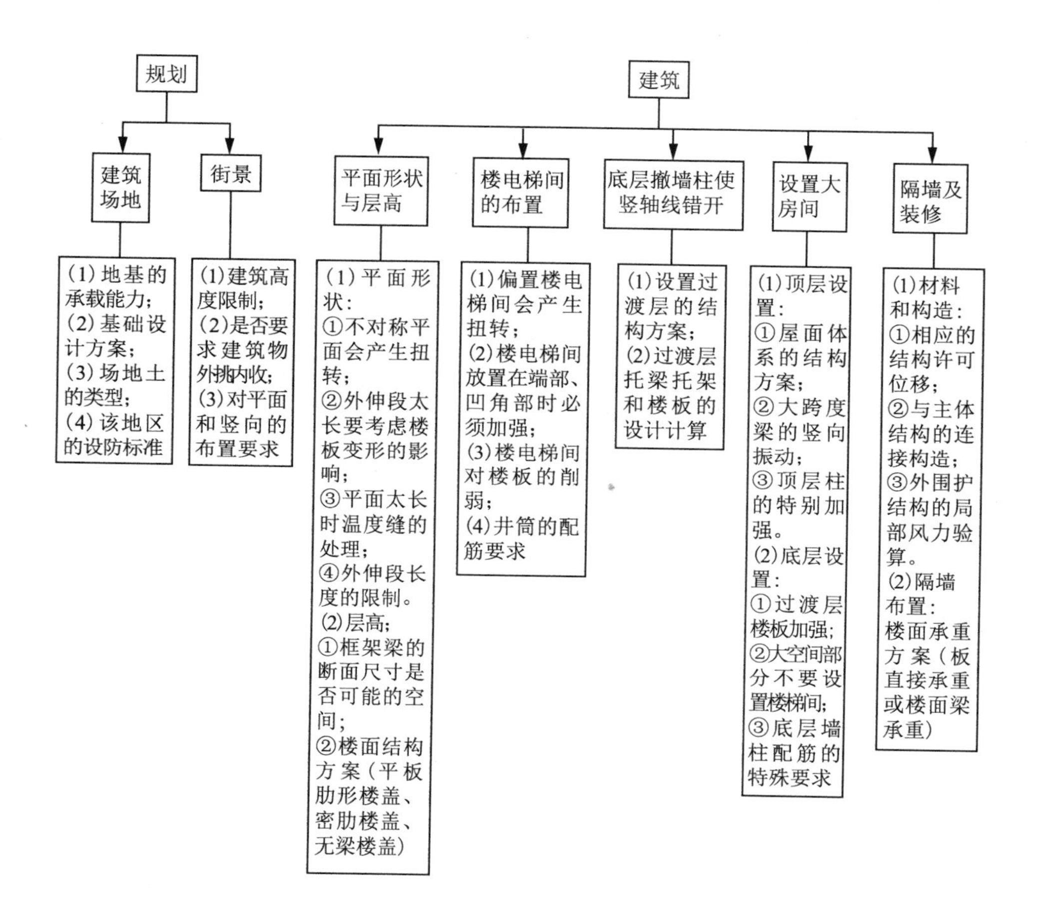

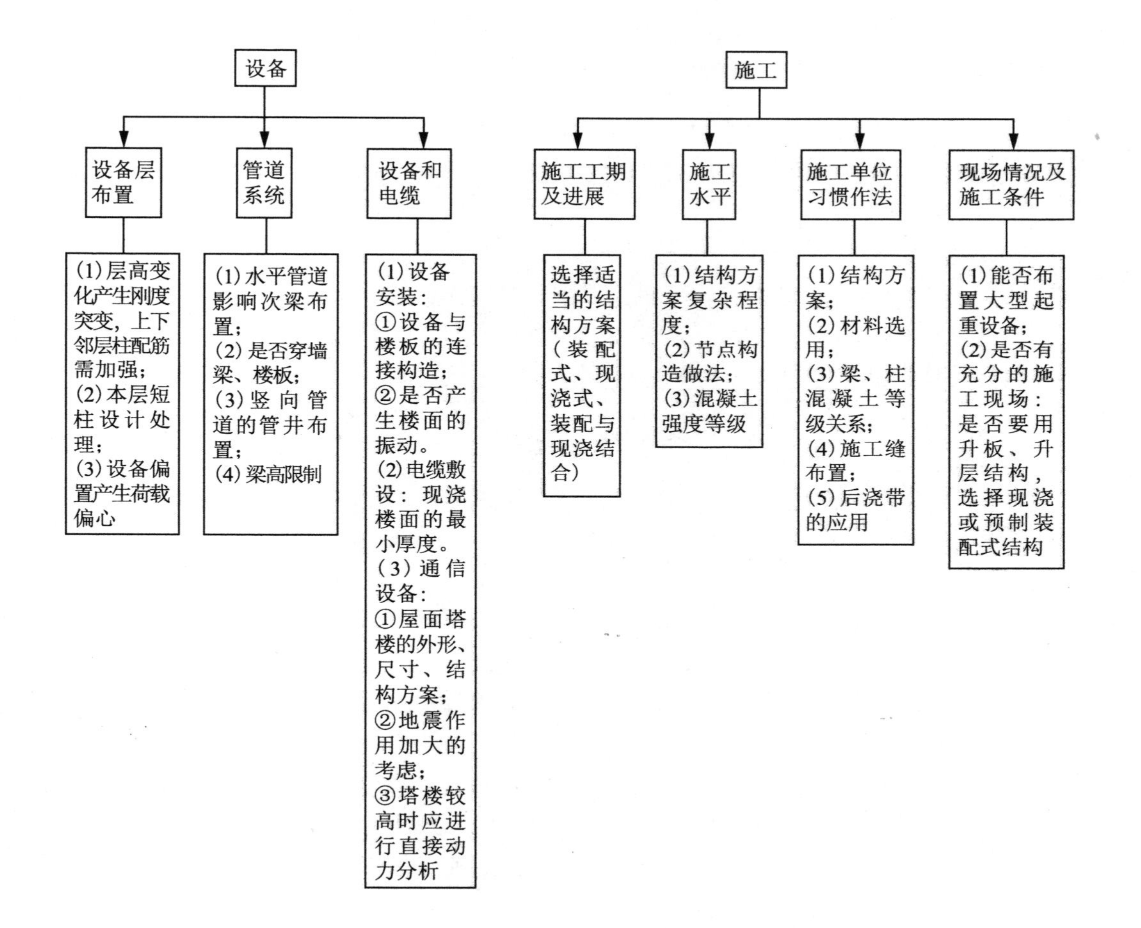
设备
设备层布置
(1)层高变化产生刚度突变，上下邻层柱配筋需加强；
(2)本层短柱设计处理；
(3)设备偏置产生荷载偏心
管道系统
(1)水平管道影响次梁布置；
(2)是否穿墙梁、楼板；
(3)竖向管道的管井布置；
(4)梁高限制
设备和电缆
(1)设备安装：
①设备与楼板的连接构造；
②是否产生楼面的振动。
(2)电缆敷设：现浇楼面的最小厚度。
(3)通信设备：
①屋面塔楼的外形、尺寸、结构方案；
②地震作用加大的考虑；
③塔楼较高时应进行直接动力分析
施工
施工工期及进展
选择适当的结构方案（装配式、现浇式、装配与现浇结合）
施工水平
(1)结构方案复杂程度；
(2)节点构造做法；
(3)混凝土强度等级
施工单位习惯作法
(1)结构方案；
(2)材料选用；
(3)梁、柱混凝土等级关系；
(4)施工缝布置；
(5)后浇带的应用
现场情况及施工条件
(1)能否布置大型起重设备；
(2)是否有充分的施工现场：是否要用升板、升层结构，选择现浇或预制装配式结构

11-2 结构平面布置方案

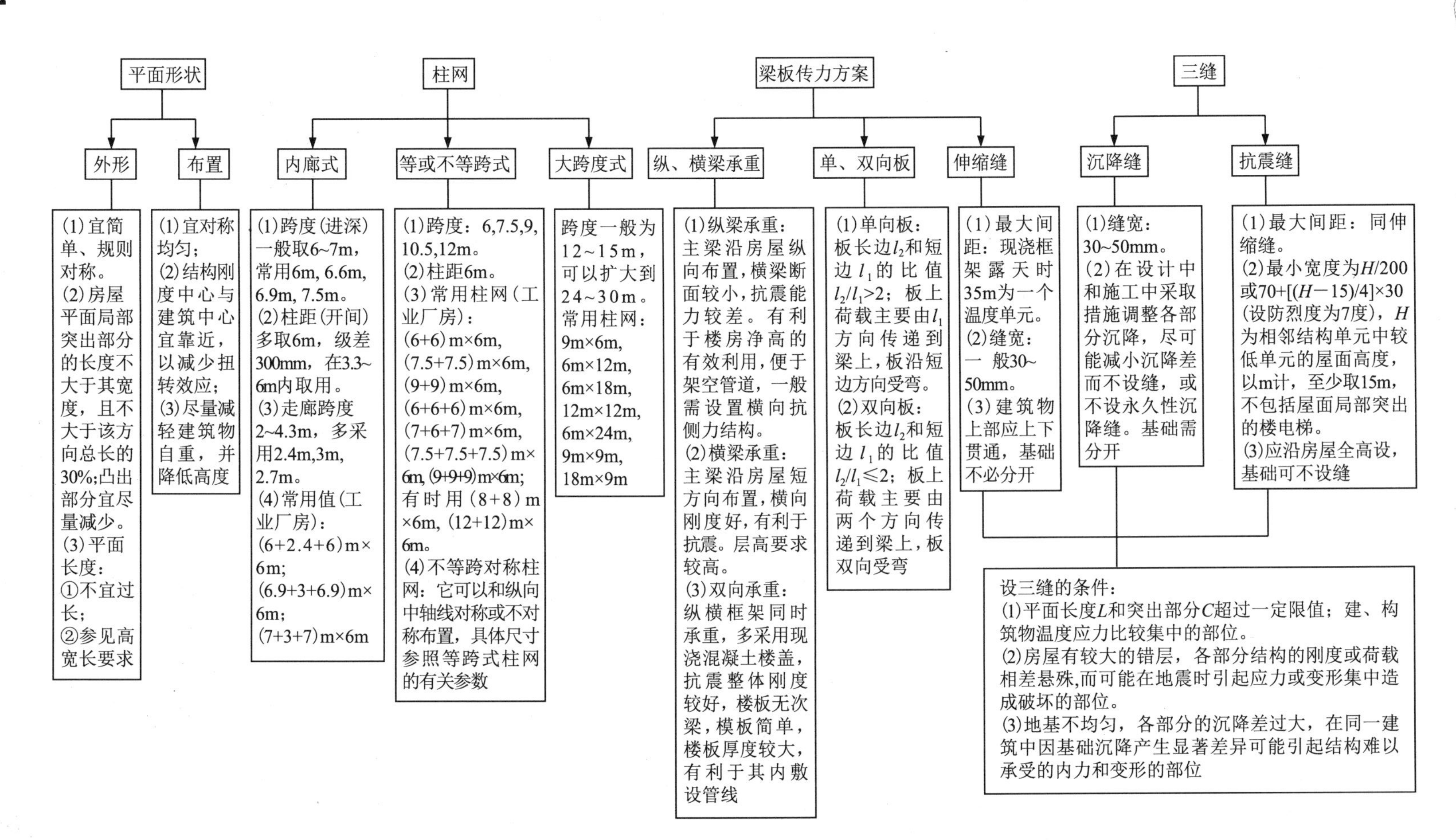

11–3 结构竖向布置方案

建筑形体规则

(1) 设计烈度7度时，高宽比$H/B \leqslant 4$；
(2) 结构的刚度和承载力在竖向宜均匀连续不突变，竖向抗侧力构件的断面尺寸和材料强度宜自下而上逐渐减小、平面布置宜规则对称，否则不利抗震；
(3) 楼层刚度不小于其相邻上层刚度的70%，或不小于其上相邻三个楼层侧向刚度平均值的80%；
(4) 房屋立面除顶层或突出屋面的小建筑外，局部收进的水平向尺寸不大于相邻下一层尺寸的25%；
(5) 平面凹进的尺寸，不大于相应投影方向总尺寸的30%

层高

(1) 民用：
常用2.7m，3m，3.3m，3.6m, 3.9m，4.2m。
(2) 厂房：
3.6～4.8m时，0.3m级数；
4.8～7.2m时，0.6m级数；
底层常自4.2m开始

梁柱轴线关系

柱和梁的中线宜重合不宜偏心，有偏心时应考虑对节点核心区和柱受力的不利影响（内力计算中心须考虑附加的偏心弯矩，且节点构造也要考虑偏心的不利影响）

填充墙位置

(1) 砌体填充墙在平面和竖向的布置宜均匀对称。
(2) 对第一、二级抗震等级的框架的围护墙和隔墙， 宜用轻质墙或与框架柔性连接的预制墙板。
(3) 填充墙宜放在框架平面内，砌体墙每隔500mm应用2ϕ6水平拉结筋与柱子可靠拉结，拉筋伸入墙内长度如下：
一、二级框架，沿墙全长设置；
三、四级框架，≥墙长的1/5及700mm。
(4) 若一定要把填充墙外贴在柱子上，则每层宜设一道圈梁，并沿柱子全高都要与填充墙用水平拉结筋可靠拉结。
(5) 墙长度大于5m时，墙顶与梁应有拉结措施。墙长大于层高的2倍时，宜设置钢筋混凝土构造柱。层高大于4m时，在半高处宜加设一道水平钢筋带

11-4 初步选定梁断面尺寸及材料强度等级

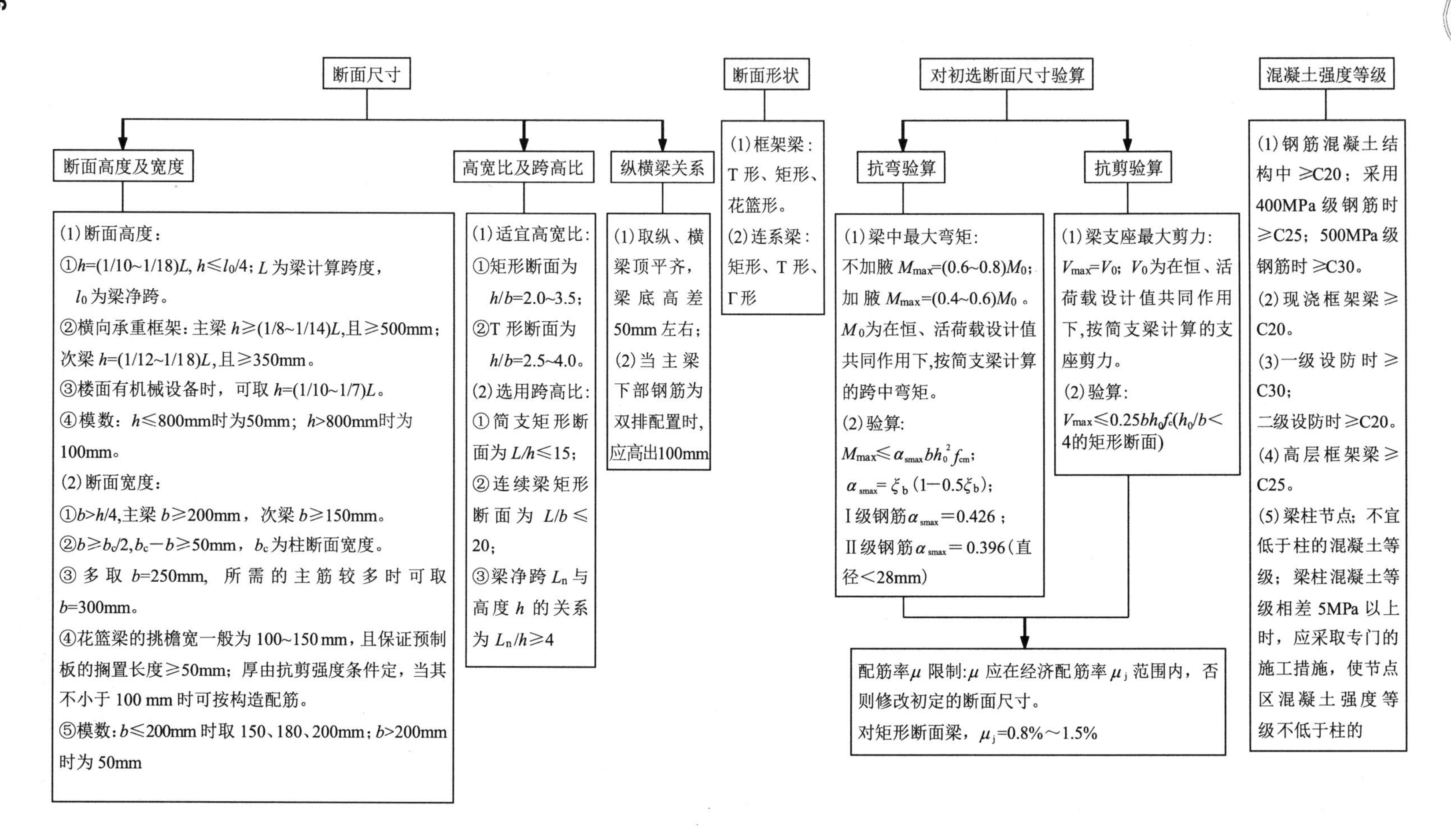

11-5 初步选定柱断面尺寸及材料强度等级

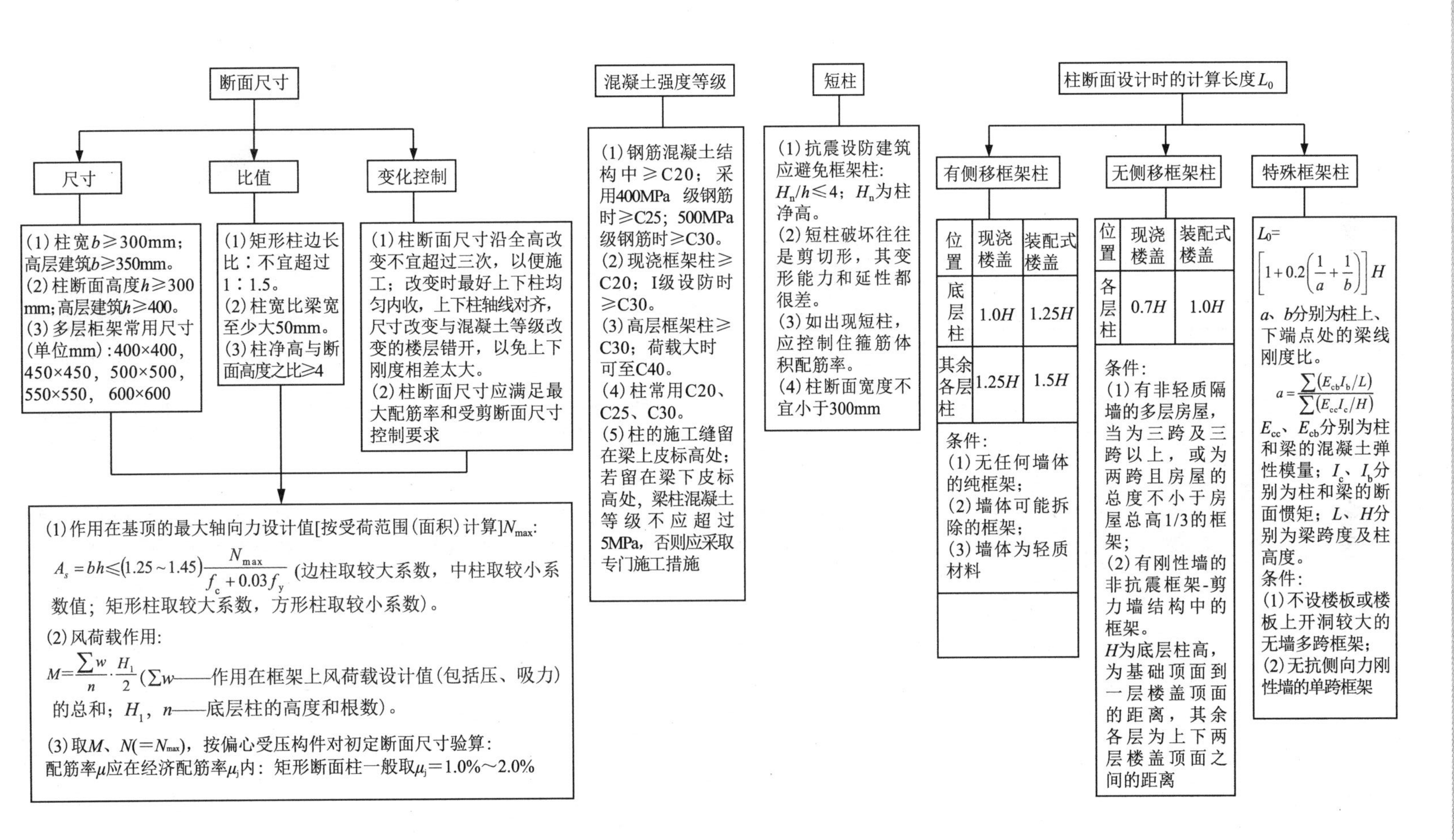

11-6 初步选定板断面尺寸及材料强度等级

板传力方向

(1)两对边支承的板应按单向板计算。

(2)四边支承的板应按下列规定计算：

①当长边与短边长度之比小于或等于2.0时，应按双向板计算；

②当长边与短边长度之比大于2.0，但小于3.0时，宜按双向板计算；

③当长边与短边长度之比大于或等于3.0时，应按沿短边方向受力的单向板计算

跨度

(1)对普通混凝土，跨度不宜大于6m。

(2)对预应力混凝土，跨度不宜大于9m。

(3)不需作挠度验算的厚跨比(见下表)

类型	简支	连续
梁式板	1/35	1/40
双向板	1/45	1/50
悬臂板	—	1/12

(4)板的计算跨度L_0：适于与梁整体固定的单跨板及连续板

板厚

现浇板厚度/mm		
板的类别		最小厚度值
单向板	屋面板	60
	民用建筑楼板	60
	工业建筑楼板	70
	行车道下楼板	80
双向板		80
密肋板	肋间距≤700	40
	肋间距>700	50
悬臂板	悬臂长度≤500	板的根部60
	悬臂长度≤1000	板的根部100
	悬臂长度≤1500	板根部150
无梁楼板		150

混凝土强度等级

≥C20

11-7 框架计算简图

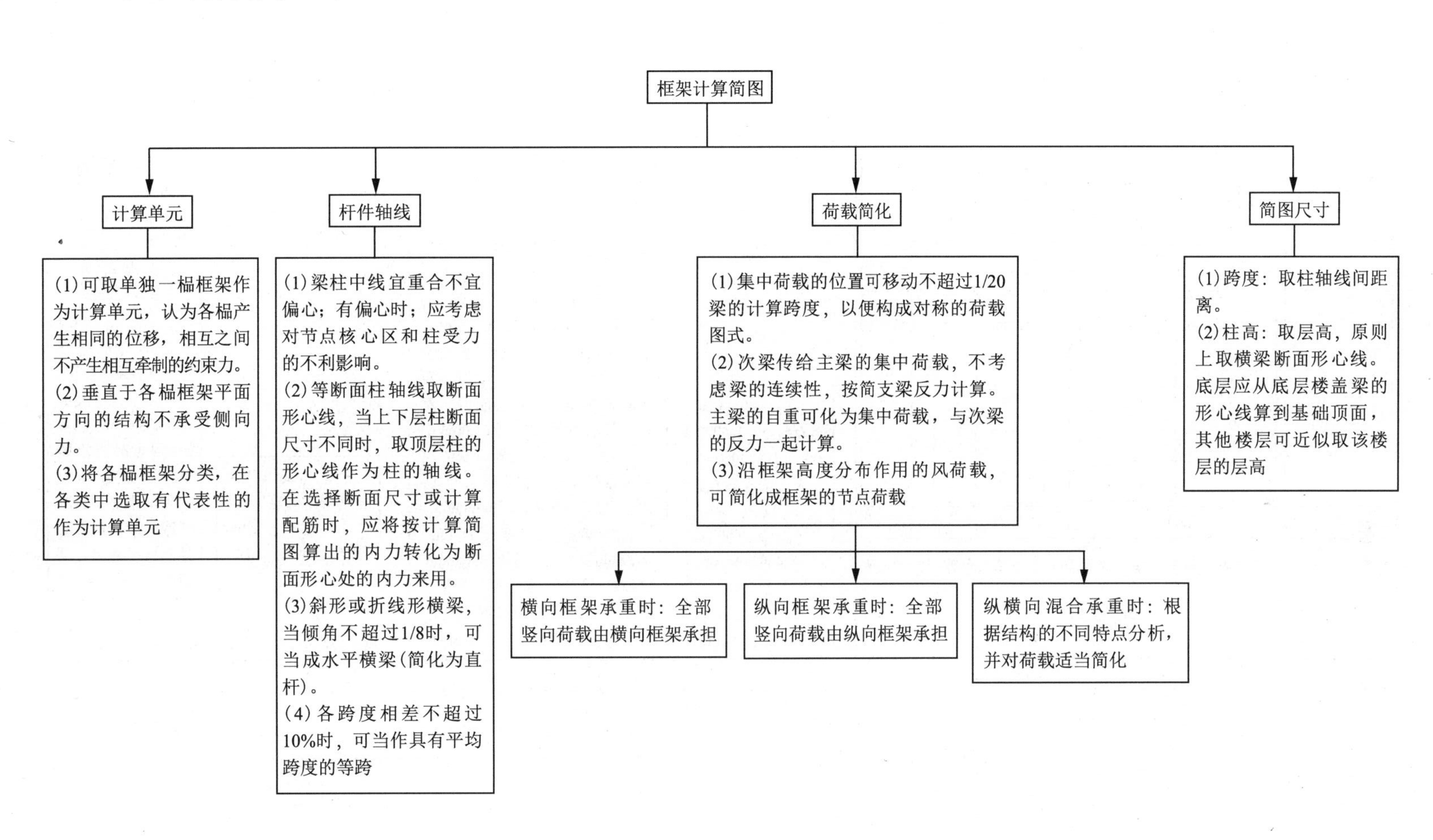
框架计算简图
计算单元
(1)可取单独一榀框架作为计算单元，认为各榀产生相同的位移，相互之间不产生相互牵制的约束力。
(2)垂直于各榀框架平面方向的结构不承受侧向力。
(3)将各榀框架分类，在各类中选取有代表性的作为计算单元
杆件轴线
(1)梁柱中线宜重合不宜偏心；有偏心时；应考虑对节点核心区和柱受力的不利影响。
(2)等断面柱轴线取断面形心线，当上下层柱断面尺寸不同时，取顶层柱的形心线作为柱的轴线。在选择断面尺寸或计算配筋时，应将按计算简图算出的内力转化为断面形心处的内力来用。
(3)斜形或折线形横梁，当倾角不超过1/8时，可当成水平横梁(简化为直杆)。
(4)各跨度相差不超过10%时，可当作具有平均跨度的等跨
荷载简化
(1)集中荷载的位置可移动不超过1/20梁的计算跨度，以便构成对称的荷载图式。
(2)次梁传给主梁的集中荷载，不考虑梁的连续性，按简支梁反力计算。主梁的自重可化为集中荷载，与次梁的反力一起计算。
(3)沿框架高度分布作用的风荷载，可简化成框架的节点荷载
横向框架承重时：全部竖向荷载由横向框架承担
纵向框架承重时：全部竖向荷载由纵向框架承担
纵横向混合承重时：根据结构的不同特点分析，并对荷载适当简化
简图尺寸
(1)跨度：取柱轴线间距离。
(2)柱高：取层高，原则上取横梁断面形心线。底层应从底层楼盖梁的形心线算到基础顶面，其他楼层可近似取该楼层的层高

11-8 框架刚度

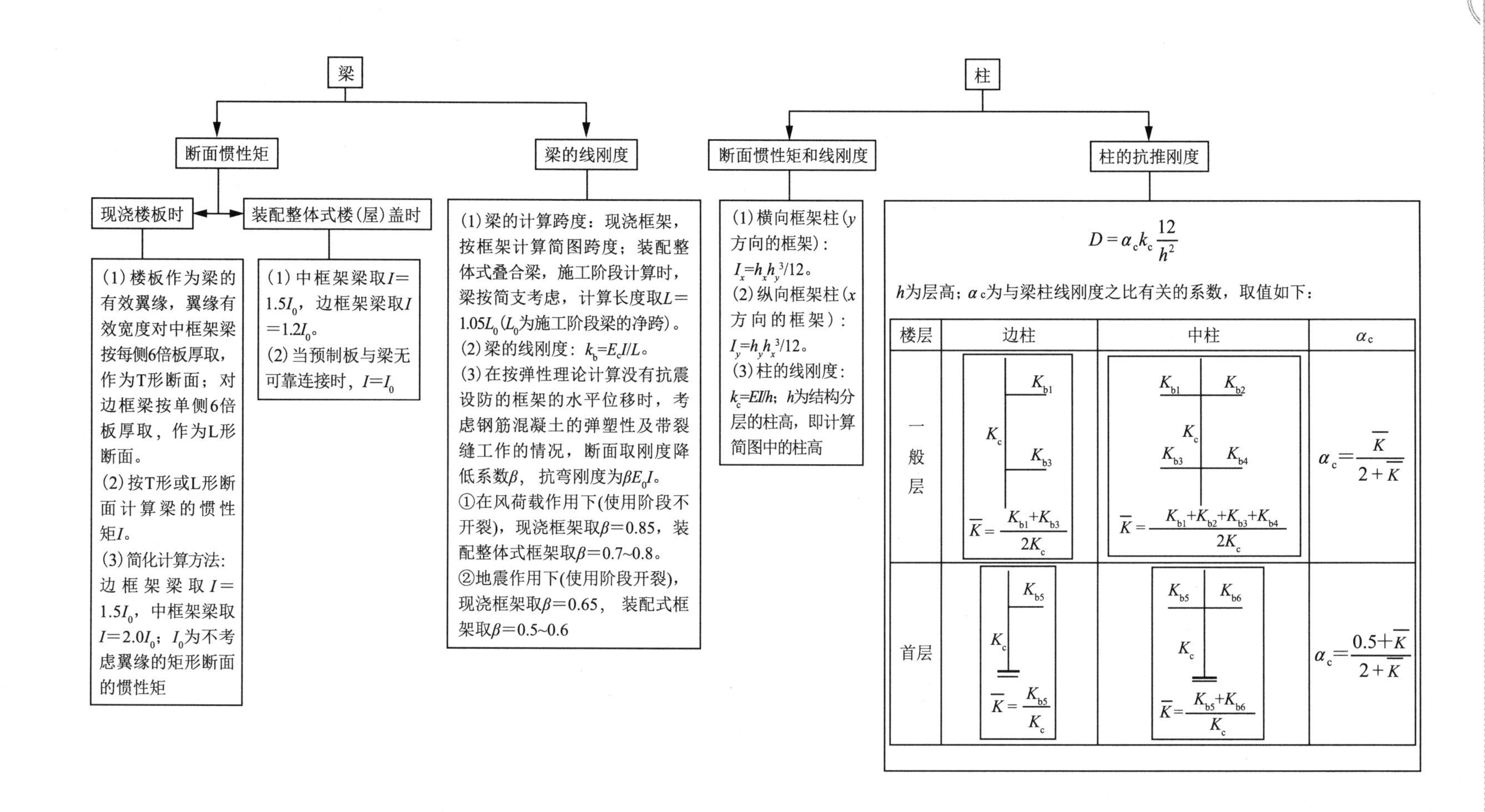
梁
断面惯性矩
现浇楼板时
(1)楼板作为梁的有效翼缘，翼缘有效宽度对中框架梁按每侧6倍板厚取，作为T形断面；对边框梁按单侧6倍板厚取，作为L形断面。
(2)按T形或L形断面计算梁的惯性矩I。
(3)简化计算方法：边框架梁取$I=1.5I_0$，中框架梁取$I=2.0I_0$；I_0为不考虑翼缘的矩形断面的惯性矩
装配整体式楼(屋)盖时
(1)中框架梁取$I=1.5I_0$，边框架梁取$I=1.2I_0$。
(2)当预制板与梁无可靠连接时，$I=I_0$
梁的线刚度
(1)梁的计算跨度：现浇框架，按框架计算简图跨度；装配整体式叠合梁，施工阶段计算时，梁按简支考虑，计算长度取$L=1.05L_0$(L_0为施工阶段梁的净跨)。
(2)梁的线刚度：$k_b=E_cI/L$。
(3)在按弹性理论计算没有抗震设防的框架的水平位移时，考虑钢筋混凝土的弹塑性及带裂缝工作的情况，断面取刚度降低系数β，抗弯刚度为βE_0I。
①在风荷载作用下(使用阶段不开裂)，现浇框架取$\beta=0.85$，装配整体式框架取$\beta=0.7\sim0.8$。
②地震作用下(使用阶段开裂)，现浇框架取$\beta=0.65$，装配式框架取$\beta=0.5\sim0.6$
柱
断面惯性矩和线刚度
(1)横向框架柱(y方向的框架)：
$I_x=h_xh_y^3/12$。
(2)纵向框架柱(x方向的框架)：
$I_y=h_yh_x^3/12$。
(3)柱的线刚度：
$k_c=EI/h$；h为结构分层的柱高，即计算简图中的柱高
柱的抗推刚度
$D=\alpha_c k_c \frac{12}{h^2}$
h为层高；α_c为与梁柱线刚度之比有关的系数，取值如下：
楼层
边柱
中柱
α_c
一般层
K_{b1} K_{c} K_{b3}
$\overline{K}=\frac{K_{b1}+K_{b3}}{2K_c}$
K_{b1} K_{b2} K_{c} K_{b3} K_{b4}
$\overline{K}=\frac{K_{b1}+K_{b2}+K_{b3}+K_{b4}}{2K_c}$
$\alpha_c=\frac{\overline{K}}{2+\overline{K}}$
首层
K_{b5} K_{c}
$\overline{K}=\frac{K_{b5}}{K_c}$
K_{b5} K_{b6} K_{c}
$\overline{K}=\frac{K_{b5}+K_{b6}}{K_c}$
$\alpha_c=\frac{0.5+\overline{K}}{2+\overline{K}}$

11-9 计算各层荷载及总重

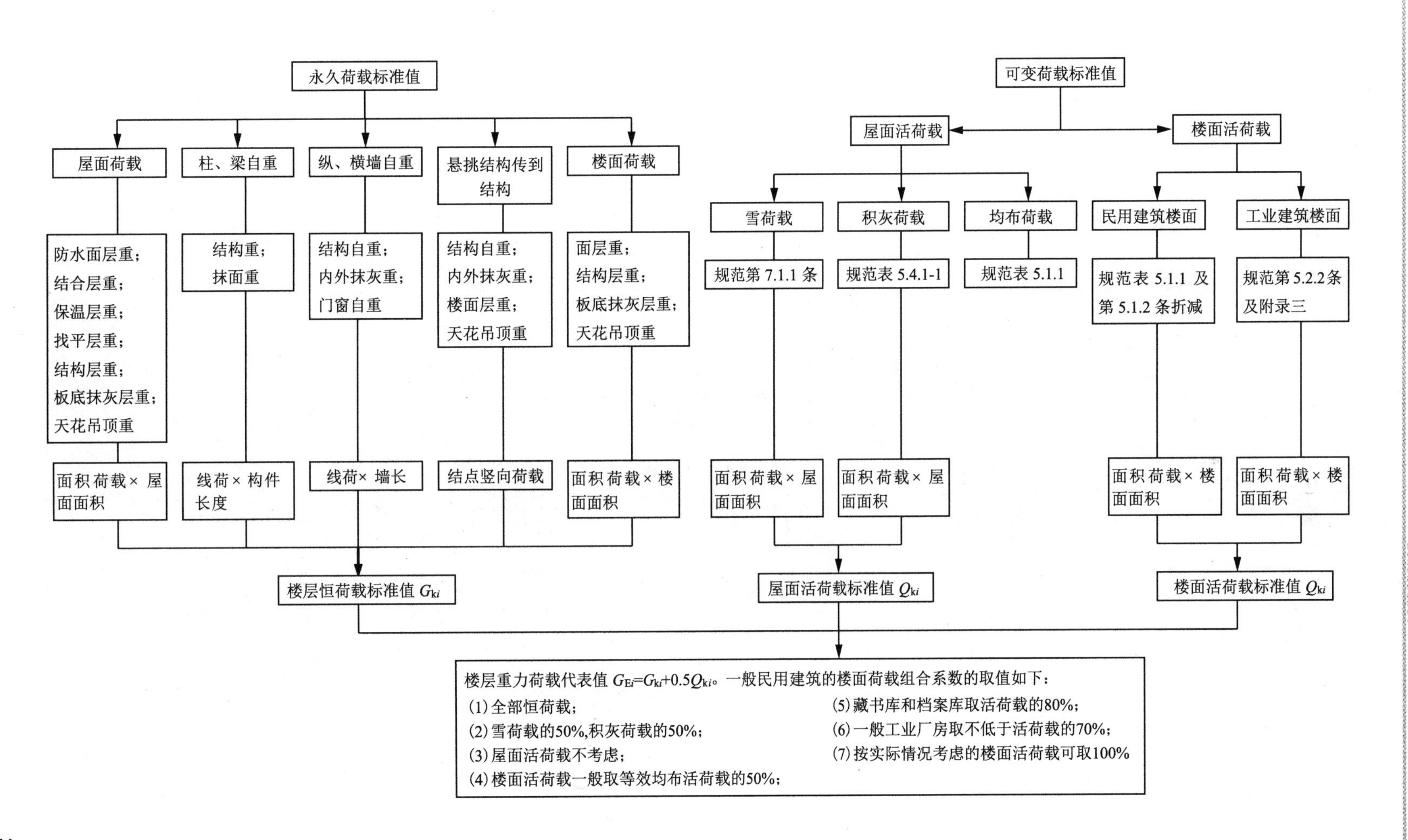

11-10 结构水平自振周期

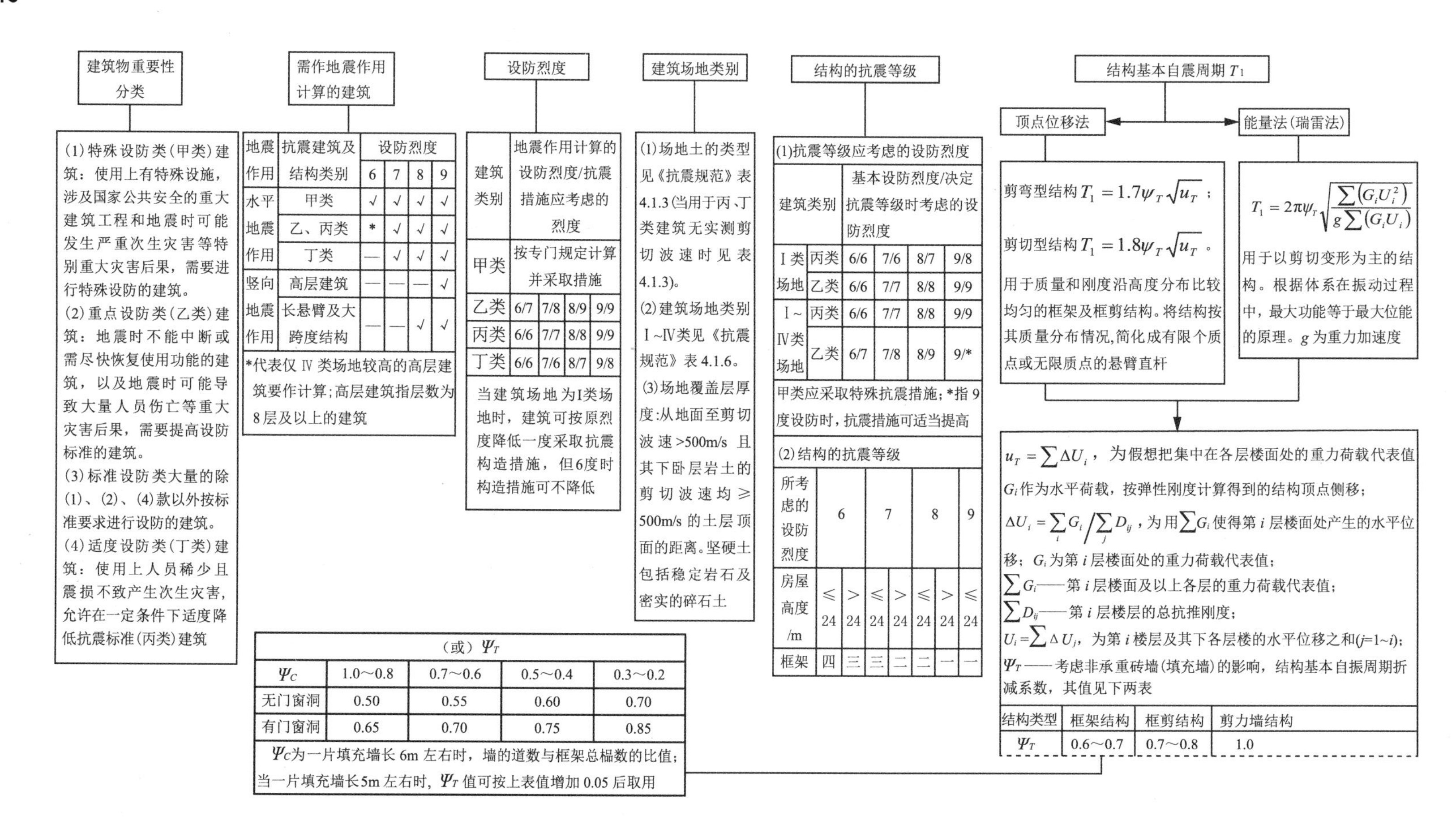

建筑物重要性分类

(1)特殊设防类(甲类)建筑：使用上有特殊设施，涉及国家公共安全的重大建筑工程和地震时可能发生严重次生灾害等特别重大灾害后果，需要进行特殊设防的建筑。

(2)重点设防类(乙类)建筑：地震时不能中断或需尽快恢复使用功能的建筑，以及地震时可能导致大量人员伤亡等重大灾害后果，需要提高设防标准的建筑。

(3)标准设防类大量的除(1)、(2)、(4)款以外按标准要求进行设防的建筑。

(4)适度设防类(丁类)建筑：使用上人员稀少且震损不致产生次生灾害，允许在一定条件下适度降低抗震标准(丙类)建筑

需作地震作用计算的建筑

地震作用	抗震建筑及结构类别	设防烈度 6	7	8	9
水平地震作用	甲类	√	√	√	√
	乙、丙类	*	√	√	√
	丁类	—	√	√	√
竖向地震作用	高层建筑	—	—	—	√
	长悬臂及大跨度结构	—	—	√	√

*代表仅Ⅳ类场地较高的高层建筑要作计算；高层建筑指层数为8层及以上的建筑

设防烈度

建筑类别	地震作用计算的设防烈度/抗震措施应考虑的烈度			
甲类	按专门规定计算并采取措施			
乙类	6/7	7/8	8/9	9/9
丙类	6/6	7/7	8/8	9/9
丁类	6/6	7/6	8/7	9/8

当建筑场地为Ⅰ类场地时，建筑可按原烈度降低一度采取抗震构造措施，但6度时构造措施可不降低

建筑场地类别

(1)场地土的类型见《抗震规范》表4.1.3(当用于丙、丁类建筑无实测剪切波速时见表4.1.3)。

(2)建筑场地类别Ⅰ~Ⅳ类见《抗震规范》表4.1.6。

(3)场地覆盖层厚度：从地面至剪切波速>500m/s且其下卧层岩土的剪切波速均≥500m/s的土层顶面的距离。坚硬土包括稳定岩石及密实的碎石土

结构的抗震等级

(1)抗震等级应考虑的设防烈度

建筑类别		基本设防烈度/决定抗震等级时考虑的设防烈度			
Ⅰ类场地	丙类	6/6	7/6	8/7	9/8
	乙类	6/6	7/7	8/8	9/9
Ⅰ~Ⅳ类场地	丙类	6/6	7/7	8/8	9/9
	乙类	6/7	7/8	8/9	9/*

甲类应采取特殊抗震措施；*指9度设防时，抗震措施可适当提高

(2)结构的抗震等级

所考虑的设防烈度	6		7		8		9
房屋高度/m	≤24	>24	≤24	>24	≤24	>24	≤24
框架	四	三	三	二	二	一	一

结构基本自震周期 T_1

顶点位移法

剪弯型结构 $T_1 = 1.7\psi_T\sqrt{u_T}$；

剪切型结构 $T_1 = 1.8\psi_T\sqrt{u_T}$。

用于质量和刚度沿高度分布比较均匀的框架及框剪结构。将结构按其质量分布情况，简化成有限个质点或无限质点的悬臂直杆

能量法(瑞雷法)

$$T_1 = 2\pi\psi_T\sqrt{\frac{\sum(G_iU_i^2)}{g\sum(G_iU_i)}}$$

用于以剪切变形为主的结构。根据体系在振动过程中，最大功能等于最大位能的原理。g为重力加速度

$u_T=\sum\Delta U_i$，为假想把集中在各层楼面处的重力荷载代表值G_i作为水平荷载，按弹性刚度计算得到的结构顶点侧移；

$\Delta U_i=\sum_i G_i\Big/\sum_j D_{ij}$，为用$\sum G_i$使得第$i$层楼面处产生的水平位移；$G_i$为第$i$层楼面处的重力荷载代表值；

$\sum G_i$——第i层楼面及以上各层的重力荷载代表值；

$\sum D_{ij}$——第i层楼层的总抗推刚度；

$U_i=\sum\Delta U_j$，为第i楼层及其下各层楼的水平位移之和(j=1~i)；

ψ_T——考虑非承重砖墙(填充墙)的影响，结构基本自振周期折减系数，其值见下两表

结构类型	框架结构	框剪结构	剪力墙结构
ψ_T	0.6~0.7	0.7~0.8	1.0

(或)ψ_T

ψ_C	1.0~0.8	0.7~0.6	0.5~0.4	0.3~0.2
无门窗洞	0.50	0.55	0.60	0.70
有门窗洞	0.65	0.70	0.75	0.85

ψ_C为一片填充墙长6m左右时，墙的道数与框架总榀数的比值；当一片填充墙长5m左右时，ψ_T值可按上表值增加0.05后取用

11-11 多遇地震烈度下结构水平弹性地震作用

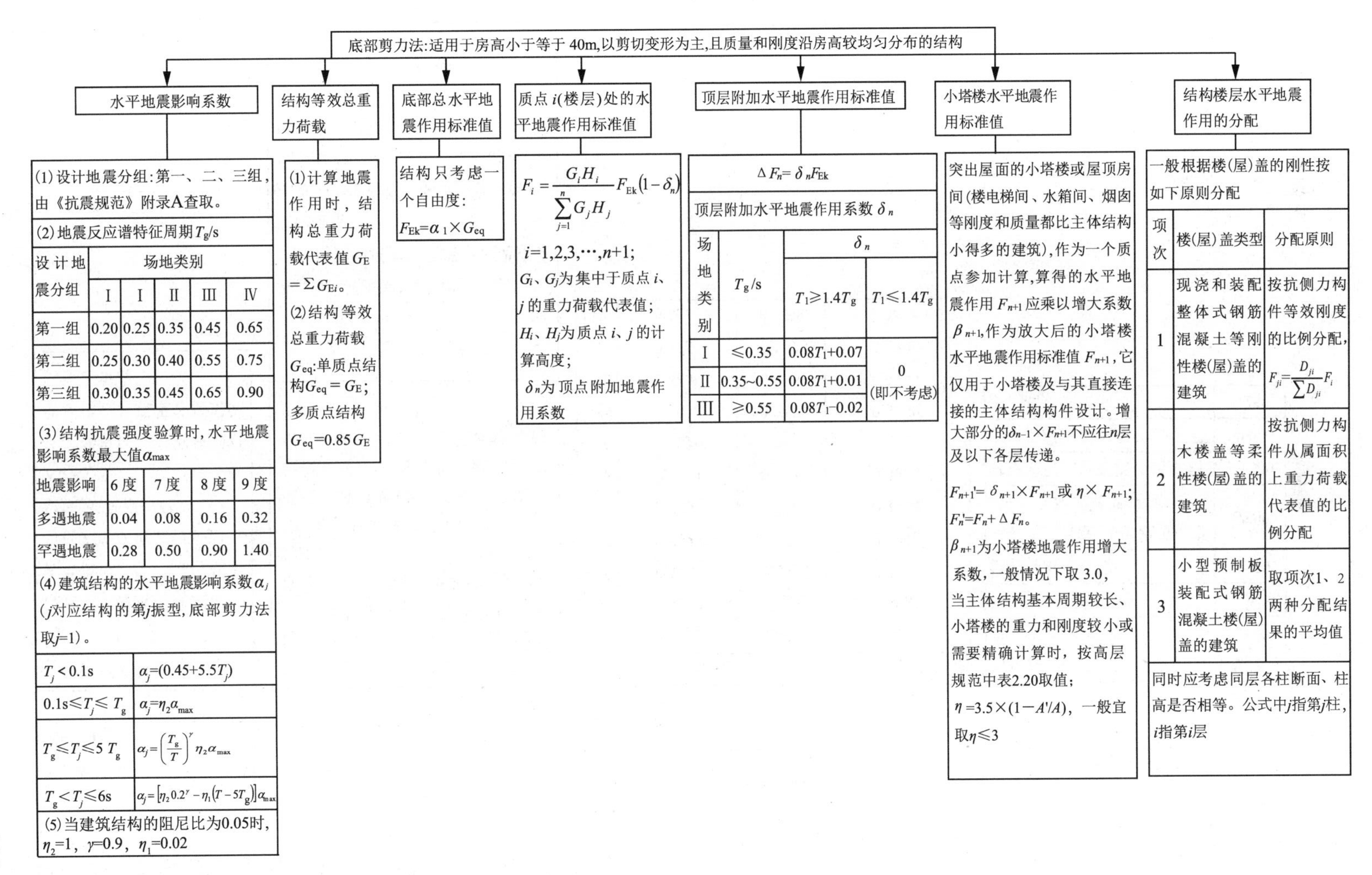

底部剪力法:适用于房高小于等于40m,以剪切变形为主,且质量和刚度沿房高较均匀分布的结构

水平地震影响系数

(1)设计地震分组:第一、二、三组,由《抗震规范》附录A查取。

(2)地震反应谱特征周期T_g/s

设计地震分组	场地类别				
	Ⅰ	Ⅰ	Ⅱ	Ⅲ	Ⅳ
第一组	0.20	0.25	0.35	0.45	0.65
第二组	0.25	0.30	0.40	0.55	0.75
第三组	0.30	0.35	0.45	0.65	0.90

(3)结构抗震强度验算时,水平地震影响系数最大值α_{max}

地震影响	6度	7度	8度	9度
多遇地震	0.04	0.08	0.16	0.32
罕遇地震	0.28	0.50	0.90	1.40

(4)建筑结构的水平地震影响系数α_j(j对应结构的第j振型,底部剪力法取j=1)。

$T_j<0.1s$	$\alpha_j=(0.45+5.5T_j)$
$0.1s\leq T_j\leq T_g$	$\alpha_j=\eta_2\alpha_{max}$
$T_g\leq T_j\leq 5T_g$	$\alpha_j=\left(\frac{T_g}{T}\right)^{\gamma}\eta_2\alpha_{max}$
$T_g<T_j\leq 6s$	$\alpha_j=[\eta_2 0.2^{\gamma}-\eta_1(T-5T_g)]\alpha_{max}$

(5)当建筑结构的阻尼比为0.05时,$\eta_2=1$, $\gamma=0.9$, $\eta_1=0.02$

结构等效总重力荷载

(1)计算地震作用时,结构总重力荷载代表值$G_E=\sum G_{Ei}$。

(2)结构等效总重力荷载

G_{eq}:单质点结构$G_{eq}=G_E$;

多质点结构$G_{eq}=0.85G_E$

底部总水平地震作用标准值

结构只考虑一个自由度:

$F_{Ek}=\alpha_1\times G_{eq}$

质点i(楼层)处的水平地震作用标准值

$$F_i=\frac{G_iH_i}{\sum_{j=1}^{n}G_jH_j}F_{Ek}(1-\delta_n)$$

$i=1,2,3,\cdots,n+1$;

G_i、G_j为集中于质点i、j的重力荷载代表值;

H_i、H_j为质点i、j的计算高度;

δ_n为顶点附加地震作用系数

顶层附加水平地震作用标准值

$\Delta F_n=\delta_nF_{Ek}$

顶层附加水平地震作用系数δ_n

场地类别	T_g/s	δ_n	
		$T_1\geq1.4T_g$	$T_1\leq1.4T_g$
Ⅰ	≤0.35	$0.08T_1+0.07$	0(即不考虑)
Ⅱ	0.35~0.55	$0.08T_1+0.01$	
Ⅲ	≥0.55	$0.08T_1-0.02$	

小塔楼水平地震作用标准值

突出屋面的小塔楼或屋顶房间(楼电梯间、水箱间、烟囱等刚度和质量都比主体结构小得多的建筑),作为一个质点参加计算,算得的水平地震作用F_{n+1}应乘以增大系数β_{n+1},作为放大后的小塔楼水平地震作用标准值F_{n+1},它仅用于小塔楼及与其直接连接的主体结构构件设计。增大部分的$\delta_{n-1}\times F_{n+1}$不应往$n$层及以下各层传递。

$F_{n+1}'=\delta_{n+1}\times F_{n+1}$或$\eta\times F_{n+1}$;

$F_n'=F_n+\Delta F_n$。

β_{n+1}为小塔楼地震作用增大系数,一般情况下取3.0,当主体结构基本周期较长、小塔楼的重力和刚度较小或需要精确计算时,按高层规范中表2.20取值;

$\eta=3.5\times(1-A'/A)$,一般宜取$\eta\leq3$

结构楼层水平地震作用的分配

一般根据楼(屋)盖的刚性按如下原则分配

项次	楼(屋)盖类型	分配原则
1	现浇和装配整体式钢筋混凝土等刚性楼(屋)盖的建筑	按抗侧力构件等效刚度的比例分配,$F_{ji}=\frac{D_{ji}}{\sum D_{ji}}F_i$
2	木楼盖等柔性楼(屋)盖的建筑	按抗侧力构件从属面积上重力荷载代表值的比例分配
3	小型预制板装配式钢筋混凝土楼(屋)盖的建筑	取项次1、2两种分配结果的平均值

同时应考虑同层各柱断面、柱高是否相等。公式中j指第j柱,i指第i层

11–12　多遇地震作用标准值下层间弹性位移和顶点位移

梁、柱弯曲变形产生的侧移 Δ_M（剪切型）

(1) 第 i 层的层间位移：

$$\delta_i = F_i / \sum D_{ij}$$

F_i 为第 i 层水平地震作用标准值；$\sum D_{ij}$ 为第 i 层所有柱 j 的 D 值之和。

(2) 框架顶点位移：

$\Delta_M = \sum \delta_i$

各层楼板标高处侧移绝对值是该层及以下各层层间侧移之和

柱轴向变形产生的侧移 Δ_N

(1) 在层数不多的框架中，柱轴向变形引起的侧移很小，在近似计算中常可忽略，在高度较大的框架中不能忽略，但仍以剪切型为主；

(2) 在水平荷载作用下，对于一般框架，只有两根边柱轴力较大，一拉一压，中柱因两边梁的剪力相近，轴力很小，可假定除边柱外，其他柱轴力为零

$$\Delta_N = \frac{F_{Ek0} H^3}{E_{c1} A_{c1} B^2} F_N$$

F_{Ek0} 为一榀框架的结构底部剪力；

E_{c1}、A_{c1} 为一榀框架底层一根边柱的轴向刚度；

H、B 为框架计算简图中总高、总宽；

F_N 为侧移系数，取决于荷载形式、顶层柱与底层柱轴向刚度之比 S_N，后者计算公式为

$$S_N = \frac{E_{c顶} A_{c顶}}{E_{c底} A_{c底}}$$

侧移系数 F_N

S_N	顶点集中荷载	均布荷载	三角形分布荷载
0.50	0.7725	0.2803	0.4143
0.55	0.7593	0.2767	0.4085
0.60	0.7467	0.2732	0.4030
0.65	0.7349	0.2699	0.3978
0.70	0.7237	0.2667	0.3928
0.75	0.7131	0.2636	0.3880
0.80	0.7029	0.2607	0.3834
0.85	0.6932	0.2579	0.3789
0.90	0.6840	0.2551	0.3747
0.95	0.6751	0.2525	0.3706
1.00	0.6667	0.2500	0.3666

弹性水平位移限值

角位移(弹性层间位移 δ_i 与计算楼层层高 h_i 之比)限值	
结构类型	$[\theta_c]$
钢筋混凝土框架	1/550
钢筋混凝土框架抗震墙、板柱-抗震墙、框架-核心筒	1/800
钢筋混凝土抗震墙、筒中筒	1/1000
钢筋混凝土框支层	1/1000
多、高层钢结构	1/250

11-13 荷载作用计算图

恒荷载作用

(1)荷载值参见永久荷载标准值计算部分。
(2)恒荷载一律按受荷面积计算，层间墙、窗等重量，以半层计，分属于上、下层梁。
(3)横向框架中，考虑与柱相连的纵向梁传来的集中力，作用于梁柱相交节点上(一般近似将纵梁视为简支梁计算)。柱自重标在柱高中部。
(4)纵向框架中，恒、活荷载作用下的柱轴力，已在横向框架中算出，此时可不再重新分析，因此纵向框架荷载只考虑梁上所受荷载，内力分析时也只考虑梁柱所受弯矩、剪力

活荷载作用

(1)在每跨中，设计时一般假定为满跨满载或全跨无载，不考虑在一个跨上只有部分活荷的情况。
(2)跨数和层数较多而活荷载较小的框架，可不考虑活荷载的不利布置(一般民用建筑和公共高层建筑中，活荷载标准值为1.5～2.5kN/m²，较小，而图书馆书库、多层工业厂房、仓库等较大)。
(3)横向框架中，对于内廊式柱网且活荷载小于恒荷载的框架，一般可按活荷载计算，不考虑活荷载不利布置；对于等跨式柱网，则必须按活荷载不利布置来计算最不利内力。
(4)活荷载与地震作用组合时，根据《抗震规范》的规定，一般不考虑活荷载的不利位置，而按满荷载计算内力。
(5)在进行分层法计算时，若活荷载按满布考虑，不再作不利分布，则对由活荷载引起的支座和跨中弯矩乘以放大系数1.1～1.2，以考虑不利分布影响。
(6)对跨数和层数不多而活荷载较大的框架，可将活荷载逐层逐跨单独作用求出每种荷载下的内力，然后对各控制断面最不利内力的几种类型，分别叠加所需要的内力进行组合。采用分层法近似计算框内力时：
①对于梁可以只考虑本层活荷载不利布置，不考虑其他层的活荷载对该层影响；求某跨跨中最大正弯矩时，活荷载除在本跨布置外，再隔跨布置；求某跨支座最大负弯矩和最大支座剪力时，应在该控制断面的左、右两跨布置活荷载，然后再隔跨布置。
②对于柱，应考虑整个框架。活荷载引起的弯矩必须与恒荷载引起的弯矩同一方向，才能求得M_{max}。应注意以下几点：
a.当求柱端断面的最大弯矩为顺时针方向时，则在该柱的右侧跨的上下两层的横梁上布置活荷载，然后再隔跨隔层布置活荷载；为反时针方向时，在左侧跨按如上方法布置，此时只考虑该柱上、下相邻两层荷载的不利布置。
b.当求N_{max}和相应的M、V时，则应在该柱的左右两跨内布满活荷载。必须考虑该柱以上所有层荷载的影响

风荷载作用

(1)作用在建筑物表面单位面积上的风荷载标准值可按下式确定：$w_k=\beta_z\mu_s\mu_z w_0$。
(2)基本风压值w_0详见《荷载规范》中全国基本风压分布图。
(3)风压高度变化系数μ_z按《荷载规范》第8.2.1条取用；如果房屋高度不大，可按房屋顶点距地面高度取μ_z统一值，并按沿高度均布取，否则应按倒三角形分布取，分段计算。
(4)风荷载体形系数μ_s按《荷载规范》第8.3.1条取用，计算公式为$\mu_s=\mu_{s1}-\mu_{s2}$，μ_{s1}、μ_{s2}为迎风面及背风面体形系数。

在某些风压较大的部位，要考虑局部风荷载对某些构件的不利作用，采用局部增大体形系数(局部效应)：
①角隅分布：在迎风面以及房屋侧面宽度为1/4～1/6之侧墙面宽度的范围内，验算墙板、女儿墙、窗玻璃、广告牌、挑檐、阳台等构件的强度及连接件的强度时，取迎风面体形系数为+1.5，侧面体形系数为-1.5。
②向上漂浮的风荷载：阳台、挑檐、雨篷、遮阳板等外挑构件及轻型屋面构件，局部上浮的风压体型系数为-2.0。
(5)风振系数β_z按《荷载规范》第8.4.3条取用；对不属于上述规定的情况，取β_z=1.0。
(6)风荷载按计算单元负荷宽度换算成沿高度分布的线荷载，再化为框架结点荷载。屋面以上风荷载化为屋面层水平集中风荷载和结点弯矩。
(7)基本风压w_0的调整系数：高层建筑、山区建筑以及缺乏实际资料的海面和海岛建筑，应按右表系数乘以基本风压

高层建筑	一般的	1.1
	特别重要的	1.2
山区建筑(按相邻地区的w_0乘以调整系数)	山间盆地、谷地等闭塞地形	0.75～0.85
	与大风方向一致的谷口、山口	1.20～1.50
海面及海岛建筑(按陆地上的w_0乘以调整系数)距海岸的距离	<40km	1.0
	40～60km	1.0～1.1
	60～100km	1.1～1.2

雪荷载作用

参见可变荷载标准值计算部分；分布情况见《荷载规范》第5.2.2条

地震作用

参见多遇地震烈度下结构水平弹性地震作用计算部分

11-14 水平荷载作用下的结构内力

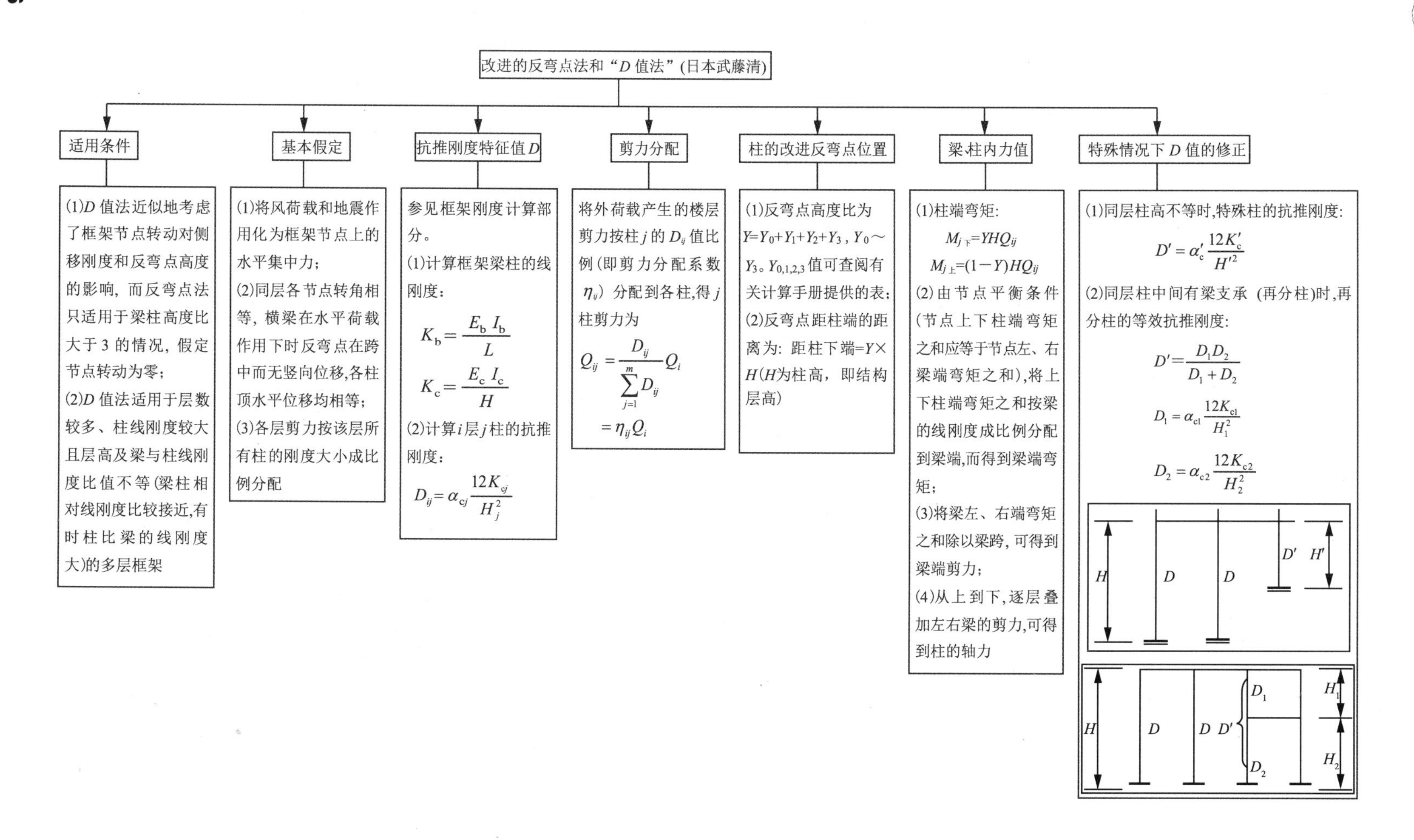

11-15 竖向荷载作用下的结构内力

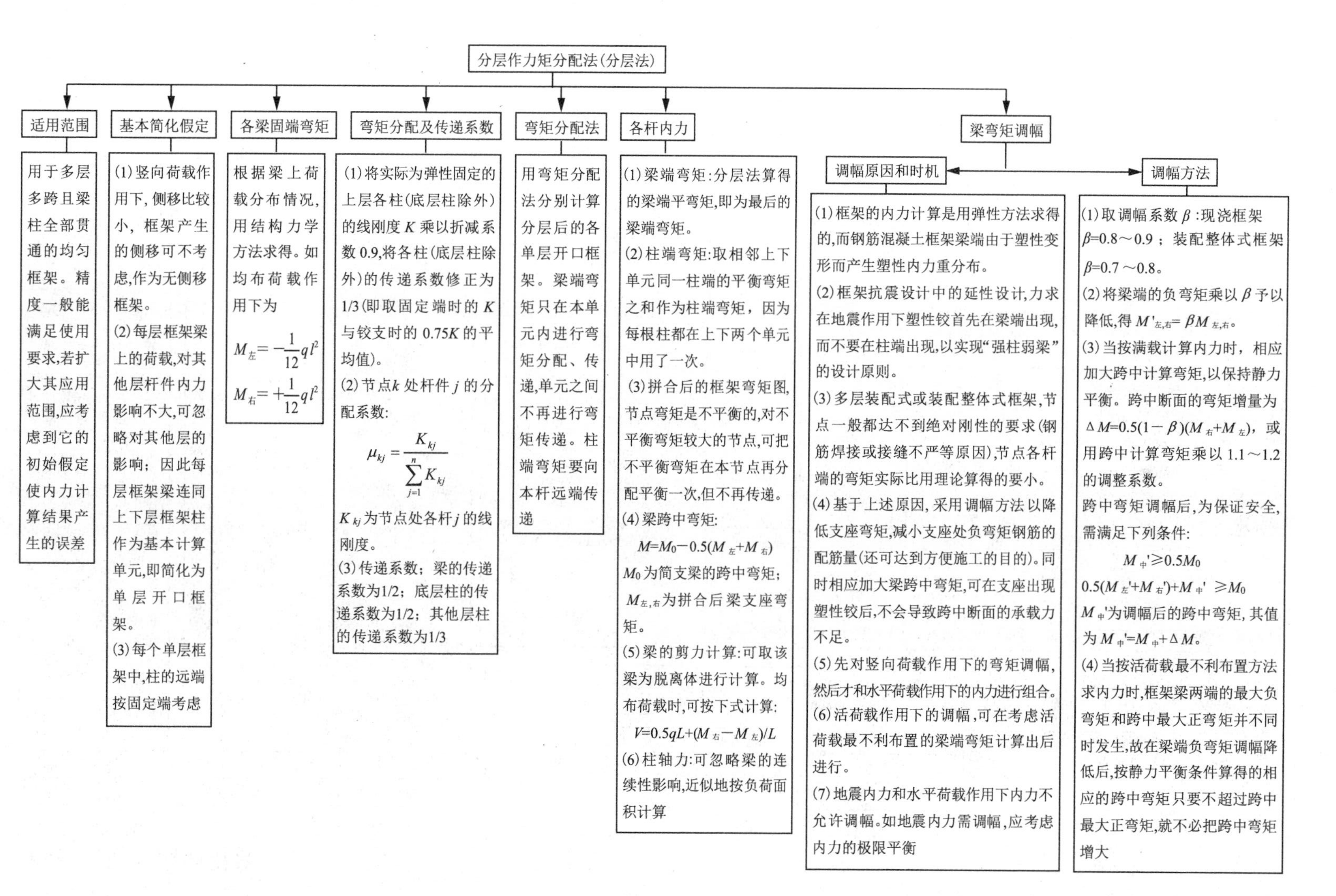

11-16 梁柱内力组合

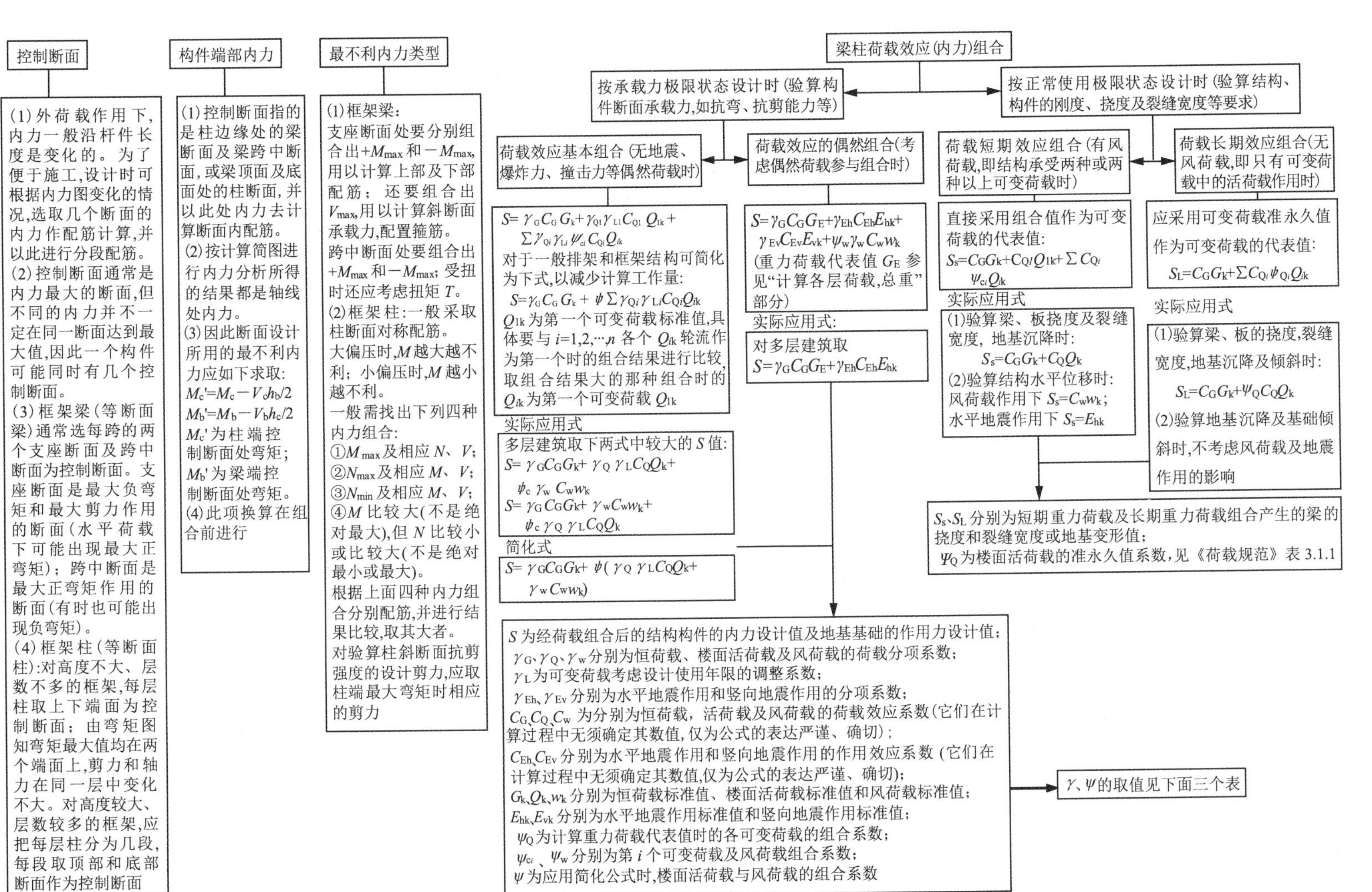

控制断面
(1)外荷载作用下，内力一般沿杆件长度是变化的。为了便于施工，设计时可根据内力图变化的情况，选取几个断面的内力作配筋计算，并以此进行分段配筋。
(2)控制断面通常是内力最大的断面，但不同的内力并不一定在同一断面达到最大值，因此一个构件可能同时有几个控制断面。
(3)框架梁(等断面梁)通常选每跨的两个支座断面及跨中断面为控制断面。支座断面是最大负弯矩和最大剪力作用的断面(水平荷载下可能出现最大正弯矩)；跨中断面是最大正弯矩作用的断面(有时也可能出现负弯矩)。
(4)框架柱(等断面柱)：对高度不大、层数不多的框架，每层柱取上下端面为控制断面；由弯矩图知弯矩最大值均在两个端面上，剪力和轴力在同一层中变化不大。对高度较大、层数较多的框架，应把每层柱分为几段，每段取顶部和底部断面作为控制断面
构件端部内力
(1)控制断面指的是柱边缘处的梁断面及梁跨中断面，或梁顶面及底面处的柱断面，并以此处内力去计算断面内配筋。
(2)按计算简图进行内力分析所得的结果都是轴线处内力。
(3)因此断面设计所用的最不利内力应如下求取：
$M_c'=M_c-V_c h_b/2$
$M_b'=M_b-V_b h_c/2$
M_c'为柱端控制断面处弯矩；
M_b'为梁端控制断面处弯矩。
(4)此项换算在组合前进行
最不利内力类型
(1)框架梁：
支座断面处要分别组合出$+M_{max}$和$-M_{max}$，用以计算上部及下部配筋；还要组合出V_{max}，用以计算斜断面承载力，配置箍筋。
跨中断面处要组合出$+M_{max}$和$-M_{max}$；受扭时还应考虑扭矩T。
(2)框架柱：一般采取柱断面对称配筋。
大偏压时，M越大越不利；小偏压时，M越小越不利。
一般需找出下列四种内力组合：
①M_{max}及相应N、V；
②N_{max}及相应M、V；
③N_{min}及相应M、V；
④M比较大(不是绝对最大)，但N比较小或比较大(不是绝对最小或最大)。
根据上面四种内力组合分别配筋，并进行结果比较，取其大者。
对验算柱斜断面抗剪强度的设计剪力，应取柱端最大弯矩时相应的剪力
梁柱荷载效应(内力)组合
按承载力极限状态设计时(验算构件断面承载力，如抗弯、抗剪能力等)
按正常使用极限状态设计时(验算结构、构件的刚度、挠度及裂缝宽度等要求)
荷载效应基本组合(无地震、爆炸力、撞击力等偶然荷载时)
$S=\gamma_G C_G G_k+\gamma_{Q1}\gamma_{L1}C_{Q1}Q_{1k}+\sum\gamma_{Qi}\gamma_{Li}\psi_{ci}C_{Qi}Q_{ik}$
对于一般排架和框架结构可简化为下式，以减少计算工作量：
$S=\gamma_G C_G G_k+\psi\sum\gamma_{Qi}\gamma_{Li}C_{Qi}Q_{ik}$
Q_{1k}为第一个可变荷载标准值，具体要与$i=1,2,\cdots,n$各个Q_{ik}轮流作为第一个时的组合结果进行比较，取组合结果大的那种组合时的Q_{ik}为第一个可变荷载Q_{1k}
实际应用式
多层建筑取下两式中较大的S值：
$S=\gamma_G C_G G_k+\gamma_Q\gamma_L C_Q Q_k+\psi_c\gamma_w C_w w_k$
$S=\gamma_G C_G G_k+\gamma_w C_w w_k+\psi_c\gamma_Q\gamma_L C_Q Q_k$
简化式
$S=\gamma_G C_G G_k+\psi(\gamma_Q\gamma_L C_Q Q_k+\gamma_w C_w w_k)$
荷载效应的偶然组合(考虑偶然荷载参与组合时)
$S=\gamma_G C_G G_E+\gamma_{Eh}C_{Eh}E_{hk}+\gamma_{Ev}C_{Ev}E_{vk}+\psi_w\gamma_w C_w w_k$
(重力荷载代表值G_E参见“计算各层荷载，总重”部分)
实际应用式：
对多层建筑取
$S=\gamma_G C_G G_E+\gamma_{Eh}C_{Eh}E_{hk}$
荷载短期效应组合(有风荷载，即结构承受两种或两种以上可变荷载时)
直接采用组合值作为可变荷载的代表值：
$S_s=C_G G_k+C_{Q1}Q_{1k}+\sum C_{Qi}\psi_{ci}Q_{ik}$
实际应用式
(1)验算梁、板挠度及裂缝宽度，地基沉降时：
$S_s=C_G G_k+C_Q Q_k$
(2)验算结构水平位移时：
风荷载作用下$S_s=C_w w_k$；
水平地震作用下$S_s=E_{hk}$
荷载长期效应组合(无风荷载，即只有可变荷载中的活荷载作用时)
应采用可变荷载准永久值作为可变荷载的代表值：
$S_L=C_G G_k+\sum C_{Qi}\psi_{Qi}Q_{ik}$
实际应用式
(1)验算梁、板的挠度，裂缝宽度，地基沉降及倾斜时：
$S_L=C_G G_k+\psi_Q C_Q Q_k$
(2)验算地基沉降及基础倾斜时，不考虑风荷载及地震作用的影响
S_s、S_L分别为短期重力荷载及长期重力荷载组合产生的梁的挠度和裂缝宽度或地基变形值；
ψ_Q为楼面活荷载的准永久值系数，见《荷载规范》表3.1.1
S为经荷载组合后的结构构件的内力设计值及地基基础的作用力设计值；
γ_G、γ_Q、γ_w分别为恒荷载、楼面活荷载及风荷载的荷载分项系数；
γ_L为可变荷载考虑设计使用年限的调整系数；
γ_{Eh}、γ_{Ev}分别为水平地震作用和竖向地震作用的分项系数；
C_G、C_Q、C_w为分别为恒荷载，活荷载及风荷载的荷载效应系数(它们在计算过程中无须确定其数值，仅为公式的表达严谨、确切)；
C_{Eh}、C_{Ev}分别为水平地震作用和竖向地震作用的作用效应系数(它们在计算过程中无须确定其数值，仅为公式的表达严谨、确切)；
G_k、Q_k、w_k分别为恒荷载标准值、楼面活荷载标准值和风荷载标准值；
E_{hk}、E_{vk}分别为水平地震作用标准值和竖向地震作用标准值；
ψ_Q为计算重力荷载代表值时的各可变荷载的组合系数；
ψ_{ci}、ψ_w分别为第i个可变荷载及风荷载组合系数；
ψ为应用简化公式时，楼面活荷载与风荷载的组合系数
γ、ψ的取值见下面三个表

荷载分项系数			
非抗震及抗震时恒荷载的 γ_G	其效应对结构不利时（取大值 不利时）	对由可变荷载效应控制的组合	1.2
		对由永久荷载效应控制的组合	1.35
	其效应对结构有利时（取小值不利时）		≤1.0
楼面活荷载的分项系数 γ_Q 非抗震	一般情况下		1.4
	对工业房屋楼面结构，$Q_k>4kN/m^2$ 时		1.3
楼面活荷载的分项系数 γ_Q 抗震	其效应对结构不利时（取大值不利时）		1.2
	其效应对结构有利时（取小值不利时）		1.0
风荷载的 γ_w			1.4
水平地震作用的 γ_{Eh}	仅计算水平地震作用，或同时计算水平与竖向地震作用（水平地震为主）		1.3
	同时计算水平与竖向地震作用（竖向地震为主）		0.5
竖向地震作用的 γ_{Ev}	仅计算竖向地震作用，或同时计算水平与竖向地震作用（竖向地震为主）		1.3
	同时计算水平与竖向地震作用（水平地震为主）		0.5
9 度时高层建筑（≥8 层或房高 >60m）、8 度和 9 度时大跨结构 、长悬臂结构应考虑竖向地震作用			

荷载组合系数			
非抗震设计	多层建筑的 ψ_c	当有风荷载参与组合时	0.6
		当无风荷载参与组合时	1.0
	一般框架的可变荷载组合系数	参与组合的可变荷载为两个及两个以上，且包括风荷载时	0.85
		其他情况（以风荷载为主要荷载时，如高层建筑）	1.0
	高层建筑的 ψ_w	风荷载是非抗震的高层建筑的主要荷载	1.0
	一般建筑的 ψ_w	多层建筑	0
抗震设计	可变荷载的 ψ_Q	高层建筑（7～9 度设防，高度大于60m）、烟囱、较高的水塔	0.2
		雪荷载、屋面积灰荷载（屋面活荷载 不计入）	0.5
	按实际情况考虑楼面活荷载的 ψ_Q		1.0
	等效均布可变荷载的 ψ_Q	藏书库及档案库	0.8
		其他民用建筑	0.5
	高层建筑的 ψ_w	风荷载起控制作用的建筑	0.2
	一般建筑的 ψ_w	多层建筑	0

楼面和屋面活荷载考虑设计使用年限的调整系数			
结构设计使用年限 /年	5	50	100
γ_L	0.9	1.0	1.1
对于荷载标准值可控制的活荷载，γ_L 取1.0；对雪荷载和风荷载，应取重现期为设计使用年限，按荷载规范第 E.3.3 条的规定确定基本雪压和基本风压			

11-17 抗震框架构件内力增大和调整

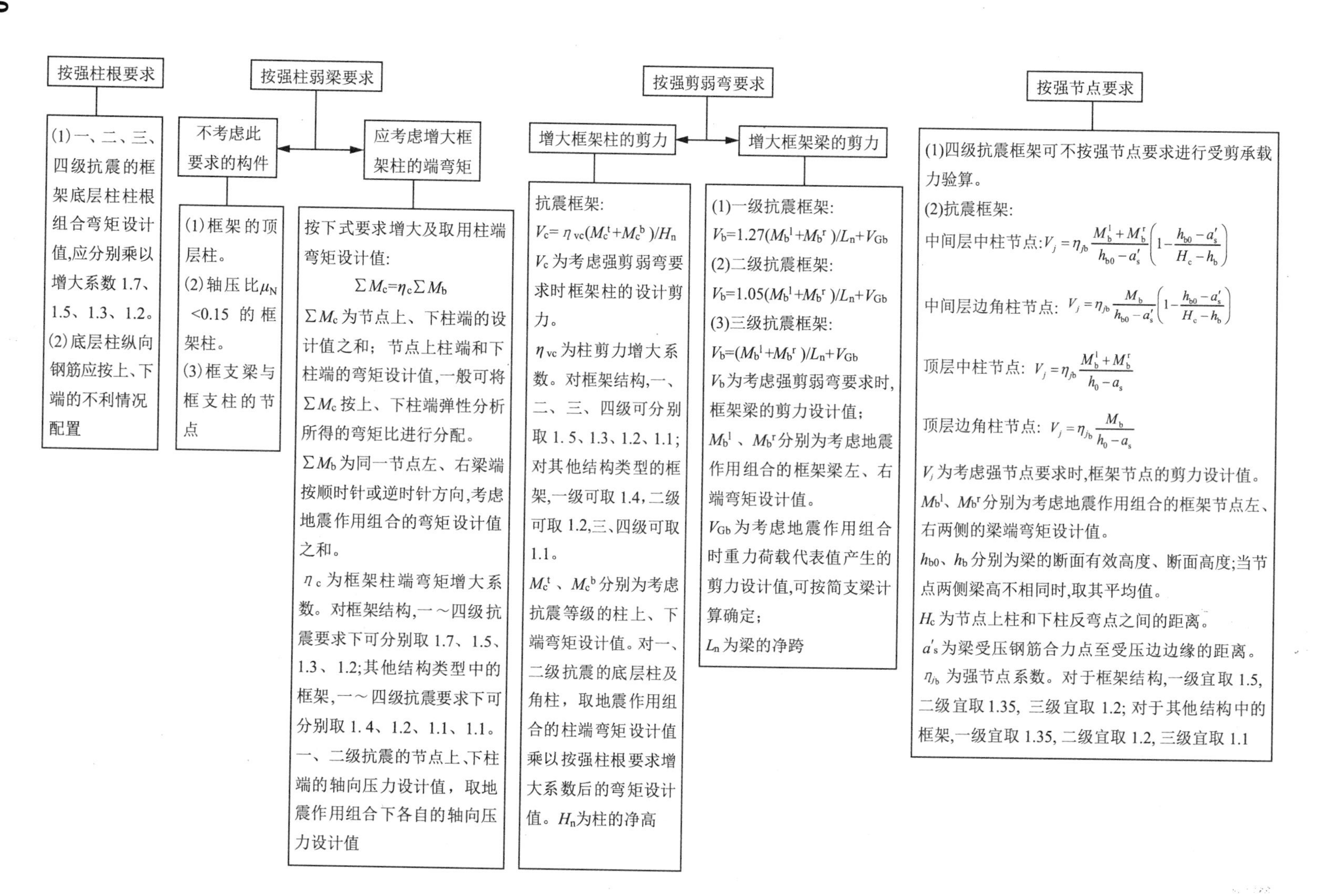

11-18 构件设计计算

建筑安全等级及结构构件的重要性系数 γ_0

安全等级		一级	二级	三级
破坏后果		很严重	严重	不严重
建筑物类型		重要	一般	次要
γ_0(非抗震)	一般构件	1.1	1.0	0.9
	屋架、托架及承受恒载为主的柱子	1.2	1.1	1.0
	预制构件在施工阶段	1.0	0.9	0.8

(1)房屋建筑结构抗震设计中的甲类建筑和乙类建筑，其安全等级宜规定为一级，丙类建筑宜为二级，丁类建筑宜为三级。

(2)建议对承受恒载为主的屋面梁也采用这类柱的值。

(3)以恒载为主的柱，指恒载产生的轴向压力 N_G 符合下述要求:

$$\frac{N_G}{N_G+N_Q+0.6N_w}\geqslant 0.7$$

或

$$\frac{N_G}{N_G+N_w+0.6N_Q}\geqslant 0.7$$

N_G、N_Q、N_w 分别为由恒载、楼面活载、风载产生的柱轴向压力标准值

承载力抗震调整系数 γ_{RE} 值

构件类别		受力特性	γ_{RE}
梁		受弯	0.75
柱	$\mu_N<0.15$	偏压	0.75
	$\mu_N\geqslant 0.15$	偏压	0.8
剪力墙		偏压	0.85
梁、柱、剪力墙、框架节点		偏拉	
梁、柱、剪力墙、框架节点		受剪	
仅考虑竖向地震的各类构件		各种受力状态	1.0

梁断面计算

参见“梁设计计算”部分

柱断面计算

参见“柱设计计算”部分

框架节点核心区

(1)框架节点的最小抗剪水平断面面积要求为

$$\gamma_{RE}V_j\leqslant 0.3\ \eta_j f_c b_j h_j$$

b_j、h_j 分别为框架节点的水平断面的宽度、高度。

①当 $b_b\geqslant b_c/2$ 时,取 $b_j=b_c$, $h_j=h_c$。

②当 $b_b< b_c/2$ 时,取 $b_j=b_b+0.5h_c$ 及 $b_j=b_c$ 二者中较小者; $h_j=h_c$。

③当梁柱轴线有偏心距 e_0 时,b_j 取下列三者中最小值:

$b_j=b_c$,$b_j=0.5(b_c+b_b)+0.25h_c-e_0$,$b_j=b_b+0.5h_c$。$h_j=h_c$,

宜使 $e_0<b_c/4$。

η_j 为正交梁对节点的约束影响系数。四边有梁的节点,当正交方向梁的高度不小于较高框架梁高度的 3/4,且楼板为现浇、梁柱中线重合、四侧各梁宽不小于该侧柱宽的 1/2 时, $\eta_j=1.5$；其他情况 $\eta_j=1.0$。

(2)框架节点的抗剪能力要求为

$$\gamma_{RE}V_j\leqslant 1.1\eta_j f_t b_j h_j+0.05\eta_j N\frac{b_j}{b_c}+f_{yv}A_{svj}\frac{h_{b0}-a_s'}{s}$$

A_{svj} 为核心区有效验算宽度范围内同一断面验算方向箍筋各肢的全部断面面积。

s 为节点核心区内箍筋的间距。

N 为节点上柱底部考虑地震作用组合的轴向压力设计值。当 N 为压力时,取轴向压力设计值的较小值，且当 $N>0.5f_cb_ch_c$ 时,取 $N=0.5f_cb_ch_c$；当 N 为拉力时,取 $N=0$。

h_{b0} 为梁断面有效高度,节点两侧梁断面高度不等时取平均值。

(3)四级抗震框架可不验算节点核心区剪力，但需按构造加强

梁柱配筋构造

可参见混凝土规范和抗震规范相关条款

11-19 梁设计计算

纵向受拉钢筋面积计算

(1)矩形断面梁：$M \le \alpha_1 f_c bx\left(h_0-\frac{x}{2}\right)+f'_y A'_s(h_0-a'_s)$

混凝土受压区高度：$\alpha_1 f_c bx=f_y A_s-f'_y A'_s$

ξ_b为相对界限受压区高度，有屈服点普通钢筋$\xi_b=\beta_1/[1+f_y/(E_s\varepsilon_{cu})]$，混凝土不超过C50时$\beta_1$=0.80，C80时$\beta_1$=0.74，其余线性内插；$\varepsilon_{cu}$为正断面的混凝土极限压应变，$\varepsilon_{cu}=0.0033-(f_{cu,k}-50)\times 10^{-5}$，算得的值大于0.0033时，取0.0033。

(2)T形梁：当$f_y A_s \le \alpha_1 f_c b'_f h'_f+f'_y A'_s$时，按宽度为$b'_f$的矩形断面计算；当不满足上式时，按下式计算：

$M \le \alpha_1 f_c bx\left(h_0-\frac{x}{2}\right)+\alpha_1 f_c(b'_f-b)h'_f\left(h_0-\frac{h'_f}{2}\right)+f'_y A'_s(h_0-a'_s)$

混凝土受压区高度：$\alpha_1 f_c[bx+(b'_f-b)h'_f]=f_y A_s-f'_y A'_s$

b'_f为翼缘宽度，按下表取(b为梁的腹板厚度)：

考虑情况	T形和I形断面		倒L形断面
	肋形梁(板)	独立梁	肋形梁(板)
按计算跨度l_0	$l_0/3$	$l_0/3$	$l_0/6$
按梁净距s_n	$b+s_n$	—	$b+s_n/2$
按翼缘高h'_f	$b+12h'_f$	b	$b+5h'_f$

(3)x限值：计入纵向受压钢筋的一级抗震框架梁的梁端，$x\le 0.25h_0$；二、三级抗震框架梁的梁端，$x\le 0.35h_0$。其他情况时$x\le\xi_b h_0$且$x\ge 2a'$。

(4)抗震框架梁及连梁：$M=\gamma_{RE}\ M_E=7.5M_E$。

(5)实配筋率$\rho>\rho_{min}$。

(6)梁支座处、翼缘处在受拉区，可不考虑它参与受拉工作，而按矩形断面计算配筋

横向抗剪箍筋面积计算

(1)验算梁的最小受剪断面面积。

①非抗震：按线性内插确定。

$h_w/b\le 4$时，$V_b\le 0.25\beta_c f_c bh_0$；

$h_w/b\ge 6$时，$V_b\le 0.2\beta_c f_c bh_0$。

h_w为梁有效高度板底下的部分；β_c为混凝土强度影响系数，不超过C50时取1.0。

②考虑地震组合：当跨高比>2.5时，$\gamma_{RE}V_b\le 0.20\beta_c f_c bh_0$；≤2.5时，$\gamma_{RE}V_b\le 0.15\beta_c f_c bh_0$。$V_b$为考虑地震组合的框架梁端剪力设计值，见《混凝土规范》第11.3.2条。

(2)箍筋配置。

①非抗震：$V\le\alpha_{cv}f_t bh_0+f_{yv}\frac{A_{sv}}{s}h_0$

A_{sv}为配置在同一断面内各肢的全部断面面积，即nA_{sv1}；α_{cv}为断面混凝土受剪承载力系数，一般受弯构件取0.7，对集中荷载作用下的独立梁取$1.75/(\lambda+1)$；λ为计算断面的剪跨比，在$\lambda=a/h_0<1.5$时取1.5，$\lambda>3$时取3。

②考虑地震组合：

$V_b=\frac{1}{\gamma_{re}}\left(0.6\alpha_{cv}f_t bh_0+f_{yv}\frac{A_{sv}}{s}h_0\right)$

③可不进行受剪承载力计算的条件：$V\le\alpha_{cv}f_t bh_0$。

(3)构造要求见《混凝土规范》第9.2.9条实配筋$\rho_{sv}>\rho_{svmin}$

裂缝宽度及挠度计算

(1)当各类构件选取适宜的断面尺寸时，可不作变形和裂缝宽度的验算；当需要验算时，应采用荷载标准值。在重力荷载作用下，计算梁板挠度时需考虑荷载准永久组合：$S_l=G_k+\psi_q Q_k$(ψ_q为楼面活荷载的准永久值系数)。

(2)最大挠度：

①按荷载准永久组合，最大挠度限值如下：

构件类型		挠度限值
屋盖、楼盖及楼梯构件	l_0<7m	$l_0/200$
	7m≤l_0<9m	$l_0/250$
	l_0>9m	$l_0/300$

②对挠度无特殊要求，不需作挠度验算的梁断面最小：

梁的种类	整体肋形梁		独立梁
	次梁	主梁	
简支梁	$L_0/20$	$L_0/12$	$L_0/12$
一端连续	$L_0/23$	$L_0/13$	$L_0/13$
两端连续	$L_0/25$	$L_0/15$	$L_0/15$

(3)正常使用极限状态下受弯构件的挠度可根据结构力学方法，采用刚度B代替弹性刚度EJ计算。采用荷载标准组合时$B=\frac{M_k}{M_q(\theta-1)+M_k}B_s$，采用荷载准永久组合时

$B=\frac{B_s}{\theta}$，$B_s=\frac{E_s A_s h_0^2}{1.15\psi+0.2+6\alpha_E\rho/(1+3.5\gamma'_f)}$。

M_k、M_q分别为按荷载标准组合和准永久组合算得的计算区段被的最大弯矩值。θ为考虑长期荷载作用对挠度增大的影响系数；ρ'=0时取2.0，$\rho'=\rho$时取1.6，之间可内插。ρ，ρ'为纵向受拉、压钢筋的配筋率，$\rho=A_s/bh_0$，$\rho'=A_s'/bh_0$。B_s为按荷载准永久组合计算的构件短期刚度。ψ为裂缝间纵向受拉钢筋的应变不均匀系数，$\psi=1.1-0.65f_{tk}/(\rho_{te}\sigma_s)$；当$\psi<0.4$时取$\psi=0.4$，$\psi>1.0$时取$\psi=1.0$。$\sigma_s$为按荷载准永久组合下的梁或板的纵向受拉筋应力，$\sigma_s=M_s/(0.87h_0A_s)$。$\rho_{te}$为按$A_{te}$算得的纵向受拉筋配筋率，$\rho_{te}=A_s/A_{te}$；最大裂缝计算中，$\rho_{te}<0.01$时取0.01。$A_{te}$为有效受拉混凝土面积；轴心受拉构件$A_{te}=bh$，翼缘位于受压区的T形梁及矩形断面的梁、板$A_{te}=0.5bh$，翼缘位于受拉区的T形梁$A_{te}=0.5bh+(b_f-b)h_f$。$\alpha_E$为钢筋与混凝土弹性模量的比值，$\alpha_E=E_s/E_c$。$\gamma'_f$为梁的受压翼缘面积与腹板有效面积的比值，$\gamma'_f=(b'_f-b)h'_f/(bh_0)$；

当$h_f'>0.2h_0$时取$\gamma_f'=0.2h_0$，对矩形断面梁及板$\gamma_f'=0$。

(4)按荷载标准组合或准永久组合，并考虑长期作用影响，受拉、受弯及偏心受压构件的最大裂缝宽度为

$w_{max}(mm)=\alpha_{cr}\psi\frac{\sigma_s}{E_s}\left(1.9c_s+0.08\times\frac{d_{eq}}{\rho_{te}}\right)$。对$e_0/h_0\le 0.55$的小偏心受压构件，可不验算裂缝宽度。$\alpha_{cr}$为构件受力特征系数(已考虑长期荷载组合的影响)，取值见右表。σ_s为按荷载准永久组合下，构件纵向受拉钢筋的应力。c_s为最外层纵向受拉钢筋外边缘至受拉区底边的距离(mm)；当c_s<20时取c_s=20，c_s>65时取c_s=65。d_{eq}为受拉区纵向钢筋等效直径(mm)；当用不同直径的钢筋时，取换算直径$d=4A_s/\mu$，μ为纵向受拉钢筋断面总周长。

类型	α_{cr}
受弯、偏压	1.9
偏心受拉	2.4
轴心受拉	2.7

(5)最大裂缝宽度限值：$w_{max}\le w_{min}$。w_{min}为最大裂缝宽度限值，按《混凝土规范》第3.4.3条，环境类别按《混凝土规范》第3.5.2条确定

11-20 柱设计计算

轴压比

(1) 轴压比：$\mu_N=\dfrac{N}{A_c f_c}$。

N为重力荷载与地震作用组合下的柱轴向压力设计值；A_c为柱断面面积；f_c为柱的混凝土抗压强度设计值。

(2) 最大μ_N限值如下：

结构类型	抗震等级			
	一	二	三	四
框架结构	0.65	0.75	0.85	0.90
框架-抗震墙、板柱-抗震墙、框架核心筒及筒中筒	0.75	0.85	0.90	0.95
部分框支抗震墙	0.6	0.7	—	

(3) 超过限值时，应调整A_c或提高f_c，以保证柱有足够延性，但混凝土强度等级不应高于C60。

(4) 短柱($H_n/h\leqslant4$，H_n为柱净高，h为柱断面高度)尚应加强混凝土的约束措施，如增多加密区箍筋及沿柱全长加密箍筋。

(5) 剪跨比不大于2或混凝土强度等级为C65~C70的柱，轴压比限值应降低0.05

正断面抗压纵筋面积计算

(1) 多层框架柱的计算长度L_0如下：

柱子的楼层位置	有侧移框架		无侧移框架	
	现浇楼盖	装配楼盖	现浇楼盖	装配楼盖
底层柱	1.0h	1.25h	0.7h	1.0h
其余各层柱	1.25h	1.5h	0.7h	1.0h

h为层高；对于底层柱，为基础顶面至一层顶盖间的高度。无侧移框架指采用非轻质隔墙的框架、跨数为三跨及以上的框架或高宽比$H/B\leqslant3$的双跨框架。

(2) 偏心距增大系数：$\eta=1+\dfrac{1}{1400\,e_i/h_0}\left(\dfrac{L_0}{h}\right)^2\zeta_1\zeta_2$

ζ_1为偏心受压柱的断面曲率修正系数，$\zeta_1=0.5f_cA/N$，当$\zeta_1>1$时取$\zeta_1=1$。ζ_2为考虑柱长细比对断面曲率的影响系数，$\zeta_2=1.15-0.01L_0/h$；当$L_0/h<15$时取$\zeta_2=1.0$。

(3) 大小偏心受压柱的判别式：

$$x=\frac{N}{f_{cm}b}\ \begin{matrix}\leqslant\zeta_b h_0，大偏心\\ >\zeta_b h_0，小偏心\end{matrix}$$

(4) 对称配筋矩形断面大偏压柱一侧的纵筋面积：

$$A_S=A_S'=\frac{Ne-f_{cm}bx(h_0-0.5x)}{f_y'(h_0-a_s')}$$

$e=\eta e_i+h/2-a$，$e_i=e_0+e_a$，$e_a=0.12(0.3h_0-e_0)$，

$e_0=M/N$，$e_0\geqslant0.3h_0$时取$e_a=0$。a为受拉钢筋合力点至断面近边缘的距离

(5) 对称配筋矩形截面小偏压柱一侧的纵筋面积：

$$A_s=A_s'=\frac{Ne-\xi(1-0.5\xi)f_{cm}bh_0^2}{f_y'(h_0-a_s')}$$

$$\xi=\frac{N-\zeta_b f_{cm}bh_0}{\dfrac{Ne-0.45f_{cm}bh_0^2}{(0.8-\zeta_b)(h_0-a_s')}+f_{cm}bh_0}+\xi_b$$

(6) 抗震框架柱，需采用$N=\gamma_{RE}N_E$，$M=\gamma_{RE}M_E$。

(7) 双向偏压柱参见《混凝土规范》附录E.3.8。

(8) 抗震框架的"强柱弱梁"验算：

$$\sum M_c=\eta_c\sum M_b$$

$\sum M_c$、$\sum M_b$分别为框架节点上下柱端、梁端截面顺时针或反时针方向组合的弯矩设计值之和；对于柱的轴压比小于0.15的节点、框支梁及柱的节点，均可不作上述验算。η_c为框架柱端弯矩增大系数；框架结构一～四级抗震要求下可分别取1.7、1.5、1.3、1.2

斜断面抗剪箍筋面积计算

(1) 柱的最小受剪断面面积验算：

非抗震柱 $V\leqslant0.25\beta_c f_c bh_0$

抗震框架柱 $\gamma_{RE}V\leqslant0.20f_c bh_0$

β_c为混凝土强度影响系数；≤C50时取1.0，C80时取0.8，其间按线性内插法确定。

(2) 框架柱抗震设计剪力：

$$V=\eta_{vc}(M_c^b+M_c^t)H_n$$

M_c^t、M_c^b分别为柱的上下端顺时针或反时针方向断面组合的弯矩设计值。H_n为柱净高。V为地震组合作用下柱端断面组合的设计剪力。η_c为框架柱端剪力增大系数；框架结构一~四级可分别取1.5、1.3、1.2、1.1，角柱尚应乘以不小于1.1的增大系数。

(3) 偏心受压矩形断面柱抗剪能力：

非抗震框架柱

$$V\leqslant\frac{1.75}{\lambda+1}f_tbh_0+f_{yv}h_0\frac{A_{sv}}{s}+0.07N$$

λ为柱的计算剪跨比，取为$M/(Vh_0)$；反弯点在层高范围内时$\lambda=H_n/(2h_0)$，$\lambda<1$时，取$\lambda=1$，$\lambda>3$时，取$\lambda=3$。M为计算断面上与剪力设计值V相应的弯矩设计值，H_n为柱净高。N为与V相应的轴向压力设计值；$N>0.3f_cbh_0$时，取$N=0.3f_cbh_0$

(4) 偏心受拉矩形断面柱抗剪能力：非抗震框架柱为

$$V\leqslant\frac{1.75}{\lambda+1}f_tbh_0+f_{yv}h_0\frac{A_{sv}}{s}-0.2N$$

式右侧计算值小于$f_{yv}A_sh_0/s$时，等取于$f_{yv}A_sh_0/s$。

(5) 剪跨比大于2的柱：

$\gamma_{RE}V\leqslant0.20f_cbh_0$

剪跨比不大于2的柱：

$\gamma_{RE}V\leqslant0.15f_cbh_0$

λ为剪跨比，$\lambda=M^c/(V^ch_0)$。M^c柱端或墙端断面组合的弯矩计算值、V^c为对应的断面组合剪力计算值；h_0为断面有效高度。

λ取上下端计算结果的较大值；反弯点位于柱高中部的框架柱，可按柱净高与2倍柱断面高度之比计算。V为柱端断面组合的剪力设计值(经η调整后的值)

11-21 按罕遇地震烈度验算薄弱层弹塑性位移

验算范围

实现“大震不倒”这个第三水准设计目标。一般经过小震地震作用计算后，采取若干抗震措施即可满足。遇下表情况，必须进行罕遇地震作用(大震)下的变形验算。

应验算弹塑性层间位移的结构			
建筑结构类型	7度	8度	9度
高大的单层钢筋混凝土柱厂房的横向排架	—	Ⅲ、Ⅳ类场地	√
ξ_y<0.5 的框架、框排架	√	√	√
甲类建筑、9度时乙类建筑中的钢筋混凝土结构(有特殊要求的延性结构)	√	√	√
高度大于 150m 的结构	√	√	√
采用隔震和消能减震设计的结构	√	√	√

宜进行弹塑性变形验算的结构			
建筑结构类型	7度	8度	9度
钢筋混凝土结构和钢结构	Ⅲ、Ⅳ类场地	乙类建筑	—
板柱-抗震墙结构和底框	√	√	√
高度不大于 150m 的其他高层钢结构	√	√	√
不规则的地下建筑结构及地下空间综合体	√	√	√

结构薄弱层位置

(1) ξ_y沿高度均匀分布的结构，取底层。

(2) ξ_y沿高度不均匀分布的结构，可取值最小的楼层和相对较小的楼层，一般不超过2~3处。

(3)单层厂房可取上柱

楼层屈服强度系数

(1)楼层屈服强度系数: $\xi_y=V_y/V_{e2}$

V_y为按构件实际配筋和材料强度标准值计算的楼层受剪承载力标准值；V_{e2}为按罕遇地震作用标准值下用弹性分析法算得的楼层弹性地震剪力标准值，$V_{e2}=(\alpha_{max2}/\alpha_{max1})V_{e1}$；$V_{e1}$、$\alpha_{max1}$分别为多遇地震下的层间弹性地震剪力标准值和地震影响系数最大值($\alpha_{max1}=\alpha_{max}$)；$\alpha_{max2}$为罕遇地震作用的水平地震影响系数最大值；7、8、9度时分别取α_{max}为0.5、0.9、1.4。

(2) V_y采用当量弱柱法计算时，为同层各柱实际抗剪承载力之和。某根柱的抗剪承载能力可由上下端的有效极限弯矩M_{uj}之和除以层高得到。

梁端和柱端实际极限弯矩(承载力)

$$M_{by}^a=f_{yk}A_s^a(h_0-a_s)$$

$$M_{cy}^a=f_{yk}A_s^a(h_0-a_s)+0.5N_Gh(1-N_G/f_{cmk}b_h)$$

N_G为对应于重力荷载代表值的轴向力(分项系数取1.0)。

当交汇于某节点的$\Sigma M_{by}^a>\Sigma M_{cy}^a$时，$M_{uj}=\Sigma M_{cy}^a$；

当交汇于某节点的$\Sigma M_{by}^a<\Sigma M_{cy}^a$时，柱上端$M_{uj}=[k_i/(k_i+k_{i+1})]\Sigma M_{by}^a$，柱下端$M_{uj}=M_{cy}^a$。

式中：k_i、k_{i+1}分别为本层及上层柱线刚度

结构薄弱层的弹塑性层间位移

(1)结构薄弱层的弹塑性层间位移：不超过12层且层刚度无突变的框架结构、填充墙框架结构，计算公式为

$$\Delta u_p=\eta_p\Delta u_e$$

Δu_e为罕遇地震作用(大震)下按弹性分析算得的层间位移；$\Delta u_e=V_{e2}/\Sigma D$。$\Sigma D$为薄弱层柱侧移刚度(抗推刚度)。$\eta_p$为弹塑性位移增大系数，其值见下表：

结构类型	总层数或部位	ξ_y		
		0.5	0.4	0.3
多层均匀框架结构	2~4	1.30	1.40	1.60
	5~7	1.50	1.65	1.80
	8~12	1.80	2.00	2.20
单层厂房	上柱	1.30	1.60	2.00

当ξ_y<相邻层的平均ξ_y值的0.5倍时，取表内相应数值的1.5倍；其他情况可线性内插。

(2)位移限值：$\Delta u_p\leqslant[\theta_p]h$。

式中：h为薄弱层的层高。$[\theta_p]$为层间弹塑性位移角限值，见下表：

结构类型	$[\theta_p]$
单层钢筋混凝土柱排架	1/30
钢筋混凝土框架	1/50
底部框架砌体房屋中的框架抗震墙	1/100
钢筋混凝土框架抗震墙、板柱抗震墙、框架-核心筒	1/100
钢筋混凝土抗震墙、筒中筒	1/120
多、高层钢结构	1/50

11-22 基础设计

基础选型及埋深

(1)框架结构、无地下室、地基较好、荷载较小、柱网均匀时,可采用单独基础。对有抗震要求的建筑尚应设置纵横方向的连系梁拉结,连系梁可按柱荷载的 0.10 倍引起的拉力或压力分别验算。

(2)框架结构,无地下室,地基较差,荷载较大,宜采用十字交叉基础以增强基础整体性,减少不均匀沉降。

(3)多层框架结构房屋基础,一般采用柱下钢混条型基础。

(4)当上部结构荷载不大(如一般多层建筑),当地基承载力、变形和稳定条件满足上部结构要求时,应优先选用浅埋天然地基基础方案,如独立柱基、条基等。

(5)基础埋深,应考虑建筑的用途、荷载情况、地质及水文条件、地基土冻胀和融陷、有无地下室、设备基础和地下设施、基础形式和构造、相邻建筑物基础的埋深等因素。除岩石地基外,埋深宜不小于 0.5m。

(6)基础顶面或基础梁顶面的标高一般应低于设计地面 50～100mm,在任何情况下外墙基础顶面不应高于室外设计地面,内墙基础顶面不应高于室内设计地面

基础尺寸及材料选用

(1)基础的混凝土标号宜大于等于 C15,常用 C15、C20,钢筋用一级或二级,条形基础用 C20。

(2)垫层厚度为 50~100mm,宜用 C7.5 混凝土。

(3)基础保护层厚度在设垫层时不小于 35mm,无垫层时不小于 70mm。

(4)单独基础:基础高度应按冲切强度计算确定。

①钢混阶梯形基础阶高一般为 300~500mm,阶数如下:$H_0 \leqslant$ 500mm 时为一阶; $500 < H_0 \leqslant$ 900mm 时为二阶; $H_0 >$ 500mm 时为三阶。

②基础下阶的边缘高度 h_1 或锥形基础边缘高度一般不小于 200mm,也不大于 500mm。锥形基础的坡度角 a 应不小于25°,最大不超过 35°。

③阶梯形基础的阶高 h 与阶宽 b 的选用:最底下一阶 $b_1 \leqslant 1.75h_1$;其上各阶 $b_2 \leqslant h_2, b_3 \leqslant h_3$;阶高 h 及阶宽 b 应采用 100mm 的倍数。

④偏心受压基础底板一般采用矩形,其长边与短边之比一般为 2,最大不超过 3,边长应为 100 mm 的倍数。

⑤基础顶面每边应比柱的断面尺寸大 50mm。

(5)柱下条形基础:一般采用倒 T 形断面,由肋和翼板组成。除满足单独基础尺寸条件外,尚应满足以下条件:

①肋高 h 当柱距不大于 6m 时,宜为 1/5～1/7 柱距,肋宽 b 等于柱宽加 100mm 且 $b \geqslant b_i/4$, b_i 为底板宽。

②翼板厚度 h_i 不宜小于 200mm, h_i 为 200～250mm 时可做成等厚,当 $h_i >$ 250mm 时可变厚度,坡度 $i \leqslant$ 1∶3, 其边缘厚度不小于 150mm

地基承载力

(1)验算地基承载力:采用上部结构传给基础的荷载标准值,并按最不利组合。组合时要考虑基础上的作用力方向及数值同时存在的部分。

(2)地基承载力设计值

$$f = f_k + (b-3) + (d-0.5)。$$

(3)基础底面尺寸的确定(常规):

$$p \leqslant f;\ p_{max} \leqslant 1.2f$$

p 为基础底面的平均压力设计值, $p = \dfrac{F+G}{A}$; p_{max} 为基础底面边缘的最大压力设计值, $p_{max} = \dfrac{F+G}{A} + \dfrac{M}{W}$;式中: F 为上部结构传至基顶的竖向组合力设计值; G 为基础自重设计值和基础上的土重标准值。

(4)抗震结构的地基承载力验算:

①设防烈度为 7 度以上的多层和高层钢混结构,应作此验算。

②抗震设计规范规定可不进行上部结构抗震验算的建筑,可不进行此项验算。

③验算在地震作用下天然地基的竖向承载时,应采用竖向荷载与地震作用效应组合值。

④地基土抗震承载力设计值 $f_{sE} = \xi_s f$; ξ_s 为底基土的抗震承载力系数。

⑤验算: $p \leqslant f_{sE}$; $p_{max} \leqslant 1.2 f_{sE}$。

P 为基础底面地震组合的平均压力设计值; p_{max} 为基底边缘地震组合最大压力设计值。

地震作用下基础底面与地基土之间零应力区面积不应超过基础底面面积的 25%,即

$$e = \frac{M}{F+G} \leqslant \frac{b}{4}$$

基础计算

(1)单独基础计算:

①基础高度的计算:基础有效高度及变阶的台阶有效高度 h_0 应根据抗冲切及抗剪能力计算,一般抗剪能力均满足要求,主要根据抗冲切要求确定,必要时才进行抗剪验算。

抗冲切验算: $p_s A \leqslant 0.6 b_m h_0$。

b_m 为冲切破坏锥体斜断面上边长。 b_t 为冲切锥体最不利一侧(对于矩形基础板悬臂是长度较长的一侧)斜断面的上边长;验算柱边冲切时取柱宽,台阶边冲切时取上阶宽 b_2。 b_b 为锥体最不利一侧斜断面的下边长(本台阶有效高度 h_{c1})验算柱边冲切时 $b_b = b + 2h_0$,台阶边冲切时 $b_b = b_2 + 2h_{01}$。

p_s 为荷载设计值作用下基础底面积的净反力(基底反力扣除基础自重设计值与其上土重标准值之和);当为偏心荷载时,可取用边缘最大反力。 A 为考虑冲切荷载时取用的有效基底净土反力作用面积。 f_t 为混凝土抗拉强度设计值。

抗剪计算: $v \leqslant 0.07 f_c b h_0$。式中: v 为设计剪力; f_c 为混凝土轴心受压设计强度; b、 h_0 分别为受剪断面的宽度和有效高度。

②基础受弯计算:基础底板为双向受弯板。

当矩形基础台阶高宽比 $(1-h_c)/(2h) \leqslant 2.5$ 及 $(b-b_c)/(2h) \leqslant 2.5$ 和偏心距 $e \leqslant l/6$ 时:

$$M_{\text{I}} = \frac{1}{6} a_1^2 (2b + a') \frac{p_{n\max} + p_n}{2}$$

$$M_{\text{II}} = \frac{1}{24} (b-a')^2 (2l - b') \frac{p_{n\max} + p_{n\min}}{2}$$

式中: M_{I} 为任意断面Ⅰ、Ⅱ沿 l 或 b 方向的弯矩设计值; $p_{n\max,n\min}$ 为基础底面边缘最大和最小净反力设计值; a_1、 p_n 为任意断面Ⅰ至基底边缘最大净反力; l、 b 为基础底面的长、短边长。

基底受弯钢筋: $A_s = \dfrac{M}{0.9 h_0 f_y}$。

(2)条形基础:当地基土较均匀,上部结构的刚度较好荷载分布较均匀,条基梁断面高度 $h >$ 1/6 柱距时,可按地基反力为直线分布的连续梁法计算内力,两端边跨宜适当增加 15%～20%的地基反力

地基变形验算

(1)建筑物的安全等级:

等级	破坏后果	建筑类型
一级	很严重	重要的工民建筑物,20 层以上高层建筑物,体型复杂的 14 层以上高层建筑物,对地基变形有特殊要求的建筑物,单桩荷载在 4000 kN 以上的建筑物
二级	严重	一般的工民建筑物
三级	不严重	次要的建筑物

(2)可不作地基变形计算的建筑物范围:

①三级建筑物;②下表所列建筑物:

地基情况	f_k/kPa	60~100	100~130	130~200	200~300
	土层坡度/(%)	≤5	≤10	≤10	—
框架结构层数		≤5		≤6	≤7

表中“地基”系指条基底面下深度 $3b$、独立基础底面下 $1.5b$ 且厚度均不小于 5m 的范围(二层以下一般民用建筑除外)。

(3)地基最终沉降量

$$s = \psi_s \sum_{i=1}^{n} \frac{p_0}{E_{si}} (\overline{\alpha}_i z_i - \overline{\alpha}_{i-1} z_{i-1})$$

p_0 为对应于传至基础底面上的荷载采用标准值并按长期效应组合时的基础底面处的附加压力;风荷载和地震作用不考虑。

ψ_s、 E_{si} 为沉降计算经验系数及基底下第 i 层土压缩模量。 z_{i-1}、 a_{i-1} 分别为基础底面计算点至第 i 层、第 $i-1$ 层土底面的距离及其范围内的平均附加应力系数。

(4)建筑物地基变形的控制:

框架结构应由相邻柱基中线间的沉降差 Δs 控制, $\Delta s \leqslant [\Delta s]$;多层及高层建筑应由倾斜角 β 控制, $\beta \approx \tan\beta \leqslant [\beta]$。

β 为基础倾斜方向其边缘两端点的沉降差与其距离的比值; $[\Delta s]$、 $[\beta]$ 分别为允许沉降差和允许倾斜角

11-23 结构设计文件及图纸

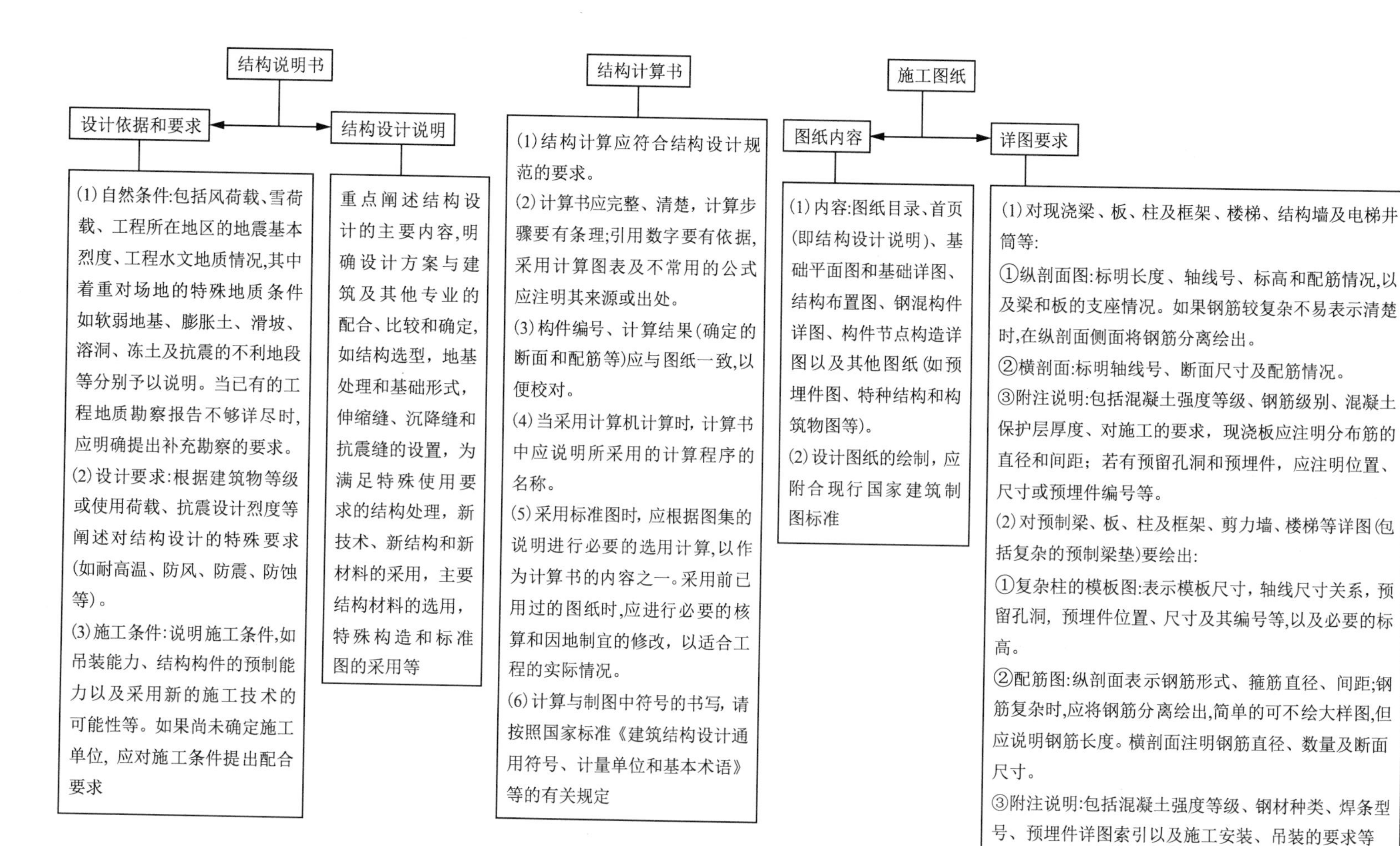

参考文献

[1] 中华人民共和国国家标准. 建筑地基基础设计规范 (GB 50007—2011)[S]. 北京：中国建筑工业出版社，2011.

[2] 中华人民共和国国家标准. 建筑结构荷载规范 (GB 50009—2012) [S]. 北京：中国建筑工业出版社，2012.

[3] 中华人民共和国国家标准. 混凝土结构设计规范 (GB 50010—2010) [S]. 北京：中国建筑工业出版社，2010.

[4] 中华人民共和国国家标准. 建筑抗震设计规范 (GB 50011—2010) [S]. 北京：中国建筑工业出版社，2010.

[5] 中华人民共和国国家标准. 高层建筑混凝土结构技术规程 (JGJ 3—2010) [S]. 北京：中国建筑工业出版社，2010.

[6] 中华人民共和国国家标准. 砌体结构设计规范 (GB 50003—2011) [S]. 北京：中国建筑工业出版社，2011.

[7] 中华人民共和国国家标准. 住宅设计规范 (GB 50096—2011) [S]. 北京：中国建筑工业出版社，2011.

[8] 中华人民共和国国家标准. 地下工程防水技术规范 (GB 50108—2008) [S]. 北京：中国建筑工业出版社，2008.

[9] 中华人民共和国行业标准. 建筑桩基技术规范 (JGJ 94—2008) [S]. 北京：中国建筑工业出版社，2008.

[10] 中华人民共和国行业标准. 工程抗震术语标准 (JGJ/T 97—2011) [S]. 北京：中国建筑工业出版社，2011.

[11] 中华人民共和国国家标准. 房屋建筑制图统一标准 (GB/T 50001—2010) [S]. 北京：中国建筑工业出版社，2010.

[12] 中华人民共和国国家标准. 建筑制图标准 (GB/T 50104—2010) [S]. 北京：中国建筑工业出版社，2010.

[13] 中华人民共和国国家标准. 建筑结构制图标准 (GB/T 50105—2010) [S]. 北京：中国建筑工业出版社，2010.

[14] 中华人民共和国国家标准. 建筑设计防火规范 (GB 50016—2014) [S]. 北京：中国建筑工业出版社，2014.

[15] 中华人民共和国国家标准. 工业企业设计卫生标准 (GBZ 1—2010) [S]. 北京：中国建筑工业出版社，2010.

[16] 中华人民共和国国家标准. 混凝土结构工程施工质量验收规范 (GB 50204—2015) [S]. 北京：中国建筑工业出版社，2002.

[17] 中华人民共和国国家标准. 建筑地基基础工程施工质量验收规范 (GB 50202—2002) [S]. 北京：中国建筑工业出版社，2002.

[18] 中华人民共和国国家标准. 建筑地面工程施工质量验收规范 (GB 50209—2010) [S]. 北京：中国建筑工业出版社，2010.

[19] 中华人民共和国行业标准. 建筑地基处理技术规范 (JGJ 79—2012) [S]. 北京：中国建筑工业出版社，2012.

[20] 林同炎. 结构概念和体系 [M]. 2 版. 北京：中国建筑工业出版社，1999.

[21] 施岚青. 一、二级注册结构工程师专业考试应试指南 [M]. 北京：中国建筑工业出版社，2005.

[22] 李国胜．多高层钢筋混凝土结构设计中疑难问题的处理及算例 [M]．北京：中国建筑工业出版社，2004．
[23] 童军，张伟郁，顾建平．土木工程专业毕业设计指南·房屋建筑工程分册 [M]．北京：中国水利水电出版社，2002．
[24] 周浪．混凝土结构设计 [M]．北京：中国计划出版社，2006．
[25] 沈蒲生，苏三庆．高等学校建筑工程专业毕业设计指导 [M]．北京：中国建筑工业出版社，2000．
[26] 王胜明．建筑结构实训指导 [M]．北京：科学出版社，2004．
[27] 樊振和．建筑构造原理与设计 [M]．天津：天津大学出版社，2004．
[28] 罗福午，张惠英，杨军．建筑结构概念设计及案例 [M]．北京：清华大学出版社，2003．
[29] 白国良．荷载与结构设计方法 [M]．北京：高等教育出版社，2003．
[30] 郭爱云．混凝土结构设计新旧规范对照理解与应用实例 [M]．北京：中国建材工业出版社，2005．
[31] 龚思礼．建筑抗震设计手册 [M]．2 版．北京：中国建筑工业出版社，2002．
[32] 周果行．房屋结构毕业设计指南 [M]．北京：中国建筑工业出版社，2004．
[33] 贾韵琦，王毅红．工民建专业课程设计指南 [M]．北京：中国建材工业出版社，1999．
[34] 方鄂华．高层建筑钢筋混凝土结构概念设计 [M]．北京：机械工业出版社，2004．
[35] 徐培福，黄小坤．高层建筑混凝土结构技术规程理解与应用 [M]．北京：中国建筑工业出版社，2003．

北京大学出版社土木建筑系列教材(已出版)

序号	书名	主编	定价	序号	书名	主编	定价
1	工程项目管理	董良峰　张瑞敏	43.00	50	工程财务管理	张学英	38.00
2	建筑设备(第 2 版)	刘源全　张国军	46.00	51	土木工程施工	石海均　马　哲	40.00
3	土木工程测量(第 2 版)	陈久强　刘文生	40.00	52	土木工程制图(第 2 版)	张会平	45.00
4	土木工程材料(第 2 版)	柯国军	45.00	53	土木工程制图习题集(第 2 版)	张会平	28.00
5	土木工程计算机绘图	袁　果　张渝生	28.00	54	土木工程材料(第 2 版)	王春阳	50.00
6	工程地质(第 2 版)	何培玲　张　婷	26.00	55	结构抗震设计(第 2 版)	祝英杰	37.00
7	建设工程监理概论(第 3 版)	巩天真　张泽平	40.00	56	土木工程专业英语	霍俊芳　姜丽云	35.00
8	工程经济学(第 2 版)	冯为民　付晓灵	42.00	57	混凝土结构设计原理(第 2 版)	邵永健	52.00
9	工程项目管理(第 2 版)	仲景冰　王红兵	45.00	58	土木工程计量与计价	王翠琴　李春燕	35.00
10	工程造价管理	车春鹂　杜春艳	24.00	59	房地产开发与管理	刘　薇	38.00
11	工程招标投标管理(第 2 版)	刘昌明	30.00	60	土力学	高向阳	32.00
12	工程合同管理	方　俊　胡向真	23.00	61	建筑表现技法	冯　柯	42.00
13	建筑工程施工组织与管理(第 2 版)	余群舟　宋会莲	31.00	62	工程招投标与合同管理(第 2 版)	吴　芳　冯　宁	43.00
14	建设法规(第 2 版)	肖　铭　潘安平	32.00	63	工程施工组织	周国恩	28.00
15	建设项目评估	王　华	35.00	64	建筑力学	邹建奇	34.00
16	工程量清单的编制与投标报价	刘富勤　陈德方	25.00	65	土力学学习指导与考题精解	高向阳	26.00
17	土木工程概预算与投标报价(第 2 版)	刘　薇　叶　良	37.00	66	建筑概论	钱　坤	28.00
18	室内装饰工程预算	陈祖建	30.00	67	岩石力学	高　玮	35.00
19	力学与结构	徐吉恩　唐小弟	42.00	68	交通工程学	李　杰　王　富	39.00
20	理论力学(第 2 版)	张俊彦　赵荣国	40.00	69	房地产策划	王直民	42.00
21	材料力学	金康宁　谢群丹	27.00	70	中国传统建筑构造	李合群	35.00
22	结构力学简明教程	张系斌	20.00	71	房地产开发	石海均　王　宏	34.00
23	流体力学(第 2 版)	章宝华	25.00	72	室内设计原理	冯　柯	28.00
24	弹性力学	薛　强	22.00	73	建筑结构优化及应用	朱杰江	30.00
25	工程力学(第 2 版)	罗迎社　喻小明	39.00	74	高层与大跨建筑结构施工	王绍君	45.00
26	土力学(第 2 版)	肖仁成　俞　晓	25.00	75	工程造价管理	周国恩	42.00
27	基础工程	王协群　章宝华	32.00	76	土建工程制图(第 2 版)	张黎骅	38.00
28	有限单元法(第 2 版)	丁　科　殷水平	30.00	77	土建工程制图习题集(第 2 版)	张黎骅	34.00
29	土木工程施工	邓寿昌　李晓目	42.00	78	材料力学	章宝华	36.00
30	房屋建筑学(第 2 版)	聂洪达　郄恩田	48.00	79	土力学教程(第 2 版)	孟祥波	34.00
31	混凝土结构设计原理	许成祥　何培玲	28.00	80	土力学	曹卫平	34.00
32	混凝土结构设计	彭　刚　蔡江勇	28.00	81	土木工程项目管理	郑文新	41.00
33	钢结构设计原理	石建军　姜　袁	32.00	82	工程力学	王明斌　庞永平	37.00
34	结构抗震设计	马成松　苏　原	25.00	83	建筑工程造价	郑文新	39.00
35	高层建筑施工	张厚先　陈德方	32.00	84	土力学(中英双语)	郎煜华	38.00
36	高层建筑结构设计	张仲先　王海波	23.00	85	土木建筑 CAD 实用教程	王文达	30.00
37	工程事故分析与工程安全(第 2 版)	谢征勋　罗　章	38.00	86	工程管理概论	郑文新　李献涛	26.00
38	砌体结构(第 2 版)	何培玲　尹维新	26.00	87	景观设计	陈玲玲	49.00
39	荷载与结构设计方法(第 2 版)	许成祥　何培玲	30.00	88	色彩景观基础教程	阮正仪	42.00
40	工程结构检测	周　详　刘益虹	20.00	89	工程力学	杨云芳	42.00
41	土木工程课程设计指南	许　明　孟茁超	25.00	90	工程设计软件应用	孙香红	39.00
42	桥梁工程(第 2 版)	周先雁　王解军	37.00	91	城市轨道交通工程建设风险与保险	吴宏建　刘宽亮	75.00
43	房屋建筑学(上：民用建筑)	钱　坤　王若竹	32.00	92	混凝土结构设计原理	熊丹安	32.00
44	房屋建筑学(下：工业建筑)	钱　坤　吴　歌	26.00	93	城市详细规划原理与设计方法	姜　云	36.00
45	工程管理专业英语	王竹芳	24.00	94	工程经济学	都沁军	42.00
46	建筑结构 CAD 教程	崔钦淑	36.00	95	结构力学	边亚东	42.00
47	建设工程招投标与合同管理实务(第 2 版)	崔东红	49.00	96	房地产估价	沈良峰	45.00
48	工程地质(第 2 版)	倪宏革　周建波	30.00	97	土木工程结构试验	叶成杰	39.00
49	工程经济学	张厚钧	36.00	98	土木工程概论	邓友生	34.00

序号	书名	主编	定价	序号	书名	主编	定价
99	工程项目管理	邓铁军　杨亚频	48.00	132	土木工程材料习题与学习指导	鄢朝勇	35.00
100	误差理论与测量平差基础	胡圣武　肖本林	37.00	133	建筑构造原理与设计(上册)	陈玲玲	34.00
101	房地产估价理论与实务	李　龙	36.00	134	城市生态与城市环境保护	梁彦兰　阎　利	36.00
102	混凝土结构设计	熊丹安	37.00	135	房地产法规	潘安平	45.00
103	钢结构设计原理	胡习兵	30.00	136	水泵与水泵站	张　伟　周书葵	35.00
104	钢结构设计	胡习兵　张再华	42.00	137	建筑工程施工	叶　良	55.00
105	土木工程材料	赵志曼	39.00	138	建筑学导论	裘　鞠　常　悦	32.00
106	工程项目投资控制	曲　娜　陈顺良	32.00	139	工程项目管理	王　华	42.00
107	建设项目评估	黄明知　尚华艳	38.00	140	园林工程计量与计价	温日琨　舒美英	45.00
108	结构力学实用教程	常伏德	47.00	141	城市与区域规划实用模型	郭志恭	45.00
109	道路勘测设计	刘文生	43.00	142	特殊土地基处理	刘起霞	50.00
110	大跨桥梁	王解军　周先雁	30.00	143	建筑节能概论	余晓平	34.00
111	工程爆破	段宝福	42.00	144	中国文物建筑保护及修复工程学	郭志恭	45.00
112	地基处理	刘起霞	45.00	145	建筑电气	李　云	45.00
113	水分析化学	宋吉娜	42.00	146	建筑美学	邓友生	36.00
114	基础工程	曹　云	43.00	147	空调工程	战乃岩　王建辉	45.00
115	建筑结构抗震分析与设计	裴星洙	35.00	148	建筑构造	宿晓萍　隋艳娥	36.00
116	建筑工程安全管理与技术	高向阳	40.00	149	城市与区域认知实习教程	邹　君	30.00
117	土木工程施工与管理	李华锋　徐　芸	65.00	150	幼儿园建筑设计	龚兆先	37.00
118	土木工程试验	王吉民	34.00	151	房屋建筑学	董海荣	47.00
119	土质学与土力学	刘红军	36.00	152	园林与环境景观设计	董　智　曾　伟	46.00
120	建筑工程施工组织与概预算	钟吉湘	52.00	153	中外建筑史	吴　薇	36.00
121	房地产测量	魏德宏	28.00	154	建筑构造原理与设计(下册)	梁晓慧　陈玲玲	38.00
122	土力学	贾彩虹	38.00	155	建筑结构	苏明会　赵　亮	50.00
123	交通工程基础	王富	24.00	156	工程经济与项目管理	都沁军	45.00
124	房屋建筑学	宿晓萍　隋艳娥	43.00	157	土力学试验	孟云梅	32.00
125	建筑工程计量与计价	张叶田	50.00	158	土力学	杨雪强	40.00
126	工程力学	杨民献	50.00	159	建筑美术教程	陈希平	45.00
127	建筑工程管理专业英语	杨云会	36.00	160	市政工程计量与计价	赵志曼　张建平	38.00
128	土木工程地质	陈文昭	32.00	161	建设工程合同管理	余群舟	36.00
129	暖通空调节能运行	余晓平	30.00	162	土木工程基础英语教程	陈平　王凤池	32.00
130	土工试验原理与操作	高向阳	25.00	163	土木工程专业毕业设计指导	高向阳	40.00
131	理论力学	欧阳辉	48.00	164	土木工程 CAD	王玉岚	42.00